淑女变女王的魔法书

吴瑛萱©著

天津科学技术出版社

图书在版编目（CIP）数据

淑女变女王的魔法书 / 吴瑅萱著. —天津：天津科学技术出版社，2009.1

ISBN 978-7-5308-4860-9

Ⅰ.淑… Ⅱ.吴… Ⅲ.①女性—修养—通俗读物②女性—成功心理学—通俗读物 Ⅳ.B825-49 B848.4-49

中国版本图书馆CIP数据核字（2008）第204112号

责任编辑：吴文博
责任印制：白彦生

天津科学技术出版社出版
出版人：胡振泰
天津市西康路35号 邮编：300051
电话：(022) 23332398 23332393
网址：www.tjkjcbs.com.cn
新华书店经销
北京合众伟业印刷有限公司印刷

开本 690×970 1/16 印张15 字数165 000
2009年1月第1版第1次印刷
定价：28.00元

前言：要做就做"恶魔"女

可爱、纯真、温柔、理性、人见人爱的"好女孩"和性感、张扬、狂野、霸道、大家公认的"坏女孩"，作为男人，你会如何选择？

女人也许会选择和"好女孩"做朋友，但男人或许会对"坏女孩"倾心。

"坏"女孩性情多变，不会轻易被男人掌控，相反，她们却是感情的舵手。在爱情上，她们不做任何人的傀儡和奴隶，所有的感情生活完全掌控在自己手中，有时还会做出让男人不寒而栗的举动。

她们不会因为生活或工作的困扰而疏于打扮，时尚的穿着、光鲜亮丽的打扮是她们身体的一部分。与各类"精英"打交道，处理各种棘手的问题是她们生命中不可缺少的"游戏"。

在《Desperate Housewives》中的四位主妇表现的就是"恶魔"女孩的不同侧面。

Susan 对于爱情的追求锲而不舍，也许她不是个好妈妈、懂家事的好主妇，但却是个绝对的追求爱情的浪漫主义者。

无论是作为职业女性，还是作为四个孩子的母亲，无论是面对事业的顶峰，还是经受疾病的折磨，无论是面对丈夫任性，还是面对"狐狸精"的威胁，Lynette 都能够表现得从容不迫。

Bree 是一个完美的家庭主妇，但她对于食品精益求精的态度，让男人爱恨交加。尽管如此，Bree 仍然坚守原则，力求打造最精湛的餐桌美食。

曾做过模特儿的 Gaby 有富足的生活资本和漂亮的房子，同时也有着自己的任性和坚持，即使远离了大都市的 T 形台，她仍然无法抛弃自己对身材和美丽的追求。

四位主妇的生活中充满了各种各样的困扰和问题，但她们都能用"恶"的方式一一化解。

如果你还以为做个乖乖女，生活不用自己操心，money 也不用自己去烦恼，就可以舒舒服服地过日子，那就大错特错了！尽管男人们嘴上会说喜欢女人的温柔体贴、乖巧听话，但似乎事实胜于雄辩，"恶魔"女孩的行情已经势不可挡了！

你是否应该重新思索自己的"魔性"潜力，摇身一变成为"恶魔"，让爱情和生活尽为自己掌控呢？

当然，所谓的"恶魔"并不是要让女人变成真正的蛇蝎心肠、作恶多端，而是要擅长如何在传统道德的范围里耍耍自己的"小手段"，学会"强硬"和"使坏"。比如，她们独立自信，却又懂得如何施展魅人功力吸引和驾驭男人；她们桀骜不驯，难于征服，可以明目张胆地借对方之力让自己成功，就算过河拆桥，也不会让男人有丝毫不悦，因为他们心甘情愿；她们时而是"刁蛮公主"，时而又成了"温顺的羔羊"……在男人看来，这类女人比传统意义上的好女孩更生动、更立体，也更灵动，就像一汪流动的山泉，总能带给人最新鲜的感受。

尽管"魔性"女孩是全世界的宠儿，但这也同时意味着你很难达到如此境界。如果稍有闪失走火入魔，就会让自己的"坏"，沦陷到道德之下，成为真正不受欢迎的恶女人了。

别担心！本书为您提供的就是成为"恶魔"女孩的最佳指南，使你在不知不觉中颠覆原本对女人传统观念的认知，逐步成为一个人见人爱的"恶魔"女孩。不仅如此，本书的 Man's talk 环节，还特别邀请男性心理专家，从男性的角度告诉您：如何才能做一个充满魅力的"魔"样女人。准备好了吗？一起开始这段奇妙而瑰丽的魔幻旅程吧！

目录 CONTINTES

从这一刻，就要做"魔"样女人
Lady's declaration

Chapter 1　先爱自己，再爱别人　/ 3

Chapter 2　独立比什么都重要　/ 6

Chapter 3　可以什么都做，也可以什么都不做　/ 9

Chapter 4　感情，就是要斤斤计较　/ 12

Chapter 5　爱我恨我都可以，就是别忽视我　/ 16

爱情篇——做爱情国度的恶魔

让他记住你的好，不如让他记住你的"坏"

Chapter 1　爱他，但不能宠他　/ 22

Chapter 2　让男人去遵守"三从四德"　/ 27

Chapter 3　做个可爱的"野蛮女"　/ 31

Chapter 4　伤害不是必需的，有时却让人刻骨铭心　/ 36

Chapter 5　没有意见，不代表没有主见　/ 40

如何散发女人的魅力

Chapter 1　善意谎言是一种艺术　/　45

Chapter 2　挠挠他心底里最痒的地方　/　50

Chapter 3　在最美妙的时刻戛然而止　/　54

Chapter 4　半遮半掩的诱惑　/　59

Chapter 5　装可怜"骗"来的好男人　/　63

做个最聪明的"恶魔"女

Chapter 1　"恶魔"女孩生命中的几个男人　/　68

Chapter 2　永远让他猜不透你　/　72

Chapter 3　花心但不滥情，风流却不成性　/　76

Chapter 4　蓝颜知己的底线　/　81

Chapter 5　YY一下又何妨　/　84

挑起生活的激情

Chapter 1　为真爱，主动出击　/　89

Chapter 2　不必事事循规蹈矩　/　93

Chapter 3　女人和食物一样，新鲜的最好　/　97

Chapter 4　偶尔让他当一次英雄　/　101

目录
CONTINTES

别让男人闲着

Chapter 1　男人做家务，机会是女人给的　/　105

Chapter 2　激励，要软硬兼施　/　109

Chapter 3　对男人的"特殊训练"　/　113

Chapter 4　给足他面子，他就会更听话　/　117

Chapter 5　永远不给他"造反"的机会　/　120

分手了，让他依然记得你的好

Chapter 1　离开他，毫不犹豫　/　124

Chapter 2　最"刻薄"的分手礼仪　/　128

Chapter 3　失恋算什么，要过就过得更好　/　132

Chapter 4　可以继续爱我，不能继续找我　/　136

事业篇——做事业城堡的"恶魔"

工作，是用来享受的

Chapter 1　有乐趣的工作才是好工作　/ 142

Chapter 2　学会在工作中放松　/ 146

Chapter 3　效率！效率　/ 149

Chapter 4　善于在老板面前表现自我　/ 152

Chapter 5　加班可以，必须心甘情愿　/ 155

勾引他，让他欲罢不能

Chapter 1　被热辣目光追逐，感觉棒极了　/ 159

Chapter 2　乱草丛中过，片叶不沾身　/ 163

Chapter 3　可以左右逢源，不可四处调情　/ 166

Chapter 4　低胸装再低，总要有个底线　/ 169

做个最聪明的"恶魔"女

Chapter 1　让老板牢牢记住你　/ 173

Chapter 2　端咖啡可以，喂咖啡不行　/ 176

目录
CONTINTES

Chapter 3　办公室可不是T形台　/　179
Chapter 4　双面娇娃的致命诱惑　/　182
Chapter 5　投其所好还是投怀送抱　/　186

恶魔女孩的性诱惑

Chapter 1　借助男人的实力上位　/　190
Chapter 2　说话讲究对象，分清场合　/　194
Chapter 3　充分利用你的性别优势　/　198
Chapter 4　时而柔弱，时而刚强　/　201
Chapter 5　暧昧一点也无妨，不过别动真情　/　205

勾引他，让他欲罢不能

Chapter 1　要走，也要站好最后一班岗　/　209
Chapter 2　轻轻地走了，再见亦是朋友　/　212
Chapter 3　"鱿鱼"而已，怕什么　/　216
Chapter 4　让老板知道：失去你是他的损失　/　220
Chapter 5　人走关系在，做好人脉储蓄　/　223

从这一刻，就要做
"魔"样女人

Chapter 1

先爱自己，再爱别人

"你爱我哪一点？"女孩勾着男孩的脖子，撒娇地问。

"嗯，我爱你温柔、乖巧、体贴、善良、美丽……"男孩明白，只要把这些美好的词汇一一罗列，哪怕说上三天三夜，女孩也不会觉得腻。

天真的女孩相信了男孩的话，她单纯地认为，这就是自己吸引男孩的真正原因，所以不断努力，让自己变得更温柔、更乖巧、更体贴……她全心爱着男孩，以为只要自己变成了男孩口中的"完美女孩"，就能将男孩牢牢"拴"在身边。

然而，女孩越努力，男孩越不满；女孩越爱男孩，男孩越想要逃离。一次争吵过后，男孩平静地说："我们分手吧。"女孩吃惊地望着男孩，过了许久才问："为什么？"

"因为，你的爱让我窒息。"男孩顿了顿，接着说，"我知道，为了我，你付出很多。放弃了工作，和父母也闹翻了，整天就围着我转。可是，我是个独立的人，不想让你像影子一样缠着我。"

"可是，我这么做，还不是全都为了你？"女孩委屈地说。

"是啊，你这么做全都为了我，那么以后，请你也为自己考虑考虑吧。"

男孩说完，头也不回地走了。

女孩怎么也没有想到，她全心全意地爱着男孩，她爱男孩胜过爱她自己，可是，男孩竟然这么绝情地抛弃了她。她该怎么办？"或许，只有死了，才能得到解脱。"她向好友哭诉道。

"何必呢？你以前错就错在太爱男孩，而完全忽视了自己。你什么都为他着想，任何时候都把他摆在第一位，连你自己都不爱自己，不把自己当回事，又怎么能奢求别人爱你呢？男孩说得很对，从现在开始，你还是好好爱自己吧。"

女人就是这样，一旦认准了某个男人，就会全心全意地付出。为了给男人买 Armani 的西装，自己甘愿穿从地摊上淘来的廉价货；为了拴住男人的胃，情愿"泡"在厨房里反复锤炼自己的厨艺；为满足男人的野心，情愿放弃自己的事业而做他背后那个默默无闻的女人……她们抛弃自尊，抛弃独立，甚至抛弃自我，只为让男人永远爱自己。可是，她们不曾想到，越这么做越有可能被"忽略"。

其实，最根本的原因是这些女人不够爱自己。也许这么说会遭到很多女人的质疑：谁说我们不爱自己，我们很爱啊！我们会给自己买昂贵的化妆品，买精美的首饰、漂亮的礼服，去高档浪漫的餐厅享受美食……这的确是爱自己的表现。但这仅仅是在没有男人的日子。一旦男人走进你的生活，你还会这么肆无忌惮地爱自己吗？男人一句"我饿了"，你是不是马上放下手中的眉笔，带着化了一半的妆乖乖到厨房煮饭？

"恶魔"女孩会将对自己的爱凌驾于一切"爱"之上，她们会非常清晰地给自己一个定位——NO.1。不管是男人、事业，还是其他的一切，统统靠边站！她们或许不够有钱，不够漂亮，人生也不够完美。但是，在这并不完美的人生里自己却是绝对的统治者，可以想哭就哭、想笑就笑，不用看别人的脸色，更不用听别人的使唤，这份随性和惬意，才是"恶魔"女孩最看重的。

"恶魔"法则

"恶魔"女孩最大的"恶处"就是爱自己爱到近乎自恋。也正因如此,她们才能让自己不受任何事情的左右,在所有环境下保持真正的开心和舒适。

要做到这一点并不困难,下面几种方法不妨尝试一下。

● 每天照5遍以上的镜子,每次照镜子时,都告诉自己:"这么一个出水芙蓉一般的美人儿,简直是上帝的杰作,我得好好爱惜。"

● 想男朋友的时候,忍住不要给他电话。降低主动和他联系的频率,等他给你打。同时告诉自己,他是第二位的,自己的快乐才是第一位的。

● 无聊的时候,多跟闺中密友出去玩耍。一群女人在一起,会大幅度提升你自恋的本领。而选择这段时间和男友黏在一起的人,只能让自己变得更依赖他。

● 如果男友冲你发脾气,绝不反击,而是让他独自气愤去吧。而你需要做的就是约上三五好友出去 happy,别让他的不快情绪影响了你的好心情。

● 可以努力工作,但绝不拼命工作。就算老板愤怒到即将暴走,也要不紧不慢地吃好午餐,绝不熬夜加班。否则伤了自己的娇容去给老板挣钱,不划算。

Man's Talk

说实话,男人不想成为女人控制的角色,喜欢自己掌控一切,让女人围绕在自己身边。尽管如此,不可否认的是,那些喜欢自己更甚于男人的女性,有着让男人更加着迷的一面。因为男人控制不了,所以越发想去控制。就像玩电动游戏的时候,越困难的关卡就越有挑战性一样。

当然,如果"关卡"困难到了极度"变态"的地步,聪明的男人也会选择放弃。

Chapter 2

独立比什么都重要

命运不是贝多芬的交响曲,没有既定的慷慨激昂的旋律。女人的命运可以丰富多彩,也可以平淡如水,怎样的命运取决于她如何谱写自己的人生乐章。

很多女人总是喜欢把谱曲权交给男人,以为男人的责任心能为自己带来幸福。当自己不幸福了,就有了责怪、痛骂、憎恨的理由。

当你需要浪漫的时候,男人会为你安排浪漫的烛光晚餐;当你需要漂亮的时候,男人会为你精心地挑选漂亮的礼服;当你需要温暖的时候,男人会为你悄悄地生起炉火,抱着你在壁炉前一起取暖……

男人可以为你安排你想要的,但是当男人必须离开你的时候,你要怎么办?从此不去餐厅,不想逛街,忍受冰冷?

把命运交给男人的女人就像上了天的风筝,不管你惬意地飞入云端,还是欢快地享受微风,只要线那端的男人松开手,你都将会飘得不知所终。

不要轻易相信类似"我永远都不会松开手"这样的话。

或许男人的离开是无可奈何的,可这并不会改变你开始形单影只的事实。女人会擦着眼泪,可怜兮兮地说:"他为什么要跟我分手,我为他付出了一切!他喜欢吃的菜,我累死累活地学着做;他喜欢做运动,而我最怕流汗,可我还

是二话不说陪他……他难道不知道我做的这些都是为了讨好他、迎合他吗？他还有什么不满足呢？"

他或许很满足，但是依旧不得不离开。因为他爱上了别人！女人将遭受到的打击归罪于男人。然而原因究竟是男人爱说谎？还是女人容易受骗？

男人变心并不稀奇，稀奇的是为什么只有当男人背叛的厄运降临之时，女人才恍然大悟，痛骂男人"不负责任"！

即使你在森林走失，也可以凭借河流的流向或者其他信号找到出口，至少拥有希望和方法，而一旦你迷失在男人这个森林中，很遗憾，所有能找到出口的信号都会消失——即使在你走进时已经标注了"信号已覆盖此区域"！

所以女人常常在做一件蠢事：将责任交给男人，同时也丢失了自己！

并不是所有的女人都在男人森林中迷失的。"恶魔"女孩就从不迷失自己，她们知道在命运之书上，从来没有女人注定永远臣服于男人的定律，更没有拱手出让自己命运的说法。

"恶魔"女孩当然不会拒绝男友的浪漫和呵护，她们会尽情享受被照顾的感觉。当男友忙碌时，她们却有更加忙碌的事；男友不在身边时可以一个人到沙滩晒太阳；想去做瑜伽而男友却在身边黏着自己，就马上给他找点事做让自己赶快脱身……

有男友在身边就享受两个人的浪漫，男友不在身边就享受一个人的精彩。

没错，男人或许会包容你、呵护你，将你捧在手心，这是他们的权利，却不是义务。当男人为了爱自己而放弃爱你时，请不要失去重心，迷了方向，更别让自己跌入谷底。要像"恶魔"女孩一样更加疼爱自己！

"恶魔"女孩不做这样的傻事，不管你是否喜欢，依然保持可爱、刁蛮、个性……总之，"我就是我，我就是要做自己"，这是"恶魔"女孩心中永不变更的台词。

不管你扮演了多少角色，不管这些角色你演绎得多么精彩，千万别忘记扮演自己。

一位女作家曾经说过:"女人,无论何时,都应该像树一样站立。"

没错,无论面对怎样的狂风暴雨,女人都应该是一棵站立的"树",而不要去做任何人的"藤"!因为自己的生命力永远比任何一个"某某"都重要!

"恶魔"法则

小鸟大变身

想要脱胎换骨吗?想从小鸟依人似的弱女子变为特立独行的"恶魔"女孩吗?那就马上试试下面的方法吧!

● 不管是旅游还是挑战自己的生存能力,独自远行到一个陌生的地方,考验一下自己的独立性!

● 遇到问题时,不要慌乱地拿起电话乱拨一通请求帮助,而是要先冷静地想解决方法;如果不能确定自己的做法是否正确,再去征求别人的意见也不迟,而不是等待别人的结果,这样能让你表现得更加成熟!

● 习惯一个人的生活,没有人陪也不要躲在家中吃泡面,一个人也可以逛街,可以享受美味,可以看电影……

克服依赖别人的毛病,不再大事小情都要别人来做主,列出你经常会依赖别人的事例,一项一项地克服,这样,用不了多久就能够练成"万事不求人"了!

Man's Talk

被人依赖的感觉的确不错,这样会让我感觉自己变得更加高大了。但如果要我做个"保姆",那就真的让我不爽到极点了!尤其正为工作忙得头大,或者正在应酬客户的时候,总是打电话要我陪,或者抱怨我没有把时间给她,老天呀!这只能让我想要逃开。

Chapter 3

可以什么都做，也可以什么都不做

咖啡厅里，一对浓情蜜意的情侣正在商讨着未来的"大计"。

"以后家里的事情就交给你，你就老老实实地在家里帮我掌管一切，我呢就努力多赚钱，把你养得舒舒服服……"男孩温柔地说。

女孩一边把自己最爱吃的巧克力慕斯送进嘴里，一边害羞地点点头。

于是，一笔很简单寻常的"交易"做成了。但女孩还没有意识到，噩梦从她点头的那一刻就已经开始。

在厨艺班，女孩由于忍受不了呛鼻的油烟，又一次冲了出来，呼吸了几口新鲜空气之后，又带着恐惧的心情回到"教室"。虽然从小都没有进过厨房，但是为了能让男朋友、未来的老公吃上可口的饭菜，她第二次报名学习——第一次是因为总把注意力放在如何躲避溅出来的油而没有办法好好学习做菜。没办法，谁让男朋友就是喜欢家里的饭菜呢……

闹钟响了，一个女人从梦中惊醒，还没有洗漱就要开始为全家人准备早餐。当顺顺利利地把全家的"大鬼小鬼"都送走了，又开始清洁打扫，准备晚上的大餐……每天的工作就是洗洗涮涮，虽然无趣也成了习惯。当男人和孩子把饭碗递到女人跟前说"再来一碗"，一切都那么自然……

妻子发疯似的大吵大嚷，"你到底跟那个女人有什么关系？这个肉麻的短信你怎么解释？"她泪流满面，男人却哑口无言。他变心了，因为他那个曾经貌美如花的妻子如今已变成了只懂烧菜煮饭的黄脸婆，他希望能有个人与自己交流。恰好这时，一个漂亮而有内涵的女孩出现了，至于会不会做饭，对他不再重要……

女人，总是喜欢被"惯例"调戏——按照惯例，她们应该结婚生育相夫教子，应该入得厅堂下得厨房。在惯例的驱使下，她们做着其实是完全不想做的事情，只为获得男人的赞赏。不过，这种赞赏的保质期有限，因为这些"应该"做的事情，只会给她们指向一个出口——黄脸婆。

如果回到第一幕，"恶魔"女孩就不会乖乖地顺从男孩，面对他的要求，她反而提出自己的条件——你赚钱我支持，但是我讨厌家务，要想娶我就承包所有家务，否则免谈。

做与不做的原则，不是习惯和应该，而是她喜欢与否。如果有人用是否爱她，作为要求她服从管理的代价，结果只能是被她划入黑名单。"我做什么，是我的自由，你无权干涉"这是"恶魔"女孩的原则。

首先考虑自己想做什么，然后再说要不要顺便让伴侣小小地满足一把，这才是"恶魔"女孩的自由态度。

> **"恶魔"法则**
>
> 从顺从到个性，三招教你大变身
>
> ● Make up。别说我一定要靠"天生丽质"，我就是想要试试浓妆艳抹的感觉。从杂志或电视找到你最想打扮的样子，如果能够按自己的想法设计就更好了，买来香香的化妆品打扮一番，如果觉得自己的化妆技巧不好的话，也可以请专业的化妆师。最后，不要忘了走出去，好好秀秀你的新造型。

● Photo。每个女人都有个明星梦,看到杂志上,摆着很酷姿势的明星或模特,你一定感到心里痒痒吧。那还等什么,快去拍一套属于自己的写真集啊,然后挑几张放大,摆在房里最显眼的位置。

● Schedule。安排一个时间表,完全以自我为中心,千万不要心里想着"他说过要做什么",就把时间空出来给他。真正安排自己想做的事,而不是迎合他的时间去安排自己的时间。

Man's Talk

不是我想要做决定,而是我必须帮她做决定,否则她自己都不知道自己要干什么。其实这样一来,我的压力也很大,每天要工作,已经很辛苦了,除了要安排好自己的事情还要安排两个人的活动,帮她想好未来的计划,说实话,时间长的话真的让我感觉很烦很累。

Chapter 4

感情，就是要斤斤计较

女孩最喜欢在生日时收到男友送来的大束玫瑰，尤其在朋友或同事的面前，这让她的虚荣感超过了喜悦感。

相比于高级优雅的餐厅，女孩更喜欢味道可口的小吃，只要她一声令下，男孩就会陪女孩到拥挤的小巷去吃个够，虽然身上还穿着见客户的高档西装。

男友的女性朋友失恋了，女孩会大方地放走男友："那是你多年的朋友，这个时候你应该去安慰一下"。

男友从外地出差回来，礼物是女孩找了多年的一张绝版CD，女孩乐翻了天。

几年来，她错过了与高中同学的所有聚会，只因为那其中有她的初恋男友，她怕现在的男友"吃醋"，她放弃了自己固有的生活，跟他来到一个完全陌生的城市打拼，男友为了工作到处奔波，尽管她要忍受经常的分离，但因为这是他喜欢的事业，女孩也默默支持……

对于这一切的付出，女孩认为自己没有吃亏，因为她和男孩所有的行动都是基于爱的力量，在爱情世界中，不应当有任何计较和算计，什么都是理所当然的。当朋友劝诫女孩不要把时间和精力通通放在男孩身上时，女孩却说感情不能用时间和金钱来衡量，无论谁付出多一点，都是不应该计较的；女孩还搬出以上的种种例子来推翻朋友们的定论，以此来得出自己"并没吃亏"的结论。

女孩究竟有没有吃亏？

几年后，教堂里一对新人正在行礼，男孩牵起了新娘的手，带上闪光的钻戒，而眼前那微微翘起嘴角的却是另外一个女孩。

女孩拿着男孩的喜帖，看着那个讲好了要一辈子做朋友的男孩，笑得很不自然……

当男孩去安慰女性朋友时，她没有去计较；男孩没日没夜地工作而无法陪伴她，她没有去计较；女孩为了男友所牺牲的一切，她认为理所当然，没有去计较。然而女孩不知道，他们的感情就在她一次又一次的不计较中变淡、消失。

为什么不去计较？就像女孩说的那样，很多女人都认为感情的付出是理所当然，不应当去计算谁付出的多一些，谁又付出的少一些。但事实并非如此，在感情存在的时候不去计较，等到感情破裂了，再想去计较什么也都于事无补了。

这就像在一家正常运作的公司工作，不管这家公司的经营效益如何，作为员工的你都应当去争取自己的正当权益。做了什么样的工作就要得到相应的报酬，白干的事没人会干。但是如果等到公司破产倒闭的时候，再去计算自己做了什么应当得到什么样的报酬、职位，该向谁去申诉呢？

"恶魔"女孩从来不会在公司倒闭后抱怨自己丢失了什么权益，因为只要公司存在一天，她就会为自己的利益斤斤计较个不停。在无法衡量的感情世界里，"恶魔"女孩拥有一套自己的衡量办法：她不但要加薪，还要升职，最好整个公司的大权都牢牢掌握在她一个人的手中。

对于这样的女孩，就算男孩明明知道她会算计，也许自己会吃亏，却越想接近，越想大战三百回合，决出个胜负。而"恶魔"女孩却永远会坚持自己的原则：对待感情，一定要斤斤计较！

"恶魔"法则

"恶女心机"

● 永远保留点秘密。女明星总有不被分享的美容方法,因为这是她们永远比别人美丽的秘密。而"恶魔"女孩也总是深藏不露,永远有不为人知的秘密。如果男人想要用一些"女人都喜欢……"之类的规则来套住"恶魔"女孩的话,简直是死路一条,她们怎么可能如此轻易地暴露自己的秘密呢!"想要完全了解我,还是死了这条心吧!"然而,对于男人来说,恰恰也正是这群怎么也看不透的女孩才最有吸引力。

● 要就要占有。与人分享,绝不可能!无论是要好的异性朋友,还是青梅竹马的儿时玩伴,通通靠边站。"恶魔"女孩拥有极强的占有欲,对人对物都是如此,是我的就决不允许同他人分享。把自己的男友借出去安慰其他女人,这种事情在"恶魔"女孩的人生中绝对不可能发生。要就要占有,决不分享!

● 不做亏本生意。要我付出就要给我回报,"恶魔"女孩从不做亏本的生意。如果我抽出几个小时陪男友看电影,就要保证他会更爱我一些,否则,这几个小时我宁愿躺在家中看肥皂剧。

以看电影为例,"恶魔"女孩不会随随便便地消耗两三个小时只为了了解一个故事的剧情。在此之前她们会先做好功课。

功课一:从探讨电影的剧情到探讨自己和男友的关系,了解男友心中的想法。

功课二:选电影的主题,男主角深爱女主角的电影,让男人了解应当怎样去爱女人,从而牢牢抓住男友的心。

功课三:用电影表达自己不方便说的想法。也许自己为男友做了很多事情,但却不方便明明白白地跟他"算账",就借由电影的主题告诉男友"我也做过这样的'傻事'",让男友知道自己的辛苦。

……

总之，不做好功课，不确定自己的"收益"能够大于"成本"，"恶魔"女孩是不会轻易接下这宗"生意"的。

●保持矜持。即使被男人猜中了心思，心里乐开了花，也不会表现出异常的兴奋——这就是"恶魔"女孩的表现。要让男人知道，她可不是随随便便就能被打动的，这样的小伎俩就想让我吃惊得张大嘴巴，也太小瞧我了吧！

Man's Talk

女孩为了让对方爱上她而使出的小小"诡计"，在男人眼里，是可爱的小聪明。因为她们让我们觉得，对方很在乎自己，从而心生满足。如果男人也爱她，便会心甘情愿地跳进女孩设下的"陷阱"里自认倒霉。相比之下，她们的诱惑力可比那些呆呆傻傻，只懂得听从的女孩有意思多了。

不过，对于那些我们明明不喜欢，却还始终费尽心机想方设法想让我们爱上她的女孩，就没那么可爱了。她们的计谋，会让男人越逃越远，连朋友都没得做。

强扭的瓜不甜，这与女人是否会算计无关。

Chapter 5

爱我恨我都可以，就是别忽视我

当成双成对的男女出现在 party 或类似的场合，就会出现两种类型的女人。

一种女人会表现得很大度，给男人自由，让他可以随意地去跟朋友应酬寒暄，而不用刻意照顾女人。女人会露出善解人意的微笑说："去跟你的朋友们聊天吧，不用管我！"于是男人高兴地说了句"你真好！"就淹没到聊天的人群中，而女人会无聊地吃着东西、喝着饮料，她真的不在意，被冷落也没关系吗？当然不是，也许她会一次又一次地忍受，或者在心中累积怒火等待爆发……

其实当她说出"不用管我"这样的话时，女人所希望的是男人的反驳，"怎么可以不管你？"或者"我还是想陪着你"之类的话，"不用管我"只是对男人的考验。她怎么会不喜欢被重视，只是她更希望这种重视来自于男人的自愿。可惜的是，大多数男人都经不起这个考验，呆头呆脑地自顾自聊天去了，到最后面对女友的满腹怒气，还抱着一脸无辜的样子，让她哭笑不得。

另一种女人会明明白白地说出自己的想法：你要把我扔在一边自己去聊天的话可以，我会马上离开这里，并且发誓以后都不会再跟你一起出席这样的场合。想要把我一个人晾在这里，门都没有！当然，她可能会用一种温柔撒娇的语气传达给男人这一信息，让他自愿把她带在身边。这显然是"恶魔"女孩的

绝招。

"恶魔"女孩总是会想尽一切办法让自己不被忽视，甚至希望走到哪里都成为万众瞩目的焦点。不管是虚荣心在作怪，还是天性使然，"恶魔"女孩就是无法忍受自己被冷落、忽视的感觉，想要成为焦点，这已经变成了一种本能！

如果你不能把她当作焦点，"恶魔"女孩就会毫不犹豫地去寻找能够让她成为焦点的地方。

《Sex And The City》的女主角 Carrie 跟随俄罗斯男友来到了时尚之都巴黎，原本她以为自己可以为了爱情放弃一切，可是当她放弃了参加 party 的机会陪同男友去博物馆，却被冷落在一旁时，她才恍然大悟：她可以承受爱情上的伤痛，可以被爱或被恨，却不能忍受被忽略的感觉。

在巴黎，没人知道她的名字，她的书被丢在 party 后那脏兮兮的桌子上，这种被忽视的感觉，Carrie 是不能接受的。

放弃才华横溢的俄罗斯男友，放弃巴黎豪华的酒店套房，放弃与时尚之都亲密接触的机会，Carrie 毫不犹豫地离开了。因为她知道自己不能被忽略。她需要在感情受挫时好朋友们焦急和贴心的安慰；她需要读者们对于她的文章热情洋溢抑或针锋相对的评论；她需要被人争先恐后搭讪的 party；她需要永远不被忽视！

拥有和需要是两回事！女人可以拥有一些特质，但这和她们需要的并不冲突：女人有能力解决问题，但并不代表事事都要她们自己解决；女人可以拥有独立的个性，但并不代表她们不需要一个坚实的肩膀用来依靠；女人能够很坚强，任何挫折也无法将她们打倒，但这也并不代表在她们遇到困难时不要需要别人伸出援助之手；女人可以将自己照顾得很好，但这并不代表他们不需要他人的关注和关爱……

所以，当很多女人坚定地认为自己独立、个性，能够主宰自己的命运而不依赖男人的时候，他们就会主动把一切事情压在自己的肩上，什么事都是"放着我来"。渐渐地，男人们便会忘记了这些原本该由他们承担的角色，女人也就慢慢地被忽视了。

而"恶魔"女孩则完全不同。没错,男人不在身边的时候,一切大事小情的我都能够摆平,区区一只蟑螂有什么可怕,脱下鞋子用力把它拍扁;停电了就点上几根香烛,听听 mp3,也能享受美好的夜晚……但如果男人在身边,就要用大声的尖叫吸引男人的注意;停电了就要"啊"地一声的躲到男人怀里,让他知道当务之急不是寻找光亮,而是保护好这个"胆小"的女人……

不管因为我的胆小、麻烦而让你讨厌还是更加疼爱,总之就是不能被忽视!

"恶魔"法则

怎样才不被忽视?

要成为万众瞩目的焦点人物其实一点也不困难,自己不要忽视自己,这才是最关键的。有心成为焦点,做起来是轻而易举的事情。

●打扮要花工夫。内心的力量多么强大,都不能忘记用心的打扮,除非你是想以破破烂烂的装束吸引别人异样的眼光。在逛街时,穿着时髦,身材姣好的女郎连女人都会侧目欣赏,更何况是男人呢。所以,想要成为众人瞩目的对象,第一步就是要花些工夫打扮。

●保持精力旺盛。一个说话无精打采,或者独自躲在角落发呆的人,其他人对她的关注又会怎样呢?如果你想要成为焦点人物,就要保持十二分的精神。这并不是要你在任何时刻都神采飞扬,只是当别人同你交谈时,能够感受到你的精力旺盛和思路清晰,这便会给人留下深刻的印象。

●展现自己。一有机会就尽管展现自己。只有尽可能地为自己做广告和推销,才能够引起周围人的重视,所以,最好的避免被忽视的手段就是主动出击。

●消失一段时间。这一招是专门用来对付男友或老公的。如果你的任何举动都无法引起他的注意,那就不妨"出游"一段时间,当然并不是指离家

出走，而是精神出游。你可以不用专心地做你自己。偶尔忘记做晚餐，约会迟到，不再津津有味而是心不在焉地听他讲笑话，当他察觉你的异常，便会乖乖重视你、注意你了。

Man's Talk

　　女人需要男人是好事，因为男人也很享受这种被女人需要的感觉。不过，这种需要最好是从她们口中婉转柔媚地讲出来，如果是恶狠狠地命令，男人不仅不会产生丝毫照顾的兴趣，反而会觉得很烦——你自己都那么厉害了，还需要把我当作依靠吗？

　　小鸟依人般的撒娇声，永远比母老虎般的命令来得动听。

爱情篇
做爱情国度的恶魔

让他记住你的好
不如让他记住你的"坏"

Chapter 1

爱他，但不能宠他

女人会因为爱一个男人而对他百般照顾，同时她也希望得到同等的待遇。男人却不喜欢这样，他们会享受、习惯这种来自女人的"好"，渐渐地，他们忘记了好是出于爱，而把"好"认为是理所当然的事。即使是好上加好，也是平常，没什么值得注意或感谢的。

乔纳平时工作很辛苦，最喜欢的活动就是周末去钓鱼。从春天到秋天，几乎每个月他都会抽出半天的时间去钓鱼。女友苏珊是一个好帮手，会给乔纳准备好钓鱼所需的一切用具，包括配制专门的鱼饵，还要跟他一同去郊外，这样才能随时随地地照顾他。

这一次，他们换了个钓鱼池，为了打探钓鱼的环境，苏珊冲锋在前，终于找到了理想的地方。乔纳拿出工具准备享受垂钓之乐，突然发现鱼饵还是从前经常用的鲤鱼饵时，皱起了眉头："怎么是鲤鱼饵？这里大部分都是草鱼啊！"

已经累得一头汗水的苏珊刚刚坐下，却听到男友的责怪，便冷冷地说："你也没说要准备什么鱼饵啊？"

乔纳当然没话说，因为新的鱼池是他选的，哪种鱼比较多女友根本不知道，如果不是因为他喜欢钓鱼，苏珊哪里知道鱼饵还有鲤鱼饵、草鱼饵之分，尽管

如此，男友还是不想把责任归到自己身上，于是丢出了没良心的一句："那你怎么不知道问问？"

苏珊没说话，她懒得理他，用帽子盖住头，安静地在旁边睡了起来。大概是睡觉的时候吹了风，晚上回去的时候，她感觉头痛痛的。到家了，苏珊没有像往常那样马上给爱人准备洗澡水，然后带着他的战利品到厨房大显身手，而是一头倒在床上。

乔纳对她的这一连串行为当然是"看不惯"了——女人睡觉，谁来做饭？谁来放洗澡水？当然，他并不知道苏珊此时身体不适。于是男人将刚刚鱼饵的事也加进来，对苏珊一顿狂轰滥炸"你怎么这么懒啊？一进屋就睡觉，怎么不做饭……"

在完全没有污染的大自然呼吸，你会感觉肺部无比清爽，整个人都会清透无比。要如果更舒服一些，就去吸氧吧呼吸纯度更高的氧气。然而，这并不适合身体健康的正常人。因为一旦你呼吸过纯净的氧气，再回到平时有点儿污染的世界，便会觉得呼吸不畅了。

男人和女人的关系就像呼吸氧气，女人对男人好，男人便会觉得像呼吸无污染的氧气一样舒服，女人再体贴些，对男人更好一些，男人就像进入吸氧吧。这个时候如果女人对男人的好戛然而止，或者稍有间断，男人就会觉得一百个不舒服。

大部分的男人都不会感谢女人对他们的好，他们认为这是理所当然的，但当女人稍有闪失，令男人暂时失去这种"好"时，便会觉得这是女人的过错。

既然男人永不满足，那女人就不要无止境地付出。童话故事里总是王子为了得到公主的欢心而跨越重重阻碍，制造种种浪漫，可在现实生活中却总是相反。那些需要跨越障碍、制造浪漫的常常是女人，尤其是结婚后的女人。不仅如此，女人还要别出心裁、花样百出地做出"好"的表现来赢得男人的满足，尽管这种满足总是无止境的。

你还在以为，百依百顺就能够得到男人的心吗？

当人们去"挑战"一件事情时，就是因为它不是人人都能做到的，或者难度极高的，在挑战的过程中能够享受征服的乐趣。这也许就是登山爱好者永远把珠穆朗玛峰当作最难的挑战对象的原因。如果珠峰上装有缆车，只要想到顶峰游览，按一下电源，就能够坐在缆车里，一边观赏雪山风景一边向山顶前进，就不会有那么多人冒着生命危险去探索大自然的极限了！

在感情的世界中，男人同样喜欢"挑战"，这对男人来说是人类性情的极限，他们想要去完全了解掌握一个人，这种神秘和刺激会让他们的注意力高度集中。所以一旦他们完全了解了女人，也就如同登上了巅峰，很兴奋，但兴奋之后却没了目标。

因此，换作是"恶魔"女孩，她们绝不会对男人千依百顺、照顾有加。"恶魔"女孩才要扮演那个征服者的角色。

想去钓鱼？好啊，只要你不嫌累就尽管去，但是要我准备工具、鱼饵，还要陪同一起到现场，那就免谈。那又不是我的兴趣。我只想舒舒服服地待在家里听听音乐，看看电视。即使男人苦苦哀求，"恶魔"女孩也会冷冷地说："去那种地方要被太阳晒，被蚊子咬，我要用多少化妆品才能补救啊，我才不要去呢！"

回到家里就听到"恶魔"女孩大声命令："快点去洗澡啊，一身的鱼塘味，真不知道你是去钓鱼还是下水捉鱼了！"男人只能乖乖地自己放水洗澡。由于花了大半天的时间钓鱼，没能抽出时间陪女孩，还要精心准备一顿晚餐和几束玫瑰来哄女孩开心。

当然"恶魔"女孩并不是铁石心肠，看到男人工作的疲惫，看到男人对自己悉心的呵护，她会记在心上，只是她知道一旦自己表现出感动，给予回报了之后，男人便会变本加厉地想要更多了！

尽管如此，并不代表"恶魔"女孩会一如既往地对男人"狠"下去。偶尔，她们也会来点儿温柔体贴，让男人感动得眼泪一把鼻涕一把的。给男人买一根新式的渔竿当作辛苦工作的酬劳，或者在男人垂钓回来时，一进家门就闻到香喷喷的饭菜味道。男人便会惊喜万分，所有的感动涌上心头。

不过,"恶魔"女孩决不会让这样的事连续发生第二次,因为她们知道一次的惊喜是礼物,无数次的惊喜就变成习惯了,男人是宠不得的!

【"恶魔"法则】

男人眼中的两种女人——帮你认清自己!

男人眼中的几种女人

	"田螺姑娘"	"狐狸精"	二者结合
特征	相貌不必是如花似玉、倾国倾城,她们只需要满足一个条件,就是能够任劳任怨在家中相夫教子	泛指男人所钟情的一切东西	上得厅堂,下得厨房的完美女性,只是她们的稳定性极差,能不能做出一手好菜,要看她们的心情如何
需求度	★★★ 需求略高于"狐狸精"。因为尽管男人都会对外面的"狐狸精"垂涎三尺,但是正所谓"狐狸易得,田螺难求",能够死心塌地地在家中为男人操持家务的女人并不多见了!	★★ 尽管每个男人心中都有一个或几个对于"狐狸精"的幻想,但是真的要付诸行动,还真的需要考虑再三,况且有些时候,幻想的永远比得到的好!	★★★★★ 现在最缺乏的就是这种类型的女性了,她们既是具有高难度的挑战目标,让男人用什么样的招数都会觉得始料不及,又能够偶尔帮你照顾家务(完全凭心情),如果能够征服者这样女人,就是男人的梦想!
追随度	★★ 一旦男人能够掌控自己的需要,他们对于"田螺姑娘"的追随度就会下降	★★★★ 相对于"田螺姑娘"来说,"狐狸精"们有更多的新鲜感和挑战性,能够满足男人的欲望和企图心	★★★★★ 无规律可循,难度系数相当高,但是越难以征服的,就是越令人向往和追随的

你究竟属于哪种类型呢?

Man's Talk

不可否认，男人对女人的好会变得习以为常。不过这种情况并不见得只存在于我们身上。有时，对于我们男人的好，女人们不也同样置若罔闻吗？

其实，爱情的经营，不在于谁对谁更好一些，只要大家都能学会把对方的付出记在心上，哪怕只是口头慰劳几句，未尝也不是一种回报。

Chapter 2

让男人去遵守"三从四德"

自古以来，相夫教子就是女人的宿命，"三从四德"就是女人应当遵守的法律。如果女人没有好好地相夫教子，没有做到"三从四德"，就会落得一个坏名声，被人耻笑。

不知从哪一天起，"恶魔"女孩改写了自己的命运，将"三从四德"丢给男人，如果不做到，可不仅仅是名声面子上的事了！要是魔女们翻起脸来，可要男人好看！

Betty 不是上班族，可她那每天在商场打拼的老公却好像还没有她忙碌。Betty 在忙些什么？忙着办 party，忙着 shopping，忙着跟她的密友们打牌……但唯有一样 Betty 不会忙——做家务，那是她从不涉及的领域。

刚结婚的时候，Betty 干了几次家务活，不但摔坏了几套昂贵的碗碟，还弄破了手指，但她伸着包扎成了两倍大的手指，撅着嘴巴向老公诉委屈的时候，老公就决定再也不让她做家务活了。

为了避免 Betty 一个人无聊，老公经常会提议办些 party，召集 Betty 的朋友们来聚会、聊天。

是什么原因让老公如此宠着 Betty 呢，当然 Betty 有着自己的"秘诀"——

从心里疼爱老公。

每次 shopping 的时候，Betty 都不会忘记给老公买一条别致的领带或者一双新式皮鞋。虽然 Betty 也给自己大包小包地买了一大堆东西，可加起来还没有老公的一双皮鞋贵；在和家庭主妇们打牌的牌桌上，Betty 总不忘在"无意"中夸奖自己的丈夫，说他事业心强，工作出色，又懂得体贴老婆……羡慕得那些牌友们恨不得立刻回家把自己老公叫过来倾听教诲。不久，老公成了远近闻名的模范丈夫。

有 Betty 这样从心里疼爱自己，又懂得为自己赚取好名声的老婆，老公怎么会忍受不了呢！于是，对于不工作只花钱的 Betty，老公能"舍得"；对于 Betty 的不做家务，老公有"忍德"……

究竟"恶魔"女孩要男人要遵守什么样的"三从四德"呢？

三从：对女人要跟从、服从、盲从。

跟从：女人走到哪里，男人就要跟从到哪里。一个女人出门行走，有很多不方便和不安全，尤其是走夜路，所以，无论女人走到哪里，男人都要跟在身边。女人外出会友时，男人要扮演司机的角色；女人逛街时，男人要耐心陪伴；女人来到陌生的街道，男人要充当地图……

服从："恶魔"女孩最讨厌的就是女人说什么，男人总是摆出一副大男子主义的样子，发表反对意见。想要显示你的才华横溢还是知识渊博，就算是女人说错了，也不能反驳，不能纠正，女人说的话就是真理。所以，男人要遵守的第二从就是无条件服从，不管女人说的对错与否，都要坚决执行。

盲从：与服从有些类似，就是要男人学会装傻。不管"恶魔"女孩的行为或语言犯了什么错，都不能纠正，还要帮她收拾残局，将错误揽到自己身上，总而言之一条原则：抛弃男人的自尊，坚决维护"恶魔"女孩的面子！

四德：要有"等德"、"舍德"、"忍德"、"记德"。

与道德不同，这新"四德"并不是每个人的日常行为规范，它们只是对男人行为的评判标准。

"等德"：约会时间到，女人还没有来，如果男人没有等待的耐心，"恶魔"女孩就会对这个男人毫不犹豫地说"不"。女人在约会之前要准备很多事情，化妆、挑选衣服和配饰、设计发型，这些可都是大工程，如果因为迟到了一会儿就怨声载道的话，这个男人就是没有"等德"。

"舍德"：花得再多，也舍得送，再贵的衣服，也舍得买。如果陪着女人逛了一天，却一无所获的话，"恶魔"女孩是绝对不会高兴的，就算没有自己看中的东西，男人也要挑选一份礼物送给女人。如果女人看到了中意但价格昂贵的东西，男人可不能听着女人念念叨叨好几遍也无动于衷，这样下去，"恶魔"女孩可真要发飙了！

"忍德"：对于"恶魔"女孩的唠叨打骂，男人要通通当做没听见、没看见、没有感觉到，有的时候甚至要配合演出，表现出被打的动作和声音，让"恶魔"女孩过瘾。如果因为这样的小事，男人抱怨个没完没了，就是缺乏了"忍德"。

"记德"：不管是女人的生日、两人的纪念日，还有各种各样的节日，男人都应当记得送给女人一份礼物。尤其是生日和纪念日，这是跟两人息息相关的重要日子。如果忘记了，那就等着好看吧！

"恶魔"法则

男人有"三从四德"，女人该怎么做？

要男人遵守"三从四德"？当然不能凭借他们的自觉行动了。要如何才能从一个被约束、被遥控的被动者变成一个遥控他人、约束他人的控制者呢？看看如何让你的男人臣服于"三从四德"之下吧！

● 跟从。告诉男人，如果他不跟随你出门，你所有可能遇到的危险都将怪罪到他的头上，保护你是他的责任。

● 服从、盲从。如果他当众揭了你的短，回家后就让他好看，不管是耍小孩子脾气也好，闹情绪也罢，总之要冷却几天，让他尝尝跟你作对的苦头。

● "四德"。对女人的疼爱怎么都不嫌多，要让他重视你，激发他内心对你的保护和疼爱。当你约会迟到了，他正想发火时，你可以嗲声嗲气地说："为了让你看到我最美的一面，打扮花了太长的时间，所以来迟了，你不会介意的哦！"你这样说，他当然不会介意了。

总之，要软硬兼施，根据男人的实际情况，制订相应的战术，让他们臣服于新的"三从四德"约束之下。

Man's Talk

男人倒不是不能忍，关键要看自己忍得值不值。如果女人不仅要让自己干这干那，还成天责备来责备去，在外人面前毫不给自己面子，这种女人，恐怕没有男人会忍受得了吧。

还是Betty有办法，她抓住了男人的"软肋"，让他觉得，自己虽然辛苦，但老婆还是爱自己的。这样一想，心理当然平衡了不少。

所以，既然要让我们忍，就要给我们足够的甜头！

Chapter 3

做个可爱的"野蛮女"

男人霸道还是女人霸道？通常男人的霸道容易表露出来，而女人的霸道则是毫无声响的。男人爱女人，就会把她的霸道看做撒娇，把女人的命令看成是自己的义务。

吵死人的闹钟响了，老公推了推老婆，"起床了，你不说要早起的嘛！"

老婆用被子捂住耳朵，"快关掉，别吵，让我再睡会儿！"

老公很固执，用屁股顶了顶老婆："快起来吧！要迟到了！"

老婆依然无动于衷，"别吵！"

十几分钟之后，老婆突然惊醒，看了看闹钟："怎么不叫我？要迟到了！"

老公无奈地看着老婆："叫你叫得我嗓子都快哑了……"

老婆已经冲出家门了。

没错，就算你喊过千百遍，没有把老婆叫醒那就算没有叫过，男人看到这里开始喊冤，叫得时候说要"再睡会儿，不让叫"，起来了又说"没叫"，做男人真命苦！

"恶魔"女孩，似乎就是喜欢这样霸道。但是女人霸道一点又何妨？对男人来说，他们喊着"命苦"的同时，不仍旧乐不可支地跟在女人屁股后面么。

这说明，他们心里还是享受女人这样的霸气的。

就像电影《河东狮吼》中的一段经典台词。

从现在开始：你只许对我一个人好；

要宠我，不能骗我；

答应我的每一件事情，你都要做到；

对我讲的每一句话都要是真心。

不许骗我、骂我，要关心我；

别人欺负我时，你要在第一时间出来帮我；

我开心时，你要陪我开心；

我不开心时，你要哄我开心；

永远都要觉得我是最漂亮的；

梦里你也要见到我；在你心里只有我。

这样的霸道是每个女人的梦想，但是"恶魔"女孩能够恰如其分地将自己的霸道表现出来。

霸道归霸道，也不要太直接地表达出来，如果一股脑地将自己的霸道想法呈现出来，可能会让男人无法接受。"恶魔"女孩会将霸道化作千丝万缕，一丝一缕地植入男人的心里，等到男人完全理解了你的意图时，Sorry，为时已晚，他对于你的霸道想法已经完全习以为常了。

也就是说，霸道也是一个过程，要在不知不觉中渗透。并且要注意，即使最终的结果是"无理"的要求，也要让要求的过程变得"有根有据"，比如下面的这位"恶魔"女孩。

老公和老婆平日里都有自己的工作，下班后都是累得如同一摊烂泥，所以家务活不可能全部包在一个人身上，于是老公和老婆决定采用最古老又是最先进的方式——分工。

于是掌握家中大权的老婆开始"合理"分工：

"老公，脏活累活应该是男人干的哦！"

"对!"

"所以,拖地,刷马桶,擦桌子、椅子、沙发……这些活都是你干了!"

老公点点头,这有什么,擦擦洗洗的小事。

老婆继续分工:"你的理工科比我学得好,为了避免破坏家中设施,所以带电的工作也是由你来做喽?"

老公说:"当然,你那笨手笨脚的样儿!"

老婆瞪了老公一眼,接着说:"男主外,所以跟外人打交道的工作也是交给你!"

老公仔细想了想,家务活中还能有什么跟外人打交道的呢?于是点点头说道:"好吧!"

"也就是说,"老婆坏坏地笑了一下,"买菜、交水电费、取报纸……这些都是你的事了!"

老公一愣,"买菜怎么也要……"

"你都答应了,不能说话不算数!"老婆严肃了起来。

"好好好,没有了吧"

"急什么啊!厨房的油烟大,你可不想我提前步入满脸皱纹的年代吧!那样我可没脸见人,只能在家待着了!"

老公张大了嘴:"所以?"

"所以,做饭也得你来干!"

"那你呢?你干什么?"

老婆微笑着靠在老公身上:"我要干的也很多呢,我要在你干活的时候陪着你,监督你干活的质量,你干得好了我还要夸奖你呢!如果你干得好,说不定,我还会奖励你……"说完,冲老公抛个最"狐狸精"的媚眼。

老公很无奈,没办法,谁让自己娶了这么一个霸道的老婆呢!已经习惯了。

如果老婆从一开始就跟老公挑明,自己什么家务活都不想做,老公也许不会答应,至少要跟老婆谈判,要她至少做一两件家务。而老婆的做法不但给了自己冠冕堂皇的不需做家务的理由，更让老公难以拒绝。难道老公希望老婆去做又脏又累的活吗？希望老婆常跟外人打交道成为"主外"的人吗？希望老婆提早衰老、满脸皱纹吗？当然不希望，老婆说的确实句句在理，老公也没什么好辩解的，只好接受！

"恶魔"法则

20条原则，让男人知道"恶魔"女孩的"霸道"。

1. 当我哭的时候，不管是谁的错，你都一定要哄我哄到我开心。

2. 我可以看着帅哥目不转睛，但你不能盯着美女看个不停。

3. 陪我逛街时，必须要注意自己的言行举止，要保证符合我的形象。

4. 虽然我不是全世界最漂亮的，但是你必须称赞我，多夸张都无所谓，但要表现出是发自内心的。

5. 我的任何变化，即使是做了新的指甲图案，你都要能在第一时间发现，不要等着我说"你才发现啊！"这样的话。

6. 要铭记我的生日和所有的纪念日，并且保证每次都要给我惊喜！

7. 无论我在同你谈论什么话题，即使是关于女人的护肤品牌，你也要认真倾听，不管是真的还是装的。

8. 我心情不好的时候可以大发脾气，但你只能偶尔向我诉苦，坚决不能发脾气。

9. 手机要保持24小时开机，保证我随时能够联系到你。

10. 我煮的饭，不管味道如何，都要表现出非常可口的样子，并且统统吃光。

11. 要欣赏我做的事，我的爱好也要成为你的爱好。

12. 不要说"随便"、"什么都行"一类的话，我没主意的时候你要坚定地给我方向。

13. 如果我要减肥，你要说："一点也不胖，减什么，就喜欢你现在的样子！"

14. 你可以有朋友，数量不限，但坚决不能有红颜知己，一个都不行。

15. 在任何场合都要以我为中心，绝不能把我一个人丢在一旁。

16. 当我把自己跟其他女人作比较时，不管是明星还是身边认识的人，都要无条件地夸奖我。

17. 我说过的话要记在心上，不能当做耳边风，否则我会发疯。

18. 不可以嫌弃我不会做家务，相反，如果我不会做，你就要学着做。

19. 你可以陪自己的朋友，或拥有热爱的事，但一切都要以我为中心。

20. 我疲惫或生病的时候，要悉心地照顾我。

Man's Talk

没人愿意承认自己喜欢霸道的女人。可问题是，现在男人身边的女人很多都有点霸道。

其实，霸道一些倒也无所谓了，就像那句经典的话，"男人倒不是怕了女人，论身材，论力气，男人是丝毫不用畏惧霸道女人的，可我们表现出来的听从，不过是对她们的宠爱、呵护罢了"。

聪明的女人当然知道这一点，所以在霸道的同时，也懂得温柔体贴。至于那些真以为男人就是对他越凶恶，他就越软弱的傻女人，什么啥也不用说了！

Chapter 4

伤害不是必需的，有时却让人刻骨铭心

在香港 TVB 电视剧《金枝欲孽》里，御医孙白扬可以说是一个炙手可热的男人，受欢迎的程度甚至超过了皇帝。这个不争官位、不为钱财名利的才子成为许多妃子的偶像和理想对象。当然，争夺孙白扬的"战争"最主要还是发生在两位实力相当的贵妃之间。

尔淳和玉莹是同时进宫的秀女，虽然经历了不同的"选秀"之路，又经历了不同的挫折，但最终她们还是平起平坐地当上了贵妃。

从一开始尔淳就对孙白扬爱护有加，处处协助、保护，而玉莹却恰恰相反。尽管如此，孙白扬自己也有中意的对象——不是那个对他"好"的尔淳，而是那个对他"坏"的玉莹。

按照常理判断，男人怎么会对伤害过他的女人念念不忘？尽管《金枝欲孽》是个虚构的故事，但这种情况在生活中却并不是稀奇古怪的事。

回想旧同学或朋友的事，分别列出你记忆中他们的优点和缺点，做过的好事和办过得糟糕透顶的事，哪一项比较多呢？一定是坏的一面！因为人的记忆就是会对坏的事物印象深刻，而对好的事物会淡忘得比较快。

这就能够解释为什么一个男人，越是遭到了一个女人的伤害，就越是对她

念念不忘，开始，不相信女人能够做出伤害他的事，到后来却渐渐淡忘自己为什么被伤害，怎样被伤害，只记得这个女人了。

过程总是会被淡忘的，而人却永远铭记于心。这也就是当下最为流行的一句话，"女（男）人不坏，男（女）人不爱！"

伤害是令人难忘的，尽管如此，并不是要每个女人都绞尽脑汁地去做伤害男人的事。"恶魔"女孩要做的只是不要对男人太好，要耍些手段，让男人臣服而已。

● 眼泪是迷魂药。女人的眼泪总是让男人招架不住的，即使"恶魔"女孩做了伤害他的事，就算当时他对女孩恨之入骨，当看到女孩眼中晶莹的泪水一串串流下的时候，他的心结会立刻解开，不仅原谅女孩造成的伤害，还会主动帮女孩拭去泪水。

● 温柔的道歉让人销魂。对付那种"面子感"很强的男人，只要给他们个台阶，就很容易让他们放松警惕。所以，面对这样的男人，"恶魔"女孩会拿出最温柔的强调，可怜巴巴的表情，让人销魂的语气道歉，即使道歉并不是发自内心的真诚的悔过，男人也会变得不知所措，只有乖乖地臣服。

● 强硬到底。"恶魔"女孩最擅长的功夫就是"太极"，她们将"以柔克刚、以刚克柔"的绝招用到了淋漓尽致。对付刚性比较强的男人，她们就使出眼泪和温柔的杀手锏，而对于那些性格中带点温柔的男人，她们便会强硬到底，是我伤害了你又怎么样？男人如果怕失去女孩，就会被她的强硬吓倒，不得不接受被伤害的事实，老老实实地跟在女孩身边。心里面也不得不无奈地说一句："我的老婆是大佬！"

"恶魔"测试

你对男人的伤害程度有多深?

在街上心血来潮买来一幅壁画,你会把它挂在什么位置?

A. 客厅的墙上

B. 卧室的墙上

C. 餐厅的墙上

D. 窗边

测试结果

A. 伤害等级 ★★

你个性单纯,思想也比较保守,加之外表看起来温柔体贴,属于对男人百依百顺的女人。所以,基本上,男人认为你是那种比较安全的类型。正因为如此,只要你稍微做出一点有伤害性的事,就会让男人觉得杀伤力极强。所以,你对男人的伤害并不在于你本身做了多过分的事,而是在于男人对你所做的事的意外程度。

其实,从你散发出来的魅力和平日里的所作所为就能够感觉出你拥有一种让男人难忘的特质,只要不做出惊天动地的过分伤害,小小的一点皮外伤既不会让男人彻底灰心,又能够让他臣服于你,这是你的优势所在。

B. 伤害等级 ★

对男人来说,你的任何行为都是不具备伤害性的。因为你本身就是一个传统、保守的人,尽管你也很崇拜那些潇潇洒洒的"恶魔"女孩,但似乎同样的方法用在自己身上就不奏效了。你也曾经尝试过狠下心来,摇身一变成为让男人"恨"之入骨的女人,但计划总是以失败告终。

不用绝望,虽然你的思维方式传统,主观上改变的愿望不能如愿以偿,但也并不是没有办法成为一个狠角色。你的问题在于"急于求成",你看到的、

想到的、想要做到的都是一些狠中之狠的角色，这对于表现一向温文尔雅的你来说自然是有些难度的。

C. 伤害等级 ★★★

你是一个懂得进退，能够将自己的魅力散发得恰到好处的女人，因此你也懂得拿捏伤害男人的分寸。刚好戳到他的痛处，但留有余地，不会让他痛不欲生，这是你的绝招。所以，对于男人来说，你就像一块磁铁，并且磁场能量十分强大，一旦男人跨入了你磁场所在的区域，就会慢慢被你吸引，即使他最终被强大的磁场吸附而遍体鳞伤，也会难忘于你的吸引力。

D. 伤害等级 ★★★★★

你就是那种已经修炼成精的"恶魔"，你拥有迷惑男人的魅力、技巧和手段。只要是你想要的男人，他就别指望能够逃出你的"五指山"。正因为如此，当你觅到新欢而抛弃旧爱时，也会给男人造成巨大的伤害。即使如此，他也不会对你留有恨意。

Man's Talk

女人的"坏"，对男人来说往往是致命的毒药。女人会娇滴滴地伤害男人，却让男人宛若在温水里游泳的青蛙，明知道结局如何，却不由自主，无法跳出女人的温柔。

所以，男人往往对抛弃自己的女人念念不忘，即使有了一位体贴关爱自己的新女友，在他心理，最深处的位置仍旧是给那个伤害过自己的女人留的。没办法，还是那句话——越伤害，越难忘。

毕竟，受伤程度和男人对女人的爱慕程度很可能是成正比的。

Chapter 5

没有意见，不代表没有主见

好不容易到了周末，这个周末男孩和女孩都有时间，于是两人决定好好度过：先去大吃一顿，然后看个电影，再去散散步，多美好的一个周末啊！

"你想吃什么？"女孩问道。

"随便，你决定吧！"男孩的焦点还在想电影上。

"吃火锅吧！"女孩看到了一家火锅店的优惠信息。

"又吃火锅啊！前两天才和同事吃的！"男孩一副为难的样子。

"那去吃湘菜！"

"附近也没什么好吃的湘菜馆啊！"别走远了，就在附近找一家算了！

"那你说吧，吃什么？"女孩有些不耐烦了。

"随便啊，你决定啊！"男孩一副无所谓的态度。

"那就吃火锅，那边转过去就有一家！"女孩坚定地说。

"你想吃啊！"男孩又问道。

"我随便啊，你决定吃什么吧！"女孩不管了。

……

两个人因为吃什么的问题争执了快半个小时，最后还是男孩决定去吃海鲜

了。

也许在这个男孩眼里，女孩是没有主见的，尽管她提出了很多建议，但那不过是建议，最终的决定权还是掌握在男孩手中。但这只能说明女孩对于吃什么没有意见，只是"随便"，但并不表示她做事没有主见。

之所以在吃什么的问题上，女孩并没有坚持最初的想法，那是因为这并不是什么要紧的大事。想吃什么，不吃什么都无所谓。今天不吃，可以明天去吃，明天没时间可以后天去吃。这样的事，提不提意见都不会造成什么严重的影响。既然如此，为什么不落个清闲，把费脑子的事情留给别人去做呢。

可是，没有意见，并不代表没有主见。

至少，女孩在众多的追求者中偏偏选择了男孩，这难道不是主见？在工作中，女孩作为团队的负责人，成功地完成了多项策划，这难道不是主见？在家人和男孩都反对的情况下，女孩毅然选择了现在的这份工作，而且干得有声有色，这难道不是主见？

如果女人没了主见，自然是可悲又可恨的，因为就连她自己都不知道自己要做些什么，应当怎样去爱自己、保护自己。但有主见的女人也并非时时想要表现自己的观点。女人不发表言论，表示她没有意见或不想表达自己的意见，这大多是因为那些事都是无关紧要、可以迁就的小事。在大事面前，在明确的立场面前，女人决不手软。

上天赋予了女人温顺乖巧的性格，也让女人被冠上了优柔寡断、逆来顺受的负面形象。但这并不能阻挡女人成为内心独立，有自己想法的坚强个体。

"恶魔"女孩一辈子都在勤于思考，因为思考让她懂得如何为自己做决定，做一个有主见的女孩。

在工作上，她会认真思考自己的兴趣所在，适合什么样的工作，怎样的工作才最有前途。

在感情上，她会冷静分析，什么样的男孩适合自己，自己又需要什么样的依靠，在两个人的关系中，自己应当如何定位。

在亲情上,她永远都知道,那些唠唠叨叨听起来逆耳的话语,永远都是忠言,尽管她偶尔会表现得不耐烦,但永远都不会不放在心上。

在朋友上,她能够分辨出什么样的朋友是酒肉玩乐的朋友,怎样的朋友是可以倾谈的真心伙伴。

对待任何事情,她都有属于自己的视角和方法,她的决定也是属于自己的决定。

"恶魔"法则

如何变成有主见的"恶魔"女孩

● 充实头脑。这一点必不可少,有些时候女人没有主见是因为她们担心判断失误。而判断失误的原因无非就是对情况不了解和没有经验。

对情况不了解,就要想办法了解,读书、看报,通过各种信息渠道去加强对情况的了解,补充知识;而经验是比较棘手的,当然不能通过无数次的成功或失败的教训来积累经验,于是通过书本、报纸杂志来了解别人的经验便成了首选的方法。

● 实际行动。只有理论却没有实践就是空想、空谈。所以,一旦你储备了一定的知识和经验,就要着手行动,继而对你人生中的事情冷静、客观地分析,并得出结论。

如果你担心这样做可能会对自己的前途造成"深刻的"、"不利的"影响,那就不妨先拿别人的事练习一下。

这当然不是要你去对别人的生活指手画脚,而是尽可能地了解状况,默默地做出判断,可以给别人适当地提出意见,最后再来验证自己的决定是否正确。

经过这样的锻炼,你就能够建立自信,为自己的人生做决定了!

Man's Talk

男人大多会喜欢那些没有主见的女人，因为这样她便可以任由自己摆布，不用担心她会变心，不用担心她会对自己有所怀疑，不用担心她会造反。正因为如此，男人有时也会不喜欢这一类型的女人，因为大多时候要为她操心，她生活中的大小决定全部要男人来做，要决定自己的人生就够辛苦的了，还要承受双人份的，这太辛苦了！

所以，我比较喜欢那种会倾听我的意见，但自己能够独立做决定的女人。这让我感觉在她心中我有一定的地位，但又不会太累，一切都是刚刚好。

如何散发女人的魅力

Chapter 1

善意谎言是一种艺术

女人什么都好：对工作，她兢兢业业，业绩突出，经常是老板表扬的对象；对家庭，她尽心尽力、无微不至；对男人，她更是好得没话说，就连男人自己想不到的事情她都能考虑周到，让男人毫无后顾之忧。但就是这样的一个"完美"女人，却把男人惹火了。

"真受不了你！"男人放下碗筷，赌气地离开厨房，一摔门进了卧室。

女人被她这莫名的行为吓到了，男人这是怎么了？自己白天在公司做了一大堆的事情，回到家一刻都没休息就开始忙着洗菜煮饭，自己毫无怨言，男人倒是发起脾气来了。女人不禁感觉怒火中烧！

女人推开卧室的门，看着满脸怒气的男人，没好气地说："你发什么疯？"

似乎预料到女人会"追杀"进来，男人像洪水般把肚里的苦水怨言一股脑地说了出来，"我真的那么不堪、那么糟糕吗？在你眼里我什么都不是，怎么都不好。"

"我什么时候说过你不堪，你不好了？我刚才不就是说让你不要饭前喝水，这对胃不好，这不都是为你好吗？"

"是，为我好！"男人恶狠狠地说，"前两天我们在楼下的餐厅吃饭，你在公共场合那么大声地说我脚臭，今天那个餐厅的服务生在超市遇见我都故意躲着我走；上个星期我同事来家里，你偏要把帮我设计方案的事说出来，现在公司的人都觉得我是一个只能靠老婆，自己没本事的窝囊废。这样的事还用我给你一一列举吗？"

"难道我说错吗？你本来就脚臭，那个方案的创意的确是我提出来的啊！"女人毫不示弱。

"没错，你当然没错了，你什么都没错！一切都是我的错，我不应该看着你越来越壮，还夸你身材好，变丰满了；我也不应该看你越来越重的黑眼圈硬说不用化妆就有烟熏装的效果；刚结婚那会儿，你明明做的菜都快咸死了，我还说好吃死撑着吃完……这都是我的错，我太虚伪了！"

"你……太过分了！"女人不知是生气得说不出话来，还是被反驳得无话可说，狠狠地关上了房门。

女人坐在客厅的沙发上，电视节目里人们笑得直不起腰，可女人却完全没有留意到。想着刚才男人说的那些话，是不是自己真的做错了什么？

说真话不是女人的错，可有时候男人需要的是一句谎言。

没有一个女人喜欢听到男朋友或老公说自己太胖，身材不好，尽管她的确如此；当男友违心地说着自己比任何女明星都漂亮，即使自己知道他在撒谎，也会乐不可支。女人不喜欢被骗，但却需要谎言；男人也是一样，尤其是能维护他"面子"，可以让他得到被尊重感的谎言。

"恶魔"女孩善于制造谎言。她当然不会抱着什么"邪恶"的目的，让男人落入自己的圈套。不过，她清楚每个人都有弱点，就算自己都一清二楚自己的臭毛病，也不希望被别人提出，这会让人感觉没面子。尤其是爱面子的男人。有些时候，面对一些无伤大雅的小事，编造一些谎言，能够让男人更有面子，也会让他暂时躲避不堪的现实。

恰当的说谎是门艺术，"恶魔"女孩就牢牢地掌握了它。什么时候该讲谎话可以达到自己想要的效果，"恶魔"女孩都能够把握得恰如其分。当然，"恶魔"

的谎言可不仅限于赞美和鼓励，有时候，适当的"打击"也会让男人变得服服帖帖！

女孩的男朋友非常"好色"，每次走在大街上，他的眼睛总是会不由自主地飘到那些打扮时髦、扮相出众的女孩身上，尽管女孩知道"爱美之心，人皆有之"的道理，也知道男友不过只是看看，真的让他出轨，他也没有那个胆量，但这样的表现也让人很不舒服。

一次，他们正在逛街，突然迎面走来几个热辣美女，男友一边目不转睛地盯了上去，一边还捅捅女孩说："看，我觉得中间的那个最漂亮，你觉得呢？"

女孩心里的火都快烧到嗓子眼了，"真是丢人，怎么还好意思跟我讨论啊？"女孩心里嘀咕着，但她并没有表现出一丝生气的痕迹，而是笑着对男孩说："我觉得右边的那个更漂亮些，也更有气质。"

本来只是随便说说，并没有指望女友能回应的男孩惊讶地看着女孩，"我女朋友就是不一样，心胸开阔，不像Jack的女朋友，上次他只是偷偷瞄了一眼美女，就被女朋友一顿臭骂！"

"我不光想要臭骂你，我还想暴打你一顿呢"，女孩心里恨得咬牙切齿，可还是微笑着说："我怎么会不知道爱美之心，人皆有之的道理呢。你爱看美女，我也爱看帅哥啊，大家彼此彼此嘛！"

男孩的表情有些不自然了，怎么她也喜欢看帅哥吗？自己怎么没发现？

女孩看到男孩的脸色，补充道："我看电视时，那些男明星出来我不也是目不转睛嘛，我才不介意你看美女呢！"

女孩的补充让男孩"暂时"放宽了心。但接下来女孩的一系列行动却让男孩冷汗连连。

女孩也变得"好色"起来，拉着男孩看帅哥，还时不时地冒出一句："你的鼻子要是像那个人一样挺就更好看了"、"那个发型真酷，你也应该理一个"……

看着男孩那笑中带苦的表情，女孩心里真是乐开了花，"跟我斗！"女孩已经开始给自己庆功了。

其实在女孩的眼里,男孩是最帅的了,鼻子挺得刚刚好,发型也帅气极了,但她偏偏要说那些话,作为对男孩的惩罚。

这一招果然奏效。"你不是要疯狂抢购吗?还不快点儿,一会好东西都被抢完了!"男孩边说边拉着女孩向商场飞奔,哪还有心思看什么美女,身边的这一个还不够麻烦!

如果女孩看到男孩看美女便实话实说,指责男孩,那么结果不是男孩心里抱怨,就是两人当街大吵一架。但女孩说了几个小谎,却轻松解决了问题,还让男孩更专注于自己。这就是"恶魔"女孩说谎的艺术。

"恶魔"法则

说谎不是无奈的选择

大部分的男人喜欢运动,而女人若不是为了保持身材绝对会忘了世上存在"运动"二字。但是,如果女孩坦诚地对男孩说:"我不喜欢运动,更不喜欢你为了运动而忽视我的存在";"真想不明白你竟然为了看那22个人围着一个球满场乱跑的运动而忽视我的存在!"男孩心里一定会非常不爽。

有些时候一些想法是见不得光的,你不能告诉男人,你不喜欢他看其他女人,你不喜欢他看球赛,你不喜欢他总是有见不完的朋友……

这种情况,女人只能说谎,但对于"恶魔"女孩来说,说谎可不是为了维持两人关系的无奈选择。只不过对付男人,她有更好的办法。

说谎的情景	"恶魔"女孩的善意谎言	可以怎样做
到了球赛频频的季节,男人常常为了看球赛,把送来香喷喷饭菜的女友晾到一边	我不打扰你了,你好好看球……(放下饭菜离开)	不管是真的忙碌还是装作忙碌,都要在男人看完球赛打来电话或者找上门来的时候,自己看起来像忙疯了一样。然后用非常抱歉的语气说:"对不起不能陪你了,这两天事情特别多,等我忙完了找你啊!"这样,男人便会从一些无关紧要的比赛中"解放"出来。千万不要指望他放弃所有的球赛来陪你,就像女人对化妆品的固执一样,男人对运动也是执著的
明明自己说的是错的,却偏偏固执地认为自己所说的就是真理,这是很多男人大男子主义的表现	"嗯,你说得对!"	没有夸张的赞同,也不会强烈的表示反对,在这种情况下,与其提高音量同男人争辩,倒不如卖他个面子,让他日后自己发现自己的错误。反正面子也不能当做保养品来用
男人是个一穷二白的有志青年,虽然现在囊中羞涩,但将来绝对前途无量	"我爱的是你的才华。" "我不介意你有没有钱。"	不爱钱,鬼才相信呢。"钱不是万能的,没有钱是万万不能的"。只是在这种情况下,"恶魔"女孩从不会以势利的眼光来看待问题。最好的办法是激励男人的斗志,让他充分地发挥潜能,尽快地把自己的才华转化成实际的收入,这可比无时无刻的抱怨更有效果

Man's Talk

我承认,谁都爱听恭维的话。尤其当这些赞美的话从女人嘴里说出来的时候,会让男人有被尊敬、被崇拜的感觉。当然,这不是说女人不能批评男人,只是无论他多么的不堪,最好在公众场合,用善意谎言给他保留一点面子。如果他被人瞧不起,选择他的你,是否也在别人眼里很失败呢?

至于用谎言"打击"男人,此法可行,但须谨慎!

Chapter 2

挠挠他心底里最痒的地方

当你身体某个部位奇痒难忍的时候,如果能挠上一挠,那种感觉,自然是比三伏天吃了冰激凌还要爽。

男人面对女人,也爱"犯痒"。他的"痒症"因人而异,可能是想看到性感的女人,也可能希望享受伴侣的"亲密服务"……他很矛盾,行为上爱着不那么容易屈服的女人,心底却希望她变得如同猫咪一般温顺可人——这种征服的欲望,恰恰就是男人"痒症"的根源。

自然,不能让男人们那么容易"止痒",否则他又如何能察觉女人的可贵。可是,又不能任由他一直"痒"下去,万一半路杀出一个更善于"止痒"的"程咬金",岂不等于拱手把他让了出去?要知道,在欲望面前,男人的意志力有限得可怜。

既然是"恶魔",我们又岂能容忍这种事情发生。其实,适当地满足一下他的欲望,不仅不会让他厌倦,反而会增强你的吸引力。吃过了山珍海味,还会记得残羹冷炙的味道吗?当然,前提是别让他吃腻了就行。所以,面对"痒痒"难忍的男人,适当地给他挠一挠,让他在满足的同时感恩戴德,又不会因此忽略你的付出。这才是"恶魔"女孩的"挠痒"大法。

米雪就是一个善于"挠痒"的女人。

别看她平时一副凶巴巴的样子对男友阿乾呼三喝四，却会在他生日、圣诞节、纪念日或者别的什么时候，小小地改变一下。她知道，男友喜欢贤淑听话同时兼具狂热性感特质的女孩。所以，她偶尔也会恰如其分地挠挠他的这两处"痒穴"，让他好好地舒坦一下。

比如，她可能会在心情好的时候，在阿乾下班后帮他脱掉外套，细细整理后挂在衣架上。然后像变魔术一样地从厨房里端出一锅热气腾腾的涮羊肉，贤惠得像个温柔的小媳妇一般。

或者，她也可能在憋了阿乾半个月后，突然换上一套小有诱惑的薄纱睡衣，然后在满眼欲火的男友面前大肆地展露一番女人的柔媚曲线，让对面那个家伙兴奋到鼻血横流。

当然，对阿乾而言这种待遇可遇而不可求。如果他在享受一次之后再次要求，那么结果可能是很长一段时间再也得不到类似"奖励"。

"恶魔"女孩知道，让男人死死爱上自己的秘诀就是典型的2/8理论——在他的十次要求中，有八次得不到满足，一次痛快淋漓，一次半推半就。于是，男人既尝到了甜头，又懂得了甜头的珍贵，他能不乖乖听话么？

"恶魔"法则

"恶魔"们首先得找到男人的"痒穴"，才能选择恰当的方式去挠。所以，我们不妨分析一下，男人常见的"痒穴"有哪些？

● 喜欢漂亮MM 没错！任何一个正常的雄性灵长类动物，都绝不会反对自己身边有美女萦绕。于是他常常被女人冠以"好色"的头衔。可，哪个男人不好色呢？于是，这恐怕是所有男性共有的一个"痒穴"了。挠这种痒穴的方法也最简单，随时把自己打扮得漂漂亮亮的就可以了。只要你给了他美的享受，让他帮你掏钱买化妆品、漂亮衣服也心甘情愿。不过，前提是别让自己的风格太单调，否则再漂亮的 MM 看多了也会让对方失去感觉。多尝试不同的造型，做个七十二变的小魔女，让他记不起来自己居然还有"审美疲劳"这种功能。

● 希望爱人温柔体贴。男人喜欢享受，所以他需要贤妻良母。虽然这种要求对女人来说有些过分，不过未尝也不是一种"挠痒"的突破口。像米雪那样，偶尔地小小贤良淑德，保准让他乐得找不到北。不过千万记住，频率不能超过每月一次，否则让他习惯了，也就不妙了。

● 希望有面子。前面已经无数次提到了男人的面子。这两个字对于男人而言显然比屁股更加重要——你可以在家打他屁股，但绝对不能在外人面前驳他面子。既然如此，好处也就显而易见了：这就是一场交易，在外面，你可以学小女人的模样长他面子，在家里，他必须老老实实任你"踩躏"，为被挠得舒服埋单。

● 无拘无束地玩游戏。这种"痒穴"多见于 35 岁以下的年轻男人。他们酷爱游戏，却常常被女人控制。于是长久对游戏的饥渴形成了"痒穴"。倘若你偶尔让他开禁一次，甚至兴致勃勃地陪他玩上一把，保准他暗地里欣喜若狂，把你当做开明君主一般供奉。

● 希望对方迎合自己的兴趣。与上一点类似，除了游戏，男人可能还喜欢汽车、摄影、政治、军事、体育……偶尔发发慈悲，给他"挠挠痒"，让他小小满足一下。或者从不关心汽车的你，突然向他"虚心请教"什么是AMG、什么是水平对置发动机的时候，看那家伙一脸满足，口若悬河时的感觉，未尝也不是一种"挠痒"成功的满足。

Man's Talk

我可以很坦白地说，如果我老婆给我使出这招，鄙人只能束手就擒。尽管自诩研究两性颇有深度，依旧还是抵挡不住"痒穴"被挠的快感。

女人们，不妨好好琢磨一下，怎样恰如其分地替男人"挠痒"吧。只要不把这种"挠痒"的动作当做习惯，男人其实很容易满足。你的一点变化，足以让他们欣喜若狂。

不信？试试就知道了！

Chapter 3

在最美妙的时刻戛然而止

看一部喜剧电影,你会因为其中搞笑的情节而哈哈大笑;看一部战争影片,你会因为场面的宏大而备受震撼;看一部恐怖电影,你会被惊悚的场面吓得尖声惊叫……

但是无论是什么样的影片,当电影结束了,你的情绪也会恢复平静,只是会偶尔讨论其中的精彩情节。唯有一种影片会令人念念不忘,就是留有悬念的那一种。当你正全神贯注地期待剧情下一步的发展时,影片却已经结束,留下一个悬念让观众自己去想象,这样的电影会久久让人思考……

人们总会对没有完成和未能言明的事情念念不忘。一旦有了定论结果,就会很轻易地让人得到"满足",这样的"满足"感,让人没了憧憬。

就像买东西,当你在商场看到自己想要的衣服、化妆品、首饰,而你还没有能力支付的时候,每一次来到同样的地方你都会流连忘返。当你"富有"到什么东西都买得起的时候,它们对你而言就失去了当初的吸引力。因为,没有得到的总是比得到的让人觉得珍贵;没有经历的场面或场景总是让人充满憧憬和希望。当一切都做到了,就好像空中楼阁落到了地面上,神秘感也就消失了。海市蜃楼总是比真正的高楼大厦好看得多,因为那是永远也触碰不到的虚幻的

东西。

而很多女人似乎没有把这个道理弄懂,所以她们才会频频在感情的"商场"里廉价出卖自己的一切,让男人轻而易举地得到他们想要的任何东西,从此以后,女人没有任何事会让男人憧憬、向往。

"恶魔"女孩早已将这一切看穿,所以她们常常会耍把戏,让快到站的车停在半路。让男孩向往终点,但却总是没那么容易到达。

女孩和男孩认识好多年了,当女孩发现自己对男孩有好感,正打算有所行动时,半路杀出个"程咬金",男孩突然给女孩介绍了他新交的女朋友,于是,女孩成了男孩的"哥们"。虽然她心里仍然默默喜欢着男孩。

男孩失恋了,沮丧的他一连几天都不去上班,作息时间全部打乱,整个人变得憔悴不堪。作为"哥们"的女孩看不下去了,总不能让男孩就这样"堕落"下去吧。女孩决定牺牲自己的休息时间来"拯救"男孩。

为了让男孩振作起来,女孩劝也劝了,骂也骂了,可效果并不显著。男孩虽然上班了,但频频犯错,让老板大为不满。女孩别出心裁,决定换个身份,做男孩的"代理女友"。

"代理女友?"男孩失恋后音量最大的一句话。

"对啊!从今天开始,我陪你吃饭、逛街、看电影……"看着男孩不可思议的眼神,女孩瞪大了眼睛:"喂,你是什么态度啊,我要牺牲自己的时间陪你,你可是占便宜呢!"

于是,男孩"勉强"答应了女孩的要求。

恋爱的日子总是不一样的,而男孩和女孩的"恋爱"显然更加不同。

女孩总是强迫男孩"故地重游",到男孩与女友经常去逛的公园、商场……男孩自然是一百个不愿意,但女孩的理由却很充分,"逃避不是解决问题的办法!"

除了"创伤疗法"之外,女孩当然还有别的方案:陪男孩做做运动、到外地旅游散心……

几个月后，男孩在女孩的带领下渐渐地走出了低潮，而在这期间，男孩也渐渐发现了自己心理上的改变：他常常会看着女孩的微笑而入神；虽然女孩厨艺差，他却吃得很开心；突然发现女孩有点儿生气的表情是那么倔强又美丽；每天快下班的时候都想马上见到女孩；有几次晚上梦见同一个女人有说有笑的幸福场面，而那个人不是自己的前女友却是这段时间同自己朝夕相伴的女孩……

难道自己已经爱上女孩了？男孩想要找出更多的证据。

女孩还是像往常一样买了晚餐来到男孩家，吃饭的时候，男孩没有像往常一样乱开玩笑，而是时不时地偷看女孩，即使看到女孩狼吞虎咽吃饭的样子，也觉得是那么动人，难道这就是所谓的"情人眼里出西施？"男孩心里的"小鹿"不停地乱撞。

女孩要回家了，走之前，女孩的话让男孩心里一沉："我看你也好得差不多了，我这个代理女友也该到期了。"

男孩愉快的心情被这句话打得烟消云散，本来以为可以就这样和女孩开始，可现在……

与男孩失落的心情不同，女孩回到家，立刻拿出日记本，飞快地写道："成功！经过几个月艰苦的奋战，当我发觉他偷看我时，我就知道成功在望了。不过，要想彻底地成功，还要再用点计谋，也当是考验考验他了！"

原来，这一切都在女孩的掌握之中。

果然，没有了女孩的日子，男孩变得不再习惯。他开始朝思暮想。他觉得自己前所未有地爱上了一个人。或许没有女孩的戛然而止，这种感觉也不会变得如此强烈。不过这都不重要了，男孩觉得自己不能离开她，于是鼓起勇气，开始追求自己的这位"哥们儿"。

女孩没有明确表示答应，而是依旧对他若即若离。她越是如此，他就越发投入。当女孩终于批准他成为自己的男友时，男孩激动得几乎要哭出来……

欲擒故纵，这一招的确厉害。如果女孩没有在男孩心动的那一刻及时停止，

那么女孩永远会被冠上"乘虚而入"的罪名，而男孩也永远体会不到女孩对自己的重要！

在最美妙的时刻戛然而止，男孩才会意识到这一刻有多么美妙，才会意识到这女孩对他有多么重要，才会让男孩把这一刻永远铭记于心。

"恶魔"法则

几个"戛然而止"的小把戏

● 亮眼，到此为止。平时已经习惯了穿着朴素或者高贵的你，也不妨来点儿新花样。艳丽、时尚或者性感，再加上夸张而漂亮的装扮，就等着他目不转睛地盯着你吧。当然，并不是从此你就要转型了，而是要让他看到你更美丽的一面，就像明星或杂志的封面人物。有过亮眼的打扮，还是要恢复到正常的装束，不然把他的眼光培养得越来越高，只会让自己更为难。当他总是对你那明星般的打扮赞不绝口时，你就已经成功了！

● 美味，只是暂时。即使你平时厨艺一般，甚至根本不懂烹饪，也要让自己掌握一两道拿手菜。当某一天他回到家，看到你做了几道色香味美的菜品时，就会对未来的伙食充满了希望，但你接下来的表现会告诉他，美味不是天天都有的。而你那几道拿手菜品也会成为他心目中的人间美味。如果你每天都发挥相同的水平，即使每天都是美味佳肴，也会把男人的胃口养得越来越娇贵，再好吃的饭菜也被认为是理所当然了。

● 情调，偶尔才有。浪漫的烛光晚餐，纪念日别致的礼物，精心准备的浪漫氛围……这些并不需要每天出现在恋人的生活中，但偶尔出现这样的场面，就会让人又兴奋又难忘。要情调，女人不是不能给，但是不能经常给。偶尔的一次情调，男人才会把它当成宝贝。

Man's Talk

欲擒故纵，多么厉害的一招！

不得不承认，当他觉得自己似乎已经获得了女人的芳心，却在最浓情蜜意时被迫戛然而止的感觉就如同被千万只蚂蚁钻心一般痛痒难忍。这对男人而言，才是致命的诱惑。越想得到，就越得不到的东西，才是最珍贵的东西，爱情自然也不例外。

当然，女人们需要注意的是火候的把握。在"冷"的同时，也要给他持续的希望。要是"纵"得过了火，让没有耐心的他彻底放弃，这岂不是太亏了？

Chapter 4

半遮半掩的诱惑

人类总是对月球和宇宙中的其他星球探索不止,因为在这些未知的星球上,有太多谜没有解开。这些星球对科学家的诱惑,远远超过了地球本身的诱惑,尽管地球上也有很多等待解开的谜底。

没错,对于未知神秘的事物,人们总是有无穷无尽的力量和欲望想要探索和追求。面对女人这个多变的个体,男人同样拥有一种想要完全了解的冲动,这便是女人对男人的诱惑。

然而,一旦女人完完全全地暴露在男人面前,就会令男人失去兴趣。

女孩是公司的美女。她天生丽质,魅力无穷,引人注目,在公司拥有一大群"粉丝"。尽管大家都知道女孩已经有了结婚对象,而且不久就会成为别人的新娘,这仍然没有让男同事的目光从她身上转移开。

不久女孩结婚了,婚后发生了180°大转弯。原来的那些矜持不见了,开始和同事们打得火热,那些男"粉丝"对她有了更多的了解,也渐渐发现她不过就是个普通的漂亮女孩,与其他人没什么两样。原来注重打扮的她也开始疏于装扮,常常素面朝天的就来到公司,虽然天生丽质,但魅力已大不如前。

女孩变成了一个好同事,但却失去了原来那份魅力。因为,女人一旦没了遮掩，就会失去那份神秘感，失去对人的诱惑。

身为四大美女之一的杨贵妃就深知这一道理，所以才能让唐明皇为之神魂颠倒。

虽然后者贵为天子，而杨贵妃不过是他的宠妃，可唐明皇从来没见过杨贵妃洗澡的样子。杨贵妃总是刻意挑选唐明皇要处理政务或有其他要事的时候沐浴。

但好奇心总是不停地诱惑着唐明皇，究竟有什么不同，"为什么爱妃每次都要躲着朕洗澡呢？"唐明皇百思不得其解，终于有一次，唐明皇使了个小计谋，他谎称自己要处理事务，要很晚才能够到杨贵妃的寝宫。之后他便到杨贵妃身边的宫女那里打探到杨贵妃洗澡的时间，想到这次行动，唐明皇顿时觉得热血沸腾。当他偷偷摸摸地来到贵妃的浴室外，正兴高采烈地打算一饱眼福的时候，却看到了已经穿好衣服的杨贵妃。

原来杨贵妃早已经听到外面的声音，还没等唐明皇看清，就穿戴整齐了。唐明皇虽然很失望，但却因此对杨贵妃更加疼爱。大概就是因为这个女人身上的那股神秘感吧！

"恶魔"女孩懂得女人最大的魅力不是多惊艳美丽的容貌、高雅的气质、出众的学识和才华，而是一份神秘感，一份半遮半掩的诱惑。不管是言辞闪烁，还是行动飘忽不定，想法变幻多端，她总是要保持神秘感。

当男人看到女人今天美丽动人的打扮而为之心动时，"恶魔"女孩会在心里默默地说，"好戏还在后头呢！"。"恶魔"女孩永远不会倾尽所有来吸引一个男人的注意，她总会留上一招半式。而且她永远变化多端，也许男人认为自己已经对她了解得够多了，谁知道其实他只是掌握了凤毛麟角而已。因此，在她身上，总有男人探索不尽的秘密，这会让男人欲罢不能。

"恶魔"法则

"半遮半掩"的修炼法则

对于认识不久，或正在恋爱中的女人，要修炼"半遮半掩"的功夫，只需要做到以下几点，就能让你的神秘感十足。

● 多问、少答、少说。如果刚开始就滔滔不绝，从自己的出生年代，到自己的性格爱好，甚至连家族状况都介绍得一清二楚，那你对他来说就变得丝毫没有神秘感。因此，"恶魔"女孩会在这种情况下会选择多问问题，尽可能地了解对方，而对于对方提出的问题，能闪躲回避的就决不开口说出来，也尽量不要自己主动介绍。如果他问你爱好如何，喜欢什么，你可以微微一笑，"我不说，你自己慢慢了解吧！"

给对方线索，让他慢慢探究，比给他画好地图更有意义。

● 制造神秘感。仅仅让男人慢慢了解自己还不够，还要给他增加难度，增设障碍，不要让他那么轻易过关。所以不妨增加自己的神秘感。比如在看电影时，看到某个并不感人的情节却潸然落泪，让对方摸不到头脑。暂且让自己的落泪的原因神秘一段时间，日后解释可以说这段情节让你想起了看过的某个感人故事。当然，这种招式要慎用，偶尔为之是神秘感，用得多了则是神经质。

● 给自己门禁。一定要给自己门禁，不能让他感觉自己可以无止境地陪他。要恪守时间，像灰姑娘一样到了某个时刻就要道别。这样的话，男人才会更加珍惜同你在一起的分分秒秒，而不会有那种随叫随到的感觉。

● 制造邂逅。明明你就知道这个时间他要下班，而且一定会从这条路回家，你就装作刚刚 shopping 完，刚好经过这里。这样的邂逅不但让对方觉得与你有缘，更能增加你的神秘气息。

对于相处已久的情侣或夫妻来说，要保持神秘感似乎有点难度，因为彼此之间已经有了很深的了解，或许已经到了99%已知，而只有1%未知的程度了。这种情况想做到"半遮半掩"的诱惑，就要多花些工夫了。

● 增加基数。1除以1是100%，1除以2是50%，一个简单的数学原理。如果男友或老公对你已经足够了解，你自然是没办法消除他的记忆，改变作为被除数的1，但是却能够增加基数，把你的全部——1，变得更多成为——2，换句话说，就是不断地充实自己，让你始终有足以让老公觉得新鲜的地方。例如，原本对汽车毫无兴趣的你，在某次聚会的时候，突然表现出了对汽车的深刻理解……想象一下，这会让男人多么惊讶！是不是很有成就感呢？

● 女人善变。谁说我的性格不能多变，谁说我的爱好要死守到底。就算男人已经知道了你喜欢爱情片，难道你就不能突然对某部枪战片感兴趣吗？女人是善变的，这是一条真理，这时候就不妨应用一下。当你的善变发挥得淋漓尽致，男人也就摸不到方向，抓不住你的规律，对他而言，这是最具挑战也最具诱惑的了！

Man's Talk

有人说，女人就像一本书，越往后翻，内容越精彩。这种比喻当然仅限于聪明的"恶魔"女孩。那些从头到尾一股脑向男人交代得明明白白的"书"，还有什么看头？

半遮半掩的好处就在于，男人永远有探究的空间，这样才会让兴趣长久持续下去。

Chapter 5

装可怜"骗"来的好男人

大家说女孩和男孩是郎才女貌的一对。男孩年纪轻轻就事业有成，女孩更是不可多得的才女，不仅烧得一手好菜，精于家务，在事业上也丝毫不逊，可谓要文有文，要武有武。

男孩周围常常会有美女萦绕，但当她们得知了男孩身边有这样一位德才兼备的才女伴随时，都纷纷知难而退。即使有人敢同女孩一较高下，最终也都会败下阵来，因为在男孩眼中，没人会比这个女孩强。而对于这点，女孩也并不谦虚，她的确是男孩心目中最厉害的角色。

就是这样郎才女貌，被人当做榜样偶像的一对，却被意外地拆散了。当大家都在猜测这个能够拆散他们的"狠"角色如何强大，结果却出人意料。并不是什么能力出众的女强人夺走了男孩。相反，这个将男孩深深打动，让男孩有"非她不娶"想法的女孩偏偏是一个弱女子。

女孩怎么都不能相信她会输在这样一个弱女子手中，因为她已经尝惯了胜果。分手那天，女孩依然倔强，尽管心中难过万分，有种肝肠寸断的感觉，但表面上她依然故作坚强，"我能知道为什么吗？"女孩想要知道自己失败的原因。

"你很厉害！在我认识的所有女人当中，没人能胜得过你，正因为如此，我也相信我离开你,你也依然能过得很好,你不需要别人来照顾。她则不同,如果没有我,我想她会过不下去的!"男孩的语气中带着一点点歉意,但却十分坚决。

女孩镇定地回头不去看男孩,听到男孩关门的声音,眼泪再也止不住了。

女孩并不怀疑男孩的说法,那个男孩口中的"她"是男孩同事的前女友。那天在公司门前,"她"由于忍受不了男友提出分手的打击晕倒而被男孩看到,男孩还好心的把"她"带回家请女孩安慰。对于"她",女孩没有敌意,也没有嫉妒,在女孩眼里,"她"不过是个弱女子。

然而就是这样的弱女子,抢走了几年来女孩固若金汤的感情。

太强的女人会伤害男人的自尊心,而柔弱可怜的女人能够激起男人的保护欲。也就是说柔弱"可怜"的女人更容易让男人感到存在的意义,让男人发挥应有的责任,让男人拥有展现魅力的机会,让男人拥有成就感。

尽管现代社会强调男女平等,也不必为此把自己锻炼成七项全能般的女强人。

"恶魔"女孩知道在适当的情况下,女人就应该发挥她内在的气质——柔弱似水的一面,做一个普普通通的女人。这样,好男人才不会被吓跑。

"恶魔"女孩懂得隐藏自己的锋芒,这样才能够让男人在自己身边显得更加伟岸高大,给了男人面子,也就给了自己面子。就算她拥有洞察世事的火眼金睛,她也会装傻放过。

"恶魔"女孩也懂得应用自己的眼泪,因为她知道女人一哭,就得到了全世界,装可怜能够激起男人的保护欲。当女人看上去"可怜兮兮"时,男人就有一种想要保护她的冲动,自然就轻而易举地把好男人骗到手了。

总之,就算心思细腻,就算才华过人,只要遇到好男人,"恶魔"女孩都会毫不犹豫地收起自己的精明强干,立刻变身成为一个楚楚可怜、娇小动人的"乖女孩",先把好男人"骗"到手再说!

"恶魔"法则

"楚楚可怜"的修炼大法

为了吸引好男人，女人并不需要真的把自己弄到可怜巴巴的境地，只要懂得在恰当的时候装装样子，就能够轻而易举地将好男人"骗"到手了。

● 收起尖锐的羽毛。女人的确要有气质才够美丽，但很多女人的气质表现出一副盛气凌人、高高在上的样子，就像孔雀开屏一样，惊艳美丽，而且气势高昂，这会令男人想要逃开，不敢接近。所以，面对炙手可热的好男人，女人一定要放下架子，让自己看起来温顺些，适当地撒撒娇也未尝不可。

● 不要什么都会。有些女人就是全能型的选手，什么都会，什么都能干，换灯泡、修理家电，那些传统观念中男人的工作她们样样精通。如果女人这么全能，还要男人干什么？男人会觉得自己没有用武之地而悄悄离开。所以，想要抓住好男人，就要不时地让自己变笨一些，给他们发挥的空间，也给自己一些空间。甚至有些时候，明明就是一帆风顺，女人也应当制造一些小麻烦，然后可怜兮兮地向男人求助。男人便会非常乐意地充当救美"英雄"的角色。

● 做个傻大姐。就算在事业上是个女强人，很多男人都不是对手，在其他方面也要表现得傻乎乎，让好男人知道女人在工作以外的时间是需要他来照顾的。比如，可以笨手笨脚地打烂身边的东西（当然要找便宜货），慌里慌张的把房间搞得一团糟（也不要太糟糕，最好能做到乱而有序）……

● 多愁善感。如果不是真的多愁善感，也要成为一个好演员，表现出柔弱的一面。看电影能够被悲伤的场面感动得频频落泪；看到路边的流浪猫、流浪狗，眼眶含泪，表示惋惜。

● 做个小女人。可以有主见，可以有想法，可以有自己的判断，但这些一定要隐藏在自己的心中，不要让男人认为你是个大女人，什么都要自己做主。明明他的意见你早就想到了，也要说"这个主意真好啊，我怎么想不出来"，让男人心中充满优越感，这样会更加激发他对你的保护欲。

Man's Talk

我们不喜欢在自己面前表现得很强势的女人。因为,她对男人的控制欲是种挑战,会让我们觉得不舒服,没有面子。相比之下,我们还是喜欢享受让女人被自己照顾,然后接受她充满崇拜目光和言词的感觉。

当然,我们无权要求所有的女人都小鸟依人楚楚可怜,但是,我们却有权放弃前者选择后者。既然她们很强,就让她们自己照顾自己吧。

做个最聪明的"恶魔"女

Chapter 1

"恶魔"女孩生命中的几个男人

女孩认为自己是快乐的,因为她能够同男孩朝夕相伴。

她认为自己能够舍弃华丽的衣服,悠闲舒服的生活,奢侈的物质享受,只要男孩陪在她的身边,就算是粗茶淡饭,她也心甘情愿。

于是她开心地为男孩准备一日三餐、换洗衣服,每天干着没完没了、重复枯燥的家务也能开心得不得了,在她的生命中,男孩就是全部。

有一天,女孩的脸上挂满了泪珠,男孩走了。不是因为她做得不够好,而是他变心了,他爱上了另外一个女人。女孩苦苦的哀求也没能挽回男孩的心。

女孩一个人,虽然房间里一件东西也没少,可是女孩却觉得自己被抢光了,她的世界沉没了。

男孩变心了,女孩也失去了生存下去的想法和希望。

于是当女人的心中只想着念着身边的这个男人,眼中只有这个男人的时候,一些不可避免的麻烦也会随之而来。

当女人痴痴傻傻地围绕在一个男人周围,男人会变得高傲自大,唯我独尊。

当女人把男人看做生命的全部,这会让男人承受巨大的压力,而让他喘不过气来。当他遇到能让自己放松的女人,他就会变心。女孩的爱太深太重,将

男孩压得喘不过气来，想要自由呼吸，男孩只有离开。

而当男人离开，女人自然就失去了重心，失去了全部，感觉像被抢夺一空。

"恶魔"女孩的骨子里总是希望自己是被重视的，被捧上天的。所以在她的生命中不会只围绕着一个男人，把自己逼得像个女奴一般，也不会培养男人的大男子主义，让他享受唯我独尊的感觉。

说"恶魔"女孩贪心也好，博爱也罢，她总是不会"安分守己"地守在一个男人身边，或者说在她的剧场里，永远不会只有一个男主角，她还要第二男主角，以及若干个男配角。

父亲是无法更换的男人，除此之外，"恶魔"女孩的生命中有几类男人是必备的。

真心爱的人

拥有一个自己真心爱的人，体验去关怀、温暖一个人的感觉。所以，"恶魔"女孩终其一生都要追求那个自己真心爱的人，也许不止一个。一旦她找到了一个这样的人，就会释放自己的能量，只有这样，"恶魔"女孩才会觉得生命是完整的。

爱自己的人

即使自己心有所属，拥有心爱的人，"恶魔"女孩也不会放弃被爱的权利，这会让她感觉自己是拥有活力和魅力的，让"恶魔"女孩自信十足。同时，一个劲敌的存在，也会让自己所爱的人提高警惕，不要因为"恶魔"女孩爱得主动而忽视了她的存在。要让他知道"如果你不懂得珍惜，追求我的人可是排成一排哦！"

蓝颜知己

每个人都需要一个知己，对于"恶魔"女孩来说，这个知己不一定只是红颜。"恶魔"女孩一定有闺房密友，她也一定有几个蓝颜知己。她会倾吐自己的不快，向他们咨询自己的感情问题，有时候，从男人那里得到的是另一个角度的答案，所以，蓝颜知己是她最好的爱情顾问。

有了这些男人的"辅佐","恶魔"女孩过着女王般的日子。她不会担心男友的不重视或变心,在她的后方有多少后备军等着顶替这个位置;她不必担心自己为感情问题烦心,蓝颜知己可以帮她解决所有困扰;她更不必担心自己的生活失去了激情和萌动,不用让自己变成"负心女"也同样能够重拾这样的感觉……

"恶魔"法则

在"恶魔"女孩的生活中,一个男人是远远不够的,但并不是所有人都能够掌握分寸,让自己生命中的这些男人们和平相处。如果自己的正派男友因为争风吃醋相继离开,自己总是找不到好归宿怎么办?如果自己把握不好暧昧的分寸,一不小心铸成大错,成了负心的罪人怎么办?

感情的事情总是很难说清,但是否因此就任其发展?"恶魔"女孩能够将几个男人间的关系把握得游刃有余,因为她做好了充分的准备,也掌握了一些诀窍。

从专一到博爱,你需要做些什么?

● 坚定自己的内心,对爱的人真心不变。要把握跟不同类型男人的关系,首先要把握好自己的内心。要彻彻底底地弄清楚,哪一个才是自己的真命天子。对这个人你会不离不弃,即使你们之间的爱情变成了亲情,你们之间平淡得毫无激情,即使他对你来说毫无秘密也没有新鲜感、吸引力,你还是会坚定不移地跟他手牵手走完一生。如果你能够清楚这些事,就能够坚定自己的内心,也能够在适当的时候把握正确的方向。

● 对爱自己的人和暧昧的人若即若离。爱自己的人和暧昧的人都像汽车的备胎,只要原来的轮胎没坏,就不能随随便便地让他们登场。所以,对待他们应当保持若即若离的关系。如果发现跟他们靠得过近了,就冷却一段时间;如果他们离自己有些远了,就想办法拉近他们。

● 对蓝颜知己保持清醒。要知道蓝颜知己是你的顾问，你的聊天伙伴，但不是感情和心灵上的寄托。他们能够同你畅谈任何问题，但绝不是陪你逛街、看电影、旅游的那个人。同他们吃饭，不是严肃快捷的商务餐，也不是浪漫的烛光晚餐，而是普通又温馨的聚餐。

所以，对待蓝颜知己要保持清醒的头脑，你们可以互相探讨感情问题，但决不能让任何感情问题发生在你们之间，一旦发现这样的状况，就要立刻停止，否则就会像吸食了毒品，越陷越深。

Man's Talk

不可否认，这类女人很可怕。男人相信她对自己的忠贞，却同时不得不对其他潜在的竞争对手抱有警惕。女人如果控制得当，让男人死心塌地又小心谨慎完全不是问题。

可问题在于，或者说对于男人而言的好消息是，大多数女人并不能在"男人群"中游刃有余。她们的手腕和实力还不够，火候拿捏也不当，于是，要么是被众多男人视为水性杨花之人，要么自己率先把持不住，始乱终弃。

这，似乎跟她们的初衷背道而驰。

所以，无论是站在男人的角度，还是站在女人的立场，我们都需要谨慎、再谨慎！

Chapter 2

永远让他猜不透你

男孩的生日就要到了,女孩决定给男孩一个惊喜。她用自己积攒了一年的钱为男孩在沙滩上筹办 party,因为男孩朋友多,喜欢热闹。

女孩精心地准备 party 的每一个细节,从表演的节目,到邀请朋友的名单。当一切都准备就绪,女孩想象男孩看到这一切时会是怎样惊讶的表情。

让女孩出乎意料的是,男孩很高兴,但却没有惊讶。

生日 party 很成功,男孩和朋友们都玩得很开心,男孩还在切蛋糕的时候给了女孩一吻,这一切都看来很温馨,可女孩却有些闷闷不乐。

之前女孩想象了那么多男孩可能表现出的惊讶表情,没想到最惊讶的却是自己。因为这场 party 似乎完全在男孩的意料之中,他根本没有感受到什么惊喜。难道是谁泄密了?明明自己叮嘱过的!

为了找到"真凶",女孩在 party 过后开始了调查工作。

"是不是有人告诉你我帮你筹办生日 party 的事了?"女孩的表情有些严肃。

男孩一边忙着拆礼物,一边答道:"没有啊!你的保密工作做得不错!"

"你就告诉我吧,是谁泄密的?我不会跟他说的!"女孩固执地问。

"真的没人告诉我啊!怎么了?"男孩停止拆礼物,看着女孩凝重的表情,皱了皱眉头。

"那为什么你一点儿惊喜的表情都没有，就好像早就知道了一样，一定有人对你说了！"女孩的声音有些不对，眼泪不争气地流了出来。

看到女孩委屈的样子，男孩吓坏了，本来好好的怎么突然就"变天"了呢？

女孩的性格温柔，为人又体贴，很少发脾气，性格开朗的她在男孩面前从来没流过眼泪。这突如其来的"雷雨天气"让男孩有些始料不及。

"怎么了？怎么了？"男孩赶忙来到女孩身边安慰，"我怎么不惊喜了？你难道没看到我有多高兴吗？"

"但是表情不对啊？你应当感到非常吃惊才是！"女孩还是很固执。

"吃惊？我的生日你一定不会忘记，而且一定会为我准备生日惊喜，我知道这一点，所以就没有吃惊啊！"男孩笑着说，看着哭得稀里哗啦的女孩。"不过刚才你的这番举动倒真的让我大吃一惊了，终于让我看到了你的熊猫眼了！"

女孩赶忙照了照镜子，看到自己泪眼模糊的样子，自己也忍不住笑了。

为男友精心准备生日 party，这是男友预料到的惊喜，男孩早已猜到，所以也只会按照正常的程序，给女孩一个深情的吻。而突发的"熊猫眼"事件，让男孩看到了女孩的另一面，这是男孩没能猜到的，而这一幕也深深地印在男孩的心中，女孩的固执和可爱将两个人拉得更近了。

经过这一次的突发状况，女孩意外地发现了一个秘密。原来一个让男孩始料不及的自己会让他更疼爱和注意。在得知男友的"癖好"后，女孩也学聪明了，她开始刻意制造一些"不一样"的性格侧面给男友发掘。从那以后，男孩嘴里常常发牢骚地说："女人真是善变啊！"可男孩也因此对女孩更加关心，也愿意花更多的时间同女孩相处。

猜不透的女人是最能够吸引男人注意的。因为猜不透，男人才会越发想要去猜，想要去寻找答案，然后在受挫中继续前进。

"恶魔"女孩不是华丽的城堡，她不会把自己的结构布置毫无保留地展现在世人面前。"恶魔"女孩是一座迷宫，只要走进去，就很难找到出口，因为她是那样的变化多端，让人猜不透。

"恶魔"法则

怎样让他猜不透？

● 忘掉自己的承诺。有些时候束缚女人的不是来自伴侣或是家庭的压力，而是女人自己的承诺。结婚前，女人承诺要做个贤良淑德的妻子，于是她开始背负着沉重的"贤良淑德"，拼命的做着永无终结的家务，照顾着顽皮的孩子和年迈的老人。她心里没有任何怨言吗？当然不是，但是她要信守承诺，于是苦的是自己，被嫌弃没有新鲜感的也是自己。

所以，女人应当尽量忘记自己说过的话，男人变心的时候不也是将自己"山盟海誓"般的承诺忘得干干净净吗？为什么只有女人不能说话不算数？为什么女人不能偶尔耍耍赖？

"恶魔"女孩说过自己喜欢吃蛋糕，但当男孩连着几天不能陪她，以为买个蛋糕就能把她哄高兴的时候，再好看好吃的蛋糕女孩都会瞧也不瞧一眼。

● 随心所欲。用一整月的收入买一个包包，"恶魔"女孩可以不用咬牙切齿下决心或者左思右量的。想要干什么买什么享受什么，女孩就会随性去做，从不理会条条框框的约束，胡乱出招。

不要做什么事都左顾右盼，想来想去的，只要是自己想做的事，那就去做。女人就应当随心所欲，想到什么就大胆去做，这样活得才够精彩。

适度地随心所欲，能够让男人抓不到规律。男人也就无法猜到下一步你会做什么。这样的新鲜刺激才够劲。

● 多接触新鲜事物。如果你闭关锁国，整天把自己锁定在工作和家庭"频道"，那就永远不知道外面世界的精彩。要让男人猜不透，就要让自己变得丰富多彩，如果每天除了工作，就是窝在家里，那你永远不知道步行街上

新开的咖啡厅咖啡煮得有多浓多香,外面看起来有些稀奇古怪的打扮原来是最新的时尚潮流,同事们经常谈论的名词原来是最新潮的一种运动。

只有多与外界交流,多接触新鲜事物,并参与其中,才能够保持自己的新鲜感,也能够让男人常常感觉眼前为之一亮。

Man's Talk

说到善变,确实是女人的专利。这让男人既头痛,又觉得有趣,或者说,因为头痛,才觉得有趣。相信我,男人喜欢看到不一样的女人,尤其是在他心目中一贯刁蛮任性自我中心的她,突然在某天临睡前说出一番体贴入微的情话;从来都以淑女形象示人的她毫无预兆地变得狂野;一向遇事慌慌张张的她在遇到车祸时竟然变得临危不乱、冷静、沉着……这些突发转变都能给男人带来奇妙无比的感觉——她还有全新的一面,不为我所熟知的一面!我要去更深刻地了解她,这是男人们此刻的绝对愿望。

Chapter 3

花心但不滥情，风流却不成性

女人常常会痛骂男人都是喜新厌旧又贪心的，但她们从没想过自己也是如此：看到样式新颖的鞋子，她们会将鞋柜里挤得满满的、旧鞋忘得一干二净，兴高采烈地将新鞋视为珍宝；她们也会疯狂地迷恋不止一个明星，就算在大街上看到帅气的男生，也会忍不住多看两眼……

贪心、好色这些特质都不是男人的专利。

然而贪心表现在对待感情上，男人和女人又是不同的。当诱人的感情光顾时，很多男人都会放弃大脑控制的权力，毫无顾忌地任由感情地挥霍——俗称"滥情"，而他们却能冠冕堂皇地美其名曰"感情是不能控制的"；正因为太多女人知道男人的这个特点，并且对其恨之入骨，所以女人选择时时刻刻武装自己，严格控制感情程序，不允许自己有半点差错。

阿MEI就是其中之一。

她什么都好，相貌不错，身材不错，头脑不错，能力也不错，就是太羞于同男性接触。每次跟男同事谈工作的时候，她总要躲得远远的，至于私下里跟男同事喝个茶聊个天什么的，就更是不可能发生的事。

之所以这样，都是因为阿MEI交了男朋友。为了证明自己感情专一不花心，

女孩断了一切"后路",就连大学时期关系很好的男同学也渐渐疏远了。

但这一切并不是男孩的主意,相反,男孩还经常鼓励她去参加公司男同事的生日 party 之类的活动。"这是正常的社会交际活动,你不应该拒绝的,"阿 MEI 只是微微一笑:"我想陪着你嘛!"

除了偶尔跟女性朋友外出聊聊天逛逛街之外,她剩下的时候全部用来"黏"着男孩。尽管如此,有一天,男孩还是离开了阿 MEI。理由是她一辈子都不可能想到的原因——"你每天都陪在我身边,这让我有种失去自由、有点窒息的感觉"。阿 MEI 想不通,自己的"恪守本分"却换来了男孩的分手宣言。她不相信,一直认为并不像男孩说的那样,他一定是变了心,有了其他喜欢的对象才会这么狠心。

阿 MEI 的行为,其实是对自己的不信任。因为害怕自己变心,于是把容易引发变心的种种可能扼杀在摇篮里。不同其他男性有过多的接触,这非但没有让男孩对她更放心,反而让男孩感觉负担沉重而退却。其实,当你真正相信自己坚守的爱情时,反而可以正大光明地跟别的男性接触,去大街上明目张胆地看帅哥……

"恶魔"女孩从不抑制自己花心博爱的天性,但是她们会恪守底线。花心可以,风流也没关系,但不能超越底线。

女孩和同事到外地出差,公事办完后还有一天的时间,两人决定在当地游览一番。女孩喜欢秀丽的自然风光,而女孩的同事则喜欢疯狂购物,于是两人决定分头行动。

来到郊外的风景区,女孩觉得格外的神清气爽。一边领略自然风光,一边拍下照片纪念,不知不觉已经玩了几个小时。

女孩吹着自然和煦的风,正坐在景区的凉亭休息。一个男人的声音打断了她,"能帮我拍张照片吗?"女孩回头一看,一个超级大帅哥正站在她面前。

"好啊!"女孩接过帅哥手中的相机,心里不由得一阵激动,没想到这个时候在这样的地方也能有这种"艳遇"。

女孩在镜头中观察帅哥那张清秀的脸，怎么这么有气质，再想想男友，真是没法比啊！

女孩拍好照片，将相机递给帅哥。

"你也是一个人吗？那不如我们一起，还能互相帮忙拍照。"

帅哥张口，女孩怎么好意思回绝，于是，一路上有帅哥相伴，女孩觉得这里的风景更美了。

回去的路上，两人坐在巴士的最后一排，汽车转弯的时候，帅哥也"惯性"地向女孩靠拢了一些，女孩顿时觉得"小鹿"乱撞的感觉。想想当年，跟男友刚刚发展的时候，也是这种感觉，现在呢，两人拉手都好像左手握右手，一点感觉都没有。

突然感觉手被拉住了，女孩脸一红，连忙将手从帅哥的手中抽出，然后看这窗外，假装浏览风景……

回到公司，女孩向同事们有说有笑地说起这段故事，"可惜我已经名花有主了，只怪相见恨晚啊！"说完自己还大笑，"看来我还是挺有魅力的！"女孩自夸道。

"别得意！看被你老公知道了还不要你好看！"同事们吓唬女孩。

"他昨天就知道了，当即家中就像醋坛子被打了一样酸味弥漫。不过晚上我们倒是浪漫了一次，到那家新开的意大利餐厅大吃了一顿，没见他那么大方过，看来艳遇还是有好处的！"女孩又大笑了一阵。

"早知道你也应该跟我一起去，逛街多没意思啊！"女孩对一同出差的同事说。

同事笑了笑，没说什么。

不久，东窗事发，不是女孩，而是那个跟她一同出差的同事，原来同事也凑巧遇到了一段艳遇，但显然同时没能恪守底线，这是被她老公知道了，闹着要离婚。由于这件事情，她也没心情工作了，一连闹出了好几个大的错误。于是，公司毫不留情地炒了她的"鱿鱼"。

女孩大吃一惊，庆幸自己懂得把握分寸，没有风流成"性"！

同样是艳遇，如果恪守住了底线，就会令其变成一段美好的回忆，这段回忆中带着一点点悸动，想起来会让人心痒痒的；但如果没能守住底线，就会酿成一段悲剧。

"恶魔"法则

艳遇，你的底线在哪里？

你突然发现家里花盆中的一块石头原来是件古董，你会怎么处置？

A. 尽快脱手卖掉

B. 找个隐蔽的地方藏起来

C. 还放在花盆里

测试结果：

选 A 的人是极其保守的类型。既不花心也不风流，对于艳遇的态度更是会坚决地将其拒之门外。

选 B 的人感情很浓烈，对于上门的艳遇，你求之不得，这刚好可以弥补已经有些平淡的感情生活。所以，尽管你理智上知道自己应当克制，但往往会被激情冲昏了头脑。

选 C 的人会顺其自然，你不会刻意地躲避艳遇，也不会主动迎合和追求任何艳遇的发生。对于送上门的艳遇，你很懂得把握分寸，知道怎样正确对待。

Man's Talk

没有男人会喜欢随便的女人，但对于那种有点儿小"花心"的女人，男人又无可奈何。看到她表扬帅哥时的神采，男人心里总是有一点无奈和小小的嫉妒，不过这样的感觉也有些奇妙，会让男人更加想要捆住身边这个"花心"的女人，只要她不乱情，男人就不会松手。

Chapter 4

蓝颜知己的底线

大部分女人的一生中有两个守护神——父亲和丈夫。而聪明的"恶魔"女孩的守护神更多一些，那就是她的蓝颜知己。

有人说，男女之间的感情不可能完全纯洁。

他们错了，因为，在男女之间，还有一种情谊叫做"知己"。如果分寸把握得好，这段"知己"情谊甚至比爱情更加弥足珍贵。

当经历了感情的波折，生活开始平淡的时候，蓝颜知己就是女人的一剂调味品。他们既不同单纯的友情那样毫无波澜起伏，也不同于爱情那样浓烈，但蓝颜知己是诱人的。那种微妙的暧昧会让你身陷其中，又不断地提醒自己要出来，就在这样的反反复复中，平淡的生活才得到了调味。

寻觅一个蓝颜知己并不难，但要维持这样的关系，男人和女人都必须做出努力，当一方的情绪和感情发生变化时，另一个要能绝对冷静地提醒对方："我们是朋友！"

女孩一直相信蓝颜知己的传说，她认为自己总能找到那么一个介于爱情和友情之间，有点儿新鲜又很神秘的蓝颜知己。

遇到了男孩，传说变成了现实，女孩更加确信蓝颜知己的存在。

与男孩第一次见面，女孩就被他的彬彬有礼打动了。

男孩的确是个谦谦君子，跟女孩在一起，他总是表现出绅士的风度，但又不会过于殷勤。女孩跟男孩在一起，可以聊音乐，聊各地的风土人情，甚至聊"八卦"绯闻。

女孩很欣赏男孩的博学多才，而男孩也丝毫不会隐瞒自己的赞赏之情。跟男孩在一切，聊什么做什么都很投机，但女孩心里清楚他们只是单纯的友情，因此即使他们不小心有了肌肤的接触，女孩都没有心动的感觉。

女孩认定了，男孩就是她一直在寻找的蓝颜知己。所以，她会把自己的感情心路同他分享；他也会把自己和女友的矛盾告诉她，寻求意见。

然而，渐渐地，男孩的感情发生了变化。女孩发现，男孩会时不时地"无意中"碰到她的手，也会挑一些有情调的餐厅聊天，而且男孩常常把话题带到感情上来。最初女孩还以为她和知己真的已经到了无话不谈的地步了，直到男孩告诉女孩，自己和女友分手了，然后向女孩说明了自己的想法。

"我们不能再做朋友了！"男孩表情凝重。

男孩开始向女孩表达爱意，但女孩知道自己并不能接受，女孩深爱的是她的男友。

女孩坚决地表达了自己的想法，男孩也始终无法接受，最后，女孩不得不忍痛割爱。

女孩知道蓝颜知己的底线，如果她明知道男孩对她的感情而放任不管，即使她仍然把男孩当作朋友，也会让这段难得的"友情"变得不纯洁。

"恶魔"女孩懂得，蓝颜知己的底线绝不能触及。一对很好的异性朋友，可以保持着暧昧的知己关系，但是这种关系是友谊的延伸，触及爱情的底线时必须戛然而止。

"恶魔"法则

这样的蓝颜知己千万别错过

● 拥有智慧和渊博的知识。他是一本百科全书,当女人遇到困难、挫折,能为她们出谋划策,成为她们的军师;当她们感情有问题时,他能够帮女人寻找对策,为女人解除疑虑、消除困惑;同时他也是一个很好的心理医生,无论女人的情绪多么低沉消极,经过他的开解和劝导,都能够"转阴为晴"。

● 人品过硬。他能够很好拿捏做一个蓝颜知己的"度",即比友情多一点比爱情少一点的恰到好处。当女人心理笃定这是一份与爱情无关的感情时,他的心里可不能抱有任何一点点残存的希望。

● 善于倾听。大多数女人都有唠叨不完的事,他要能够不烦不躁地安安静静地听女人倾诉。细心倾听他与丈夫的患难与共,与男友的浪漫激情,与同事之间的斗争,生活中鸡毛蒜皮的小事……

Man's Talk

说实话,我不介意另一半有蓝颜知己。因为我相信,他,或者他们的存在,有助于帮助她了解我的思想——比如吵架之后,她找他们倾诉,而他们,或许会站在一个男性的角度去告诉她,其实我是这样想的。这种劝说比我自己的解释管用得多。

不过,前提是她的那些蓝颜知己必须跟我关系足够好,而且不会擦出爱情的火花。要不,实在是太危险了。所以,我很理解那些因为蓝颜知己而吃醋的男性同胞。女人,在你责怪男人不给自己交友自由的时候,请检讨一下自己,是否和蓝颜们相处得太过暧昧了呢?

Chapter 5

YY 一下又何妨

结婚几年了,女孩确定老公已经忘记了怎么浪漫。恋爱时经常送花的他现在几乎不知道花店在哪儿;从前每个周末两人都会去看场电影,浪漫的爱情故事、惊险的枪战片……可现在一说去电影院,老公就说"花那个钱干什么,买张碟在家看不是一样嘛!"

尽管如此,女孩是循规蹈矩的人,不会为了追求浪漫而去搞什么婚外情,她知道老公依然爱她,只不过少了些浪漫和激情。

一天,两人正在家里看警匪片,那精彩的情节让老公的眼神直勾勾地盯着电视,忽视了周围的一切。

门铃响了,女孩打开门映入眼帘的是一大束红玫瑰。

"老公!"女孩眉开眼笑,惊奇地看着老公。

老公本想漫不经心地看一眼,然后就专心致志地看电影,可是这样一大束"带刺"的玫瑰似乎成了公然的挑衅,不由得他不将目光凝聚在花上。

"谁送来的?"老公惊讶地问道。

"不是你吗?"女孩也惊讶起来。

"我没订花啊!"老公仍然皱着眉头。

"别装了，我已经很惊喜了！"女孩笑着说。

"送花的不是我！"老公依然严肃。

女孩赶快小心地察看，什么都没有。"没有卡片，那会是谁送的？"女孩想了一阵，"算了，管他呢，先看电影吧！"

女孩将花放在一边，一边拿起爆米花，一边关注电影里的剧情。

可这次，老公看不下去了，电影里突如其来的枪声都没有吓倒老公，因为那时候他正在——过滤女孩认识的男性朋友呢。

几天之后，这件事就渐渐淡了下来，女孩想不出究竟送花的会是谁，老公也不再追问。

谁知一波未平，一波又起。

没过几天，又是更大一束的玫瑰，这次上面多了一张卡片，但却没有署名。卡片上写的是一首极其"肉麻"的情诗。老公似笑非笑地说："看来这是你的仰慕者送的哦！"

女孩嘟了嘟嘴，"我哪有什么仰慕者，我是你的仰慕者还差不多！"

可说归说，女孩还是兴高采烈地把花分开插在了房间的每个角落。"既然有人送，就别浪费了！"女孩调皮地说。

老公虽然不追究，但情绪却发生了很大的变化，周末，女孩正准备一个人去疯狂 shopping 的时候，一贯将逛街视为仇敌的老公突然以迅雷不及掩耳之势换好衣服说道："走，我陪你去！"

女孩表情僵硬："你陪我逛街？算了吧，走到一半又喊累！"

"不会的，不会的，我去给你当苦力啊！"

大概是受到有人匿名送花的影响，老公这次非但没有喊累，还不停地给女孩买点儿小礼物，一副很殷勤的样子。这不禁让女孩心里乐开了花。

逛了大半天，女孩一回到家就累倒在沙发上，不过看着老公手里的大包小包，自己还是很有成就感的。

"叮咚"门铃响了。

老公赶忙去开门，女孩看到几个服务生打扮的人端着大盘小盘地进了厨房。

"老婆，逛了一天，辛苦了，快来吃饭吧！"原来老公定了自己最爱吃的法国菜。

女孩一边笑眯眯的给了老公一个香吻，一边暗暗偷笑。

几天前，女孩自己偷偷在花店订了两次花……

当两人的感情稳定了，男人就会渐渐忘了制造浪漫，尽管他们也需要激情，但不愿再花费精力和时间去谈情说爱。然而女人却不同，女人喜欢被爱的感觉，她们常常会对比"当年"和"如今"，越是对比就越会对现在的平淡生活感觉不满。

当男人渐渐减少了"付出"，而女人还一如既往地"付出"她们的时间和精力时，她们就会越发觉得不公平，于是总是在期待和失望中徘徊。

了解到男人和女人的不同，"恶魔"女孩会显示出更加聪明的一面。既然需要浪漫，为什么自己不制造一份浪漫呢？就像故事中女孩那样，聪明地给自己送束花。就算老公不为所动，自己也可以享受被爱的感觉。如果老公的醋意涌动，又能够重拾过去的浪漫，何乐而不为呢！

"恶魔"法则

"恶魔"女孩的 YY 法则

● 行动法。给自己送份礼物，陪自己吃顿大餐，即使在天气阴沉的日子，也可以点上昏暗的蜡烛，享受温暖的泡泡浴。浪漫的方式不止一种，而自己最清楚自己需要什么样的浪漫。只要肯行动，一切得来都是这么轻而易举。

● 幻想法。看到电视剧里动人的情节，常常会羡慕甚至嫉妒女主角。为什么不把自己幻想成为那样的主角，与你喜欢的明星展开一场惊天地泣鬼神的浪漫爱情呢！

Man's Talk

> 想象力丰富的女人常常能够带给男人惊喜，你会发现她们的想法总是层出不穷，而且在她们的字典里似乎也没有失落、失望一类消极的词，这大概也是因为她们总是能用臆想世界中的美好来化解现实中的不满吧！

做个最聪明的『恶魔』女

挑起生活的激情

Chapter 1

为真爱，主动出击

作为乐队的主唱，男孩的身边总是不乏各种各样的仰慕者。每次演出过后，女孩总是远远地看到男孩手捧鲜花，在大家的称赞和一些女生的尖叫中离开表演场地。

虽然对男孩爱慕已久，女孩却从未出现在男孩身边，或许是因为害羞，或许是害怕见到男孩看到自己时那种不经意的眼神。所以女孩总是远远地看着男孩，但从未接近过。

女孩的朋友们总是怂恿她："你要主动一点啊，虽然他是乐队的主唱，可也不是什么接近不得的大明星，都是在一个校园里生活，有什么不能靠近的啊。你胆子真小！"

可是最近，女孩有些不安了，男孩身边总是有几个固定的女孩出现，朋友们又开始怂恿："看，你不行动，有人行动了吧，人家可是又送吃的，又送碟片的,忙得不亦乐乎呢。你呢？就等着你的'王子'被别人抢跑吧！",朋友将"王子"二字说得特别重。

没错，在女孩心中，男孩就是"王子"一般，但现在难道就要眼睁睁地看着"王子"找到公主，而自己就永远在远处默默地看着他们吗？

不知是一股什么样的力量，女孩决定不再等待。曾经学过一段时间乐器的她来到乐队应征。女孩从来都是一幅文文静静的样子，从未表现过对书本以外事务有任何兴趣，但她却是有着良好音乐基础的才女。女孩的表现自然是让原本不屑的乐队成员们惊讶得张大了嘴巴，顺利过关！女孩开心得快要跳起来了，不过看到了一旁的男孩，女孩还是保持了原本的冷静。当男孩伸手表示祝贺和欢迎的时候，女孩的心里好像"小鹿"乱撞着，兴奋得有些过了头。

这当然只是主动出击的第一步，之后，女孩常常以请教和排练为由与男孩相处，有很多时候还是单独相处。这虽然让男孩的"粉丝"们大为恼火，但没办法，这是"公事"。

遇到单独相处的时刻，女孩自然不能放弃这样的好机会，于是使出"爱心便当"、"贴心小礼物"等一系列招数，没过多久，男孩就被女孩的真情打动。两人成了一对幸福甜蜜的小情侣。

在传统的恋爱观中，女人一定要等待男人来追求。然而这样就很可能错过理想的人和理想的爱情。所以，在真爱面前，不要去考虑什么"面子"的问题，而应当大胆的追求。

电影《27 Dresses》中，女主人公"简"的行为对女人是否应该"主动"的问题做出了最好的诠释。一向追求完美、浪漫爱情的简却总是得不到自己想要的爱情。于是简只能一次又一次在婚礼上承担伴娘的角色，当她做了26次伴娘之后，就对完美的爱情更加渴望。

正当她困惑的时候，一个机会和一个难题同时降临到她的面前。机会是她暗恋多年的公司老板凯文来到了她的生活中，难题是凯文的身份是妹妹的男友，并且两人已经到了谈婚论嫁的地步。

面对自己中意的人，是就这样与他擦身而过还是主动出击？简没有犹豫，这一次，她再也不想为别人"做嫁衣"。于是简想尽办法，终于夺到了自己的真爱。

如果简放弃追求，凯文自然就会成为别人的新郎，而自己也只好眼睁睁看着心爱的人步入礼堂，而自己只能是一旁捧花的伴娘。

"恶魔"女孩在爱情面前从不手软，对待她们想要的真爱，她们不会等待，而是主动出击，只有这样，爱情才能掌握在自己手中。管它什么面子不面子，统统与爱情无关，如果错失了机会，放弃了真爱，才是最没面子、损失惨重的事呢。

"恶魔"法则

主动出击，也要讲究分寸

"男追女，隔座山；女追男，隔层纱"，女人主动出击"猎取"爱情固然是比较容易达成所愿，但是如果没能把握好分寸，也容易弄巧成拙。所以，在采取主动方式时，也要讲究一些分寸。

尽管采用的是主动获取的方式，还是应当注意一些细节，也要把握一些分寸。

● 身体诱惑的招式不能用。不要以为用暴露身体的办法来接近他就能够得到他的倾心，如果他只是起了色心而没有动真心，那就是被占了便宜还没能达成所愿，岂不是吃了大亏。

● 贬低自己的招数不能用。为了得到男人的青睐，恨不得把他捧到天上去。于是不仅甘愿做起了他的保姆，开始对他照顾入微，还将自己贬低到尘埃中，常常用"我配不上你"、"我可以等你"之类的话来鼓励对方。这样的方式只会培养他的高傲情绪，就算结果如你所愿，但这样的爱情，得到之后他也会振振有词的用"你是死缠烂打"一类的话来攻击你，"幸福"不会持久。

● 吹嘘和炫耀的招数不能用。为了让对方看到自己的优点，就一个劲儿地把自己的杰出表现放大，这不但不会使他对你产生好感，反而会让他就此远离你，因为你太"优秀"了，而没有一个男人想要生活在一个比他强百倍的女人身边，永远找不到优越感。

● 如果在主动追求的过程中，他总是拒绝你的邀请，或者有心避开你，那就很明确地表露出他的心思——对你没有意思。所以遇到这样的情况，就不要再锲而不舍了，把握好尺度，该放弃的时候就应当放弃，否则只会让自己颜面尽失。

● 主动出击也要把握时间，如果在你努力了一段时间后，他并不能如想象中的那样接受你，或者不在公开场合承认你，并不用任何语言表示爱慕或喜欢你，也没有任何细节表示对你的关心爱护，那就说明你的主动出击策略失败。不管他是习惯你的关心、照顾，还是怕说出拒绝的话会伤害你，但有一点是肯定的，他已经用另一种方式拒绝了你。所以，意识到这一点的你就应当在主动一次——主动放弃。

Man's Talk

女人喜欢被追捧，男人也是。没有一个男人天生喜欢跟在女人后面死缠烂打的去追求，如果能够得到女人主动地示爱，这对男人来说无疑是能够满足虚荣心的一件事。在爱情的世界里，只有寻找爱情，并不应该划分谁应当主动谁应当被动的界限，为了真爱，适当的时候就应当主动出击。所以，那种在爱情面前勇往直前，不被"面子"牵绊的女人才是真正有智慧的女人。

Chapter 2

不必事事循规蹈矩

Ashley 后悔不已，如果知道要失去这样一段感情，Ashley 愿意抛开所有的矜持，不再躲躲藏藏，而要大胆的享受爱情。

Ashley 是个个性极强的女孩，在工作和生活方面都坚守自己的原则。对待爱情，Ashley 认为就应当规规矩矩的。比如说逛街时男人天经地义就该帮女人拿东西，而女人就应当表现出矜持和贤惠。看到那些个性叛逆，把男朋友使唤来使唤去的女孩，她总是会皱起眉头；而看到那些被男生三招两招就追到手的女孩，Ashley 更是看不过去，"怎么那么不矜持啊？"

可是好朋友认为，Ashley 是太过保守了，现在早就不是那种封建的年代，如果两人志趣相投，也有情有义，那就可以在一起，何必计较追求的过程是用了三招还是三十招！

直到 Ashley 遇到了 David，她的"保守"想法开始动摇，但固执却没能让她的行动有所改变。

Ashley 是在一次校园聚会中遇到 David 的。David 是年长几岁的学长，已经毕业工作了几年。早就听说了 Ashley 的 David，第一面就被她的气质打动了。于是，聚会结束后，David 留了 Ashley 的联系方式。

随后的一段时间，David 总是出现在 Ashley 的身边，虽然总有他的理由，但有时候他所找的那些借口总有明显的破绽。Ashley 也知道 David 是在追求她，而她也有些心动，但是受到"保守"思想的阻碍，Ashley 总觉得应该再考验考验他，多观察和了解他。

于是，他们的见面方式总是在学校，或是他在某家餐馆"偶遇"和同学吃饭的她，而 Ashley 自然不知道这是同学们给 David 通风报信的结果。

好朋友们都有些受不了 Ashley 的矜持，"你到底还要等什么啊？论相貌，人家仪表堂堂；论工作，人家是高收入的有志青年；论人品，就更不用说了……你觉得还要考验什么啊？大小姐，错过这个村可就没这个店了！"

尽管 Ashley 也了解 David 的好，但偏偏是不想这么短的时间就成就了一段恋情，这有违于她一贯的矜持观念。"再等等看吧。"她总是这样对自己说。

有一段时间，David 没出现在 Ashley 的身边，同学们都说，"看，你总是不接受人家，让人家心凉了吧！"

虽然也有些担心，但 Ashley 却嘴硬地说："如果连这点儿考验都经受不起，那就说明我的选择是正确的。"

突然有一天，David 出现了，但面色有些疲惫，原来这段时间一直在忙一个项目，没有时间来找她。

尽管 Ashley 心里的石头落地了，但还是表现出一副无所谓的样子，David 的表情带着一丝尴尬。

又是一次校园聚会，得知 David 也要来，Ashley 精心打扮了一番，她决定这一次见面给 David 一些回应和暗示，毕竟她也考验得差不多了，如果 David 提出来她就同意做他的女朋友。

脸上挂着僵掉的表情，Ashley 看到 David 和一个女孩手拉手走进了聚会场地。虽然有些尴尬，David 还是大方的介绍，而此时为了面子，Ashley 露出了"真诚"的笑容，还蹩脚地说："你女朋友真漂亮啊！"。

聚会结束后，Ashley 大哭了一场，恨自己为什么不大大方方地接受 David

的邀请去共享晚餐；为什么不能多多少少的给 David 一个回应；为什么在 David 忙完工作来找她的时候没有及时地表达对他的想念……Ashley 此时真恨自己，恨自己为什么要坚持那该死的"矜持"，恨自己错过了大好机会。

规规矩矩固然是件好事，人们可以遵守秩序，可以保持原则。但有些时候不循规蹈矩的表现反而是好的，比如在工作中，用创新的方法来打破一些条条框框往往受到人们的青睐，而在生活和爱情中，就更不需要按照同一个模式进行到底。否则，生活和爱情就没有激情可言，而变成了平淡的白开水。

"恶魔"法则

矜持，到底要，还是不要？

在恋爱中，矜持固然有矜持的好处，这是一种素质，更能够让一个女孩看起来表现的进退有度，让人尊敬和爱慕。但矜持同样给人距离感，这对于想要展开恋情的两个人来说无疑是一种阻碍。所以，在什么样的情况下应当保持"矜持"，而在怎样的情况下应该义无反顾地抛弃"矜持"呢？

	表现矜持	放弃矜持
接电话的矜持	明知道是对方打来的电话，不要铃声一响就立刻接电话，即使你很想听到对方的声音，也要等到铃声响过几下以后再接	两人吵架了，对方打来电话，为了表现自己的态度，就是不接电话，这样只会让两人之间的怒火越烧越旺，所以，这个时候必须放弃矜持，痛痛快快的接电话，把问题讲清楚
收到邀请的矜持	如果你觉得两人关系发展太快，或者最近一段时间太顺从他，以至于对方有些飘飘然了，不妨在接到约会邀请的时候，推辞一两次。工作繁忙、朋友提前邀约、家庭聚会都是很好的借口	如果对方邀约三次以上，你都没有积极反应，那么很有可能会让这段感情变得冷淡。此时，若你真的喜欢对方，最好能放下矜持，主动邀男方共进晚餐，这对他而言绝对是一次意外惊喜

亲密接触时的矜持	两人相处不过一两周,他就请你去自己新家或类似的私密地方,并且对你有亲密的举动,此时你必须学会矜持。如果让他轻易得手,他会觉得你很容易追求,反而显得不够珍贵了	要是你们的感情已经发展到谈婚论嫁或类似稳固的地步,并且也顺理成章的发生了一些关系,那么就可以偶尔放开一些,不必那么矜持

Man's Talk

比起女人来,男人总是更随性一些。很多时候,女人的规矩总是会让男人头疼。尽管规规矩矩的女孩会让男人感觉更踏实但有时候也要多些变化,适当的做些改变,否则,生活就毫无激情可言了。

Chapter 3

女人和食物一样，新鲜的最好

有一篇科学地解释爱情的文章，上面从化学的角度分析了爱情到底是什么——当人感觉到爱情的时候，人的大脑会分泌出一种化学激素，通过刺激大脑让人产生兴奋。虽然它能让人体会到奇妙感觉，却保持不了多久。人体适应了这种刺激之后，就感觉不到兴奋了，也就体会不到爱情。

而在男女对待爱情的观念中可以看出，男人喜欢追求这种刺激带来的化学变化，而女人却可以在刺激消失后用理智取而代之，坚守爱情阵地，尽管这也是很多男人的做法。但不可否认的是，在激情和刺激面前，谁都不喜欢固有的陈旧的东西。

如何能让男人常常感受到刺激，保持激情呢？

如果男人追求的是"新鲜"，那女人就应当学会"保鲜"，让自己富于变化，就能够常常刺激到男人的神经，这不只是在脸上涂抹昂贵的化妆品，而是更注重在心里、见识、气量和才艺上的培养。才华横溢会让女人更为魅力四射。

Jodie 在和老公的朋友们聊天。虽然也不时地参与话题，但 Jodie 能看出老公的疲惫。由于老公在负责一个大项目，就连回家的时间都很少，整天泡在公司里，就算回到家也是一头倒在床上。

但是朋友们从外地过来，老公从百忙之中抽出时间，Jodie 一边忙着聊天一边给老公斟满茶水。

"你们家的布置很别致啊，尤其那几个盆栽，是从哪里买的？"朋友一边看着屋内的布置，一边客气地询问道。

Jodie 笑了笑"不是买的，我最近在学习盆栽艺术，是自己随便弄得，也没什么特别的。"

老公也跟着朋友们的话题，随意扭头看了看家中新增的盆栽，顿时惊讶了起来，"这哪里是随便弄弄，自己本身就是搞园林设计的，这绝不是业余的水平啊！"老公心中想着，然后用吃惊的眼神看着 Jodie。

虽然老公也知道 Jodie 聪明能干，但却不知道她还有这样的本事，自己当年可是整整学了一个学期才有这样的水平，而自己忙工作也不过几个星期的时间，Jodie 就能学到这样的程度了。

朋友走后，老公也顾不上工作的忙碌，开始盘问起 Jodie 来。

"你究竟从什么时候开始学的？弄得有模有样的！"

"就从上个星期啊，看你那么忙，我回家又没什么事做，就报了个兴趣班学了一下！"Jodie 一边收拾一边说道。

"真是人不可貌相啊，一个星期就能学到这种程度，你简直是天才啊！"老公把正在干活的 Jodie 拉过去，打算仔细的"盘问"。

"什么天才啊！家里那么多专业书籍，没事的时候我也随便看看，日积月累的也多少懂那么一点点，再加上培训班的学习，自然一点就通了！"Jodie 有点骄傲地说。

"这小脑袋还挺聪明啊！"老公笑着说，不敢小瞧眼前的这个女人。

于是两人有说有笑地聊了起来，这一次，他们的话题又多了盆栽一项。

Jodie 总是能给老公带来惊喜，不是突飞猛进的厨艺水平，就是不断的升职加薪，还有时不时凸显出来的各种各样的才艺……这样的惊喜总是让老公"招架不住"，没有办法把注意力从 Jodie 身上转移。

"恶魔"法则

女人的保鲜法则

做女人应当懂得及时保鲜。然而女人保鲜可不像把水果食物放到冰箱里那么简单。除了培养个性和审美上的新鲜度，还要让自身具备丰富的才情与智慧，在个性魅力中让自己的生活和爱情保鲜。

● 培养智慧。智慧与智商不同，智商几乎是与生俱来的，后来的努力也改变不了多少，但是智慧是可以学习培养的。阅读书籍，让自己的知识变得渊博起来，当与男人闲聊时，女人可以有说不完的观点，也可以天文地理、科技人文，无所不知，这样的女人会让男人感觉异常的新鲜。

● 有自己的特色和品味。男人尽管是多变的，但那种有自己的特色和品味的女人还是会引起他们的注意。这种注意并不是那种基于赏心悦目的目的去看那些追求潮流的打扮和拥有漂亮的脸蛋的女孩，而是一种欣赏，就像欣赏山水画的潇洒，品味葡萄酒的醇厚。

独特的品味可以表现在穿着打扮上，不用时时追赶潮流，穿着任何服饰都能散发出自己的味道；独特的品味可以表现在做事的风格上，坚持自己的原则，不因为别人的游说而改变想法。

● 风趣幽默。懂得语言的艺术，不要在各执一词时将自己的意见强加于人；要用幽默去轻松地化解无聊的玩笑，以委婉的方式暗示对方"此种话题不受欢迎"。幽默的女性会制造热烈的谈话气氛，即使是同陌生人在聊天，也不会出现尴尬的局面。

● 足够的神秘感。优雅而且有些许神秘感的女人有极强的"保鲜"能力。因为她们善于隐藏自己，让男人永远能在自己身上发现令他惊喜的地方。对于喜爱揭秘的男人来说，这种吸引力是致命的！

● 保留一些叛逆。不要因为青春期已过就把"叛逆"两个字深深地埋葬起来。即使是通情达理的女人，也要偶尔来点与众不同的想法。不做没有自己思想的乖乖女，拥有丰富知识和敏锐洞察力的女人应当常有新鲜的观点。即使是面对顶头上司，也能礼貌地说出不同的意见，不屈服于权威，**勇敢挑战**，这样的叛逆会让人眼前一亮。

Man's Talk

没有人会喜欢吃不新鲜的食物，没有人不会被新鲜的事物所吸引。尽管已经熟悉得如同"老夫老妻"了，男人还是会对女人细枝末节的改变感到惊喜。

Chapter 4

偶尔让他当一次英雄

女孩落入了水流湍急的"河流"中,不识水性的她拼命大叫,正当她觉得希望渺茫的时候,一个高大的身躯出现在她模糊的视线里,那男子脱掉上衣,露出了结实的肌肉,一头跳进河里。

女孩的视线渐渐从模糊到清晰,首先映入眼帘的是一张轮廓清晰、五官端正的面孔,这就是救他上岸的英雄,此时他的头发、脸颊和胸肌上仍不住地滴水。

"谢天谢地,你终于醒了!"男子松了一口气,"你还好吧?"

女孩声音微弱:"我还好,就是有点儿冷!"

男子赶快把刚才脱下的衣服盖在女孩身上:"还冷么?"

女孩无力地点点头,男子看着女孩因为被水打湿而显得更加黝黑的长发,和深邃动人的眼睛,心跳的速度突然加快了。

男子拿掉自己的衣服,将女孩抱在怀里……

这并不是发生在野外的英雄救美女的故事,而是发生在Erica的家里,这时她正和老公在浴室里,两人的衣服已经全部湿透,经过几句简短的对白和精彩的表演,老公已经没办法再扮演一个正人君子的英雄了,他把Erica抱进卧室……

几个月前，Erica 和老公渐渐发现两人对房事的感觉不再那么强烈，少了几分激情，变得越来越程序化。尽管知道这是正常的过程，但 Erica 却觉得有些不甘心。一次在看电影的时候看到了角色扮演的情节，这突然提醒了 Erica。她和老公为什么不去尝试一下角色扮演呢？

于是，这天晚上，Erica 和老公拿掉了无名指上的戒指，忘掉了两人的婚姻关系，变得像陌生人一样，来到浴室上演了这场英雄救美的"大戏"。

奇妙的是，在这之后的很长一段时间里，老公对 Erica 燃起了熊熊烈火般的热情，甚至超过了他们最初的那份激情。受益匪浅的 Erica，之后经常会做一些角色扮演得小动作，不管是以齐全的装备上演剧情，还是只对对台词，这都让他们感受到了强烈的刺激感，感情也随之升温。

当周围的朋友看到结婚多年的他们还经常手拉手去逛街、喝咖啡，表现出了年轻人才有的浪漫，都羡慕不已，但只有 Erica 和老公知道这其中的小秘密。

男人总有一种英雄情结，既然如此，就给他们一次机会：护士与医生，还是警察与罪犯，男老板与女员工……

这些在现实中无法实现的情节，通通可以在卧室上演。

这种角色扮演的方法，可以使两人的感情进一步递增。角色扮演是一种幻想，也是性爱的重要调味剂。

"恶魔"法则

角色扮演的几个步骤

● 设定角色。在上演情爱大片之前，首先要设定好两人的角色，平时做惯了爱情霸主的"恶魔"女孩会选择给男人一次高高在上的权利，当然不总是这样。重要的是，玩角色扮演游戏，就要做一个"专业"的演员，一旦确定了出演的角色，就要认真扮演，忘掉自己的身份，抛掉所有的矜持和害羞，千万别"笑场"。

设定角色的一个重要原则就是大胆创新，这样才能够同平常的生活区分开来，效果也就特别的好。

● 编写剧本。一个精彩的电影怎么能缺少了好的剧本，所以在上演这部情爱大戏之前一定要编一个好的剧本。在这个剧本中，不需要太过曲折的情节和有悬念的故事，最重要的是台词，毕竟不是要两人真的去大费周折的表演一个剧情，只要有几句简单直接的台词带领，两人快速入戏就够了。

● 准备道具。如果想要很快入戏，希望角色扮演得更加成功，准备服装和道具的环节就十分重要了。要根据选定的角色和情节准备合适的服装道具，这一步千万不能省，一套好的装备可以感染气氛，让两人尽快地投入到情境之中。

Man's Talk

在日复一日毫无新意的过程中，谁都希望能够找点新鲜的感觉，在这一点上男人和女人的感觉大概是相同的。只是每个男人从孩提时代到步入成年，总是有挥之不去的英雄情结。不能否认，也不能不去面对的是，生活是现实的，当面对金钱的诱惑、生活的压力时，男人常常表现出软弱的一面，不得不在凶悍的老板面前低头。

正因为如此，男人做英雄的渴望更深了，角色扮演虽然并不是真的成为英雄，但却能够享受这样的快感，并且能给平淡无奇的生活带来一丝刺激，这未尝不是件好事！

别让男人闲着

Chapter 1

男人做家务，机会是女人给的

使用说明

产品名称：男人

生产厂商：女娲

产品特点：本产品采用高端技术，是专为女性量身定做的个性化产品，能够满足不同女性的差异化需要。既为个性化产品，也是独一无二的，世上只此一件，如有雷同，实属巧合。

主要功能：

（1）聊天。产品包含智能语音聊天系统,聊天内容丰富。更增设了情绪系统，保证您在聊天时能感受到不同语气的谈话方式，避免了聊天时的枯燥无味。

（2）多功能免电用品。还在为洗碗机、洗衣机的耗电量而烦恼吗？这款产品将为你解除后顾之忧，不用任何电能，环保又自然，只要保证一日三餐，便可轻松洗衣、洗碗、做家务。但偶尔会打烂一两个碗碟，洗破几双袜子。（注：此项功能需要使用者自行开发完善）

……

注意事项：

（1）此产品为量身定做，因此只可自用，不可外借。
（2）产品功能不止于此，其余功能需自行开发。

　　这绝不是一个笑话，"恶魔"女孩认为男人就是拿来用的，而他们的用处也远不止"使用说明"里的那些。是女人心肠恶毒吗？当然不是，一旦女人心软下来，她们就会成为那个被呼来唤去的对象的。

　　女孩一向认为女人就应当贤良淑德，做家务带孩子都是理所当然的事。所以，当男友跷着脚躺在沙发上看电视，而自己屋里屋外的忙个不停的时候，她从没觉得有什么不对。

　　"给我拿瓶水来。"男友发出指令，女孩连忙放下手中正在洗的衣服，擦了擦手上的泡沫，从冰箱拿出一瓶水给男友。

　　"怎么黏黏的？你没洗手啊？"男友不满地说。

　　女孩又赶快拿了一块干净的毛巾把水瓶擦干净。"又不脏"，女孩一边擦一边"唠叨"了两句。

　　男孩没说什么，继续津津有味地看着电视。

　　下班时下雨，女孩没带雨伞，别人的男友都纷纷到公司来接女友下班。女孩可不会这样，等雨小了自己回去就行，雨一直没停，女孩还是淋着雨回家。

　　本想先洗个热水澡，又担心男友挨饿，于是赶快做饭。

　　女孩生病了，虽然只是感冒，但医生说她不只是着凉引起的，还有些劳累过度，因此，叮嘱她这段时间要注意休息。

　　"让你家人多干些吧！"医生笑笑说。

　　男友当然是疼女孩的，接下来的一段时间，男友开始蹩脚地干起了家务，虽然盘子表面洗得干净，背面却有一条条的油渍；晾干的衣服总是有浓浓的洗衣粉味道；做的菜也不是咸了就是淡了，最后干脆放弃，每天买快餐。

　　尽管如此，女孩还是被"严令禁止"做家务。

　　刚开始，女孩坐在一边看男孩忙得"不亦乐乎"，自己坐在一边总是觉得

106

浑身不自在。几天之后，不知是女孩的惰性已经养成了，还是突然间开窍了，她开始觉得这样"女王"般的生活真是舒服，也开始使唤起男友来。

虽然男友刚开始不习惯，还常常假装瞪眼睛"怎么你还命令起我来了？"但碍于女孩身体不舒服，也会"不甘心"地接受，乖乖地遵照指示做事。

原来这些活男友也能干，在家务方面，男友并不是"一无是处"啊！

女孩痊愈了，但生病期间却养了一堆"臭毛病"：女孩洗衣服，男友也不能闲着，"谁让你长得高，一下就能挂上，我还要用工具"；去买东西，女孩会指着长长的购物清单"这么多东西，我一个人怎么拿得过来！"事实上，自从男友一同去购物，她负责的就只有自己的小包……

自从女孩开始使唤男友，她便越发觉得自己从前的日子过得很累。现在好了，不但自己的负担减轻了，也能够因为两人共同做家务而增加了互动，似乎感情也比从前更好了。

"恶魔"法则

男人的"使用"技巧

男人的"用途"多多，"使用"起来更是需要技巧，如果你不掌握这个技巧，使用不当，就容易用伤、用坏，后果不堪设想。

● 需要甜言蜜语。让男人做家务可以，但不要真的把他们当做毫无感情的机器，然后玩命地让他们运转，要适当地给他们加加油。而甜言蜜语就是一个不错的润滑剂。哪怕只是一句"辛苦你了"，或是当他干得正起劲的时候，劝他休息一下，让他体会到关心和疼爱，他就会动力十足。

● 需要合情合理。使用要合情合理，不要让他们没面子、没尊严。如果当着外人的面让他给你打盆洗脚水，这就是犯了大忌。

● 需要劳逸结合。只有劳逸结合才能让"机器"持久的运转。所以不要给男人安排满满的日程表，留出适当的时间让他们独自轻松。

Man's Talk

男人并不会排斥被女人使唤，毕竟女人能干的活，男人也没什么不能干的。但是要让我们干得心服口服、心甘情愿，这是大部分女人都难以做到的，或者很多女人并不愿意把"重担"交给男人。所以，看上去，男人总是轻松的。

Chapter 2

激励，要软硬兼施

每个女人都有一个女王梦，享受男人的殷勤和无微不至的照顾。但当她们不但享受不到"特殊"待遇，反而还要为男人忙上忙下，女王梦像肥皂泡一样轻易被击破。这种状况下，女人总是会埋怨男人的觉悟不够高，并且期待自己遇到电视剧中完美的男主人公那样的人。

生活并不是电视剧，很少有男人会主动将女人视为女王，奉若公主，所以，在现实中，女人总是得不到自己想要的、梦一般的生活。其实大多数女人都生活在两种状态中。

● 默默奉献。自己承担了生活中所有杂七杂八的事。人总是有惰性的，男人更是如此，一旦女人变成了默默奉献的类型，男人便会越发的得寸进尺，最终只有一个结果，那就是把男人捧上了天。

● 过分苛求。不甘忍受现状，期望能够通过自己的努力有所改变。于是她们又哭又闹，又打又骂，希望男人为她们"服务"。起初她们的确能够舒服的享受到男人的"殷勤"，尽管有些是不太情愿的，但越好就越想好，于是女人变本加厉，不断地命令男人做这做那，有一天，男人烦了厌了忍受不了了，就会拍拍屁股走人。

这是两种极端，但在生活中又颇为常见，这似乎看到女人对男人束手无策的一面。然而对待男人，"恶魔"女孩并不会走上任何极端，一手拿皮鞭，一手拿巧克力，这是她们让男人乖乖听话干活的最有效的方法之一。

在管理学中，有"胡萝卜加大棒"的管理原则。在企业中的应用就是"奖惩并用"，而在对付男人的招数中，这同样是放诸四海皆准的真理。"恶魔"女孩也将这一真理的应用发挥到了极致。

女孩的老公高大英俊、体贴又浪漫，这些都让女孩身边的朋友妒忌不已，但女孩还是觉得老公有所欠缺。

老公有一份稳定而且收入不菲的工作，虽然资历不高，但也因为能力出众而早早当上了主管。老公的才华也是女孩当初为之心动的原因之一。

但不知是被安逸的生活所吸引，还是为现在的生活状态满意不已，老公变成了"毫无"事业心的人。每天工作中规中矩，不犯错，也没有突出的表现，以至于别人都纷纷升迁加薪，而他还是原地不动。

虽然女孩并不指望男孩将来大富大贵，但至少能经常看到一些进步，更何况以老公的能力来说这并不是什么难事。

每一次女孩拐弯抹角的把话题带到这方面的时候，老公总是嬉皮笑脸的对女孩说："我还不是想多留点时间陪你嘛！"

这样的话听起来合情合理，但女孩知道老公是有些懒惰，看到生活得不错，就懒得再去拼、再去争了。

女孩无计可施，不知道要怎样才能让老公重新燃起斗志。好朋友听到女孩的唠叨，笑了笑说："这还不容易，你老公之所以现在不努力，是因为你们的生活过得不错，如果你的物质要求提高了，你俩的钱不够花了，你看他努力不努力！"

"果然是高手，还是你厉害啊！"

女孩如法炮制，把自己平常想买但又怕太奢侈而没买的东西陆陆续续地"搬"回了家。老公起初并没有留意，到了月末女孩把账单给男孩看，男孩拿

过账单，想要敷衍地看一下然后就专心看自己的电视，结果账单上增加的一位数使男孩不得不将注意力放在各项开支上。

女孩凑在老公的身边，撒娇地说："这个月咱们的开支是不是有些多？可这些都是必须的啊！那个旧的热水器老是出毛病，你用了这个新的，多方便啊；还有这些厨房用品，都是打折又有很多赠品我才买的；这些餐具我早就想要了，刚好一起买能优惠，我就都买下来了……就是这些化妆品有些奢侈了，不过确实物有所值，就是比我原来用的那些效果好，你也不想我早早的变成黄脸婆吧……"

女孩在老公旁边逐一解释各种开销的理由，老公也觉得这些都是正常开销，可为什么这个月特别多呢？

看到老公眉头上的皱纹还没有散开，女孩变得更加可怜了，"要不我把这台电视机退回去吧，原来那个就是偶尔有点儿雪花，还能看，我是不是买太多东西了。"

"不用不用，这台电视机买得好，物超所值啊！我多努努力，赚得多了你花起来就不用那么缩手缩脚了！"老公看着女孩可怜巴巴的样子，赶快安慰道。

"你真好！"女孩在老公脸上印了一记香吻，心里打起了如意算盘。

要男人乖乖听从命令，可以不用没完没了的唠唠叨叨，也可以不用无止境的默默忍受，软硬兼施、糖衣炮弹的效果才是最好的方法。

"恶魔"女孩会用小皮鞭轻轻抽打男人，但她们决不会再向伤口上撒盐，而是用巧克力的甜蜜安抚男人。就像女孩那样，她在一个月内挥霍购买了很多"必需品"，如果她没有"低声下气"地向老公解释，而是理直气壮地指出老公赚钱少，这一定会引发一场家庭大战，而女孩的做法不但让老公没办法生气，还能够让老公重新开始"争名夺利"，达到了自己的目的。

"恶魔"法则

"恶魔"女孩软硬兼施的激励法则

● 条条框框是爱的表现。如果以严肃的口气命令男人去做家务，男人一定一百个不愿意，并且找出一大堆理由，根据传统观念，女人在这方面无疑是完全没有优势的。所以就要把一切规定和你的想法以爱的名义提出。比如"你爱我吗？""爱""我累了你会心疼我吗？""当然""那你一定会承担起繁重的家务不让我受累喽？""……"男人想要收回刚才的话，晚了！

表面上是调情聊天，说说情话，实际上已经把一大堆的条条框框塞给男人了！

● "逼"他就范。男人都有"孩子气"的一面，这时候，就要像对待小孩一样对待他们。如果他在电脑面前打游戏打个没完，而你却要面对一屋子的家务活，这个时候，为了他的身体健康，你应当毫不犹豫的"逼"他暂时"休息"一下，分配一些可以顺便做运动的家务。

● 以弱克刚。大部分男人最受不了女人嗲声嗲气的撒娇，所以"柔"成了女人的武器。如果你有什么要求，就尽管拿出娇滴滴的姿态，撒娇的"命令"，如果男人乖乖地答应了，也要以"柔"的方式回报：他干活，你也忙前忙后地给他递水、擦汗；他去帮你跑腿，别忘了再拿到自己想要的东西时回报一记香吻……

如果女人总是以一副高高在上的姿态来命令男人，并且认为男人理所当然地应当为她们卖命，这样的女人总是让男人心里不舒服，甚至厌烦。如果女人什么要求都不提，男人就会想当然的把她们当成"逆来顺受"的角色，毕竟，没有人会愿意主动去受累做事。如果要求提得合情合理，想要拒绝却只能接受，这种女人是男人最怕的，因为这样的女人我们根本没办法 say no！

Chapter 3

对男人的"特殊训练"

女孩是父母手中的"娇娇女",人生的前二十几年几乎不知道家务活"长"什么样子。自从认识了老公,她的角色完全变了。刚开始还觉得新鲜,给老公做了几顿饭,没想到之后做饭就成了女孩的日常工作;原本只是为了献爱心,表现一下自己的"贤良淑德",帮老公洗了几件衣服,谁料到之后女孩就成了老公的全自动"洗衣机"了。

从此以后,女孩渐渐承担起了所有的家务工作。刚开始,女孩以老公的"大男子主义"为傲,女孩觉得,男人就要有点男人的样子,如果整天都混在锅碗瓢盆之间,哪还有什么阳刚之气啊!

家务活做久了,女孩的立场开始动摇了。在她吃完饭想要休息时却还要无奈地走进厨房收拾残局时,如果老公能来帮忙,那也是另外一种浪漫;如果两人一起洗衣,偶尔互相泼泼水、涂涂肥皂泡,也会让枯燥无味的体力劳动变得有趣起来。

可现在,女孩看着一边嗑着瓜子,一边对电视情节指指点点的老公,只能叹气、无奈,同时又觉得自己可怜。

如果只是单单纯纯的洗衣做饭,女孩也许能够忍气吞声的继续下去。但被宠坏的老公变本加厉的行为让女孩忍无可忍终于爆发了。

一次，家里的微波炉坏了，女孩让老公拿去修理一下，老公以"工作了一天太累了"为由拒绝出门。于是女孩不得不独自搬着沉重的机器自己去修。

路上女孩一直忘不了老公装累的表情，女孩明明知道那是个借口，老公工作累，难道自己早出晚归是去玩了吗？白天同样要上班，晚上不管女孩回来多晚，老公永远是跷着二郎腿看着电视悠然自得的样子，有时还会催促她快点做饭。

想着想着，女孩的心中燃起来一股无名火，不干了。女孩把微波炉扔在路边，大摇大摆的回到家，一句话也没说的进了房间，锁上房门，女孩要好好的睡上一觉，休息休息……

这下，轮到老公傻眼了。

当然，他会愤怒，会争吵。不过，面对老公怒气冲冲的表情，女孩反而有了一种高高在上的快感。面对因为愤怒而变得丑陋无比的他，女孩一甩手，回了娘家。

几天之后，老公耐不住了，前来求饶。

女孩答应回家，男人欣喜若狂，宛若中了大奖。

"不过，以后家务我心情好的时候可以做，心情不好，由你来承担。"

男人点头称是。

"还有，你要知道，能服侍我，是你的荣幸！"

男人再次点头。

从那以后，女孩总是时不时地给老公"催眠"。久而久之，他真的变乖了……

一个好男人绝不是与生俱来的，而是需要女人慢慢培养的。没人喜欢专门服侍别人，只有那些受过"特殊训练"的男人才会觉得照顾女人是他们应尽的义务，更是一种荣幸。

要训练些什么内容呢？要让男人建立根深蒂固的"好男人就要照顾女人"

的观念，可以给他们介绍一些模范男人作为榜样，让他亲眼目睹原来男人服侍女人是多么潇洒帅气有风度。

"恶魔"法则

怎样对男人进行"特殊训练"呢？这当然不是一蹴而就的事，而是一个潜移默化的过程。但是下面的这些"恶魔"女孩惯用的招数，会让你体会到训练的"魔力"所在。

● 威逼利诱法。"如果你做……，就能得到……"在这样的句式指点之下，最初是提出要求让男人做，等到他们做到了，你就遵守约定，给他应得的奖赏，这样用不了几次，男人就知道那些是他的分内之事，当然，即使是分内事，也别忘了按照惯例给点好处。

● 笨手笨脚法。如果在男友的指示下，你去做他最爱吃的饭菜，结果不是忘了放盐，就是火大烧干了，总之状况百出。这样的状况，男友还会频频地让你去干活吗？当然不会。你做不好，他便会做出正确的示范以炫耀他的聪明能干，但"笨"的要死的你就是怎么都学不会，这种情况男友自然会承包下所有的家务，不用让你费心了。

● 招蜂引蝶法。"你不服侍我，哼……不知道有多少人排着队等着服侍我呢！""恶魔"女孩还会摆出一幅"服侍我是你的荣幸"的态度。家里的灯泡坏了，男友不管，"恶魔"女孩也不会管，她会请一个英俊潇洒的异性朋友来家里做客，顺便帮忙换换灯泡，当这件事在"无意"之中被男友知道后，以后的家务活他就会第一时间抢着干完的。

Man's Talk

要男人"服侍"女人,这听起来的确有些不可思议。但是想想也没错,女人本来就比男人更柔弱,干活也没男人有力气。

受传统观念的影响,大部分男人都认为女人做家务是理所当然的,然而传统的社会中,男人在外赚钱,女人在家干活,这的确没有反驳的理由;但现代社会,女人和男人一样承担着在外工作的任务,所以,女人回家还要"服侍"男人,这样的说法显然会非常理亏。

Chapter 4

给足他面子，他就会更听话

如果男友在好朋友面前严肃地指明你的缺点，之后你一定会为此事闷闷不乐，甚至跟男友翻脸。为什么会这样？因为男友伤了你的面子。女人爱面子，男人又何尝不是。

老公正和朋友在外喝酒，有些担心的女孩给老公打电话，目的自然是让他赶快回家。

老公喝得聊得正开心，"老婆，我们喝的正高兴呢，我知道回家，一会儿就回！"

女孩听到老公不急不缓的声音就急了，放大了音量说道："这都后半夜了，还'一会儿'，现在就回来，要不你就别回来了！"

不幸的是，老公的朋友们正安静地听他打电话，女孩的狂吼一字不差的被朋友们听到，不知是酒精的作用还是其他原因，老公的脸一下子涨得通红。

结果不用说，两人因为这事大吵了一架，甚至一度闹到了离婚的地步。女孩害怕了，她开始央求老公，承认错误。婚最终没有离，可两人的家庭地位却有了本质上的变化——老公这个"农奴"如今翻身成了主人。

女孩没有给老公面子，让老公在朋友面前丢了大人。但解决的方法远不止这一种，如果女孩能够温柔地说"我知道了，那你要回来之前给我发个短信啊！路上要小心！"这样一句体贴的话不但让老公在朋友面前挣足了面子，也能够增进两人的感情。

男人爱面子的程度甚于女人，他们把面子看得像生命一样珍贵。面子就是男人的自尊和自信。所以，"恶魔"女孩从不挑战男人的面子。一旦涉及男人的面子问题，她们的凶悍与泼辣都会收起来，取而代之的是理解宽容和温柔体贴。

男人爱面子，这刚好是"恶魔"女孩最好的武器，这就好比给男人绑上了无形的绳索，拥有驾驭绳索的能力，女人就能够完全驾驭男人，让男人乖乖听话。

因为男人的面子，"恶魔"女孩也变成了人前人后两副模样的两面派：在人前，她们会小心谨慎的处理，不管是贬低自己还是抬高男人，以给足男人面子为最大原则；而在人后，她们就会发挥为所欲为、随心所欲的个性，甚至对男人又打又骂，但这时候男人绝不会同她们计较。

"恶魔"法则

什么时候应当给他面子？

● 当男人被各种义务和责任的负担压得很累的时候，这是他们的心灵最为脆弱的时候，这时女人的包容和理解就是给他们最大的面子。即使男人确实因为能力不足而有些力不从心的时候，女人更应当给予最温暖的怀抱，不要露出任何失望的样子，因为如果女人对男人信心不足，或是鄙视他们的能力太弱，这对男人来说是最伤面子的事。

● 当男人在公开场合应酬时，不管是应酬客户还是跟朋友聚会，女人都不要表现出咄咄逼人的架势，这时候，扮演小鸟依人的角色是最好的选择。

- 在他的朋友面前，千万不能说他的不足，也许你只是开个玩笑，然而男人的优胜劣汰意识更为强烈，即使他自谦自己在哪方面不足，你也不能顺从他的"意愿"。要让他的朋友知道，在你的眼中，他就是唯一的 superman。
- 无论在谁的朋友面前，他夸夸其谈的吹嘘炫耀，即使和实际情况完全不吻合，你也要忍耐，不能当众拆穿他，甚至还要帮她"圆谎"；他做任何决定、说任何话，你都要站在他这边维护他；即使你对他有一百个不满，在这种情况下也只能闭嘴。
- 不要当众发小姐脾气，这不但表现出了你的小气和不懂事，也会让男人颜面扫地。

Man's Talk

男人的面子就是金子，试想一个女人不管什么场合说话都是口没遮拦，把自己的一大堆问题、难堪曝光在朋友、同事面前，这样的女人该有多么可怕？即使男人爱她、宠她，恐怕也只会把她关在家里，带她出来见人，等于把自己逼上绝路。

Chapter 5

永远不给他"造反"的机会

　　Shine 是一个冰雪聪明的女孩,她总是什么事都能做得井井有条,即使是新事物,她也能轻易掌握要诀。唯有一点是 Shine 的致命伤,她不懂得做家务。尽管她尝试了很多次,每次不是以自己受伤,就是以碗盘跌落一地收场。就连拖地这么简单的事,也常常因为鞋底太滑而摔倒。男友常常嘲笑她没有"运动"细胞,假如做家务也算是一种运动的话。

　　这样在家务上笨手笨脚也不是完全没好处,至少担心财产损失和人员受伤的男友会让她远离各种家务,即使是她还没有尝试过的。总之,只要是不用工作的时候,所有的起居饮食,男友都会给她安排好。

　　一次,Shine 经过了一下午的准备,小心又小心,终于在没有任何物质损失,也没有任何人员伤害的情况下完成了一顿大餐的制作。

　　味道出乎意料的好,这让 Shine 的男友重新燃起来享受的希望。尽管 Shine 这次没有分毫差错,但小心起见,男友还是决定让她休息一下,自己去处理厨房剩下的工作。走进厨房的男友不禁大吃一惊,"Shine,那些材料是什么?"

　　"哦,那些是弄脏的和不好的,都扔了吧!"Shine 轻松地说,但男友却哭笑不得,那些"废弃"的材料比有用的还要多上一倍。

经过几次努力，Shine 还是没能如愿以偿地接管家政女王的位置，男友还是像从前那样边干活边嘲笑她，不过 Shine 觉得无所谓，既然自己不用干活，被嘲笑就被嘲笑吧！

"如果男人已经习惯了忙里忙外被使唤的生活，就千万不要给他'造反'的机会。"Shine 悄悄地对好友说道。

"你可真够狡猾的。"

Shine 坏笑了一下："但也要经常给他希望，让他觉得自己能够脱身，但最终还是要被套住"。

"恶魔"法则

让男人无法"造反"的秘诀

● 狠下心来，坚决"不会"做饭。如果不会做饭或者根本做不好，男人最初的表现会是"去外面吃"或者"叫外卖"，但毕竟这样的花费是更高一些的，当账单摆在眼前，一段时间过后，男人就会开始计算这样"吃"的浪费，如果他不算，你就要帮他算。但是记住，千万不要让账单的数额先打动了你。如果你乖乖地去做饭，那就会功亏一篑。

● 苦肉计。有些时候苦肉计的作用是无敌的。当你总是因为做家务而"伤痕累累"的时候，如果男人心疼你就会命令你从此远离家务。这样看来，做点儿小牺牲还是值得的。

● 更重要的事。在《绝望主妇》里有一段故事，主人公盖比的婆婆来到她家，并提出希望能教盖比如何做家务。而在这之前，盖比除了逛街、打扮和做瑜伽之外，对于家务活一窍不通，当然她也根本不想去做。但婆婆的命令无法违抗。

晚上睡觉的时候，盖比故意去跟老公亲热，正当老公开始准备享受的时候，盖比的一句"我会想念这种感觉的"却让老公十分意外，"为什么？""如果白天我要忙于家务,那晚上我一定没有充足的精力……"

结果呢,盖比获胜,毕竟,事业有成的老公并不是支付不起雇保姆的费用。

Man's Talk

没错!每个男人都希望自己的老婆或女友上得厅堂,下得厨房。所以我们会想方设法地让女人承担起家务活的责任。可是,比起享受另一半的贴心服务,我们还是会更心疼自己的锅碗瓢盆。如果她的"笨拙"是装出来的,我只能说——这招够狠!难道她就不心疼浪费掉的财物吗?

分手了，让他依然记得你的好

Chapter 1

离开他，毫不犹豫

女孩的男友是个大男子主义的人，这一点女孩的好多朋友都看出来了。每天女孩都是被命令做很多事情，而男友懒得几乎连喝杯水也要女孩去倒。

刚开始，女孩因为在热恋中，对于一切都觉得是应该的，对于男友的霸道也丝毫没有察觉。但后来当他发现了这种情况，又因为自己已经习惯了，念在两人感情好，就不去计较了。

但一次突发状况，虽然并不是什么大事，却彻底地敲醒了女孩。

这一天，女孩来到男友家，照旧帮他收拾收拾房间，洗洗碗筷、衣服，而男友则一直打着游戏，从女孩进门开始，他只抬头确认了一下，然后就深深埋在游戏中。

女孩对于这种情况早已熟悉，没有计较什么便去干活了。

不知道心里想着什么，女孩一不留神把碗打碎了，手指被碎片割伤，女孩疼得叫了一声。

男友听到声音并没有立刻询问，而是等到游戏暂告一段时才关注到"怎么回事？"

这个时候女孩早已经将碎片收拾干净，手上仍然流血的女孩一边找创可贴

一边回应:"没事,碗打破了。"

"哦。"男孩继续打游戏。

"你把创可贴放在哪儿了?"女孩翻了半天也找不到。

"要创可贴干吗?"男友的注意力完全在游戏上,根本没有心思思考,只是机械似的回答。

"我的手割破了!"女孩心里想:没事要创可贴干什么,还不是划伤了。

听闻女孩的手割破了,男孩仍然舍不得离开他手中的游戏,"你在小柜里找找,应该在那里。"

"没有,我找过了。"女孩有点儿生气,心里想:这个时候还在打游戏,也不过来关心一下。

"那你进来看看这个桌子的抽屉里有没有?"男友继续按着键盘。

女孩走进男友的房间,看到他一副热火朝天打游戏的样子,终于没办法忍受心中的怒火,于是所有的怒气都在这一刻爆发了。

"我们分手吧!"女孩平静地说。

"没有?"男友没有听清,以为女孩没有找到创可贴。

"我说我要跟你分手。"女孩真是生气了,这个时候也能听错,于是放大了音量,向男友大喊道。

"你怎么了?干什么啊?"男友不知道女孩是开玩笑还是发脾气了,只是他的自信告诉他女孩不可能真的跟他分手,所以手中仍然忙活着敲打键盘,只稍微抬了抬头。

看到男友的动作,女孩真不知该说什么好了,女孩收拾好自己的东西,然后拔掉电脑的电源。眼前的游戏画面突然变成了黑屏,男友这才把注意力转向女孩。

"你要干什么?"男友生气了。

"分手,我要跟你分手!如果不是被我拔掉电源,不知道要等到什么时候你才能认真地听我说这句话。"女孩一脸严肃地说。

"闹什么啊？"男友以为女孩在发脾气，自己想着没打完的游戏，也生起气来。

"我是认真的，我受够你了。你根本不把我当成女朋友，而是把我当成一个丫环，每天来你这里就是给你干活，手割破了，你连看都不看一眼，你还算什么男朋友？"女孩说着说着有些激动，但她止住了要流出来的眼泪。

女孩心里有一肚子的委屈要说，但她没有说，既然要分手，向他抱怨有什么用。女孩拿起自己的东西，头也不回地走出男孩的家。

男孩此时还没反应过来是怎么一回事，只是他觉得女孩平时文文弱弱，根本不像这么有爆发力的样子。女孩突然表露出这样的情绪让男孩有些不知所措。

过了几天，男友以为女孩平静下来了，气也应该消了，于是去找女孩和好，没想到女孩已经忙忙碌碌地开始另一种生活。对于男友，女孩的话不是威胁，也不是警告，女孩彻底离开他了。

如果一个男人认为"吃定"这个女人了，不管自己要求她做什么，怎样对待她，她都不会有任何怨言。对待这样的男人，"恶魔"女孩会选择离开，并且在他最得意的时候离开，毫不留情。

● 不做负心女。当一个男人正处在失意或者人生的低谷期，比如事业、工作不顺利……而你选择在这样的时候离开，必然会给他留下负心女的形象。或者他会变得很可怜，或者他会崩溃，然后恨你一辈子。所以，在男人的失意期，最好不要选择离开。

● 不做傻女孩。当一个男人太过自信，认为他可以操纵你所有一切，不管他做出怎样的举动，你有什么样的态度，他都能够牢牢掌控整个局面的发展。可以毫不夸张地说，在他眼里，你就是可以随意操纵的木偶，而且他也喜欢操纵你，他因此而感到十分有趣。这时候一定要尽快离开他，并且在他最得意、最自信的时候，这样才能够像重锤砸到他身上一样。

"恶魔"法则

选择离开的时机

● 变不可能为可能。当男人拍着胸脯百分之二百地坚信，你永远都不会离开的时候，就是用离开来打击他们自信的最好时刻。将他们认为的"绝不可能"变为"可能"，就会让他们顿时感觉你的个性和你的重要。

● 当他不断发布命令时。当男人以为自己可以无休止的把女人当成洗衣机、洗碗机、吸尘器……的时候，"恶魔"女孩就会突然罢工，在这一刻把所有的家务丢给男人，让他们自己想办法解决吧。

● 当他重视工作生于重视你时。当男人没完没了地沉浸在挑战工作的快乐中，却毫不在意爱情的时候，"恶魔"女孩会选择离开，让男人跟工作过一辈子吧。

● 当他向朋友炫耀时。女友的乖巧懂事可不是用来在朋友面前炫耀的。如果男人在朋友的面前不停地使唤女人，让她干这干那，以炫耀自己的女友有多听话，自己有多厉害，这样的男人就到了该被甩掉的时刻了。

Man's Talk

女人怎么可以冷漠和狠毒到这样的境地，不过这也是那些不重视身边女人的男人应得的下场。不得不承认的是，如果一个男人的自信心膨胀到了极点，他的确会不尊重和珍惜身边人，而他们也会毫无理由地相信女人就是他们的附属品，而且永远不会离开他们。但是当女人选择在男人最得意的时候转身离开，那种意外绝对会让男人感到手足无措。

Chapter 2

最"刻薄"的分手礼仪

有很多男生的想法十分奇怪：当他们提出分手要求，嘴上说着"你把我忘了吧"的话的时候，内心却并没有真心希望女孩将他们忘记，而是希望她们能够在不纠缠自己的情况下，时时刻刻惦记着自己。这种想法大概是出于男人们对于虚荣心的要求，他们希望自己被重视，被爱戴，尤其是被自己抛弃的女孩惦记，这样的事情拿出来炫耀，会让他们备感"幸福"。

不幸的是，很多女人会中了这种男人的圈套，她们会默默地思念，不管他们用了多伤人的手段，女人们还是难以忘怀男人的好。尽管如此，"恶魔"女孩们却选择了不同的道路。她们要用最"刻薄"的分手礼仪让男人难受到底。

女孩平日里是那种乖巧可人的女子。男友第一眼看到她的时候就被这种文文弱弱的气质打动了，决心将女孩追到手。作为情场高手，使些招数来追女孩这并不是什么难事，更何况女孩的男友是个绝顶高手。

两人的感情进展很顺利，男孩的浪漫和体贴让女孩感受到了电影情节里才能体验到的幸福感觉，而女孩的乖巧懂事也让男友觉得很舒服。

但是好景不长，男孩开始常常不接女孩的电话；原来的约会时间现在也都变成了"有事情""没空""要跟朋友喝酒"一类的借口，女孩觉得有种不

好的感觉。

尽管女孩不愿意去乱想,但朋友的眼睛却看到了真相——男孩与另外一个女人在酒吧喝酒。

女孩找到男孩,向他质问,男孩说根本没这回事,只是普通的朋友,好久没见了,所以到酒吧喝喝酒、聊聊天。

事情的真相是,男孩不敢跟女孩说出自己已经移情别恋的真相。知道女孩性格柔弱,他认为一旦这么突然得跟女孩说出真相女孩一定会受不了,不知道会干出什么傻事,所以出于"好心",男孩只能慢慢地冷却他和女孩之间的感情,等到女孩觉得不那么爱她的时候,再告诉她分手的消息。

女孩并不相信他所谓的"朋友"的托词,于是常常暗中跟踪男孩,想要得到"第一手"的资料。不过每次看到男孩跟那个女人在一起的时候,两人总是保持一段距离,如果就这么跳出来捉"第三者",他们完全可以狡辩说是朋友关系,而自己还要被扣上"狗仔"的罪名。

终于有一次,女孩跟踪到了舞厅,看到两个人很亲密地跳了一支舞,之后就手拉手没有松开。终于找到了好时机,女孩冲了出去。

"这下你还说是朋友关系吗?"女孩质问道。

"你怎么能跟踪我呢?"男孩有些不满。

"那你怎能欺骗我呢?"女孩也一肚子的苦水。

三个人陷入了尴尬的场面,男孩不得不收拾残局,"我们分手吧,我们不适合!"然后男孩有些紧张,他不知道女孩会陷入什么样崩溃的局面,而自己又该怎样收拾。

出人意料的是,女孩并没有发狂,而是冷静地对男孩说:"感情不合适了就应该说分手,你这样偷偷摸摸的算什么啊?我早就发现你不对劲了,但是又没有确切的证据,也不想无缘无故冤枉你。既然你觉得我们不合适,就应该大大方方地说分手,搞这一套多没意思。"

女孩的每一句话都冷静而严肃,没有哽咽的状况,虽然有些气愤,却没有丝毫暴躁。

"那就分手吧，明天我们把对方的东西收好，你找个方便的时间我们见面吧！"见对方没有说话，女孩接着说道。

她的冷静让男孩哑口无言，甚至在新女友面前也没办法解释"怕她崩溃"这样的理由，在此之前，男孩向新女友解释为什么不能马上公开的原因其中就有"怕她崩溃"这一条，不过就目前的状况来看，要崩溃的恐怕是男孩自己了。

女孩的潇洒甚至让男友有些追悔莫及，突然之间发现女孩除了温柔以外的魅力，男人觉得虽然早就有新欢的人是自己，可却不是他抛弃了女孩，而是女孩抛弃了他。

当男方提出分手，女人最不应该的表现就是逆来顺受，而是应当处处让男生感到难受，这就是最"刻薄"的分手礼仪。要女孩分手后还想着你，做梦吧，只要分手两个字一说出口，分手的决定已做出，女孩就不会躲在房间里，怀念以前的美好，而是完全解放自己，重新寻找合适的另一半。

"恶魔"法则

"恶魔"女孩的分手礼仪

● 态度。女孩在遭遇男生说"分手"的时候，最不应该表现出的样子就是痛苦、留恋、怀念、久久不能自拔……这些会让男人洋洋得意，所以，就算心理再痛苦，也要表现出毫不在意的样子，这样"刻薄"的态度，就会让男人后悔到极点。

● 分手时的对话。要表现出你的不在意，不就是分手吗，没关系。天底下又不是只有一个男人。

"谢天谢地，你终于说出这句话了，已经忍了很久了吧？"

"分手？好啊，那我要拿回我那本旧书。"（他还没有一本书重要，此处可换成任何物件。）

与对方拥抱一下，然后微笑着说："再见！"说完扭头就走（面带笑容）。
……

Man's Talk

如果提出分手，得到的却是对方的冷漠和毫不介意，这的确会让那男人的自尊心在顷刻间崩溃。这样的态度表现出男人在对方的眼中根本不算什么，男人的走与留在对方看来是无关紧要的事，如果女人选择这样的方式来面对男人提出的分手，这将是对男人最大的打击。毫无疑问，这的确可以成为最"刻薄"的分手礼仪。

Chapter 3

失恋算什么，要过就过得更好

被负心的男人抛弃，却能够坦然面对、重新生活的女人不多，大部分的女人都喜欢又打又闹地用"爱之深，恨之切"来表现自己的内心世界。

一个遭受分手打击的女人，因为没办法承受，所以想到了一死了之，正当她的生命处于危险的边缘时，男人出现了，他悔恨不该抛弃女人，不管是为了责任还是出于爱情，男人都决定留在女人身边，他不想女人走上绝路，而自己内疚一辈子。

这样的情节大部分是经过编辑处理的，在电视剧里才会出现。现实世界是真实而残酷的，没有几个男人会为了责任、内疚而屈服于女人的威胁。既然已经不爱了，既然已经绝情了，他怎么还会理会女人的死活？如果为了一个男人而白白地浪费了自己的青春和生命，这样岂不是有些傻？这样做，男人不但不会后悔，还会更加确定分手的正确，因为谁都没办法想象同这样一个心灵脆弱的女人要怎样过一辈子。

以生命为代价的报复是最没有力量也最没有价值的。"恶魔"女孩认为报复男人最好的办法就是过得比他好。

女孩和男孩分手已经半年，虽然偶尔还是会想起两人在一起的甜蜜时光，

但女孩更喜欢现在这样充实的生活。和男孩分手后的女孩不能说没有恨意，尽管对他当初的山盟海誓没抱什么希望，但移情别恋却是女孩怎么也没想到的结果。

恨归恨，女孩可没有像其他失恋的女人那样虐待自己。既然自己已经受了很大的委屈了，就不要再自己给自己气受了，女孩决定要比从前更加认真地生活，要对得起自己。

于是女孩打扮得更加漂亮；还参加了很多学习班——瑜伽、拉丁舞……不但锻炼了身体，身材也变得更加曲线动人。女孩也没有忘记参加社交活动，这不但让她成为引人注目的焦点，还结交了不少朋友，这其中不乏追求者。

情场失意，职场得意，女孩在工作上更加努力，这换来了接连不断的升职，薪水高了，生活得更加惬意自在了，女孩用上了平时不舍得用的香水，穿上了最喜欢的品牌衣服，而且可以一次性买好几套，最近又萌生了买车的念头……

这样的生活不知道比跟男孩在一起时好上多少倍，而且由于女孩的魅力只增不减，追求者也接连不断。不过这一次，女孩可要好好的选择。

前男友本来是想通过朋友得知女孩的"不如意""不开心"的状况，还要假装表现一下关心，以满足自己的虚荣心，没想到女孩却活得如此得意，这让男孩心里有些不是滋味。

对旧情人而言，他们往往希望看到对方不如意的样子，这样方能显示出他们的重要性。但当他们看到失恋了却焕然一新的旧情人时，对他们来说是最痛苦的折磨。他们也许会因此而后悔当初，也有少数人会真心地感到高兴。但无论如何，女人都要活得更好，而这也是最精彩的报复。

"恶魔"法则

"恶魔"女孩的报复行动

● 打扮自己。就算失恋了，也不能委屈了自己的脸，依旧把自己打扮得漂漂亮亮的，依旧穿上艳丽的衣服，戴上亮丽的首饰，依旧昂首阔步地在人群中显示自己的与众不同，依旧毫不吝啬地散发自己的魅力。要相信，是那个选择离开你的男人没有福气，他不能夺走你的美丽，他永远不是这世上唯一懂得欣赏你的人。不是做给别人看，而要做给自己看。当男人看到失去爱情的你依然很有魅力，这对他来说不能不算是一种打击。

● 充实自己。不能让自己每天沉溺在伤感和怀念当中，赶快清醒过来找点儿事做。无论是做运动，用汗水宣泄一切；还是找朋友痛快地去KTV嘶吼；抑或是满足自己想要尝试已久的兴趣……总之，用实际的行动来充实自己、满足自己，让自己在精彩丰富世界里得到培养和锻炼，而不应当在假想和回忆中浪费自己的人生。当你没有被失恋打倒，还能够找到更加精彩的生活方式，这也会让前男友感到佩服不已。

● 完善自己。男人选择离开，这其中即使不完全是自己的错，也不能否认自己还是有一些缺点的，尽量找到这些缺点，不断地完善自己，改掉这些坏毛病，也许不仅仅对自己的下一段恋情有帮助，甚至能够完善自己的性格，在事业和其他方面也能有所帮助。女人永远不会嫌自己太完美，所以为什么不趁这个机会好好地提升自己，让自己更完美呢？变得更加完美的你会让前男友悔恨不该当初的。

● 满足自己。也许在前一段恋情中，女人一直压抑自己，委屈自己。那就趁这段时间好好地满足自己，享受原本就应当属于自己的那一份快乐。去喜欢的餐厅一边享受音乐一边享受美食；就算买了几套昂贵的衣服，也不用看别人的脸色；尽情享受被别人搭讪的感觉，而不用担心身边男友嫉妒又带有杀气的眼光，这样的自由感甚至会让前男友重新追求你。

Man's Talk

对于分手了的女友,看到她们为失恋而痛苦,这的确让男人不舒服,但不可否认的是,也确实有那么一丝丝虚荣感,觉得自己的形象又变得高大了许多。当自己的角色变得重要,非我莫属的时候,男人的自信心就会膨胀起来。但是如果看到的是另外一副景象,女人因为失恋振奋精神,不但更加有魅力,而且在各个方面都表现得异常出色,她们的冷静会让男人害怕,她们过得更好也会让男人心里有点儿不是滋味,让男人的自尊心受到伤害。

Chapter 4

可以继续爱我,不能继续找我

"失去了才懂得珍惜",这句话是放诸四海皆准的真理,应用在感情上尤其恰当。有些男人在拥有女人时,觉得她们什么都不好,不够漂亮,不够温柔,不够善解人意,不够大方幽默,总之,能够挑出一大堆的毛病来。但当他们因为无法忍受女人的这些缺点而选择离开时,女人一下子又变得优秀起来。

这就像《爱情呼叫转移》中的男主人公徐朗一样。由于"审美疲劳",徐朗厌倦了妻子在他下班后永远的穿紫毛衣,吃炸酱面和吃面时的吸溜声,终于忍受不住"七年之痒"的考验而提出离婚。

在离婚后,徐朗经历了一段又一段的"艳遇",有漂亮的,又可爱的,有英姿飒爽的,也有充满智慧的……在一段一段"艳遇"过后,徐朗的感觉却很奇怪,他很想念家中炸酱面的味道,于是在经历了几段感情的波折之后,徐朗还是选择回家吃炸酱面,看紫毛衣,但一切都已经晚了,前妻已经另嫁他人。

这虽然是夸张的戏剧表现,但却也是活生生的现实。在现实世界中,很多男人就是喜欢"吃回头草",当他们发现原来自己错过的那个才最好时,就会厚着脸皮回头重新追求。但并不是所有的女人在面对男人回头时都会欣然接受,就像徐朗的前妻一样,要过自己的人生,要向前看,给自己寻找出路,为

自己谋求幸福，而不是等待男人的回心转意。所以，对待分手了的男人，"恶魔"女孩的宣言是：可以继续爱我，不能继续找我。

没错！分手了，男人是否还爱着女人，这是女人没办法理会的事，毕竟那不是女人所能控制得了的。但是女人能够控制自己，能够控制自己不去理会男人的行动。

Annette 和男友分手了，男友说没办法忍受她总是唠唠叨叨讲同一件事情，对她已经没有任何感觉了。Annette 觉得很委屈，没错唠叨是自己的毛病，但哪一次唠叨不是因为男友丢三落四呢！

不过既然男友选择分手，Annette 也没什么好说的。休息了一段时间，整理好自己的心情，Annette 继续努力地过好每一天的生活。

正当一切都平静下来的时候，Annette 收到了前男友的短信，"最近好吗？真怀念你的唠叨。"

刚刚看到这一条短信时，Annette 承认自己有些不知所措，"他是什么意思？后悔了吗？还是只想像对待朋友那样，只是一句问候"。

但是直觉告诉 Annette，这是前男友后悔的信号。

Annette 对前男友并没有恨意，虽然觉得分手的理由有些莫名其妙，虽然自己也经过了很长时间的"康复期"，但已经能够客观地面对前一段感情：既然没有感觉就不要在一起，勉强也没什么好处。

现在前男友的一条短信，却让 Annette 不得不保持清醒，如果前男友想要回头，想要复合，自己又应该是什么态度？

Annette 很坚定的回答自己"不要！"

不要回头的爱情。选择分手的确是因为两人的关系已经不适合在一起了，而且经过了这段时间的"康复期"，Annette 也渐渐淡忘了对男友的感情。

于是 Annette 果断地删除了短信，没有任何回复。

几天后，Annette 又接连不断地收到了几条前男友类似的短信，她都选择了相同的方式处理。

为了避免前男友不断发来短信，Annette 请要好的朋友转告：自己不想再收到他的短信，既然已经决定分手，就请他潇洒些，不要再干扰自己了。

"Annette 为什么不亲自来跟我说？难道他看不出来我依然爱他吗？"前男友顾不得那么多了，在 Annette 的朋友面前坦言道。

朋友说："Annette 的意思是她已经不在乎你了，不管你是否继续爱着她，她已经不再爱你了。所以就不能再去找她，骚扰她。"

"恶魔"法则

怎样拒绝回头的爱

● 冷言冷语的拒绝。用平淡的言语拒他于千里之外，要让他知道你对他已经没有感觉，不管怎样求你，怎样用曾经甜蜜的记忆唤醒你，你脑海中闪现的都应该是他如何用恶劣的态度对待你，如何毫不留情地离开你，这时，你就不会再对他有任何眷恋。一直对他冷下去，他就会失去信心，不再纠缠。

● 寻找一个挡箭牌。干脆找一个挡箭牌，不管是真的新男友，还是假装的"新男友"，拉一个男伴在身边，如果旧男友还提得出"和好"这类词汇的话，就毫不留情地告诉他自己已经有新男友，列举一些新男友的优点来对比旧男友的缺点，要让他知道你的新男友不知道比他好上多少倍，让他彻底死了这条心。

● 列举男人的罪状。将男人的罪状一一列举，询问他怎么能回头，就算他会回头，自己怎么还能够在同一个地方摔两次跟头，在他身上栽倒两次，要用彻彻底底、不留情面的话语让男人知道你彻底的死心，而他完全没有第二次机会。

> *Man's Talk*
>
> 失去以后才懂得珍惜，男人们总是犯这样的毛病。明明全世界最好的最适合自己的女人就在自己的眼前，却偏偏不懂得珍惜。这样的男人确实有些不值得挽留。但当男人回头想要寻求哪怕是一点点关怀的时候，女人还能够如此"绝情"地拒不见面，这也真算是个"狠"招了。

事业篇
做事业城堡的"恶魔"

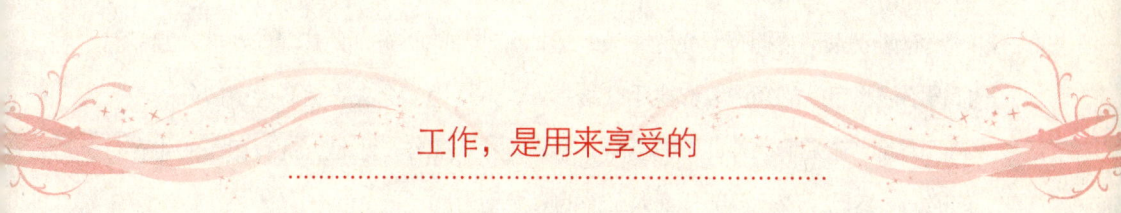

工作,是用来享受的

Chapter 1

有乐趣的工作才是好工作

有些女人不单拥有漂亮的外表，还拥有非凡的心志。尤其现代女性，她们懂得不能将自己的经济大权拱手交给男人，这样她们会失去更多经济以外的权利。因此，在爱情之外，她们会全心全意地投入工作。于是，拥有自己的生存的能力，这已经成为大部分女人工作的直接动力。

然而，不是所有的女人都是女强人，大部分的女人都无法在事业和家庭之间做到游刃有余。工作、家庭让她们疲惫不堪，当女人觉得有些无能为力时，便会抱怨男人和女人的不公平，抱怨自己活得太累，以至什么都不想干。

大多数女人的确比男人多承担一份家庭的工作，但这并不是导致女人在工作上疲惫不堪的直接原因。

先来想想女人工作的目的是什么？

● 为了保持经济独立。这样的女人应当占大多数，通常她们认为自己是独立于男人的个体，不应当依赖男人，经济上的独立更是重中之重。于是她们为自己寻找工作、建立事业，目的就是不能被男人看扁，不能只因为需要男人为她们支付各种账单就在男人面前失去自我。

● 为了生活的需要。这种情况也不占少数，现代社会的复杂多变，人们对于多变的物质生活和精神生活的要求颇高，为了满足各种各样的生活的需要，或者是为了让自己和家人生活得更好，一些男人如果不能达到要求，女人就要为了自己或家人共同的目的而打拼。

● 打发时间。很多女人并不缺钱，也不会觉得男人为她们支付账单是一件难办的事，但她们总不能每天闲着待在家里，或者仅仅是为了打发时间给自己找点儿事做，所以工作成了她们让生活变得充实一些的工具。她们不需要竞争职位，不需要为追求高收入而苦恼，因为工作对她们来说也是一种需要，而不是大多数认为的只为获得报酬。

● 有兴趣。为了兴趣工作的女人应该算是少数。这类女人或是出于对这个职业的热爱，或是真正的希望能够有一番成就，她们不认为工作仅仅是付出劳动，获得报酬的过程，而是一种人生价值的体现，一种兴趣的发挥，所以她们会对工作乐此不疲。这种类型的人大部分是我们经常会说到的"女强人"。

女强人同一般的女人有什么区别？从上面的分析可以看出，她们之间最明显的区别在于她们对待工作的态度。工作有很多种，但要找到自己真正感兴趣的才能够称其为事业，否则就算你干得再好，也只能算是个高级打工者。

而女人会觉得工作和家庭的压力大，从而感到辛苦，也是因为她们没能找到自己真正感兴趣并将其定义为一项事业的工作。只有在工作中找到乐趣，才能够轻松的享受工作而不是忍受工作。

一个化妆师会把每一副美丽面孔的"塑造"当做创造一件艺术品，唯有如此，他们所打造的装扮才能够真正体现人物的内心，并将其活化，使人与装扮融为一体；如果化妆师失去了对创造艺术的热爱，那么就算她的技巧再高超，也不过是将各种化妆品堆积在一张面孔上而已。

一个女人只有在拥有了令她满意并被其吸引的工作时，她才会觉得快乐。而一份有乐趣的工作才能够称之为真正意义上的好工作。

当你的工作变得有乐趣了，你的业余生活也会变得异常轻松。不要刻板的把工作当成一种苦差使，要选择你钟情的职业，并且投身进去，设定一个目标并做出一定的成绩。这样的工作才会成为你生活中的一种乐趣，你也决不会再为了琐碎的小事而去平衡工作和生活。

"恶魔"法则

测试你对工作的兴趣指数

一个人走进茂密的森林小心地探索，而在他前方的丛林里，有一只猛虎在睡午觉，而这位探险者对此完全不知情，你觉得这个人会遇到什么情况？

A. 惊醒老虎并遭到攻击

B. 没有留意老虎，而老虎午睡也没有醒，安然度过

C. 一位猎人突然出现，告诉了探险着前方的危险状况

D. 在到达丛林前发现了另外的路，转向新路，与老虎没有交集

测试结果：

A. 惊醒老虎并遭到攻击

对工作的兴趣指数★★

工作并不是你的欲望，你工作的目的只是为了得到适当的收入以满足生活的需要。所以，一旦家庭和工作发生冲突，你总会牺牲工作。就算稍微辛苦就能克服的困难，你也不愿意把这种精力放在工作上。

B. 没有留意老虎，而老虎午睡也没有醒，安然度过

对工作的兴趣指数★★★★★

你对自己相当自信，认为自己能够在家庭和工作之间找到一种平衡，你能够将两者的关系处理得很好。无论是工作还是家庭，你都能够凭借坚强的斗志让自己渡过难关。工作对你来说不仅仅是一份收入的来源，更是一种精神上的战斗。

C. 一位猎人突然出现，告诉了探险着前方的危险状况

对工作的兴趣指数★★★

你的身边总是有很多机遇，你能够成功经营工作或许并不是因为你对他的热爱或者你拥有的非凡的能力。你的幸运占了很大的成分。不过你的性格乐观，思维方式比较开放，所以遇到问题，你也能够积极面对。你对工作有一定的兴趣，对解决问题的兴趣更浓。

D. 在到达丛林前发现了另外的路，转向新路，与老虎没有交集

对工作的兴趣指数★★

你总是喜欢幻想，对别人掌握自己命运的事情很着迷。所以对于工作，你并不期望自己去掌握工作，而是习惯工作能够为你安排好一切。所以，你对工作的兴趣不高。

Man's Talk

男人是理性的，女人是感性的。所以我同意女人应该为了兴趣而工作。毕竟，对于绝大多数女性而言，养家糊口的重任还是承担在男人身上，既然自己的压力相对较小，为什么不能做自己喜欢的工作呢？逆来顺受，找到什么就干什么的习惯可不好。

要知道，做快乐的工作，你就能比同龄人看起来更年轻。

Chapter 2

学会在工作中放松

琪琪是个做事一丝不苟的女孩，只要是交代给她的任务，她准会分毫不差的完成。正因为如此，琪琪成就了别人，却累坏了自己。

尽管不愿放弃同家人的享乐时间，可为了尽善尽美地完成自己的工作，琪琪不得不把自己的私人时间挤得满满的。有时甚至连看看电视、听听音乐都是一种奢侈。

琪琪自己也常常感觉疲惫，但又很无奈。工作和家庭，要她放弃任何一样她都会舍不得，所以几年下来，她都是靠少睡觉少休息多干活撑过来的，以至于用着名贵眼霜的她还是有浓浓的"熊猫眼"。

琪琪是无数想要兼顾事业与家庭的女性的典型代表，她们欣赏自己的能力，同时又想要将其无限发挥。她们认为，只要自己肯努力，拥有完美的家庭，完美的事业并不是什么难事。

想要完美并不是件坏事，但过分的苛求完美只会造成女人的心力憔悴。任何完美主义者都是不断地给自己设定十全十美的目标，又一次次在不能做到最好的结果中叹息失望。

无论是对待难缠的上司，温柔体贴的恋人，还是踌躇满志的事业，"恶魔"

女孩都懂得怎样让自己松一口气，她不会让自己变成一根绷紧的橡皮筋，在工作中"偷工减料"是她们惯用的伎俩。

● 心态上"偷工减料"。即使没能做到最好，甚至做得有些糟糕，"恶魔"女孩也不会跟自己过不去，过分地谴责为难自己。"没心没肺"是她们最好的态度和表现。既然已经发生，谴责是没用的，更何况还要谴责自己。人生本来就是由无数个不完美组成的，如果事事都能够做到最好，你以为自己是什么，神仙吗？

● 行为上"偷工减料"。工作累了就泡杯咖啡，站在窗口欣赏一下窗外的风景，何必要纠缠着工作不放。如果有同事经过你身边去复印文件，请他带你复印你需要的东西，为什么事事都要亲力亲为呢？"恶魔"女孩总是能给自己一个好的理由去休息休息；也总是善于发掘最好的时机利用别人来为自己做事。在工作上，无论过程和结果，她们都不会为追求完美而乐此不疲。

在工作中"偷工减料"并不意味着"恶魔"女孩是玩世不恭地对待工作。事实上，她们更懂得应用策略，花费最少的力气得到最满意的效果。如果从挤牛奶到将它们包装好只要一个人来完成的话，那么伟大的"分工"就失去了意义。"恶魔"女孩深知分工的重要性，而她们也会巧妙地把最重要的工作分给自己。当她们用更充足的精力来完成最重要的事情时，不但能够得到令人满意的结果，还能够节省大量时间和精力。

"恶魔"法则

在工作中"偷工减料"，最简单也最直接的办法就是卸下心中的重担，从心态和身体都让自己变得轻松一些。这样你会在"变慢"的节奏中清楚地分辨什么是重要的事，什么事可以"偷工减料"。

怎样变轻松呢？

运动是轻松的最佳选择：出汗有时候比迷迷糊糊的睡眠更能够调节紧张的神经，达到放轻松的目的。

　　别把办公时间当做"show time"：当大家都忙着把自己的头塞在各种各样的文件中时，还会有人抽出时间来观察一下你的行为举止吗？当然不会！所以，工作的时候不必太刻板，摆出优雅的姿态，那样会让你更加疲惫。在工作的时候，尽量采用舒服的姿势，当然不包括那些不雅的姿势。要牢记，身体的紧张同样会引起精神上的疲劳。

　　找一本轻松的书：劳累的时候读书能够带领你走进一个轻松的环境，所以，在身边随时准备一本可以翻翻看的书非常重要。但是这本书一定不要有冗长的文字和需要很深入思考的问题，否则就没办法把脑子中的烦恼的念头驱除出境了。

　　把欠自己的东西统统还清："等忙完这一段时间，我要好好的放个假，去国外度假奖励自己"。"好了，就忙这一个星期，下个星期我要好好休息"。"忙完这几天，周末我要好好地shopping，买些喜欢的东西作为奖励"……也许你会经常这样安慰自己，但是因为各种各样的原因没办法兑现。如果不是因为经济上的原因，那么就到了还账的时候了，把欠自己的全都还清，你会发现自己的心情马上轻松愉悦了起来。

Man's Talk

　　女人比男人更容易衰老，所以更应该学会放松自己。老板不是神，他的判断70%都是错误的。如果照单全收，只能让女人白白承担多余的责任。适当学会偷懒，让自己轻松、愉悦起来。这样的女人才会更漂亮。

　　漂亮的女人，永远是男人的最爱。

Chapter 3

效率！效率

效率不是万能的，但女人工作起来没有效率则是万万不能的。效率对女人来说意义非凡，因为女人似乎比男人更需要大量的时间。

看看女人一天的时间都要干些什么吧。

公鸡还没有打鸣的时候，女人就要睡眼惺忪的起床准备早餐。

就算要迟到了，也不能让自己素颜见人，用最快的速度化妆。

即使自己要乘的车马上就要启动，也不能放开脚步，用百米冲刺的速度去赶车，因为女人的脚上穿的是高跟鞋，一不留神崴了脚，倒霉受苦的可是自己。

一天的工作。

下班后女人需要买菜、做饭、做家务。

终于到了轻轻松松睡觉的时间了，千万别忘了卸妆。

所以，女人比任何男人都知道时间的可贵。她们要用同样 24 小时的时间完成比男人更多的事务。所以，高效率是他们可以轻松生活工作的法宝。

在工作上，"恶魔"女孩对自己的要求是要做一个时间的驾驭者。

为了提高效率，Kimmy 是这样做的。

每天到了公司，不是急匆匆地打开电脑，或是处理昨天未完成的事务，而是拿出记事本，详细地列出这一天她需要做的事情，并且用各种符号标示出事情的轻重缓急，如果是能够衡量的，Kimmy 甚至会详细地列出一个时间表。然后，她便开始按照自己的计划，不急不忙地逐一完成。

起初，同事们对于 Kimmy 的行为并不理解，一些同事甚至还在背后嘲笑她每天早晨拿出记事本的样子。但事实却让他们"刮目相看"，Kimmy 有条不紊地工作不但能让她每天都看起来很轻松——因为她甚至由于没事做而在上班时间看起了漫画，而且还得到了上司的肯定——因为她的确把每件事都做得井井有条。

于是办公室兴起了记事本热潮，那些当初嘲笑过 Kimmy 的人也不得不为了效率而照搬照抄她的作法。

能够轻松的驾驭时间，效率也自然会提高，剩下大把大把的时间，女人便可以自由"享受"了。

"恶魔"法则

从用手工制造到用机器制造，人们用更好的方法提高了效率，节省了能源，过上了更加优质的生活。提高工作效率，寻找更好的工作方法也是一个明智的选择。

怎样才能够找到更好的工作方法呢？

● 建立目标实行管理。有目标，随之才会有切实可行办法，也能够让人明确一种前进的动力。因此，在实施一项工作之前，建立目标就成为要事。

● 记录工作时间。将你的规律性工作所耗费的时间记录下来，这样可以一目了然地了解你的时间都用在了什么地方。让你的脑中呈现出一个清晰的思路，这对于改进工作方法十分有利。

● 工作的时候全神贯注。当你工作的时候想着去哪里郊游，而郊游的时候又念念不忘办公室里没有完成的工作，这样只会让工作和娱乐都浪费在干

扰上。所以，工作的时候就要保持全神贯注，这样才能够在最短的时间取得最佳的效果。

● 做"一举几得"的事。每个人都会有这样的经验，出行前考虑一下自己要办的事，然后会在去一个很远的目的地的途中"顺便"做一些同样需要做的事。在你的工作中也可以利用"顺便"原则，不要将时间浪费在无止境地跑来跑去的过程中。

Man's Talk

笨女人为工作而工作，聪明女人为目标而工作。有目标的人，知道自己该干什么，不该干什么。知道在有限的时间里，自己应该如何去做事才能最快地达到目标。这才是效率的本质。

有效率的女人，才能让所有麻烦在自己面前迎刃而解。才有了成为"恶魔"女孩的资格。

Chapter 4

善于在老板面前表现自我

Samy 和 Judy 是同学也是朋友,她们毕业后幸运的在同一家跨国公司工作。

虽然是朋友,但两人的做事风格似乎有些不同:Samy 做事踏踏实实,每天她都会按时到达工作岗位,当天的工作没有做完,即使下班了她也会留在公司做好再走,她认为只有这样兢兢业业、对工作一丝不苟的态度才能够赢得老板的信任和重视,才能够让自己职业生涯得到发展。

然而 Judy 却不是那么中规中矩,公司同事总能看到她气喘吁吁的在规定时间的最后一分钟赶到打卡器前,即使到了公司,她也不是马上着手工作,而总是东张西望,跟这个聊聊昨天电视剧的搞笑情节,跟那个说说报纸头条的八卦消息。只要不是要紧的工作,都别想引起她的注意。而到了下班时间,谁也不能阻拦 Judy 回家的脚步。

不过,每当老板在公司的时候,情况就完全不同了:与 Samy 的平常心态相比,Judy 更重视在老板面前的机会。到了下班的时间,大家都纷纷完成了工作,收拾好东西回家了。平时到了下班时间就会飞奔着冲出公司的 Judy 却认真忙起工作来了,透过老板的办公室玻璃窗就能看到 Judy 把头埋在一大堆的文件中。

大家都知道 Judy 的这套伎俩。作为朋友的 Samy 也会给 Judy 一些暗示：要把主要的精力放在工作上，而不是怎样讨好老板上。Samy 认为老板是个精明的人，不会因为 Judy 这样大家都清楚明白的表现而对她有所偏袒。业绩会说明一切。

公司的业绩好，于是 Samy 和 Judy 所在的部门决定选派几个员工到公司的外国总部考察学习，虽然名额不少，但由于派去的人要有一定的经验，所以留给新人的名额只有一个。得到这个消息，让部门上下所有的人都为之兴奋，而部门的新人也只有 Samy 和 Judy 两人。根据平常的表现，Samy 中选是毋庸置疑的。但最后老板的名单上，取代 Samy 的是 Judy 的名字。

这样的决定让 Samy 不能理解，为什么 Judy 会成为这个幸运儿，而自己辛苦的努力却没能得到肯定。这让 Samy 感觉备受打击，甚至萌生了跳槽的想法。

为了给 Judy 庆祝，Samy 还是大度地接受了 Judy 的邀请。显然 Samy 的表情是闷闷不乐的，Judy 也看出这一点，如果这时候炫耀自己的幸运似乎有些不妥，不过谁让两人是好朋友呢，Judy 不得不向 Samy 说出自己的想法，也正是 Judy 如此幸运的原因。

"没错，你的确能干又肯努力，在业绩的表现上你是独一无二的。但是你要明白，我们的老板并不是每天都坐在办公室里考核员工业绩的，他每个星期在办公室的时间不超过 10 个小时。你用了 40 个小时，甚至更多的时间的努力，但是却没有给他深刻的印象，而我只是让他在这 10 个小时留意我。也许这样有些投机取巧，但毕竟我们还是新人，老板先要注意我们才能了解我们。"

Judy 看到 Samy 有些明白的表情，继续说道："表面功夫的确让人有些不耻，但不得不承认，有些表面功夫还是要做的，你说呢？"

好友语重心长的一段话让 Samy 也清楚了自己的问题所在。看来自己还真需要改变一下策略了！

现代社会已经不是一味地埋头苦干，等待别人来挖掘的年代了。在新的时代中，宣扬和主张个性的张扬，每个人都会尽可能地表现自己，而不是默默的隐姓埋名。所以,"恶魔"女孩从不会让自己被埋没,她们发挥所能,尽力地张扬,而在老板面前,她们也不会因为要避嫌而收起自己的兵器,偏偏是这种时候,她们更会让自己表现突出,让老板看到自己的努力、能力。"与其坐以待毙,不如主动出击",这就是"恶魔"女孩的口号。

"恶魔"法则

你不得不做的表面功夫

很多职场女性认为只要业绩突出,就能说明一切,事实上,很多小细节也能够决定女人在职场的成败。

- 注意自己的穿着打扮。
- 注意自己的仪态。
- 在老板面前一定要守时。
- 绝不谈论个人问题。
- 在老板面前永远保持开心乐观的态度和积极的精神。
- 让自己的工作区域保持清洁整齐。
- 在适当的时候表现幽默。

Man's Talk

女人需要随时展露出自己最出色的一面。因为,给生活带来美丽,也是女人的天职。

如果你的老板是男性,我相信他一定希望自己身边的女性属下都是美女,或者,至少都能时刻表显出最好的一面,而不是每天蓬头垢面地在电脑背后工作。

Chapter 5

加班可以，必须心甘情愿

工作对于那些并没有事业心的女人来说，简直是一件痛苦的事，以至于每次到了周末要放假的时候，每个人的脸上都会洋溢着"解放了"的表情。

上班的感觉尚且如此，何况是加班呢，自然是更加让人深恶痛绝。但是迫于职场压力，很多人对于加班总是无能为力，如果老板提出要加班，哪个员工敢明目张胆地拒绝呢？

Minnie 最近因为加班的事成为老板的"心头大患"。

由于公司的效益好，业务量也猛增上来，不用说，公司每个人都成了加班的牺牲品，作为公司业务骨干的 Minnie 又怎能躲得了呢。

虽然大家怨声载道，但这毕竟是老板的指令，如果以后还想在这家公司工作，得罪老板可不是什么好的选择。

只有 Minnie 的表现让老板颇为头疼。Minnie 并没有反对加班，但自从这段时间的加班开始后，她的精神状态就十分低下，每天的工作精神全无，还经常出一些小差错，要知道这样的事在 Minnie 身上是绝不可能发生的啊！

虽然忙得团团转，老板还是必须抽出时间同 Minnie 谈谈。

"我也不知道，大概是每天工作的时间太长了吧，这些天我一回到家就在吃晚饭，睡觉，可还是觉得精神不起来，总觉得筋疲力尽的。"

Minnie不好意思地向老板解释："没关系，等熬过这一段再好好休息就是了！谢谢老板的关心！"Minnie无力地笑了笑。

这样一来，老板心里清楚明白了，都是加班惹的祸，怪不得最近大家的办事效率都不如从前了呢。

从那儿以后，加班的次数便开始逐渐减少了。

Minnie哪有那么不堪一击，不过是加几天班而已，怎么会搞得筋疲力尽呢！她不过是跟老板演了一出戏。要我加班，除非是我发自己内心的想要加班，否则就别想！

"恶魔"法则

在加班面前耍些小伎俩是未尝不可的，但这样的情况要建立在你能够按时完成自己工作的前提下。"恶魔"女孩选择成为"不加班一族"，绝不让任何工作上的压力影响工作以外的休闲，这就意味着她们要掌握和管理好自己的时间，并且能够有效率的在规定的工作时间内完成所有的事。

下面是一些提高效率的秘诀，这些是"恶魔"女孩能够自由选择是否加班的重要保障。

● 绝不加班。提高效率的目的就是为了不加班。所有的工作都在上班时间内完成，不管事情大小，"恶魔"女孩只要效率。她们会不断寻找最有效率的工作方式，以达到她们坚决不加班的野心。

● 自我管理。给自己订立一些规矩，比如在几点之前一定要达到工作地点，每个星期要完成什么样的工作。这样的规矩帮助"恶魔"女孩理清自己要做些什么，即使在外界没有压力的状况下，她们也知道应当怎样发挥效率的作用。

● 分清事务的重要性。办公桌上永远有处理不完的文件，而一个公司里

也总是有干不完的事，所以，如果你只是根据下达工作的先后顺序逐一去做的话，几乎没有完成的时候，每一天每一时刻，你将都是忙碌的。但事情是不是都那么急急忙忙呢？当然不是，根据80/20法则，那些能够产生80%能量的通常只是那20%的重点工作，所以区分什么是重点工作并用主要的时间完成它，这才是提高效率的真谛。

Man's Talk

请记住，无论是男人还是女人，都应该明白工作的意义——它不仅是赚钱的工具，更是充实生活的美妙要素。钱哪里都能赚，但是让人觉得充实的工作却可遇而不可求。不过，你可以通过自己的努力，让工作变得随性一些。至少，在完成了本职工作的前提下，拒绝被迫加班是"恶魔"女孩们必须遵守的原则之一。

只有无能的老板，才会觉得毫无必要的加班是工作努力的表现；也只有愚蠢的上司，才会用扣钱处罚员工。如果老板以扣发薪水或炒鱿鱼要挟，那你也可以考虑把他炒掉了。

做派对上的明星

Chapter 1

被热辣目光追逐，感觉棒极了

在派对上，每个人都希望成为焦点，而女人对这件事的期待程度就更高了。当人们都在谈论自己的衣着打扮有多么时尚新潮，并且以羡慕的眼光看着自己的时候，这成了一个女人最值得炫耀的时刻。

美国曾经的第一夫人杰奎琳·肯尼迪（Jacqueline Kennedy）是一个真正的社交皇后。无论她走到哪里，都会冠上"焦点"的字样。

杰奎琳的两次风光大嫁都不是一般人能够想象的，第一次是美国前总统约翰·肯尼迪；而第二次是当时的世界首富希腊船王奥纳西斯。

即使是面对这两个重量级的男人，杰奎琳并不只是毫无用处的"花瓶"，她的魅力能够帮助他们赢得更多的关注，甚至有时对这位与众不同女士的关注程度胜过了她身旁陪伴的杰出男士。

杰奎琳之所以能够吸引旁人侧目，当然不仅仅是她拥有的迷人的容貌，更重要的是她的别出心裁，她总能创造出与众不同的风格，并成为潮流的引领。

在官方如此严肃的场合佩戴发亮的珠宝，她是第一人。

将光滑闪亮的毛皮制成外衣的时尚，是因她而起。

让男人幻想无限的超短裙，是她第一个将其公布于众，模特就是她自己。

……

她的形象成为美国女人的偶像，男人的幻想。无论走到哪里，她都备受关注，甚至一些政要也为之倾倒。一次，杰奎琳随肯尼迪总统出访欧洲。到达欧洲后，赫鲁晓夫、戴高乐等很多国家领导人都纷纷被杰奎琳的迷人风度、惊人的智慧和优雅的气质所倾倒。很多人调侃说这是肯尼迪使出的"美人计"，不过不管事实是否如此，肯尼迪一行的确因为杰奎琳的出现而受到了特别优质的接待，而杰奎琳本人更是受到特殊的接待。这样一个本来是男人们出风头的出访却被杰奎琳夺取了所有的风光。为此，肯尼迪还自嘲说："我不过是陪杰奎琳来逛巴黎的男人！"

在一个俊男美女云集的派对上，如果能够成为焦点，这个人一定不是简简单单的美貌、性感一族。她的吸引力一定是源自特殊的手段：神秘、独特、刺激和危险。

神秘：这是男人万古不变想要破解的东西，但神秘一词本身就意味着无穷无尽的秘密和永远无法找到出口的迷宫。因此一个女人拥有神秘，就拥有"套牢"男人的武器。想要吸引热辣的目光就变成了轻而易举的小事。

独特：如果是寻常普通的东西，谁都不会珍惜，只有那些"世上只此一件"的事物才会引人注目，一旦拥有便视其为珍宝。所以一个独特的女人总是会引起其他人的好奇心，也就不难成为焦点，受人关注。

刺激：男人都喜欢车，因为在驾车的途中，能够享受到因路面情况不同而随时要做出判断的刺激，尤其开快车，那种风驰电掣的感觉更是让人难以拒绝。而一个带点儿刺激性的女人则比驾车更能够吸引男人，因为这不仅仅是路面变化那种可以凭借经验来处理的刺激，而是没有章法、毫无规律来自四面八方的刺激。这样的刺激会让男人欲罢不能。

危险：那些变化多端的女人常常会做出令人意想不到的惊人举动，这种会发动突然袭击的女人无疑是危险的，但这种危险性更能够引起男人的操纵欲和控制欲，一旦谁能够把这样的女人征服了，就会成为男人心中的英雄，所以，

越是危险的女人就越具有强大的磁场,越能吸引男人!

当一个女人拥有神秘、独特、刺激和危险的特质,她就会有无穷无尽的追随者,如果一个女人只是表现出了这些特质,也能够成为众人侧目的对象。而想要成为派对上被热辣目光追逐的对象,就要下点儿工夫,培养一下自己的这些特质。

"恶魔"法则

成为派对焦点,你需要掌握什么?

"恶魔"女孩神秘、独特、刺激和危险的特质并不是一朝一夕能够培养得出来的,但是要应付派对,你只要掌握下面的这些要点就够了。

- 亮丽的外表。想要吸引人,外表是一个不能忽视的方面。即使没有出众的容貌,也要打扮得体,这样才算是做好了最基础的工作。在派对上,服装、鞋子、包包、配饰、化妆、发型,每一项都不容忽视,也许只是一个小细节,就决定了你是吸引人的,还是被忽视的。

- 时刻保持良好的精神状态。如果自己都没办法吸引自己,又怎样能吸引别人来注意呢。所以引人注目首先要让自己打起精神来。谁喜欢在派对上看一个女人无精打采地打哈欠呢。

- 讲话的深度。优雅的谈吐和思想的深度都会使这个女人呈现出优雅和有内涵的一面。这样的表现将会让其他人对你的关注度大大提高,因为人们都想知道对于同一个话题你有什么观点,你的知识面到底有多广,你分析问题究竟能有多透彻,有没有你不知道的事情……

Man's Talk

人人都有被关注的欲望和要求，在这方面，女人比男人更具优势，不管是打扮得性感靓丽一些，还是培养自己的内涵让自己更具魅力，女人总是有更多的方法、更好的手段将男人的目光聚焦到她们身上。

在派对上，除了正常的交际，大部分男人的时间和兴趣都是欣赏"美女"。当然这里所指的并不单是姿色动人，还包括举止优雅、神秘莫测、谈吐大方、开朗幽默……总之，有些女人总是有办法吸引男人的目光，即使她们并没有比其他人特殊很多。

Chapter 2

乱草丛中过，片叶不沾身

在公司举办的商务派对上，Millie 很快成为令人瞩目的焦点。一件红色的吊带小礼服，带有闪亮装饰物的披肩，搭配她那张漂亮的面孔，很难不让人对她留有深刻印象。

她的外表出众，足够有魅力让男士们纷纷启动步伐向她走近。有些跟她搭讪，有些邀请她跳舞。这些男人们的动作几乎惹怒了其他的女性，因为他们似乎把所有的关注都放在 Millie 一个人身上了。

其中的一位男士似乎对 Millie 有特别的好感，他不仅是第一个找 Millie 搭讪、跳舞的人，而且他也是唯一一个请 Millie 跳了三支舞的人，还是唯一一个想要在派对结束后送 Millie 回家的人。

对于这位男士的举动，Millie 既吃惊又"感动"。当然，她清楚自己的魅力有多大，也并不因此而感到奇怪。尽管如此，Millie 还是委婉地拒绝了这位男士想要表现绅士风度的举动。

在 Millie 看来，公司举办派对是为了让公司员工同客户多交流，目的是为了对公司的宣传而不是对她个人的宣传。况且，Millie 很高兴能够成为派对上男人瞩目的焦点，但真的带一个回家，Millie 还真没有这样的想法。

Millie 以为派对之后,生活就会恢复往常的平静。然而,几天后一个客户主动来到公司洽谈业务,而客户还特别要求这个项目最好请 Millie 来负责。同客户见面后,Millie 惊讶地发现,他竟然就是当天要送她回家的那位男士。

男人主动找上门的原因很简单:像 Millie 这样一个引人注目的女人,在派对上吸引了男人的目光,却能够保持冷静,不为男人的殷勤所动,这样的女人一定具备冷静的处事态度和顽强的自我意识,不为外界的诱惑所动,而他的项目需要的就是这样的一个负责人。

看来,这个派对让公司收获了一宗大生意。就个人而言,Millie 的收获则不仅仅是一个举足轻重的人物。

派对是人际交流的好场合,对于一个职业女性来说,把握商务派对的场合,适时地进行自我推介,更多地为自己寻找和开辟出路是明智的选择,但将别人关注的目光视为对自己的爱慕,将男女的感情色彩带到其中,妄图寻找一段艳遇就是十分不明智的做法了。

"恶魔"法则

在派对上,每个女人都希望成为频频被搭讪的对象,因为这能够体现她们的魅力和与众不同,为了保持和增强自己的吸引力,女人有一些必须要做的事。但与此同时,在同男性接触的过程中,又要保持一定的距离,维持自己的矜持,否则就会给人以"花痴"的印象,所以,有一些事是绝对不能做的。

派对上该做与不该做的事

该做的	放弃矜持
大方的谈吐:不要像个害羞的小姑娘一样到处躲躲闪闪,和陌生人说话都会脸	喝酒过量:派对上的酒绝不是供你狂饮至烂醉的,适当地饮用可以调节气氛,但喝

红。派对是成人用来交际的场所，所以要在这样的场合充分表现自己，不管是结识新朋友、新客户，还是仅限于聊天，都要表现得落落大方。

夸张但合适的服装：可不用拘泥于原来的穿衣风格，按照派对的风格，穿一些漂亮的夸张的衣服。但一定要适合自己。

主动寒暄：除了公司的庆功派对，大部分的派对总是有很多陌生人，不要因为不习惯同陌生人相处就始终都同熟人聊天，要主动寒暄，这样不仅是一种礼貌，更能够增加你的人脉圈。

结识成功者：派对上最应该做的就是结识那些"赫赫有名"的人，不管是圈内人士，或是圈外人士，还有平时没有机会结交的朋友，都可以在派对上大胆结识。

多了却容易误事。毕竟在公众场合，尤其商务派对的场合一个烂醉如泥的女人是会给人留下极坏的印象。

在远处打招呼：进入派对场地，即使见了熟人，也不能大老远的打招呼，应该慢慢地走到熟人跟前，再礼貌地打招呼。

轻易闯进别人的圈子：派对上总是一小撮一小撮的人凑在一起，而能够凑到一起的总是原来就熟悉的朋友，所以如果没有别人的引荐，即使你很想在派对上广交朋友，也不要随意地闯入别人的圈子。

大吃大喝：就算你很饿，也不能一次性取很多食物来吃，一般来讲，盘子里的食物不要超过五种。

代人取食物：不要帮别人代取食物，否则两个手都端着盘子，遇到了重要的人要如何打招呼？

Man's Talk

三言两语就能搞定一个女人，然后用甜言蜜语把这个女人从派对带走，这是男人会拿来炫耀的事情，但是这个过程中，男人们往往炫耀的是自己的魅力或者自己多么有本事。

但是男人们还会在派对后谈论另一种女人，这种女人会让人神魂颠倒。在派对上，她们可以用迷人的微笑摄入每个男人的魂魄，于是男人们便会围着她们团团转，但却没有任何人能够将她们从派对上带走，她们永远都会理智地送自己回家。这种女人就是"出淤泥而不染"的典型，是会被男人奉为"女神"的崇拜对象。

Chapter 3

可以左右逢源，不可四处调情

在派对上，卖弄性感，随意向男性表露情意是推销自己最失败的方法，也是女人最愚蠢的表现。

Nin 是一家大企业的总经理助理，在工作上的表现是毋庸置疑的，但唯独在派对上，她却总是频频出格，这令她的上司头疼不已。

又是一次商业派对。

Nin 的工作是帮助总经理安排记者招待会，为总经理安排行程，以及协助总经理接待公司的重要客户。因此在派对上，Nin 便无可厚非地成了大红人。无论是公司邀请的记者还是客户，都曾经同 Nin 打过交道，有些经常往来的记者和客户甚至和 Nin 成了无话不谈的朋友，公司内部的同事就更不用说了。

刚到公司的时候，Nin 在派对上的表现都很得体，小心谨慎的她就连笑也都是微微地抿嘴，更不会主动找其他人聊天，只是跟几个比较熟的女同事凑在一起，随便聊聊。

工作久了，Nin 便开始表现出了不太恰当的主动和热情。

认为自己在舞会上总是能够左右逢源的 Nin 开始不甘于只是认识很多人和被很多人认识，她想要受到关注，男人带着欣赏，甚至有点色迷迷的眼光来看

着她，这似乎对她而言是一种成就。于是，除了聊天以外，她还会时不时地主动跟客户开一些玩笑，甚至是在派对上极不适宜的"荤"笑话。一个女人，表现得如此"开放"，这令身边的男人们显得有些尴尬，可 Nin 没有留意到他们表情的变化。

这一切当然没有逃过总经理的法眼。自己的助理能够在派对上跟每个人都打得火热这并不是什么坏事，但是到处调情就会让人觉得感觉不好，这也不免会让外人觉得 Nin 平时上班也会这样跟同事甚至总经理调情。

所以，为了避免闲言碎语的出现，总经理只好忍痛割爱，把 Nin 调离了自己的部门。

在派对上能够成为众人的焦点，这的确是每个女人的梦想。但如果方法不得当，就会让自己看起来有了些"风流"的韵味。

与 Nin 不同，同一公司的 Catin 就总是表现得大方得体、不温不火。几个人在一起聊天，Catin 从不大摇大摆地炫耀自己渊博的知识，而总是等到别人询问她的想法时才发表观点，而她的观点也常常带给其他人新的思路。话不多，却字字珠玑，这时候人们总是对她印象深刻。

Catin 的确知识渊博，不管什么话题，好像都难不倒她。所以，对此有所了解的人都喜欢与她聊天。在派对上，这个看似沉静的女孩也常常成为人们关注的对象。如果有人带有调情意味地跟她搭话，她会以微笑和沉默回应，然后很有礼貌地借故走开。

这不禁让人对 Catin 充满幻想，这样一位气质独特的女性究竟心里在想些什么？什么样的男人能够吸引她的注意，而 Catin 也毫无疑问的常常成为派对上不少人争相要约的焦点。

"恶魔" 法则

派对红人的三大法宝

● 提前做好功课。在商务性的派对上,通常人数众多,陌生人也比较多,但大多非常正式,因此出席这样的派对一定要注意自己的谈吐举止,对服装也应当有所要求。在参加派对之前,不妨根据派对主题对可能出席的人物加以分析,准备几个可以畅谈的话题。一旦与陌生人聊到此话题,你就可以尽情发挥,但如果谈到的是自己根本不熟悉的话题,就不要勉强参与,谦虚地说自己不太熟悉总比说错了出丑更有面子。

● 按时到场。在派对上迟到,这是非常失礼的事。但因为忠实而早早到达现场,也会出现尴尬的局面。因为这时主人可能还在着手准备,自然也抽不出时间招待你,这样你就不得不体会一个人的寂寞了!

● 音量恰当才能凸显气质。在派对上,大声说笑、处处抢人风头的人的确能够成为"焦点人物",但却会令人厌恶。所以在派对上应当保持适当的"音量",过大或过小都不好。只有恰当的声音才能凸显出众的气质。

Man's Talk

男人对女人的基本要求是可以感性,但不能乱性。一个随处卖弄风情的女人,在男人眼中是不值钱的。就算有了千丝万缕的关系,男人也决不会当真,更谈不上负责了——大家玩玩而已,何必当真?

在男人的心底,还是喜欢含蓄内敛的女性的。

Chapter 4

低胸装再低，总要有个底线

Benefit 一直自认为是性感女王，平日里上班就总是性感装扮，衣服总是尽可能的低胸。她觉得自己已经因为这样的装扮而获得了很大好处。在电梯间遇到男同事时，他们会主动接过她手中一大摞的文件；下雨天会有男同事主动借伞给她；即使在银行排队办理业务时，也会有陌生人把排到的位置让给她。而这一切如果没有性感，Benefit 认为是绝对办不到的。所以 Benefit 一直感谢上天给了自己这样一个性感的外表。

新一季的产品推介会开始了，为了答谢各地来的商家，公司举办了一场派对。Benefit 觉得这正好是她表现性感的绝佳机会。经过精心的挑选，Benefit 选了一件超级低胸的礼服。当她走进派对的那一刻，Benefit 就能感觉到男士们惊喜的目光和女人嫉妒的神情。

本以为一整场派对中，自己都会毫无疑问地成为焦点的 Benefit，很快发现人们的视线在自己胸部狂吃一通冰激凌后，便都各归各位，寻找着别的女性。而自己，却被晾在了一边。在身边转悠的只有那么几个"好色之徒"，走到 Benefit 跟前的时候总是盯着那件低胸装看个没完。

Benefit 甚至发现，就连自己根本不会放在眼里的小角色——Claire，这个平时很少打扮，又没什么姿色的女人，似乎都比自己更受欢迎。Benefit 觉得她一定是耍了什么手段，暂时把男人吸引过去了而已，自己终究是这场派对最受瞩目的对象。结果让她失望的是，整场派对，围绕在 Claire 身边的人虽然算不上络绎不绝，却远比自己身边的几头色狼更有内涵。

Benefit 感觉很蹊跷，自认为是性感女王外加社交皇后怎么会败得一塌糊涂。

她当然不知道，自己总以为女人的法宝就是性感，所以不管什么时候总是尽可能的卖弄性感，衣服一次比一次低胸。但低胸装再低也总有个底线，人们看过了就会失去兴趣，真正能够长久引人注目的应当是用内涵取胜的女人。而 Claire 就是这种类型，她谈吐优雅，对事情也有自己独特的见解，讲话时风趣幽默，让人很难将注意力从她身上转移开来。而她也因此轻易获胜了。

性感不过是短暂吸引男人的一种手段而已，而且这种手段大部分能够吸引的也不过是那些"好色之徒"。要想真正的凭借魅力引人注目，成为无论穿什么都能显现出迷人气质的女人，有两点绝不能忽视。

● 头脑。当一个女人拥有丰富的知识和惊人的判断力，她就不再是一本能够轻易看懂的漫画，而是一整个图书馆。这会让男人想要不断地去翻阅，想要去了解她的所有，但图书馆岂是一朝一夕能够阅读得完，所以这样的女人总是有散发不完的魅力。

● 性格。不因为美貌和才华而高傲，也不因为有所欠缺而丧失风度。宠辱不惊、不卑不亢，对于任何事情都能以平常心来对待；对于任何突变情况，都能够镇定自如；无论面对表扬还是批评，都能够化作淡然一笑；即使面对岁月的流逝，皱纹的增长，依然能够保持信心和笑容。这样的性格才会让女人的魅力一如既往。

"恶魔"法则

"恶魔"女孩派对诱人方案

谁说只有丰满的女人才能吸引男人，谁说只有低胸装才最抢眼，性感有很多诠释方法，低胸装是最浅薄的一种方式，"恶魔"女孩在派对上想要展示性感有很多方案。

● 思考的性感。很多女人外表并不出众，甚至有些其貌不扬，但是他们的思想却极为成熟和丰富。当她们的大脑充实了，她们的眼中闪烁的思想的光芒和她们表露出的智慧，自然会让她们多了一份韵味。尤其当这样的女人在思考问题时，凝固的面部表情，托着腮转动眼珠的神情就是一种性感的表现。

● 率性的性感。一个性格直爽，爱憎分明，想说时便说，想做时便做的率性女子，本身就是一团无法扑灭的火焰。面对这样的火焰，男人就是飞蛾，明知是火，还是会义无反顾地奔向她。

● 小动作透露性感。身体语言是世界的通用语言，不用声音，却能够透露性感：不经意地咬手指、不经意地拨动头发、让毛巾从手指中擦过……

无声胜有声，有时候性感就是这样来的。

Man's Talk

低胸装对男人是种诱惑，却不是绝对的诱惑。男人可能很快会被那些看上去性感的女人吸引，不过那只能吸引男人一时的目光，真正能够长时间吸引男人的是一个女人由内而外散发出来的魅力，这就与穿着是否低胸无关了。

与老板的博弈

Chapter 1

让老板牢牢记住你

Emmy 和 San 是同时进入公司的,在工作能力上,两个人都是杰出的女强人类型。Emmy 做事总是规规矩矩,按照程序办事,从未出过差错,也没有什么特殊的表现。San 则不同,虽然对日常的工作她也总是能够出色地完成,但 San 更中意有挑战性和突破性的工作。所以每当遇到这样的工作她总会表现出异常的积极和兴奋。

一次,San 在分析了公司近几年的重要财务文件之后,发现原来公司所承接的项目大小与其利润并不完全成正比关系。也就是说,公司很可能在浪费很多时间在大的项目上,而这些项目的利润并不比那些小项目高很多。

San 认为这是一项重要的发现,于是她将自己的分析写了一份完整的报告,将自己的发现汇报给老板。当然,她并不指望这份报告能被老板赞赏,只是 San 的性格决定了她就喜欢挑战这样刺激的任务。当邮箱显示出邮件已发送的字样后,她甚至觉得心中掠过一丝带有不安的快感。

几周过去了,公司依旧平静,大家按部就班地工作,丝毫没有任何变化。San 的那份报告,如同沉入了大海,没有掀起丝毫波澜。甚至就连她自己,在那瞬间的快感后,也逐渐淡忘了这样一件事情。

不过，命运是浑身充满了戏剧性。就在一个再普通不过的星期一早晨，San 接到了总裁办公室打来的电话，电话那头助理用自己甜甜的声音告诉 San，总裁有请。

带着忐忑不安的心情，San 来到了总裁面前。这个看起来像 40 多岁，实际年龄却已超过 60 的男子用和蔼的微笑看着对面这个年轻的属下。告诉她，希望将发来的报告仔细地讲解一番。San 觉得天旋地转，她根本就没想到，自己的报告竟然能得到总裁的重视。呆了数秒钟后，她才忙不迭地说出了自己的意见和想法。并且提议：公司应当在利润高的项目上做文章，而不是单单争取数量上的优势。

San 的计划在董事会上被总裁亲自推荐，在他的主张下，公司改变了市场开发策略，并且果真赢得了更多的利润。不用说，提出报告的 San 也因此节节攀升，半年后就成为部门经理，前途一片光明。

Emmy 的能力不如 San 吗？当然不是，如果要 Emmy 去做同样的分析，她可能会做得更好。但 Emmy 似乎更喜欢规规矩矩地做事，而不是故意找那种会引人注目的事去做，而 San 的作风则刚好相反。

在职场上，机会不是从天上掉下来的。如果不断地抱怨自己总是没能赶上好的机遇，还不如自己去"故意"撞个机遇回来。而这个"故意"就是要让老板看到你突出的一面，这比做多少事都重要得多。在公司里，老板并不缺少勤勤恳恳工作的人，因为这样的人随处可见，他们缺少的是能够给他们提供意见，并且真正展现才华的人。只有让老板看到你的才华，才能让他牢牢记住你。

"恶魔"法则

怎样让老板记住你

- 有自我风格。不要因为做相同的事情，或穿着相同的制服就磨灭了你的个性，在公司中，想要成为被老板注意的人，就一定要有自己的做事风格。自我风格并不一定要突发奇想或者具备创新精神，即使一种全新的演绎方式，也能让人耳目一新。

● 无障碍沟通。在公司中，大部分与老板的交流都是公事上的，如果在公司外的场合同老板共处，应当怎么办？谈论公事，这或许是大多数人的做法。但这样反而让老板觉得你是在故意表现。所以在公司外的场合，无论是谈论天气，还是聊聊食物，把老板当成普通朋友一样亲切沟通，这会让老板把你当成朋友。

● 从老板的角度考虑问题。什么样的人会成为老板的心腹，肯定是那些与老板志趣相投，能够站在老板的立场上想问题的人。这会让他觉得你是真正为公司着想的左右手，而不仅仅是为了个人的前途和利益的打工族。

● 工作职业化。不要把工作当成一种每天必须经历的程序，要把它作为一种事业来经营。只有如此，你才能真正对工作熟悉并从中吸取精华，甚至能够发现问题，取得创新。当老板看到你对待工作的精神状态是热情洋溢的而不是死气沉沉的，他准会牢牢地记住你。

Man's Talk

引起老板的注意是一把双刃剑。它可能让你平步青云，也可能让你遭遇非议。尤其是在美女属下与男上司之间，这种说不清、道不明的暧昧关系很可能让你成为众矢之的。

所以，当你决定要去征服上司的时候，请考虑好手段——要用能力，而不是靠脸蛋。

Chapter 2

端咖啡可以，喂咖啡不行

Eddy 陪同男上司去外地参加一次重要的行业推广会，会后两人一同参加了主办方举办的宴会。上司在酒会上喝了很多酒，在酒精的作用下，上司的行为开始变得不规矩起来。他不时地凑近 Eddy 小声说话，还经常有意无意地将手放在 Eddy 的肩膀上。

Eddy 明白自己的麻烦来了，看来上司并不是那种谦谦君子。但在这样的场合，Eddy 不能做出太出格的举动，即使自己被占了便宜。于是 Eddy 刻意地保持同上司的距离，上司要她喝酒，她也都巧言拒绝了。而这时的 Eddy 正保持高度的警觉，留意上司的一举一动、一言一行，并且不停地寻找对策。

宴会结束之后，人群散去，各自回到自己的房间。这时候，上司好心地要送 Eddy 回房。尽管好言拒绝，但仍然阻止不了上司跟随的步伐。

到了房门前，Eddy 礼貌地道谢，这时她并没有急着打开房门，而是等待上司的离开。谁知道上司突然搂住了她的腰，想要抱住她。Eddy 看到周围没人，马上将自己平日里学习的"女子防身术"用在了上司身上。趁着上司摔倒在地的工夫，Eddy 迅速回到自己的房间，紧紧地锁上了房门。

尽管 Eddy 的暴力行为是因为上司的不检点举动，错不在她，但毕竟她是下属，Eddy 已经准备好被上司责难，甚至准备离职。

但没有想到的是，第二天上司见到 Eddy 的第一面竟然是羞愧的道歉："对不起，昨天晚上我有点儿喝多了，我为自己的鲁莽行为道歉。"

Eddy 没有抓着上司的错误不放，而是欣然接受道歉，并以微笑作为回报。

这件事自此告一段落，变成了天知地知，上司知 Eddy 知，而没有第三个人知道的秘密。

不久之后，Eddy 凭借出色的业绩升职了，而 Eddy 也有了一个新的外号"冷美人"，当然这个外号仅限于上司和她之间。

下属和上司是通过工作这条纽带连接在一起，所以，一切工作上的事务都是下属应当做的，但上司却不能利用职位之便要求下属去做与工作无关的事。"恶魔"女孩深深懂得这一点，所以她们可以随时为上司冲咖啡，端咖啡，但喂咖啡则坚决不行。一旦你把咖啡端到了上司嘴边，一条看不见的底线便被僭越。受伤的，最后只能是女人自己。

一个懂得尊重自己的人才能够真正尊重自己的工作，所以不要认为满足不了上司的需要，就会面临离职的危险。事实上，当"恶魔"女孩采用适当的方法拒绝上司的非分之想时，她们所表现出的"冷美人"气质更能够赢得上司的尊重和器重。

"恶魔"法则

同男上司保持距离

职场女性常常碰到与男上司的种种纠葛，如果处理不好就会直接影响工作上的"表现"，甚至会落个不太好的名声。与其到了纠缠不清的时候再想办法拒绝，不如从一开始就保持距离。

下面是一些帮助你同上司保持距离的方法。

● 随手关门不是好习惯。到男上司的办公室，千万不要养成随手关门的习惯。如果门是敞开的，即使你在上司的办公室待上一天也不会有人怀疑你与上司间的关系；但是如果关上门，即使短短几分钟也难免被人说三道四。

● 下班后就走，别逗留。不需要当什么模范员工，即使下班了还要坚守在岗位上，这样会让其他人怀疑你留在公司的目的。留在公司被上司误会和骚扰的事也是屡见不鲜的，所以，下班后就走，千万不要逗留。

● 多喝几杯并非无妨。在一些正式宴会，或者公司的庆功会上，不要以为有很多同事就可以豪饮。即使你酒量颇好，也难免会被酒精麻醉而说出一些让人误会的话。更糟糕的是，如果上司用心不纯，多喝几杯就更容易让他有机可乘。所以，宴会上，千万不要贪杯。

Man's Talk

孤男寡女相处于一个地方，再搭配上酒精作用，很可能发生暧昧的事情。如果男未娶，女未嫁，男欢女爱本是正常现象，不过在公司，同男上司的交往就要注意了，因为无论实情如何，受指点的总是女性。

同时，女性也是最容易受到骚扰的群体。根据英国一份统计，受采访的20~30岁的女性里，有超过60%的人遭受过不同程度的骚扰。

综上所述，在公司里，女人，尤其是漂亮的女人们，更应该懂得学会保护自己。就算是谈恋爱，也请在办公室以外。

Chapter 3

办公室可不是 T 形台

　　Lay 是服装设计专业毕业的，漂亮而且身材高挑的她几乎是为 T 形台而生的，时尚更是她的追求。可是造化弄人，毕业后她并没有如愿以偿地进入时装设计界，而是来到了广告公司负责文案策划。

　　枯燥的工作并没有阻止她对时尚的渴望，Chanel 最新发布的休闲装、Chloe 的白色连衣裙……只要是流行的，几乎都能在她身上找到。父母殷实的家底让她有资本不断充实自己的衣柜，而办公室似乎也成了 Lay 的 T 形台，她每次的造型都能引起女同事们的一阵艳羡。Lay 也很享受这种被人羡慕的感觉，渐渐地，她开始不满足于普通的服装，逐渐尝试着选择一些更有个性的衣服和饰品打扮自己。

　　上一季，欧洲流行亮片服，于是你会看到 Lay 浑身金光闪闪地坐在电脑后；这一季，超大耳环主导时尚界，你又会看到 Lay 的耳朵几乎要被重重的耳坠拉成弥勒佛；当五颜六色的头发成为时尚界流行的时候，在办公室里，最醒目的一定是 Lay 那头火红的爆炸头……

　　终于，忍无可忍的上司把 Lay 叫到了办公室，很严肃地告诉她，爱美是好事，可是公司有公司的环境，如果她再穿这些奇装异服到公司，那么他只能让她走人了。

一席话说得 Lay 很郁闷，自己难道连穿衣的自由都没了么？难道只能接受上司的建议，穿着那些质地粗糙，毫无美感的职业装上班？

或许，如果 Lay 知道恰恰就是因为她太过时尚的造型"吓"跑了几位客户的时候，她或许就会理解上司的指责了。

女人喜欢美丽，喜欢时尚天经地义。可这并不意味着你在办公室里同样可以随心所欲地打扮自己。首先，你的打扮是给别人看的，如果太过时尚另类，让人难以接受，显然会影响同事工作。此外，对于有特定工作环境的职业，例如服务业、制造业等，太花哨的衣服会令人觉得公司很不专业，影响信任度的建立。像 Lay 那样的奇装异服，吓跑客户也不是什么新鲜事了。

此外，如果穿着过分暴露的衣服，还可能会让男性同事浮想联翩，甚至让自己被"咸湿大叔"们光明正大地狂吃豆腐。

"恶魔"女孩当然是时尚和潮流的领航者，可是追求时尚，并不意味着她们就会不分场合地选择衣服。"恶魔"女孩们决不会傻到把公司当成 T 形台。毕竟工作的场合，需要的是工作能力和平易近人的气质，而不是你对于时尚的脉搏把握多么敏锐。

尽管"恶魔"女孩不会穿着太过时尚，这并不表示她们不懂流行趋势，事实上，在办公室，她们更懂得怎样的打扮能够引人注目，而不是让人瞠目结舌。

1. 凸现气质的套装。"恶魔"女孩会穿着凸现气质的套装。
2. 简单干练的服装。体现知性女性风尚，自信而干练。
3. 带有潮流元素的服装。白衬衣配黑裤或黑裙，相信是众多办公室女性一致的选择，可一成不变的制服难免会让人乏味，只要把裙或裤的腰线往上提高一公分，裹腰的设计令腰部的曲线更加的凸现还不会过于轻浮，相信是最适合办公室女性套装的改造，同时适当地用饰品和腰带来点缀一下，也很美丽。
4. 轻松舒适的服装。宽松、大方的休闲装，穿起来既舒服，又不会太过诱惑或者怪异。

"恶魔"法则

办公室，应杜绝什么样的服装

根据网友的投票显示，以下是最不宜在办公室出现的服饰搭配。

服饰	糟糕指数
露脐装	☆☆☆☆☆☆☆
吊带背心	☆☆☆☆☆☆
香水味道过重	☆☆☆☆☆
男性短裤	☆☆☆☆
超短裙	☆☆☆☆
女性短裤	☆☆☆
拖鞋式凉鞋	☆☆☆
薄纱裙衫	☆☆
吊带连衣裙	☆☆

Man's Talk

爱美是女人的天性。如果在大街上看到穿着入时甚至有些特立独行的女性，我们会觉得她很时髦，很赏心悦目。可如果周围的同事穿得太时尚，我会怀疑她到公司是来工作的，还是来做时装秀的。

我想，任何一个正常的男性上司，都不会把重要工作全权委托给一个太注重打扮的员工吧。

道理很简单，有时尚人士说过，女人需要花费80%的精力才能打扮好自己。我们肯定不会信任一个只有20%精力放在工作上的家伙。

Chapter 4

双面娇娃的致命诱惑

John 和朋友约在酒吧见面，经过一天对员工们的培训和教导，John 觉得如果不去喝杯酒轻松一下是不行的。吃过晚饭，John 和朋友在酒吧碰头。同为单身的他们自然少不了对酒吧里美女的关注。

"你看那边穿紫色 T 恤的那个女孩，长得还不错吧？"朋友给 John 指了指。

顺着朋友的手指，起初还没怎么留意的 John 揉了揉眼睛。

"怎么样，不错吧！"看到 John 的动作，朋友充分地肯定自己的眼光。

John 揉眼睛当然不是被那女孩的漂亮所吸引："好像我的一个下属！"

"不是吧，你不是常说你的那几个女下属都是不解风情，古板的要死的那种吗？那应该不会来酒吧这种地方吧？"

John 自己也不敢确定，也许只是由于灯光昏暗，两人的样貌有些相似看不清的缘故吧。

"长得太像了，发型都一模一样的。"John 感叹道。

尽管 John 已经判定了那绝不是自己的女下属，但好奇心的驱使让他总是朝那个女孩那边看去。几分钟之后，John 决定过去搭讪。

"你好，你长得很像我的一个员工。"开场白有些老套，但却是"事实"。

女孩听到 John 的开场白，忍不住乐了，"秦总（John 的下属一般都这么称呼他），我是 Banal 啊！"

"哦？" John 张大了嘴巴，半天不知道说什么，"哦，这跟你平时的打扮不太一样，我还以为……"

"秦总，过来喝两杯吧！" Banal 见状，开心地约 John 和他的朋友一同喝酒。

这个晚上，John 见到了一个不一样的下属，她跟平常办公室里那个死板的 Banal 不同，放松下来的她有一点活泼，在酒吧的灯光下看起来，别有一番风味……

第二天在办公室，John 总是忍不住看一眼 Banal，还是平常那样风格的打扮，还是低着头不停忙活着手里的各种文件，可是今天的 Banal 看上去不仅像往常一样严谨细致，更多了一点"神秘感"——想象不出她还能变出什么风格来。

从那儿以后，John 偶尔会约 Banal 一起去酒吧，他发现 Banal 下了班的感觉同工作时完全不同，简直判若两人。对 Banal 的进一步了解，使得 John 在工作上也更加关注她，原来她在工作时间内也并不完全是一个工作机器，除了严谨地对待工作，能力强之外，Banal 总是能保持乐观的心态来面对每天的生活，这点 John 也很难做到。

与 Banal 的偶然见面让 John 见识到了她的双面性，而正是这一点深深地吸引了 John。

没错，"恶魔"女孩就是有这样的能耐，能打造两个甚至更多看上完全不同的形象。这就是她们的双面诱惑：在工作上，表现严谨和专业；在生活中，回归轻松自我。这难道不会让人为之心动吗？

"恶魔"法则

怎样成为诱人的双面娇娃?

让工作和生活分开,工作中表现专业,生活里回归轻松。这不仅对上司来说是一个诱人的表现,更能够让自己在休息的时候从繁重的工作中得到解脱,在工作时更加用心卖力。

要怎样才能成为一个诱人的双面娇娃呢?

● 分清工作和生活的界限。工作和生活本来就是截然分开的两种状态,如果把生活上的琐事烦恼带到工作中,就会影响办事效率,而把工作中的难题带到生活中,就会让原本轻松的生活蒙上一层阴影,所以,将二者混为一谈更不是什么明智的做法。

所以,在变成一个双面娇娃之前,首先应当调整心态,分清工作和生活的界限。

● 工作时专心致志。走进办公室的一刹那,不管生活中发生了什么事,在这一刻都要统统忘掉,脑子里立刻闪现出当天要做的事,以下几个动作可以帮助你快速地进入状态:

找一个记事本,将当天的工作罗列出来,并制订当天的工作行程;

找一个职场女强人作为自己的奋斗目标,以她作为自己事业上的榜样;

将一切能够干扰自己的娱乐活动统统收起来,将工作行程摆在最显眼的地方;

到工作间冲一杯浓浓的咖啡,以此提醒自己该工作了。

● 回到家完全放松。从公司大门走出就要将工作的事抛在脑后,到家后第一件事就是换掉身上的工作装,穿上休闲舒适的服装。然后可以听听音乐、品品香茶等,帮助放松神经。

Man's Talk

　　没有什么比看到自己同事的大变身更让人感到惊奇和意外了。尤其是那些在你身边工作多年，而且已经被你深深地刻上了死板、不苟言笑、死气沉沉、不解风情等字样的女同事，在另外一个场合却展现出轻松活泼、机智幽默的一面，你就会不由自主地被她吸引。

　　在职场中，大部分的女人往往不是工作生活都死板得要命，就是工作生活中都开朗得过了头，而那种能够将工作生活区分开，有一点神秘和摸不透的女人就少之又少。所以，一旦被男人发现了这样的稀世珍宝，便会不由自主地"爱"上她了！

Chapter 5

投其所好还是投怀送抱

还是《金枝欲孽》，还是那群女人的钩心斗角：秀女们过五关斩六将，成为宫中的小主，为了得到皇帝的宠幸，小主们都拿出自己的看家本事，动人的样貌也好，才艺也好，目的就是为了向皇帝投怀送抱。

安茜却成为皇帝众多贵人和嫔妃中比较特殊的一个，从宫女到贵人，最直接也最简单的办法就是取得皇帝的宠幸。但宫中佳丽众多，每个人都想得到皇帝的宠爱，安茜一个小小的宫女又怎样才能引起皇帝的注意呢？

安茜在所有的宫女中以心思细腻著称。为了引起皇帝的注意，安茜知道要从皇帝熟悉的事物入手。宫中嫔妃、贵人众多，每个人都有自己喜欢的香囊，但皇帝喜欢什么样的香味呢？

在后宫，六宫之首虽为皇后钮钴禄氏，但之前的得宠当道者，却是另一个钮钴禄氏——如妃。如妃能够取得皇帝的爱戴多年，安茜知道如妃所用的一定都是皇帝偏好的。于是安茜找借口到了已经失势的如妃那里，巧妙地找机会闻了闻如妃的香囊，轻而易举知道了皇帝喜欢的香味。

知道了皇帝的喜好，就能赢得他的注意，当皇帝看到太监装打扮的安茜，身上飘着自己熟悉和喜爱的香气时，立刻为之心动。而安茜也得益于"投其所好"

这四个字，最终达成所愿。

在职场中也同样如此，要赢得上司的关注和重视，一味地迎合或曲意奉承也许不是最好的办法，投怀送抱使美人计不一定都能对路，但投其所好，根据上司的个性和偏好"对症下药"却是屡试不爽的对策。

比如，有些上司性格强硬，喜欢做事果断的属下，那么你就不妨表现出自己坚决果敢的一面；如果上司喜欢和属下探讨，你则可以凡事多虚心请教……

投怀送抱或许能够得到自己想要的职位，也有可能被占了便宜之后再被一脚踢开，毕竟这不是上司要求的，是自己送上门的。毕竟，投怀送抱不是长久之计。

投其所好则不同，当上司发现你竟能如此深刻地揣摩他的心意，就会把你当成他的心腹，甚至会视你为红颜知己。

"恶魔"法则

投其所好的三大步骤

● 细心洞察。首先要细心洞察上司的各种特征。包括平日里的习惯、喜好、性格、说话方式、对待别人的态度……分析他们的心理需求，正所谓知己知彼，百战不殆。

● 贴心准备。如果上司需要的是一些物质上的东西，要尽可能地准备那些并不贵重但很贴心的东西。这便可以发挥女性喜欢 shopping 的特点。比如遇到一个十分重视健康的上司，就可以帮他买一盆仙人球，放在办公桌上，告诉他这是防止电脑辐射的。

● 抓住时机，一击即中。有些时候，投上司所好地说一些话或者送一些小东西也要分清时机。如果当着上司的面，猛夸他如何英明神武，甚至带些夸张色彩，这不就让自己的上司尴尬难堪了嘛！最好的是借别人的嘴说自己的好话，让你的赞美通过他人传到上司耳朵里，这样可能会最有效果。

● 从小事做起。投上司所好，并不需要干什么惊天动地的大事，反而是一些小动作会加深他们对你的印象。所以在不丧失原则的情况下，可以尽可能地说说好话，做做好事。

Man's Talk

真正能够从男人身上得到好处的是那些动脑子的女人。那些能够同男人一拍即合、观点志趣相同的女人。她们用精神和智慧征服了男人，而且一旦占领了男人这片领土，就不是那么容易被驱逐了！

让他心甘情愿做你的
左膀右臂

Chapter 1

借助男人的实力上位

在遍地美女的好莱坞,一个女人即使拥有精湛的演技、身材与美貌并重的外表,也很难在演艺圈这个激烈竞争的战场上取得精彩的胜利。所以,在这个战场上机遇和智慧成为女人获胜的杀手锏。

凯瑟琳·泽塔琼斯(Catherine Zeta Jones)就是这样一位利用美貌和智慧成就事业的女性。

《偷天陷阱》这部电影让凯瑟琳成为拥有世界声誉的影星,而她的丈夫迈克尔·道格拉斯(Michael Douglas)则让她成为闪闪发光的巨星。

在《偷天陷阱》中凯瑟琳所扮演的集冒险精神和魔鬼身材于一身的女主角,成为众多影迷眼中的"偷取灵魂"的人,她被美国《电影线上》杂志称为"全球最美的人"。而因为这部电影,凯瑟琳的身价也暴增到 800 万美元。

这对于一个想要在好莱坞获得一定成就的女演员来说,已经是再好不过的消息了。可是凯瑟琳并非只有这点野心,不只是明星,还要让自己成为闪闪发光的巨星。

在意外地结识了迈克尔之后,这个男人便成为凯瑟琳的坚强后盾。尽管在此之前迈克尔正因为经历了一场失败的婚姻而痛苦不已,在那种被伤害的脆弱

时刻，很难想象他会在短短的时间内重整旗鼓。然而，幸运的是，迈克尔遇到的是一个魔鬼般的女人，她不但拥有诱人的外貌和身材，还拥有不温不火的性情和超级的耐心。从一开始，凯瑟琳就赢得了迈克尔的心。

尽管如此，迈克尔并不是规规矩矩地迎娶凯瑟琳，而是大费周章，搞出了一个婚前财产协议——为了避免悲剧的再次发生。这看起来似乎有些被玩弄的感觉，但凯瑟琳并没有过分在意，欣然接受了条件。之所以能够轻易答应，那是因为对于凯瑟琳来说，迈克尔的钱财并不是吸引自己的原因。

迈克尔·道格拉斯这个名字在好莱坞意味着金钱和权势，他同其父亲都是好莱坞声名显赫的影帝，而迈克尔在好莱坞影坛也拥有绝对的霸主地位。凯瑟琳在好莱坞已经取得了一定的名气，如果能够借助他的力量，必然会取得这块战场上永久的胜利。因此，只要凯瑟琳与迈克尔的婚姻一直延续下去，钱财就不会成为她担心的问题，而她也会一直享受成功的光环。

优秀的男人总是会引起人们的关注，尤其是女人（单身女人）的关注，她们感兴趣的或许并不只是优秀或是金钱本身，而是她们能够从男人的光环上获得的照耀。凭借这样的光芒，她们也能身价倍增。

一个职业女性要获得成功的过程就像在森林中过河，不管是凭借大大小小的船只，还是桥梁，她们总是要凭借另外一个支柱作为工具。

在职场中，借助男人的实力来推动自己事业上的发展，"恶魔"女孩从不会顽强地靠着自己的力量，或趟或游的过河。即使面前能够帮助她们的只是狭窄的独木桥或是摇摇晃晃的索道，她们也会巧妙地利用外界的力量，只是当她们拥有更多选择的时候，"恶魔"女孩当然会选择那个更牢固和安全的途径。

"恶魔"测试

借助男人实力,你有多高的天赋?

朋友打猎,猎到一只野兔送给你,你会怎么处理它?

A. 好可怜,将它放生

B. 留在家里当宠物养

C. 品尝一下兔肉的美味

测试结果:

选 A 的人,利用男人的天赋指数为★

你觉得利用男人的实力来达到自己升官发财的目的,这样的手段有些卑劣。你认为女人在职场的生存法则还是要凭借坚强的实力和坚持不懈地埋头苦干,你对于耍手段、搞技巧这样的事并不在行,也不赞同这样的做法。

选 B 的人,利用男人的天赋指数为★★

你认同利用男人的实力来提升自己的观点和做法,但是你也并不会肆无忌惮地用此方法,而是会小心翼翼地去做,你希望收到在无形之中达成目的的效果。

选 C 的人,利用男人的天赋指数为★★★

利用男人来提升自己,这是你的强项。你不但会乐此不疲地尝试"利用"的各种办法,而且能够将这种手段变成自己的一项技巧。你认为这是职场女性应当练就的看家本领之一。

过河拆桥，这是很多男人的不幸和悲哀，但这似乎又是很多男人难以避免的事。尽管男人们不喜欢被利用，就像女人不喜欢被欺骗一样，但也不排除有些男人是心甘情愿被利用的。

有些女人天生就是要来征服男人的，她们的一举一动、一言一行，让男人们没办法抗拒，也根本无法分辨，所以只好乖乖的被利用。

Chapter 2

说话讲究对象，分清场合

  Cindy 所在的分公司来了一个新的主管，是总公司派来的雷厉风行的角色。刚到分公司接任的第一天，新主管就给团队每一个人布置了任务，Cindy 的任务是为公司的新产品设计一套新的营销方案，这跟另外一个同事 A 的相同。

  经过几天的精心准备，团队每个人都拿出最好的方案作为交给新主管的作业。

  在分公司的例会上，新主管把新产品的营销方案作为讨论的重点，实际上就是要讨论一下 Cindy 和另外那个同事的方案，最终确定营销计划。

  Cindy 和同事 A 先把各自的营销方案简单陈述了一下，接着在主管的带动下，大家展开了激烈的讨论。Cindy 更是为了自己费心准备的方案而"大打出手"，言辞中丝毫没有谦虚和退让的意思，完全表现得像个辩论者。

  这让 Cindy 的好朋友 Tina 感到迷惑不解：Cindy 在分公司中一向是"和蔼可亲"的典型代表，就算是在自由讨论的环境中，Cindy 也很少同其他人有过这么激烈的争辩。通常情况下，就算她的观点与别人不同，Cindy 也会采取比较温和的方式，委婉地提出来。可是，新主管才刚刚到分公司，Cindy 就在会议上表现得这么尖锐，这会给新主管留下什么印象啊？

会议结束后，Tina 小心地把 Cindy 拉到僻静处："你怎么回事啊？"

Cindy 一副迷惑不解的样子："什么怎么回事啊？"

"刚才在会议上，你怎么那么反常啊？以前遇到这种状况，你都会让一步，今天的火力怎么这么猛，人家 A 得罪你了？"

Cindy 赶快澄清："虽然我对 A 是有一些看不惯，可今天我绝对是对事不对人啊。难道我的方案不好吗？"

"你的方案的确不错，可是……"Tina 有些着急了，"可你今天这样的表现，会让新主管怎么看啊？我们是一个团队，要注意团队精神，这还是你跟我说的呢。"

Cindy 不但没有为自己的"反常"行为感到惊慌，反而一副得意的样子对 Tina 说："没错，当一个主管重视团队精神胜过个人能力的时候，我们就应当以团队大局为重；但是……"Cindy 眼睛一转，"如果我们的主管是一个重视个人能力，更喜欢团队竞争的人，我们不就应该表现出自我风格了吗？"

看着 Tina 恍然大悟的样子，Cindy 告诉她一个秘密，早在新主管到任的第一天，Cindy 就向总公司的朋友打听了新主管的个性，要不是知道新主管喜欢有野心的、能表现的下属，她也不会这么"出风头"的。

不过，这个秘密 Cindy 只能告诉跟她从小一起长大的 Tina，她知道只有 Tina 能够帮她守住秘密，是她绝对可以信任的人。

果然，在新主管采用了 Cindy 的方案之后，还大大地重用她，让她全权负责新产品的营销工作。

在职场中，面对形形色色的伙伴或者对手，说话做事都要慎之又慎的考虑清楚，并不是要时时刻刻追求"真我"。看人下菜碟，这并不是一种虚伪的做法，而是职场女性为了寻求一种安全而必须掌握的技能。

"恶魔"法则

征服职场男性，要懂得对症下药

公司中总是有着形形色色、性格各异的人。如果不想其他人成为你成功道路上的绊脚石，或者希望有人甘愿助你一臂之力，那就要懂得说话看对象，分场合的本领。

● 应付能言善辩的人。这种人通常会把生活工作搞成辩论的讲台，所以，在这种人面前，不要在他面前展示自己的巧思明辨，尽量让他觉得他才是最厉害的，至少比你厉害，这样才不会让你们之间形成对立关系。

● 应付才华横溢的人。要充分肯定和尊重他们的才华，让他觉得你并非虚情假意而是真正懂得他的厉害之处。

● 应付性情多变的人。话不要说得太肯定，也许这一刻你正跟随他的话题和观点，当你还在坚持这一立场的时候，下一刻他有可能就变成你的对立方了。

● 对待愤世嫉俗的人。多听少说。这样的人多半是因为自己没能得到公正的待遇或者现实不如期望中的好，便会有一大堆的牢骚。不过他们大多是说说而已，所以你只要做好一个倾听者就能够抚慰他们烦躁的情绪了。

● 对付玩弄权术的人。要让他知道你有一个很高的理想。这类人大多拥有高超的人际交往术，他们知道人脉的重要并且能够恰当的处理他同可用的人之间的关系，即使是将来可用的人他们也会"善意"相待，以备不时之需。

● 对付口是心非的人。不要说中他们的心思。这类人大多嘴里说一套可心里想的却是另外一回事，但是他们不说出自己真正的想法一定是碍于面子或有什么难言之隐。所以，在这种情况下揭露他们的内心世界就等于给自己树敌。

职场中最怕遇到的就是能够分清场合，面对不同的人物有不同的处理方式的女人。这样异常冷静的处理问题的方式会让男人觉得在自己面前的不是一个能够被轻易忽略的女子，不是传统形象中的只懂得用锅碗瓢盆来伴奏的家庭妇女。而她们的本事是不显山不露水的，你永远不知道她们究竟有多少能耐，这是最可怕的。

Chapter 3

充分利用你的性别优势

Ann 和 Helen 在同一所大学毕业，又凑巧找到了同一家公司工作。但两人却走出了两条不同的职业道路。

Ann 和 Helen 所在的是一家研究型公司，公司大多数员工都是男性，并且大部分都是博士学历，这让本科毕业的 Ann 和 Helen 变成了不起眼的小兵。在业务能力上，她们的确拼不过这些猛将。

但是两人性格不同，虽然明知道自己是个小人物，但 Ann 性格乐观，她总是对公司里枯燥的研究工作环境不满。于是，在工作间隙，她总会给同事们倒倒水，顺便聊聊天，缓解一下气氛。

每次公司组织专业方面的交流活动，Helen 总是认为自己跟那些研究高手比起来毫不起眼，跟他们在一起总有种高攀的感觉，于是常常找借口拒绝参加这样"无聊"的会议；但 Ann 不同，不管自己有没有听懂别人的发言，也不会因为自己没有特殊的见解而害羞难过。既然是公司组织的交流会，就当是轻松一下，跟同事熟悉熟悉，建立自己的人际关系也好。所以，每次会议的内容她没听多少，但玩得却很开心。

渐渐的，Ann 跟同事越来越熟悉，变成了大家的开心果。虽然在研究的方

向上她的进步缓慢，但协调组织能力却大大提高了。在一个男性占大多数的公司里，由 Ann 这样一个女生来活跃大家的气氛无疑是最好的人员。

别以为 Ann 就这样整天只是调节气氛，没多久，她就被升为管理层的小主管，显然这与她长时间的努力是分不开的。

在一个优秀男人众多的公司里，即使成为专业之外的管理层领导恐怕也是难上加难的事。但偏偏这家公司的男性比例太高，而女性领导就成了一个稀有事件。

在与 Ann 同时进公司的 Helen 还在做着办事员的琐碎工作时，Ann 已经有条不紊地开始了自己的管理职业生涯。而她的绝招就是利用了性情互补、事半功倍的经典定律。

女人在男人居多的社会和工作环境中，往往能够发挥社交优势。她们能够降低男人的戒心，让他们很容易接受你、习惯并喜欢你。这就会让女人的职业道路变得更加通畅可行。

"恶魔" 法则

可以利用的性别优势

● 温柔的话语。男人之间即使在相安无事的状态下，也如同钢铁之间的碰撞，会产生很多叮叮当当的响声和火花。而女性的温柔是化解这样强烈刚性的一种催化剂。在男人面前，职场女性大可以表现出温柔的笑容、优雅的谈吐，一副就算天大的矛盾也能够化解的样子。

● 赞美是最好的突破。人人都希望听到别人的赞美之词，男性更是喜欢听到夸奖的声音，尤其是听到女性的夸奖，这会让他们有些飘飘然的满足感。所以，想要跟男同事们保持良好的关系，就千万不要吝啬你的赞美之词。当你的赞美增强了他们的自信，满足了他们的虚荣心，他们就很容易为你所用，成为你的左右手，而不是对手。

● 嘘寒问暖的体贴，让你与众不同。女人的母性特征使她们天然承担了照顾、关心别人的角色。所以无论是作为主管，还是普通员工，如果能够诚心诚意地对周围同事嘘寒问暖，显示出你的体贴，则会令他们备受感动，而与你之间的距离也会因此拉近不少。

Man's Talk

女人最大的性别优势就是她们温柔的一面。不管是作为上司还是同事，抑或是下级，你总是没办法对一个女人发的脾气耿耿于怀。因为在那之后，一旦她们用柔声细语的话来表示安慰，男人就会立刻败下阵来。就连她们发脾气，男人都没办法长时间生气，更何况她们温和的要求呢？这让男人没办法拒绝。

所以，最毒的女人不是跟男人硬碰硬，或是耍些阴谋手段，而是那些惯用温柔招数的女人。当她们用那温柔的眼神、温柔的话语、温柔的动作全面"袭击"之时，也就是男人全军覆没之时，这时不管女人说些什么，男人也只有一个答案"是"！

Chapter 4

时而柔弱，时而刚强

柔弱是上天赋予女人的特性，女人希望被爱的被照顾的特质是她们柔弱的表现；但是女人又是刚强的，她们可以用独立和果断维护自己的事业。时而柔弱、时而刚强，这是女人独特又可爱的气质，也正是女人的魅力所在。

就像《流星花园》中的杉菜那样，外表看来是一个柔柔弱弱、经不起风雨的女子，但当朋友受难、自己受欺负，或者看到不公平的事情时，却能爆发出惊人的能量，这种刚强就连男人也自叹不如。

"恶魔"女孩会将女人这种刚柔并济的特性用在事业上，以这样的魅力征服事业中的对手或者伙伴——男人。她们会从容地将柔弱与刚强并为一体，在优雅从容与镇定果断中演绎自己的精彩。

很难想象一个男人会从一开始就对一个看上去弱不禁风的女子小心翼翼，但当他们发现女人的实力不可低估时，却已经来不及超越他们了，因为她们的能量已经爆发，而且会越来越强烈，强到让你欲罢不能。

第一次见到 Middy 的时候，客户觉得她是个柔弱忧郁的女子。

约在咖啡馆见面，Middy 早到了，她一个人静静地坐在那里。身着优雅大方的套装，眼神凝固在咖啡杯外的花纹上。午后明媚的阳光透过落地玻璃窗洒落在她身上,那副景色,宛若小说中的情节一般。

客户反应过来的时候,Middy 已经看到他了。同她打了招呼,客户便坐了下来。说来客户也很有专业素养,荡漾了一下,便回到了工作状态。看着眼前这个柔柔弱弱的女孩,他认为自己在这次小小的谈判中已经稳操胜券。

Middy 说话轻轻柔柔,就跟她的外表一样,这样人忍不住心生怜爱,客户心里想:"真有点儿不忍心下手,但是没办法,生意归生意,要狠下心来谈条件。"

毕竟是来洽谈业务的,在一段闲聊作为开场白之后,两人便开始正式谈判。

两人所在的公司已经确定要针对一个项目进行合作,只是在合同的条款上还有一些小问题没能达成共识,而这也正是 Middy 和客户此次洽谈的内容。

"我们公司还是坚持上次所说的优惠条件,你们公司的设计价格本身就不比别家的低,又没有附加的优惠,这让我们怎么接受啊。你们公司在这个行业干了也不是一年两年,对其他同行的情况应该也有所了解,他们的优惠条件可是很多呢!"客户一开篇就把他们的要求通通开出来了。

"价格方面我们已经谈过好多次了,相信您也了解,如果能再便宜些我们也不需要这样大费周折地跟你们谈来谈去的。你们是老客户介绍来的,所以这个价格还是优惠过的呢,否则还要更高!"Middy 就算谈判声音也是轻轻柔柔,毫无攻击性和杀伤性。

客户听到 Middy 这样的声音,也不好意思提高音量跟她较劲,但是总不能一无所获吧:"那就再给一些优惠条件?"

Middy 笑了笑:"那和降低价格有什么区别呢?我们公司是搞设计的,要付给设计师报酬,不是大卖场里买一送一,况且,这点优惠对贵公司来说也不过是九牛一毛,算不得什么。"

Middy 的声音依然柔和,但却似乎无法动摇。

客户渐渐地感觉到派 Middy 来是对方的一个狠招,这样一个看上去柔弱的女子,谁能跟她"大吵大嚷"地进行激烈的谈判呢?如果不在态度上表现得激烈些,又怎么能体现谈判的效果呢?看来,不能因此而心软了。

客户的态度渐渐变得强硬起来，拿出其他的公司做比较，语气变得更加强硬，语速也变快很多。

Middy依然是那种柔弱的强调，脸上依旧带着迷人的微笑，但是立场也没发生任何变化，仍旧是不肯屈服。

"找我们来做这项设计，相信你们也是做了调查的，我们在这个行业的信誉和质量都是一流的，既然我们能够提供最好的服务，也应当得到相应的报酬，不是吗？"

"再说，"Middy用一种仿佛是请求的眼神望着对方，"如果我这次无法争取到这样一点点的优惠，恐怕就没法在公司待下去了……"

看着女孩让人怜爱的表情，客户不得不缴械投降。况且，的确如Middy所说，他们想要得到最好的设计，就要付出一定的代价。

从此以后，客户在跟其他人谈判时不再会对柔弱女子放松警惕了。

【"恶魔"法则】

对待老板的示弱与示强的时机选择

	示弱	示强
语气	一般情况下对待上司都不能用太生硬的语气，这样会让上司觉得你有种要"造反"的感觉。尤其当老板要你做一些你不情愿做的工作时，甚至可以用一点撒娇的语气来求他安排别的工作给你。	只要你不是想要离开这家公司，基本上在语气上同老板示强的机会不多。除非自己真的受到了十分不公正的待遇，也可以用一两句语气坚定强硬又有些生气的话来表明你可不是好欺负的。
能力	不要在老板面前表现出你的野心，不管是什么雄心壮志都要隐藏起来，要让老板觉得你是有能力的，但不如他。	要让老板看到你的办事效率，处理问题的能力。这种能力是要超越其他同事的。

观点	在人多的场合，当你的观点同老板的相左时，你就要表现出软弱的态度，不能跟老板对着干，否则，你让他丢了面子，他就能让你丢了饭碗。	在老板征求大家意见的时候，可以肯定地表达自己的观点。在只有你和老板两人的状况下，甚至可以同老板进行"辩论"，但仅仅是观点上的，语气上还是要委婉一些。

Man's Talk

柔弱的女人惹人怜爱，能干的女人让人佩服，如果结合两种特点于一身的女人，就不知道应该怎样形容，或许是带着敬畏的害怕吧。你不知道什么时候她会用软绵绵的话语要求你把这样的机会让给她，也不知道什么时候她会拼尽全力与你竞争。遇到这样的女人，男人最怕的就是输得一败涂地，而且还输得心甘情愿。

Chapter 5

暧昧一点也无妨，不过别动真情

女人比男人更容易感情用事，看到那些能力出众的同事，或是风度翩翩的上司，难免会产生仰慕之情，暧昧也会就此产生。

在职场中，有一点暧昧是好的，这种朦朦胧胧的感觉可能会带来更多便利。如果女同事与男同事关系很好，当女人在工作遇到麻烦或者在事业上需要一种推动力的时候，那个同你暧昧的男同事便会尽自己所能来协助女人达成目的；如果是同老板有暧昧关系，一旦有升职的机会，那么在相同的条件下似乎就有了一点优势。

但是暧昧的尺度很难把握，一旦控制不好就会演变成真的男女关系。暧昧的感觉总是浪漫的，但男女关系却是现实的，如果两人能够修成正果，自然是好事，对工作和事业也不会有太大影响；但如果两人因为感情上的矛盾最终闹到工作上来，这在办公室中无疑是一种添麻烦的尴尬。

Alan 和男友是公司同事，原本两人只是同一部门的伙伴，因为工作上的频繁接触，两人对彼此都很有好感，经过了很长的暧昧期，男友终于鼓起勇气向 Alan 告白，而 Alan 等这一刻也等了很久，所以两人顺理成章地成为办公室里甜蜜的一对情侣。

但谈恋爱的过程并不是只有甜蜜,因为生活中琐事而小吵小闹成为两人生活中的常事,如果他们是一般的情侣,这样的小争吵也算是一种生活的调剂,能够增进两人的感情,但他们的特殊关系——同事关系,却让这样的争吵变得麻烦起来。

他们的争吵也让其他的同事变得十分尴尬,每次他们吵架时,原本开开心心的团队气氛就会变得异常冷淡。刚开始,同事们还能够谅解,毕竟谁都经历过这样的恋爱程序,但越来越多的尴尬让同事们变得不耐烦起来,毕竟这样影响了大家工作效率。他们的这种关系让上司也颇为不满,原本两人的表现和能力早就有机会升职了,可上司却因为他们的这种关系经常会影响工作而迟迟不给他们机会。

Alan 甚至有些后悔,早知如此,两人还不如一直保持暧昧关系,不但不会影响自己事业上的发展,还能够一直和男友相敬如宾,想到这儿,Alan 又想起当初男友对她在事业上的帮助和平时的关怀……

"恶魔"法则

拒绝办公室恋情的 N 个理由

● 公私不分。每个人都是生活在理性的世界里,因此,凡是有好处的事,人们都会争先恐后地将好处揽在自己或自己人的手中。如果两人既是同事关系又是恋人关系,在恋人和其他同事拥有共同机会,而自己拥有机会分配的决定权时,就很难坚持公平客观的原则,将工作和事务分配给相应能力的人,而是会想尽一切办法让自己的恋人得到好处。这样做显然会引起他人的不满,从而影响自己的威信。

● 爱情和工作混为一谈。如果两人是恋人关系,就很难保证他们不会在工作的场合偶尔谈情说爱,这样将工作和恋爱的场所融合,无论两人的甜蜜或争吵,都会降低工作效率,影响两人的职业前途。这就好像家长都会反对孩子在读书的时候谈恋爱一样，因为这样做显然在大部分的情况下会影响他们的学习成绩。

● 如果分手了怎么办。恋情的结果并不都是修成正果，如果是半途而废，恋情结束，分手的两个人要在办公室表现怎样的态度？这样的情景一定是尴尬不已。在讲求团队精神的企业中，如果两人是分手的情侣，甚至是闹得不可开交而分手的情侣又怎能握手言和，精诚合作呢？

Man's Talk

有些女人懂得利用暧昧的关系来让男人帮助她们。这样的做法是相当高明的。男人最怕的就是得不到，然而暧昧就是这样一种结合了美好和得不到的关系。

如果是一般的关系，没有了美好的感觉，男人或许可以选择干脆利落的放弃，但如果这段关系发生在公司当中，就在男人的工作环境中，这段关系就会如同千斤顶压在头上，顶着会觉得辛苦，拿下来又不那么容易。

所以，当男人想要进一步，而女人却能保持清醒冷静，始终不给男人靠近的机会，保持若即若离的美好。这样的女人才是最聪明的。

要走就走得理直气壮

Chapter 1

要走，也要站好最后一班岗

　　Dolly 是一家公司的市场部主管，公司的待遇和发展机会都不错，但唯有一点，公司的位置离家太远了，这样，Dolly 不得不每天都早出晚归，相对于工作的内容，来回的奔波反倒让 Dolly 更加疲惫。经过很长时间的思考和衡量，她还是决定在离家不远的地方找一份新工作。

　　由于 Dolly 的经验丰富，在这一方面的资历也不浅，她很快找到了一份职位和薪水都让人很满意的工作。但新公司希望她能够在一周之内就到岗工作。这却让 Dolly 为难起来了。

　　在原公司，她正着手负责一个大型的产品推广，而这个活动中，包括展览会、客户的邀请、产品的详细说明书都是由她一手经办的，而且产品推广就从下周开始，如果这时候 Dolly 离职，一定会让原公司的同事手忙脚乱，就算他们连着几天加班，也不会比 Dolly 更了解情况，这对整个产品的推广势必会产生很大影响。

　　再三考虑，Dolly 坚持要在一个月后到新公司报到。她很抱歉地对新东家说道："不好意思，我做事一定要善始善终，如果我就这样走了，会给原来的公司造成不必要的损失，这一点希望你能理解。如果您因此要放弃我们之间的合作，我也只能表示遗憾。"她对工作负责的态度赢得了新主管的好感，他答应了她的要求。

在最后的一个月，Dolly 不想被别人认为她要走了就对工作疏忽大意了，所以更加认真地去筹备和组织，结果这一次的产品推广搞得格外成功。

之后，Dolly 用几天的时间做了交接的准备：整理手头的资料，将电脑中的私人文档取消、带走，把自己的项目妥善交代给下属。她还特别用心地把所在部门存在的问题以及工作进度做成了一份详细的报告交给老板。

Dolly 的表现让原老板十分满意，不但没有因为她的离职而有所不满，还按照原来的待遇给 Dolly 发了奖金，这也是 Dolly 意料之外的。

有些人把跳槽和离职当做炒老板的"鱿鱼"，认为当着大家的面，对着老板恶狠狠地说"我不干了"，然后拿着自己的东西甩手而去，这样就是一种潇洒的表现。这样的想法真是大错特错。

把公司当做游乐场，说走就走，没有一点交代，这样做也许老板会忙着找人接替你的职位，但是最忙的是接替你职位的那位同事，因为你的毫无交代，他将手忙脚乱地整理应该做的工作、寻找恰当的工作方法。于是，公司上下、尤其是老板和接任者，会对你不满。

没人可以保证，这种不满，不会给你将来的工作带来麻烦。

因此，正确的做法应当是尽善尽美地站好最后一班岗。妥善地处理未完成的工作，毫不吝啬地把工作和工作方法上的细节交代给下一位同事。

"恶魔"法则

最后一班岗应该怎么站？

● 做好最后的工作。如果在离职时你手头还有没有做完的工作，并且是在你离职前能够完成的，千万别因为自己即将离职的关系而马马虎虎的草草了事。认真地做好最后的工作在一定程度上表现了你的人品。即使是原公司对你有所亏待，也不能以报复的心态完成工作，相反，如果你能够表现出敬业的态度，反而会让原公司有悔恨不已的感觉。

● 交接物品。不要什么都等着别人来查来要，在离职之前，尽量自己准备好应当归还的一切物品，以及属于公司的文件。交接时，要妥善处理电脑中的资料，属于私人资料的部分要全部带走，但是所有跟工作和公司有关的文件应当标注好名称，切勿删除，也不要私自带走，尤其是公司的客户资料。

● 交接经验。如果你的工作中有一些是涉及经验的部分，千万不要忘了跟交接的同事交代这一部分的问题。比如你是一个部门主管，就应当把该部门的运作程序、员工们的特点以及工作中仍存在的问题和可能发生的问题，尽你所能得交代清楚，这样能够保证你离开后别人能够尽快地掌握工作要领。

Man's Talk

明知道自己的努力成果将不再对自己有用，明知道自己可以不用费脑子去想这些事，但是还会在即将离职前，把手上的工作做好，将自己的责任尽到最后一分钟，这样的职业女性是可贵又可敬的。

在了解到事情的进展，又亲眼看到她们为工作尽心尽力的样子，谁不会为这种女人的坚持而打动呢？这份魅力不是穿着名牌衣服、佩戴多少华丽珠宝、打扮得多么艳丽所能比拟的。

不管是作为同事、下属还是上司，如果身边有这样一位坚守原则的女性，男人都会不由自主地伸出大拇指的！

Chapter 2

轻轻地走了，再见亦是朋友

Alice 是一家外资公司的销售部经理。工作能力上，Alice 没话说，只要是老板交代的任务，她总能带领下属们完成得漂漂亮亮，并且 Alice 带领下的公司业绩总是节节攀升，这让老板对她十分重视。在公司的各种大型会议上，Alice 总能成为被表彰的对象。

尽管公司的发展机会很大，但 Alice 终究没能抵抗住高薪水的诱惑。猎头公司为 Alice 准备了一份薪水加倍的工作，思虑再三，Alice 还是决定一切向"钱"看。

Alice 知道自己这样突然宣布辞职，老板一定会有一百个不愿意。于是，离职前几天，Alice 并没有大张旗鼓的声张自己要离开的消息，而是悄悄地准备起资料，将手头的工作整理好，做好交接的准备工作。

由于 Alice 准备跳槽过去的公司和现在公司是同一个行业，而 Alice 手中所掌握的客户名单对未来的工作无疑是十分有用的。为了自己的前途着想，Alice 毫不犹豫地带上了这些名单，还有公司一些高度机密的东西。

一切准备就绪，Alice 认为是时候跟老板说再见了，于是以"到其他领域尝试一下"为理由提出辞职。这对于老板来说十分突然。起初老板以为 Alice

对现在的薪水状况有所不满，辞职不过是为了提高薪水，于是老板提出给她加薪极力挽留。

但 Alice 去意已定，这让老板很为难，一时之间，老板也找不到合适的人选来接替 Alice 的工作，就提出希望她能多留几天，等公司定好人选再离开，Alice 还是不肯。老板有些急了，言语之间难免有些抱怨和生气，看到老板的态度，已经打算走人的 Alice 也强硬起来，把自己平时累积的压力和怨气都发泄了出来，这让老板大吃一惊，没想到自己如此器重的 Alice 对自己的态度竟然如此。

既然把话都说开了，老板也没有再挽留 Alice 的意思，让她办好手续离开了。

由于带走了公司的客户资源和机密，Alice 新官上任三把火，在新公司表现让其他人都有些嫉妒，而新老板对她也是百分之百的满意。

在这样骄人的业绩下，Alice 正等待着下一次加薪升职的机会，没想到事情却来了个 180° 大转弯。

Alice 的新老板竟然是旧老板的同学，一次在他们的聚会中无意间提到了 Alice，于是新老板对于 Alice 的表现和人品有了重新的认识。

从那以后，Alice 的工作压力慢慢变小了，因为新老板很少将重要的客户交给她，公司的机密也尽量不让她接触到，没过多久，新老板就找到了一个合适的理由炒了 Alice 的"鱿鱼"。

尽管 Alice 对新公司十分忠诚，但从旧老板那里知道了她的情况，在新老板的眼里，Alice 无疑变成了一个定时炸弹，她留在这家公司的时候的确是卖力工作，但一旦她离开就不知道会给公司造成什么样的影响，所以，还是趁她知道得少、介入得少，早早得让她离开算了。

Alice 的例子不算稀奇，很多人认为离职了，从此就跟这家公司没关系了，于是会把公司的机密偷走，以备将来之用。也会趁着人走茶凉的机会，将平时的怨气都发泄出来，对同事和老板说一些很绝的话，弄得一副要跟旧公司势不两立的样子。如果在离职时选择这样处理同原公司的关系，将绝对不利于你在业内的发展,最终会将自己逼上无路可走的境地。

相反,如果在离职前能够以完美的形象结束,不但会给同事和老板留下美丽的背影,还有机会影响自己未来的发展。

首先,要感谢老板上司的栽培、同事的鼓励和帮助;其次,不管你有多痛恨这家公司的制度和待遇,都不要将怨恨之情表露在外,要让大家看到你是多么不舍得离开;最后,走得一干二净,不给别人留麻烦,也不要让别人担惊受怕,为你在这家公司的工作画上一个圆满的句点。

"恶魔"法则

怎样轻轻地走

● 态度认真。即使要走了,也不要给人"混"的样子,要让老板和同事看到你再走的前一刻也在尽心尽力地为公司做事,不管做的是重要的工作还是像整理文件这样看起来没有难度的小事,认真的态度都会给旧公司一个完美的印象。

● 少做重要的事。在离职前,不要给自己太多的"工作"时间,也就是说,尽量把在岗的时间都花在交接任务上,而不是继续工作上。由于即将离职的特殊身份,原公司的很多文件、任务对你来说即将变成商业秘密。既然很快就不属于这家公司的员工了,也就要尽可能的少接触这样的工作,以免给别人留下商业间谍的坏印象。

● 缩短离职期。既然决定离职了,就不要让自己有太多的时间留在公司,一方面不要给他人造成人心惶惶的感觉,给老板添麻烦;另一方面,既然你都已经是不属于公司的人了,很多工作计划就不太方便让你知道,这样让大家躲着背着工作的环境会给其他人造成很多不便。

Man's Talk

　　因为离职而闹得满城风雨，让上司面带怒气，让同事脸上挂着尴尬，真不知道这样会对一个离职的人的未来有什么好的影响。那些因为反正不在这家公司干了，拍拍屁股走人的同时还不忘留下一大堆麻烦的女人，会让人觉得有些无知。看到这些女人，男人们便会感慨，"职场果真不是女人待的地方！"因为这样的女人不懂得遵守职场的规范。违背了规则，自然也不会有什么好结果！

Chapter 3

"鱿鱼"而已，怕什么

由于行业的竞争激烈，为了公司效益，Sherry 所在的公司决定裁员。Sherry 所在的部门同样属于裁员之列。很不幸，Sherry 和另外一位女同事成为被裁对象。

得知被裁员的消息，这两位女同事都感到很意外也很难过。那位女同事愤愤不平地四处走动，先是找到直接上司哭诉，从自己的家庭状况不好，到自己的工作有多么认真负责，总之，根据她所说的情况，裁谁也不能裁她。上司也只能解释公司的状况，以及做出这项决定的原因。

知道上司这里搞不定，女同事又想出了很多办法，找人去和公司"重量级"的人物求情，最后都以失败告终。走投无路的这位女同事只能认命，在最后的一段时间里，工作也心不在焉。

同时得知被裁掉的 Sherry 表现却跟那位女同事截然不同。自己即将面临失业，Sherry 也是难过了几个晚上，但是难过归难过，工作还是一样要做，只能一边踏踏实实地做好剩下的工作，一边寻找其他出路。

为了让自己保持良好的工作状态，每天一到公司，Sherry 就尽量把自己被裁的事情抛在脑后，和往常一样认真负责地工作。尽管大家都知道她即将离开公司，出于同情也不好意思给她分配很重的工作，可闲不下来的Sherry在闲下来的时候就会主动帮其他同事做事。

Sherry的一句名言是"是福不是祸，是祸躲不过"。既然裁员是躲不过的祸，事已至此，抱怨和消极怠工都没什么意义，还不如充充实实地做好工作。于是，在最后一段时间，她一直坚守岗位，甚至比平常做得更加认真。

一个月时间到了，Sherry和那位女同事离岗的期限到了，可是公司老板却做出了让人意外的决定：那位女同事按照原计划离职，而Sherry却被留了下来。

大家都为此感到很惊讶，那个女同事几乎动用了一切关系却没能留下来，而Sherry什么都没做却意外地留了下来。

但是，之后老板的理由却让大家都很信服：Sherry在明知要走的情况下还能坚守岗位，认真负责，这样的员工不可多得，公司有这样的员工，永远也不会嫌多！

谁都不希望被炒鱿鱼，在"鱿鱼"面前应当如何表现呢？

● 问清被炒的原因。首先要问清楚自己被炒鱿鱼的原因，这并不是要去质问你的上司你的表现究竟哪里不好，或者指出比你表现更差的人来做对比。而是要真正弄清楚你的问题所在，不是为了争辩这次被炒的对象是否应该是你，而是要尽量避免同样的错误在未来的职业生涯中影响你的前途。

● 分析自己被炒的原因。根据上司给你的被炒理由，分析自己被炒的原因，真的是因为自己做得不够好，还是成为某些高层人士权力斗争的牺牲品。如果真的因为自己的能力不足，那就要认清问题所在，在将来的工作中努力改正；如果很不幸地成为牺牲品，那也不要过分自责，因为毕竟错不在你，但是也应当稍微注意一下自己的人际交往能力，毕竟为什么被裁的不是其他同事呢。

● 为自己辩护。问清了原因，也不要认为这就是自己在这家公司的终点。还应当为自己辩护，面对不公正的辞退，向上级的上级上诉，同时坚持要求自己的权益，比方求助于律师朋友出面……总之，不能让老板不明不白地炒掉自己。

● 寻找人生新的起跑点。如果自己非要离开这家公司不可，也不要自暴自弃，坚守最后一班岗，同时为自己寻找新的出路，也许正是这次裁员的机会，让你找到更适合发展的道路。总之，好好干、干得好终究不会吃亏！

"恶魔"法则

尽管我们已经掌握了应对"炒鱿鱼"时的对策，但被炒鱿鱼毕竟不是人们所希望的。所以，在工作时就要掌握一些诀窍以保证自己能够平安度过而不被炒鱿鱼。

1. 在你的同性老板面前，要让她的穿衣风格和格调超过你，永远不要让她有被你比下去的感觉。

2. 不要认为自己的口才好就到处施展，甚至跟老板说话也没完没了地争执下去，这样对你是有百害而无一利。

3. 拍马屁要拍得讲求艺术，要不动声色，听上去很自然。

4. 不管你讲话的对象是谁，即使是你认为关系最亲密的同事，都不要在他面前讲老板的是非。

5. 公司的电脑是用来办公的，不是用来看电影或打游戏的，所以如果老板看到你在用公司的电脑做私人的事，一定会很不高兴。

6. 在办公室里一定要把手机调成振动或静音。

7. 一个整齐的办公环境就是你的脸面，所以，千万不要把办公桌弄得一片狼藉。

8. 不要给上司或同事送价值昂贵的礼物，即使你没有任何目的，他们也会觉得你别有用心。

9. 不要让自己陷入人事争斗，所以最好的办法就是不要加入任何小团体。

10. 如果不是工作上的事务，就不要在办公室打电话超过十分钟。

Man's Talk

在面临被"炒"的局面时,谁都不免会惊慌失措。故事中 Sherry 的表现的确堪称典范,就连男人也会自叹不如。这样能够临"炒"不惧的态度,在职场中又怎么不会"兵来将挡,水来土掩"呢?如果一个老板能够留住这样的人才,对他的公司来说是件值得庆幸的事,如果这样的人才同他作对,那恐怕就是一个极大的威胁了。

Chapter 4

让老板知道：失去你是他的损失

May 在公司是个不大不小的头目。虽然薪水维持她那有点儿奢侈的生活已经绰绰有余，职位说出去也是会让人羡慕不已，但 May 自己却不能就此满足。相对于她已经做出的繁杂的工作来说，现在她担任的这个职位简直有些屈才。

不知道为什么，每次的升职机会总是轮不到自己。不是因为老板是个重男轻女的人，因为事实上在她之前已经有很多能干的女性升迁；也不是因为老板容易听信小人谗言，那样的话，他手下有好多能言善辩、拍马屁功夫一流的人就不会还待在现在的位置了……

老板算不上"昏君"，但就总是看不到 May 的表现。每次说到相关话题时，老板的表现总是让 May 有种感觉：老板并不知道她做了多少重要的事。不被重视这也成为 May 困惑已久的问题。

May 的能力和经验，没有猎头来挖她是不可能的。之前的几次，May 都因为留恋公司的环境而忍痛拒绝了，毕竟她从刚毕业就在这家公司工作，无论是工作的环境还是在一起工作多年的同事，都成为她恋恋不舍的原因。

不想轻易变动，但又不能在一个不上不下的尴尬职位上继续干下去。况且，这一次猎头提供的工作机会相当不错。May 又不想错过这样的发展机会，毕竟

她不是大富翁，工作的目的不是为解闷。谁都希望有一个好的职位，一份不错的薪水。

如果能够继续留在原公司，又能得到重视，提升和加薪，这样不是更好？

于是，May 在谈话中无意向老板透露有猎头来挖自己，但自己不想离开。May 希望能以此引起老板的注意，给自己应有的待遇。但出乎 May 的意料，老板对此根本无动于衷，这的确让 May 有些怒火中烧。

逼不得已，May 选择离开。

在走之前，May 照例做好交接工作，为了方便日后同事的交接，她列出自己工作的内容。因为知道老板将会"审阅"这份工作清单，为了证明自己这些年并不是浪费公司的资源，而是真真正正的一位干将，May 一气呵成，将这些年来自己的工作业绩列了一份长长的清单。

当老板看到这份长长的单子，有些傻眼了，此时他才知道 May 做了多少工作，后悔不该当初。

但此时后悔已经晚了，May 已经到了新的公司开始了新发展，不但职位更高，薪水也不知道高上多少倍，这对于她来说才是找到真正的职业归宿。有了动力和施展的舞台，May 充分发挥了自己的能力，几年以后，她已经成为了业内小有名气的经理人。

在一次行业酒会上，May 碰到了过去的老板。在谈话中，她察觉到对方尽管在极力掩饰，可仍旧为自己丧失了这么能干的一位人才而懊悔不已……

要让老板知道失去你的痛苦，就是要在工作是努力创造佳绩，而离职后让他知道你所做的一切。这是报复一个不懂得欣赏、不珍惜人才的老板的最佳方式。

当然有些老板后悔并不是失去了一个曾经多么能干的员工，而是会后悔自己为什么没能发掘到员工的优势。有些人在原来的公司看上去一无是处，但到了新的公司就焕发了活力，成为业绩骄人的能手。这样的情况也会让老板悔恨不已的。

"恶魔"法则

如何让老板为自己的行为感到后悔？

要老板后悔的最佳方式，就是让他知道自己失去了多么重要、难得的一位人才，要让老板清楚地了解这点，可以从两个方面来达成目的。

● 离职前的准备。很多老板不善于观察，仅凭下属的汇报来了解下属的工作状况。所以如果你不汇报，他就不知道你干了什么。离职前，一定要把自己的"所作所为"详尽地列出来，让老板清楚，你替他做了多少事情。不妨按照下列表格的形式，一一列举你的丰功伟绩。

某年某月某日	所做项目	为公司赢得的利润
1. xx 公司形象设计	2004.3.15 ~ 2004.4.30	资料室 301 柜
2. xx 公司推广企划	2005.5.12 ~ 2005.5.30	资料室 301 柜
3. 上一公司展销活动企划	2006.6.5 ~ 2006.6.15	资料室 303 柜

● 到新公司的表现。到了新公司，就应当总结自己，改变过去的坏习惯。在不违反职业道德的前提下，和过去的客户联系，争取把他们拉拢到新东家。如果和过去的公司有业务往来，展现出自己最精明的一面。总之，让过去的老板遭受损失，他就知道了你的价值。

Man's Talk

对于一个老板来说，没什么事会比失去一个能干的员工更让人头疼了。所以"恶魔"女孩的这个绝招的确是能够让老板头疼的妙招。要么让老板知道自己曾经多么能干而被忽略，要么就是在新的公司展现从未有过的才华，这些都会让老板后悔不已。

Chapter 5

人走关系在，做好人脉储蓄

  Robby 找到了更好的工作机会，离职前，她并没有像其他人一样拍拍屁股走掉。在原公司工作的最后一天，Robby 向大家提出了盛情的邀请，包括原来部门的上司。

  Robby 请大家吃饭，目的是为了感谢她在原公司工作期间大家的照顾，而 Robby 的客气也让大家很感动，虽然她的离职给大家平添了不少工作，也让上司感觉有些突然，但她的真诚化解了这一切不快。大家都为她能找到更好的发展机会而由衷的高兴。

  到了新的公司，Robby 在聘任的职位工作了没多久，就被升到人事部做主管。尽管 Robby 有很强的工作能力，但在人事工作上还是一张白纸。

  抱着试试看的想法，Robby 拨通了原来负责人事部的老同事的电话，向他请教一些基本的人事问题，没想到老同事十分热情，不但解答了 Robby 的疑问，还给她列出了一大堆的注意事项。Robby 不但没有遭到老同事的白眼，还意外的收获了一个人事顾问。

  除了时不时地帮 Robby 解答疑问，老同事还积极地向 Robby 推荐人才，这都让 Robby 在工作上更加得心应手。

是 Robby 足够幸运吗？不能排除这样的原因，但更多的是 Robby 在离职后并没有人走茶凉，把同旧同事的关系抛得干干净净，而是保持了与旧同事的联系，虽然不至于发展到要好朋友那样的程度，但旧同事确实非常好的人脉资源，不可错过。

离职后，人走茶凉是最不明智的做法。在职场生存，人人都知道人脉的重要性，然而广泛的人脉关系从哪里来？就是要从点点滴滴的积累中得来，旧同事也应当属于这样的点滴之中。所以，在离开员工之后还应当保持和旧同事的联络，以备不时之需。

应当怎样处理与旧同事的关系呢？

1. 保持定期联系，避免尴尬。离职了还要定期同原来的同事和上司保持联系，这样做一方面是避免偶遇时的尴尬；另一方面，当你有求于旧同事或上司的时候，突然打招呼求助会显得十分尴尬和唐突，而如果在这之前定期保持联系，就会消除了这方面的疑虑。

2. 矛盾是什么？快忘了吧。就连生活在同一个屋檐下的夫妻，都会时不时地有点大小矛盾，更何况是每天长时间面对的上司和同事呢。有矛盾是难免的，但离开原公司之后，就不要将这样的怨气和牢骚一并保留。不要再提起过去，不要再把他们当成你工作中的竞争对手，而是一些朋友，这样就能够忘记他们的缺点，而将他们好的地方统统铭记于心。拥有这样的心态才能够跟旧同事保持良好的关系。

3. 打个电话的问候也够感人。如果不能经常回到旧公司看老同事，也不能抽出时间与他们一一见面聊天，至少还有打电话的时间。留下你的联系方式，在你能记住的同事的生日那天，别忘了打电话祝贺一下，尽管这只是短短的几句话，却能够透过电话线传达你的关心和问候。这一招绝对能够打动旧同事的心。

这样关心与旧同事的关系，最主要的目的就是扩张自己的人脉网络，当一个人拥有财富，那并不安全，一夜之间倾家荡产的事比比皆是；当一个人拥有人脉，却是非常安全的，因为你可以随时凭借人脉关系建立自己的事业，获得自己的财富。

"恶魔"测试

你是一刀两断的绝情人吗？

在一面墙上挂着一幅精美的壁画，壁画上展示的是一个美貌的女子，在这幅画中，你认为这位美女的眼睛是什么样的？

A. 大大圆圆的可爱型

B. 细长的

C. 普通人的眼睛

D. 迷人的小眼睛

测试结果：

选择 A 的人，对生活和工作上的是能够瞻前顾后，考虑问题也很周到，所以不是绝情的人，你会尽可能地与旧同事保持良好的关系。

选择 B 的人，你待人有些刻薄，很难忘怀旧同事与你之间的斗争，即使你们之间不再有任何利益关系，你也会耿耿于怀。

选择 C 的人，你性格平易近人，基本上你能够正确处理同旧同事的关系，能够保持应有的联络，不会过分热情，也不会与旧同事之间关系疏远。

选择 D 的人，你的性格有些隐蔽性，你很想将自己隐藏起来，尽管你对很多旧同事是有怀念之情的，但却羞于联络。

Man's Talk

> 旧同事是可贵的人脉资源，懂得笼络旧同事，和旧公司处理好关系，当自己有需要时，能够随时将旧公司的人脉为己所用，这样的女人不能不称得上是职场中的高手。

结 语

当写完最后一个字的时候,我如释重负。我想,这本书,应该能对看到它的人,产生一定的化学作用……

无论是掌控爱情的手段,还是建立事业的态度,最终还是要归结到女人究竟为谁而活的问题上。

女人,不是为爱情而活,不要被事业操弄,不应被家庭折磨。女人,应当为自己而活。

"恶魔"女孩在爱情上的大胆观念和做法,并不是要挑战道德的底线,而是要尽其所能用智慧来保护爱情。而不是被爱情冲昏头脑。对待爱情,"恶魔"女孩会衷心劝告。

不要以为无止境的付出,表现体贴善良的好的一面,就能够让男人乖乖待在身边;男人是贪心的,越是得不到的才会越发珍惜,所以,想要牢牢地抓住爱情,就要用些不寻常的招数。把男人捧上天,男人可能会幸福,但会溜走;让男人把自己捧上天,男人也许会辛苦,但会越黏越紧。

不要像个傻瓜一样的只守着一个男人不放。男人不是救命稻草,他们不受束缚，想走便走，但没有任何一个男人能够主宰女人的一生，所以，生命中多几个不同类型的男人，也未尝不可。对与你相知相伴的另一半不离不弃；要给自己留几个愿意随时倾听的蓝颜知己；就算和上司、同事也能保持暧昧关系，但永远只到这一步。对待这些男人，"恶魔"女孩永远懂得把握分寸，谁对她们来说都是至关重要的。

就算对于要离开的男人，也会"恶毒"地把自己最美好的印象植入他的脑海中，分手了，他也依然能够记得"恶魔"女孩的好。

"恶魔"女孩在事业上不落俗套，是要掀翻人们的传统观念，让新职业女性的形象深入人心，最重要的是让每个女人都知道自己的价值，事业也因自己而骄傲，而不是自己因为拥有事业而闪光。

"恶魔"女孩拥有事业，努力工作，这并不能阻碍她们在工作中寻找乐趣，把工作当成"儿戏"来挥霍，也不能阻止她们在需要休息时"偷工减料"地用效率来代替一切。

她们不会默默地低头做事，而是尽可能地让自己闪光，做过什么、有什么成就，都要一一向世人展现。不管是在严肃的办公室里，还是在场面火热的派对中，她们都不愿被人忽视，唯一的目的就是要炫，要亮，要闪光！

这不难看出"恶魔"女孩要强争胜的一面，在职场的斗争中，她们也不会成为斗争的牺牲品。相反，她们会利用身边一切便利条件，将自己推到事业的顶峰。

尽管"恶魔"女孩在爱情和事业中享受自己，但这也不过是种生活的调剂，是为了让自己活得更加精彩和充实。到任何时候，她们都只要听从自己的指示，活出自己的精彩，拥有自己的快乐！

希望每个女孩都能成为一个十足的，为自己而活的"恶魔"！

国家出版基金项目
NATIONAL PUBLICATION FOUNDATION

中关村科学城的兴起（1953—1966）

THE RISE OF THE SCIENCE CITY IN ZHONGGUANCUN

胡亚东　郑哲敏　严陆光　等◎口述
杨小林◎访问整理

20世纪中国科学口述史

湖南教育出版社

《20世纪中国科学口述史》丛书编委会

主　编：樊洪业
副主编：王扬宗　聂乐和
编　委（按音序）：
　　　　樊洪业　李小娜　聂乐和　王扬宗
　　　　杨　舰　杨虚杰　张大庆　张　藜

中关村科学城的兴起（1953—1966）
The Rise of the Science City in Zhongguancun

席泽宗序

正当 21 世纪开头的时候，湖南教育出版社策划编辑出版一套《20 世纪中国科学口述史》丛书，有计划地访问一些当事人，希望他们能将亲历、亲见、亲闻的史实回忆口述，让采访者整理成文字和音像资料，为后人留下一些宝贵的文化财富。这是一件很有意义的事，应该得到各方面的支持。

口述历史很重要。《论语》就不是孔子（前551—前479）的著作，而是口述。这情形与希腊的苏格拉底（约前470—前399）及其以前的哲学家们相似。那个时代学者们还没有自己著书立说的习惯，思想学说都是靠自己口述而由门人弟子记录下来的。正如《汉书·艺文志》所说："《论语》者，孔子应答弟子、时人，及弟子相与言而接闻于夫子之语也。当时弟子各有所记，夫子既卒，门人相与辑而论纂，故谓之《论语》。"《论语》被奉为儒家经典，流传两千多年，一字值千金。我们当代人的所见、所闻、所历，不能与之相比，但"集腋成裘，聚沙成塔"，贡献出来，流传下去，对社会还是有益的。

司马迁著《史记》，上古部分文献太少，主要根据"传说"

席泽宗（1927—2008），天文史学家，中国科学院院士（1991）。

（一代一代"传"下来的"说"，即口述、口述、再口述），准确的年代只能从西周共和元年（前841年）算起，这不仅给年代学留下了一个空当，因而有今日的"夏商周断代工程"，还给后人提供了怀疑的口实。辛亥革命前后，国内外出现了疑古思潮，提出"东周以前无史"论，企图把中国文明史砍去一半。幸而这时在河南安阳殷墟发现了甲骨文，王国维于1917年写了《殷卜辞中所见先公先王考》及《续考》，指出甲骨文中发现的殷商王室的世系，与《史记·殷本纪》中所载相吻合，《殷本纪》中的口述记载只有个别错误。这就把中国有文字可考的历史，由东周上推了近千年。由此，王国维提出"二重证据法"："古书之未得证明者，不能加以否定，而其已得证明者，不能不加以肯定。"他又于1926年在上海《科学》杂志第11卷第6期上发表《最近二三十年中国新发现之学问》一文，指出中国历代出现的新学问大都是由于新的发现。他举了很多例子，最重要的是汉代曲阜孔壁中古文和西晋汲冢竹书的发现，说明新材料对于学术的推动作用。与此同时，胡适于1928年在《新月》第1卷第9期上写了一篇《治学的方法与材料》，进一步指出，我们不仅是要找埋在地下的古书，更重要的是要面向自然界找实物材料。他说："材料可以帮助方法；材料的不够，可以限制做学问的方法；而且材料的不同，又可以使做学问的结果与成绩不同。"他用1600年到1645年间的一段历史，进行中西对比，指出所用材料不同，成绩便有绝大的不同。这一段时间，中国正是顾炎武（1613—1682）、阎若璩（1636—1704）这些大师们活动的时代，他们做学问也走上了新的道路，站在证据上求证明。顾炎武为了证明衣服的"服"字古音读做"逼"，竟然找出了162个例证，真可谓小心求证。但是，他们所用的材料是从书本到书本。和他们同时代的西方学者则大不相同,像开普勒、伽利略、牛顿、列文虎克、哈维、波义耳,他们研究学问所用的材料就不仅仅是书本,更重要的是自然界的东西。哈维在他的《血液循环论·自序》中说:"我学解剖学和教授解剖学,都不是从书本上来的,是从实际解剖来的;不是从哲学家的学说上来的,是从自然界的条理上来的。"结果是,他们奠定了近代科学的基础,开辟了一个新的科学世界。而我们呢,只有两部《皇清经解》做我们300年来的学术成绩。

1915年《科学》的创刊和中国科学社的成立,标志着近代科学开始在中国落地、扎根,但成长、壮大、开花和结果,还有待于努力。中央研究院(1928年)、北平研究院(1929年)、中央工业试验所(1929年)、中央农业试验所(1931年)等国家科研机构的相继建立,《大学组织法》(1929年)、《大学规程》(1929年)和《学位授予法》(1934年)等的颁布,都为科学的进一步发展提供了必要条件。至1949年,全国已有700多位科学家在200余所高等院校、60多个科研机构、40多个学术团体中工作。用卢嘉锡半开玩笑的话来说,"这是一支物美价廉、经久耐用的队伍"。李约瑟把他记述抗战时期中国科学家工作的一本书,取名《科学前哨》(Science Outpost)。他在序中说:"书名似乎应当稍加解释。并不是我们中英科学合作馆的英籍同事远在中国而以科学前哨自居。我所指的是我们全体,不论英国人或中国人,构成中国西部的前哨。""这本书如有任何永久性的价值,一定是因为它提供了一类记录(虽然不甚充分)……看到中国这一代科学家们所具有的创造力、牺牲精神、坚韧、忠诚和希望,我们以和他们在一起为荣,今天的前哨就将成为明天的中心和司令部。"

李约瑟的预言即将实现。1949年中华人民共和国的成立,为科学的发展提供了前所未有的有利条件。1956年制定的《1956—1967年科学技术发展远景规划纲要》，通过十几个重大项目、几十个重点研究任务、几百个中心课题，把第二次世界大战以来的新科学和尖端技术都涵盖于其中，下决心，攀高峰。据杨振宁搜集起来的10项产品的年代比照，我们的赶超速度是很快的。从原子弹到氢弹，我们所花费的时间最少：法国8年，美国7年，英国5年，苏联4年，中国3年，爆炸在法国之前。还要注意一点，别的国家的科学家，是全力以赴搞科学，中国科学家要政治学习、劳动锻炼、下乡"四清"，至于"文化大革命"那样的干扰，更是史无前例，就连"中国核弹之父"钱三强也不能幸免。1978年以后，抛弃以"阶级斗争为纲"，才把书桌子放稳，安下心来搞科研，然而在市场经济大潮的冲击下，也有新的问题。科学是没有阶级性的，但是科学家是在社会中生活的，科学事业是社会建构的一部分，都有时代的烙印。与过去300年相比，科学在20世纪的中国，特别是后50年，取得了举世瞩目的成就。总结这段历史经验，对于21世纪科学的发展无疑是有借鉴意义的。这项工作国内有许多人在做。

  湖南教育出版社邀请有经验的专家组成编委会，派人准备从人物（包括科研组织管理工作者）、学科、事件等方面进行访谈和旧籍整理，这无疑是一种新的形式。口述历史虽然是历史学的最初形态，但那时没有录音、摄像等设备，也没有现在的严密组织准备，效果是不一样的。因此，我相信，这套书一定能成功，故为之序。

席泽宗
2007年10月于北京

中关村科学城的兴起（1953—1966）
The Rise of the Science City in Zhongguancun
韩启德序

20世纪是中国社会巨变的一个世纪，也是中国科学大发展的一个世纪。

中国的现代科学是在西方科学传入之后发展起来的。远在明末清初，西方科学就传到了中国。但从明末到清末，300年的"西学东渐"，其主要成果不过是翻译介绍了一些西方科学著作，传播了一些科学知识。到了20世纪，中国才出现了现代意义的科学事业和科学家。

20世纪之初，在以"新政"为标榜的政治和社会改革风潮中，延续千年的科举制度被废除，近代新学制开始在全国范围内实施，现代科学被纳入我国教育体制，从此科学知识成为中国读书人的必修课程，科学观念逐步深入人心。"赛先生"与"德先生"成为五四新文化运动的两面旗帜。

20世纪二三十年代，特别是国民政府成立之后，国立和私立大学的科学教育和科研水平稳步提高，以中央研究院为代表的专门科研机构逐步建立，一系列专业学会成立起来并开展各种学术活动，奠定了我国现代科学各主要学科的基础。然而，

韩启德（1945—），病理生理学家，中国科学院院士（1997）。现任全国人大常委会副委员长，九三学社中央主席，中国科学技术协会主席。

日本侵华战争使我国刚刚起步的现代科学事业遭到严重摧残。抗战胜利后，内战又使科学事业在短期内无法恢复元气。

中华人民共和国成立之后，在中国共产党的领导下，科学事业受到前所未有的重视。建国后不久，国家就陆续成立了从中央到地方的各级综合性和专业性科研机构，调整和新建了一大批高等院校，组织实施了一系列重大科研计划。在20世纪的50年代末到60年代，以"两弹"（原子弹和导弹）研制、大庆油田的开发和人工合成结晶牛胰岛素等重大成就为标志，我国科学事业实现了跨越式的发展。不幸的是，不断升级的政治运动严重干扰和破坏了科学事业。"文化大革命"十年动乱，使我国科学不进反退，拉大了我们与世界先进水平的差距。

改革开放迎来了中国科学的春天，知识分子终于彻底摘掉了"臭老九"的帽子，我国科技工作者焕发出前所未有的活力。经过科技体制改革的探索，在20世纪末，我国确立了"科教兴国"战略。近年来，国家对科技的投入大幅增长，科研水平稳步提高，我国科学技术全面发展的时代正在到来。

一个世纪之前，中国的现代科学事业几乎还是一张白纸。今天的中国科学已经以崭新的面貌自立于世界。"两弹一星"、杂交水稻、载人航天等一系列成就，标志着我国科学技术事业的空前发展，同时也极大地提升了我国的国际地位。但我们也应清醒地认识到，我们与国际科学技术的先进水平还存在相当差距，我们仍然在探索适合中国国情的科技发展道路，建立完善的现代科研体制的任务还没有完成。

中国现代科学技术的发展既有顺利的坦途，也历经坎坷和曲折。艰苦的物质条件和严酷的政治运动没有动摇中国科技工作者的爱国报国之心和求索创新之志。为中国科学技术事业建立功勋的既有像"两弹元勋"一样的科学英雄，更有许多默默无闻、甘于奉献的科技工作者。他们的名字，他们的事迹，是中国现代历史中的重要篇章。比较令人遗憾的是，我们很少见到中国科学家的自述、自传一类的作品。因此，许多科学家的事迹，他们的奋斗与探索，还不大为社会所了解；许多珍贵的历史资料，随着一些重要当事人的老去而永远消失，铸成无法挽回的损失。

湖南教育出版社出版的这套《20世纪中国科学口述史》丛书，在一定程度上弥补了这个缺憾。口述历史的特点是真实生动、细节丰满、可读性强。这套丛书中，无论是口述自传、个人或专题访谈录，还是科学家自述，都出自科学家、科技管理者、科学普及工作者或科技战线的其他工作者的亲口或亲笔叙述，是中国现代科学事业的参与者回忆亲历、亲见、亲闻的史实，提供了许多鲜为人知、鲜活逼真的历史篇章，可以补充文献记载的缺失，是我们研究中国现代科学发展史的珍贵资料。同时，书中也展现了我国科技工作者爱国敬业、艰苦探索、勇于创新、无怨无悔的精神境界，必将激励后来者为发展我国的科学技术而努力奋斗。

近年来，访谈类节目在电视、电台热播，大受欢迎。我相信，《20世纪中国科学口述史》丛书也一定能赢得读者的喜爱，在我国科学文化建设中发挥应有的作用。故乐为之序。

2007年10月于北京

主编的话

以挖掘和抢救史料为急务

自文艺复兴以来，西方经过宗教改革、世界地理大发现、科学革命和产业革命，建立了资本主义主导的全球市场和近代文明。在此过程中，科学技术为社会发展提供了最强大的动力，其影响至20世纪最为显著。

在从传统社会向近代社会的转型中，国人知识结构的质变，第一代科学家群体的登台，与世界接轨的科学体制的建立，现代科学技术学科体系的形成与发展，乃至以"两弹一星"为标志的一系列重大科技成就的取得，都发生在20世纪。自1895年严复喊出"西学格致救亡"，至1995年中共中央、国务院确定"科教兴国"的国策，百年中国，这"科学"是与"国运"紧密关联着的。百年中国的科学，也就有太多太多的行进轨迹需要梳理，有太多太多的经验教训需要总结。

关于20世纪中国历史的研究，可能是格于专业背景方面的条件，治通史的学者较少关注科学事业的发展，专习20世纪科学史者起步较晚，尚未形成气候。无论精治通史的大家学者，或是研习专史的散兵游勇，都共同面临着一个难题——史料的缺乏。

史料,是治史的基础。根据20世纪中国科学史研究的特点,搜求新史料的工作主要涉及文字记载、亲历记忆、图像资料和实物遗存这四个方面。

20世纪对于我们,望其首已遥不可及,抚其尾则相去未远。亲身经历过这个世纪科学事业发展且做出过重要贡献的科学家和领导干部,大都已是高龄。以80岁左右的老人为例,他们在少年时代亲历抗日战争,大学毕业于共和国诞生之初,而国家科学事业发展的黄金十年时期(1956—1966)则正是他们施展才华、奉献青春、燃烧激情的岁月。这些留存在记忆中的历史,对报刊、档案等文字记载类史料而言,不仅可以大大填补其缺失,增加其佐证,纠正其讹误,而且还可以展示为当年文字所不能记述或难以记述的时代忌讳、人际关系和个人的心路历程。科学研究过程中的失败挫折和灵感顿悟,学术交流中的辩争和启迪,社会环境中非科学因素的激励和干扰等等,许多为论文报告所难以言道者,当事人的记忆却有助于我们还原历史的全景。

湖南教育出版社欲以承担挖掘和抢救亲历记忆类史料为己任,于2006年启动了《20世纪中国科学口述史》丛书的工作计划,在学界前辈和同道的支持下,成立了丛书编委会,于科学史界和科学记者群中招兵买马,认真探索采访整理工作规范和成书体例。通过多方精诚合作,在近两年中已出版图书20种,得到了学术界和读者的认可。

近年兴起的口述史(Oral History)热潮,强调采访者的责任,强调采访者与受访者之间的互动,强调留下"有声音的历史"。不过,口述史内容的"核心"是"被提取和保存的记忆"(唐纳德·里奇《大家来做口述历史》)。把记忆于头脑中的信息提取出来，方法上有口述与笔述之差别，但就获取的内容而言，并无实质性的差别。因此，本丛书当前在积极组织从事口述史采访队伍的同时，也积极动员资深科学家撰写回忆文本，作为"笔述系列"纳入本丛书中来。

科学，作为一种社会事业，除科学研究之外，还包括科学教育、科学组织、科学管理、科学出版、科学普及等各个领域，与此相关的人物和专题皆可列入选题。

本丛书根据迄今践行的实际情况，在大致统一编辑规范的基础上，将书稿划分为5种体例：

1. 口述自传——以第一人称主述，由访问者协助整理。

2. 人物访谈录——以问答对话方式成文。

3. 自述——由亲历者笔述成文。

4. 专题访谈录——以重大事件、成果、学科、机构等为主题，做群体访谈。

5. 旧籍整理——选择符合本丛书宗旨的国内外已有文本重新编译出版。

形式服务于内容，还可视实际需要而增加其他体例。

受访者与访问整理者，同为口述史成品的作者。忆述内容应以亲历者的科学生涯和有关活动为主线展开，强调以人带史，以事系史，忆述那些自己亲历亲闻的重要人物、机构和事件，努力挖掘科学事业发展历程中的鲜活细节。

书中开辟"背景资料"栏，列入相关文献，尤其注重未经披露的史料，同时还要求受访者提供有历史价值的图片。这些既是为了有助于读者更好地理解忆述正文的内容，也是为了使全书尽可能地发挥"富集"史料的作用。

有必要指出，每个人都会受到学识、修养、经验、环境的局限，尤其是人生老来在记忆力方面的变化，这些会影响到对史实忆述的客观性，但不能因此而否定口述史的重要价值。书籍、报刊、档案、日记、信函、照片，任何一类史料都有它们各自的局限性。参与口述史工作的受访者和访问者，即便是能百分之百做到"实事求是"，也不能保证因此而成就一部完整的信史。按名家唐德刚先生在《文学与口述历史》一文中的说法，口述史"并不是一个人讲一个人记的历史，而是口述史料"。史学研究自有其学术规范，不仅要用各种史料相互参证，而且面对每种史料都要经历一个"去粗取精，去伪存真"的过程。本丛书捧给大家看的，都是可供研究20世纪中国科学史的史料，囿限于斯，珍贵亦于斯。

受访者口述中出现的历史争议，如果不能在访谈过程中得以澄清或解决，可由访问者视需要而酌情加以必要的注释和说明。若对某些重要史实有不同的说法，则尽可能存异，不强求统一，并可酌情做必要的说明或考证。因此，读者不必视为定论，可以质疑、辨伪和提出新的史料证据。

本丛书将认真遵循求真原则和史学规范，以挖掘和抢救史料为急务，搜求各种亲历回忆类史料，推动20世纪中国科学史的研究！

欢迎各界朋友供稿或提供组稿线索，诚望识者的批评指教。谨以此序告白于20世纪中国科学史的研究者和爱好者。

樊洪业
2008年10月于中关村
2011年元月修改于中关村

中关村科学城的兴起（1953—1966）

The Rise of the Science City in Zhongguancun

 目录

引言		001
第一篇　村与城		**001**
1	"老乡长"话中关/访谈邓启祥	002
2	蓝图中的科学宫与科学城/访谈姜虎文	009
第二篇　早期奠基		**019**
3	入住中关村的科学院第一人/访谈丘宝剑	020
4	原子能楼/访谈叶铭汉	034
附	早年的中关村和放射化学小楼的建设（杨承宗口述）	048
5	地球物理研究所/访谈朱岗崑、吴智诚	052
6	化学研究所/访谈胡亚东	072
7	生物楼——昆虫研究所与动物研究所/访谈郭郛	090
8	力学研究所/访谈郑哲敏	100
附	钱学森先生在力学所初建的日子里（朱兆祥）	123
第三篇　"火车头"时代		**129**
9	数学研究所与计算技术研究所/访谈许孔时	130
10	化工冶金研究所/访谈许志宏	153
11	电子学研究所/访谈叶毓林	168

12	声学研究所/访谈柯豪	175
13	生物物理研究所/访谈郑竺英	185
14	微生物研究所/访谈程光胜	199
附1	最大的鼓舞——记毛主席参观我们的展览会（中国科学院机关刊《凤讯台》通讯报道）	208
附2	毛主席来到中关村（漆宗英）	215
15	北京天文台/访谈李竞	217
16	自动化研究所/访谈凌惟侯	227
17	物理研究所/访谈贾寿泉	243
18	电工研究所/访谈严陆光	253

第四篇　社区与"特楼"　263

19	回忆早年的中关村/访谈李佩	264
20	早年中关村的一些服务设施/访谈程光胜	273
附1	中关村的日子（汪安琦）	280
附2	在梅兰芳同志长眠榻畔的一刹那（郭沫若）	291
21	"特楼"往事/访谈边东子	295

附录　321

中关村科学城变迁大事记　322
中关村科学城建筑布局演变示意图　334
中关村史迹拾遗　338
主要参考文献　342
人名索引　344

后记　357

中关村科学城的兴起（1953—1966）
The Rise of the Science City in Zhongguancun

引 言

　　1965年夏，我大学毕业后被分配到中国科学院的一个研究所工作。通知书上写明的报到去处是"中关村"。父亲见了很纳闷：儿子去京城的中国科学院工作，怎么反倒下了农村？来到北京，按通知书上的提示，我从火车站乘3路无轨电车到西直门，再转32路公共汽车到中关村。与3路无轨电车沿街的一路繁华相比，32路两侧有相当的反差。下了车，步入那条很有些壮观的林荫大道时，两侧楼房尽收眼底，有人说这就是"中关村科学城"。中关村，是地名；科学城，是雅号。

　　从上世纪80年代起，我开始关注和研究中国近现代科学史，90年代主持院史工作，也捎带着注意搜集一些与中关村历史有关的资料。早年的中关村受辖于保福寺乡，在寻找历史变迁见证人的过程中，我们的首选对象是当年曾担任过保福寺乡乡长的邓启祥老人，他住在保福寺遗迹仅存的一处平房小院里。很可惜，当时记录不善，未能及时整理成文。

　　2001年，随着中关村的"名"闻天下，社会上出现了一次小小的寻根热，但呈现到台面上来的，可以说是三分传闻、七分炒作。为了"以正视听"，杨小林、周东军两位同事重访了邓启祥老人，整理出一份《老乡长话"中关"》的访谈录;我则做了些文献调查,写出《中关村寻根考辨录》。这两篇东西同时载于《院史资料与研究》2001年的第4期,后者曾被多处引用和转载。杨君近一段时间,又围绕这个话题乘兴而进,结合院史工作做了大量访谈,并检索了与中关村有关的大量档案和文献,寻访实地遗存,搜求和补拍照片,终于成此书稿。她原拟把《中关村寻根考辨录》作为附录收入书中,以期向读者介绍一下中关村的"前史"。但那是当时的一篇急就章,其中所论有武断失据之处,不宜在新书中全文收录,因此对旧文做了较大增删,为读者提供一些背景资料。

从无到有,史无定名

康熙年间,著名学者朱彝尊独力编成一部《日下旧闻》。日下,指京城,在这里是专指北京的。书中所录有关北京的记载和资料,是从历代各种古籍中淘出来的。

在《日下旧闻》问世之后,清廷在北京西北郊开始大兴土木,建造皇家园林。乾隆帝对朱彝尊的书很有兴趣,但很不满足,就指令一批文人学士对此书进行大篇幅地增补和考订,写成了《日下旧闻考》,1788年印行。与《日下旧闻》相较,该书在新增的"国朝园囿"部分,把畅春园、圆明园、清漪园(后之颐和园)、静明园(玉泉山)、静宜园(香山)等,尽纳其中,对圆明园部分记述尤详。另在"郊坰"部分,则见大量增加了有关圆明园周边地区景物的记述。其中的海淀、皇庄(今黄庄)、蓝旗营、保福寺、陈府村(今成府)等,都在圆明园的南侧，说明书作者是到我们今天所关注的这个地区做过实地考察的。

书中所列的黄庄，原来可能是明代为宫廷产粮的皇庄，清代已废。

保福寺，是明代兴建的寺庙，有名僧主持，有塔、钟、碑等物之记述，可能曾有过香火颇盛的时期。

真正伴随圆明园而兴起的，是蓝旗营和陈府村，海淀镇则因诸园的修建而走进鼎盛期。

海淀镇，在金朝时是京城通向西北方的交通要道，到清代中期发展成为一个集结有相当数量非农业人口的商业集镇。

蓝旗营，是保卫圆明园安全的"正蓝旗护军营房"，是满族人在历史上形成的兵民一体的军事组织。

陈府村，在明代已有道教建筑。清代成为乾隆第十一子成亲王寓园的所在地，地名亦改为"成府村"，在圆明园被毁之前，曾盛极一时。

在《日下旧闻考》中没有中关村的记载。至今所见可能与中关村有关的最早文字记载，是一份1908年（光绪三十四年）印制的《直省地图（北京幅）》，图中在今中关村位置上标有"中官"二字。在此后的地图中，冠有"中湾"、"中关"或"中官"的地名就屡屡出现在各种地图中了。根据岳升阳和祖金华所举文献[①]，将中关村前史中使用的名称列表如次。

[①] 各图见于岳升阳《由地图看中关村的变迁》和祖金华《中关村历史上的区划变迁》，收于王珍明主编《中关村》（2002年，非公开发行出版品）。

年代	文　献	用名
1908	直省地图（北京幅）	中宫
民初	北京西郊图	中湾
1915	北京陆军测量局实测地形图	中关
1915	实测京师四郊地图	中湾
1930	北平特别市城郊地图	中关
1932	北平市自治区坊所属街巷村里名称	中关村
1934	北京特别市图	中关
1939	北京都市计画要图	中关
1940	北平西郊成府村志	钟关儿
1943	清河镇图	中关
1948	北平市城郊地价图	中关
1948	伪十八区合作社员花名册	中官
1948	北平市警察局郊六分局户口调查表	中关村
1950	北京市郊区地形图	中关村
1951	北京市建筑事务管理局测量队绘制地形图	中官村
1951	中国科学院请划用地方案	中官村
约1951	北京市西郊土地利用图	中官村

由上述可见，在中国科学院进入中关村之前，这里没有规范化的名称，应该说是"史无定名"。

对于一个史无定名的地方，与官方制图相比，民间百姓中流传下来的说法，如成府百姓所称"钟关儿"（金勋《成府村志》）和保福寺百姓所称"中官儿"（访谈邓启祥），更具有

"原生态"的意义。官方机构用于绘制地图和编制名册时的文字表述，发音取自于百姓代代流传的称呼，文字则予以雅化和地名化，这可能是用"关""湾"或后缀以"村""屯"的原因。不管是上列地图中的中湾、中关、中官村、中关村，还是访谈丘宝剑、边东子中忆述的"中官屯"和"中官邨"，其核心语词的发音都是 zhongguan，百姓中流传的"中官儿"则是它的儿化音。记述于文字时，均为其同音字和谐音字。因此，或可推断，最早那幅 1908 年地图中的"宫"字可能是"官"字之刻误，即"中宫"当为"中官"。如果这个推断是合理的，中关村前史中见诸于文字的最早名称应当是"中官"。

否定"中官建园"说

关于中关村地名的起源，1991 年商务印书馆版《中华人民共和国地名词典·北京市》一书中，列"中关村"条，释文谓中关村"在海淀区东南部。泛指海淀路东及中关村路两侧地区。原为农地，有小村名中官村，后讹为中关村"。这里的"原"和"后"没有给定具体年代，更没有说明得名的原因。

中官，按《汉语大词典》，有四种解释，一是远古时代的官名，二指朝内之官，三指宦官，四是星位或星区名。其中与中关村前史的传说有关者，有一种"中官建园"说。

建园，是说中关村因朝中官员在此建园而得名。具体而言，是说清代皇帝住在北面的皇家园林里，朝中官员从城里来觐见皇帝，路途远，很辛苦。因此在今中关村一带盖房，朝见皇帝的前一天就从城里赶过来住宿，以免起大早受奔波劳累之苦。盖房建园的多了，因此成"村"，是"中官"们临时栖居之所，由此得名"中官屯"或"中官村"。

我们来考察一下此说是否合理。

清代皇帝在京城西北郊大兴土木，兴建皇家园林，始于康熙帝建畅春园（其址与今北大西墙南段隔路相对），接下来是雍正在畅春园以北建圆明园，乾隆接他老爸向东大大扩展，建成了举世闻名的万园之园。住舒服了，乾隆爷开始经常在圆明园里设朝听政。后来的几代皇帝也都照此办理。时间一长，皇帝就把圆明园和畅春园附近的一些大小园子赏给王公大臣，以方便他们伴驾议事。嘉庆年间，更把康熙时在明代勺园旧址上建起的弘雅园改称"集贤园"，成为"公寓"，以便让从城里赶来的官员们在上朝前后落脚休息。

道光年间，魏源写下了这样的文字：

下海淀，下海淀，请事画诺如邮传。未明往返八十里，郎官住城堂住淀。

去时柳树啼早鸦，宫门晨开扫落花，午归马汗和尘沙。

由此可以看出，不仅是皇帝经常在圆明园设朝听政，军机大臣那一级别的国家重臣也是常在这里办公了（海淀镇原老虎洞北侧的"军机处胡同"就是军机大臣们住宿地的旧址），六部官员的"请事画诺"要赶到这里来办。"郎官住城堂住淀"，表明来此办公的官员在待遇上的等级差别。清代，郎官是指六品以下的官员，堂官是指六部中的尚书和侍郎之类高级官员。后者可以"住淀"，系指住海淀。而前者只能住在城里，起大早骑马上路，中午还要赶回去，弄得坐骑是一身汗，人也是灰头土脸。套今天的级别说,就是司局级官员才有资格住海淀,处级以下官员只能来回跑路。

侯仁之在《北京海淀附近的地形、水道与聚落》一文中绘有一幅《清中叶海淀诸园略图》,从图中可见,海淀镇处在诸园以南的居中位置上,与周围地区的空白相比,从其建筑物的密集分布也可以猜测出它当时的繁华。20世纪90年代海淀区公安局所在的那条街上还有"前官园""后官园"的名称,或许就是当年"堂官"们所住"招待所"的遗址所在。

官员们来见皇帝或王公大臣,要于前夜投宿,在达到省时省力目标的同时,还要解决食宿供应、人身安全、文件保密等问题,不是随便在哪里都行。因此就有在条件较好的重镇海淀设立"官园"的需要。荒凉的"中官"并不具备这些条件。起码的一条,如邓启祥老人所述,这里连条官道都没有。没有官道,何以骑马乘轿。如果步行,满身尘土两靴泥,岂敢上朝?

那个时代距离我们并不算过于久远,如果真的有朝官在此建园,不管是地上建筑,或地下埋藏,总不致踪迹皆无。然而,至今没有任何可以支持"中官建园"的证据。

对"中官"聚落形成的推测

考察中关村科学城的前史,大致可分为两个相关但又有所不同的问题:一是中关村名称的起源;二是中关村地界的演变。

在金勋撰写的《成府村志》中，有一段介绍广惠宫的文字。"广惠宫，俗称刚秉庙。该庙在成府东南吉永庄……北配殿明间内塑刚秉像"，刚秉（亦记为刚炳），传说为明成祖朱棣的战将，有功，又为太监，因此被后世的太监们奉为祖师，立庙祭祀。"此庙累次复兴"皆与太监有关。《村志》说在刚秉庙的北面有"太安庄，俗称东大地，在乾隆嘉庆间，此地为太监营房"。由此可以想见，这一带曾是清代太监们集中起居活动的地方。与此相应，"在三旗营房南墙外有太监义地"。三旗营房与成府相邻。这样看来，今中关园的北面，于清代中后期已有太监的公墓了。新坟的增加，只能向南面的空阔地带延伸，而1908年地图上的"中官（中官）"即在其向南延伸的位置上。

因此，作为地名的"中官"，其得名之来由，很可能与太监有关。

然而，从"中官"聚落到"中关村"还应该有一个社会变迁的过程，不能因"中官"得名于太监而简单地推断"中关村原来是太监的坟地"。

聚落地理学作为人文地理学的一个分支，研究聚落的形成原因、构成要素、分布形态及历史演变等等。聚落，是指人类因生产和生活的需要而形成的某种形式的聚居点。

有史籍可稽者，中关村周边地区最早的聚落应是海淀镇，其次是陈府（成府）、保福寺和黄庄，再次是蓝旗营。最繁荣的时期当在圆明园兴建之后。

据聚落地理学的研究，历史悠久的乡村聚落的平面形态呈团聚型，而开发晚的地区则呈散漫型。从邓启祥老人草绘的土改时期保福寺乡地图看，蓝旗营内和保福寺庙殿区周围的居民点是相对密集的，而中官地段内的居民点是明显分散的。这给了我们一个暗示：中关村真正形成聚落的时间是很晚很晚的。

与历史久远、人口递增的聚落相比，作为相对发达地区之空隙地带的荒郊野外，最有可能充当周边地区安置死亡人口的坟茔地。在成府以南，蓝旗营以西、保福寺之西北，黄庄以北，和距海淀镇以东偏北不算太远的这个地面上，分布着大量的坟头，这就是我们今天所关注的中关村地段。如前面之分析，清代乾嘉以来在这片荒野上较早形成墓群的就应该是"中官"。

在圆明园衰落之后，其周边地区亦随之衰落，但在农业社会的大背景下，不管是宗教聚落的保福寺，还是军事聚落的蓝旗营，或是集镇聚落的海淀和成府，都将转变为乡村聚落或是向乡村聚落倾斜。随着人口的持续增长，人口稠密地区的"多余人口"有可能向坟茔区移民。一部分坟茔可能改变为耕地，看坟人可能兼为农民或完全转变为农民。从单纯是太监坟地的"中官"，到转变为农业聚落的自然村，再到进入编制的行政村，除了地名存在着延续性之外，已与太监坟没有任何关联。自幼生活在这里的邓启祥老人，能够将保甲制时期"中官"的住户一一道来，但却不知道哪里有一座太监的坟。在我们进行实地寻访的过程中，只发现了一座应属太监的墓（墓碑表明为同治年间的御膳房总管），其他被指认的旧坟址中，有官员坟，有喇嘛坟，还有一处据说是日寇侵华时期埋的日本人，更多的是不知坟主为何人，有多处是乱坟岗子。

科学院选"永久院址"

中国科学院,是以前中央研究院和北平研究院原有机构为主要基础建立起来的。中央研究院各研究所,主要分布在上海和南京。北平研究院各研究所,分散在北京的东皇城根和三贝子花园(今动物园)内。1950年5月确定研究所调整方案之后,有些南方的研究所须迁进北京,调整后的各在京研究所也都要扩充实验室和办公室,摆在当时院领导们面前最紧迫的一项任务,就是要在北京为科学院的长远发展选择一个有较大发展空间的科研基地,时称"永久院址"。

1951年1月20日下午,国务院文教委员会在中南海召开会议,竺可桢副院长代表科学院汇报1951年度工作计划时,明确提出优先考虑在北京修建近代物理所(后来发展为原子能所)和地球物理所(后来分化发展出卫星设计院和大气物理所等)两座科研大楼。预算做了,急需落实建楼地址。

在新中国成立之初,北京市都市计划委员会邀请专家讨论未来北京的建设规划时,已大致形成了将高等学校较集中地安排在西北郊的共识。科学院领导认为,科学院的研究基地应靠近大学,这样可以充分利用已有交通条件和电力条件,使建楼工程和日后科研工作得以迅速走上轨道。而更重要的是,科学院的发展必须注重与大学的合作,地理上的接近,便于学术交流、人才"共享"。

1951年4月,北京市政府同意在清华以南、海淀以东、京绥路以西的地段内为科学院"保留相当发展用地"。后来明确南沿为大泥湾（黄庄附近）以北，可用地约为 4 500 亩。科学院即决定首先在保福寺北修建近代物理研究所大楼，于当年 11 月初正式动工。1952 年 2 月，科学院成立建筑委员会，吴有训任主席，陶孟和、竺可桢任副主席，委员有院内外专家严济慈、梁思成、张开济等 20 余人。中关村科学城的建设即发端于此。

北京大学，原在城内沙滩一带，教学和生活用地也极为紧张。1951 年上半年，在与科学院得到大泥湾以北、清华大学以南 4 500 亩用地的同时，北京大学得到批准的新校址是在科学院用地的南面，即大泥湾以南至农科所（今农科院）以北的地段上。

到了 1951 年末季，政府高层似已内定了院系调整的计划，北大将迁至燕园。1951 年 12 月初，由教育部副部长兼高教司司长曾昭抡（原北京大学副校长）出面，要求将北大的用地与科学院用地对调。从北大方面说，这是合理的，因为新校区可与原燕大连成一片。但此议提出为时已晚，因为科学院的建设规划已经确定，作为优先重点工程的近代物理所大楼已经破土动工一个多月了。该楼建筑因核科学研究的需要，设计规格很高，耗资颇巨，改变计划势必造成极大的浪费，科研计划也会因此而拖延。地球物理所、应用物理研究所（今物理所）等整个建筑计划也都要推倒重来。教育部方面遂将意见改为希望在燕园东侧为新北大扩展用地，科学院决定将从原来拨给科学院的 4 500 亩中划出北面 1 000 亩左右给北京大学，这就是后来北京大学的"中关园"。

1953 年以前，作为农业聚落的中官，地域狭小。在迈向城市化之初，原有的中官聚落又被一分为二，北部划入北京大学而为中关园。园、村相揖别，中关园从此不再属于中关村。划出中关园之后的中关村，在几个不同的历史阶段中，科研建筑循序按北区、南区、东区扩展。宿舍楼群则先有北区、南区，后来延伸出黄庄小区和东南小区。在地域上，与当年国家划给科学院的用地范围基本相同。在此范围之内，扩建到哪里，哪里的原有名称或是渐渐消亡，或是被"降格"而隶属于中关村。从1953年起，"中关村"三个字只用来称呼中国科学院在这里兴建的"科学城"，至1959年成立中关村派出所，1961年成立中关村街道办事处，"中关村"作为社会建制纳入国家行政区划的基层单位。

历史上的"中官"聚落，究竟形成于何时，只能是做些推测。真正可以肯定的是，与周边地区相比，它是"后发达地区"。这无名之地，不毛之地，没有历史包袱，反倒在现代化进程的选择中占了先机。

在对中关村的寻根中，对中官聚落的考察，只是寻找它的"地根"，甚至可以说，无非是要弄清中关村地名的由来。而为中关村铸就辉煌的真正力量是它的"学根"。从"中官聚落"向"中关村科学城"的历史性飞跃，发生在1953年。

书中只说"这"一段

1956年1月，中共中央召开知识分子问题会议，号召"向现代科学进军"，周恩来在报告中指出"要用极大的力量来加强中国科学院,使它成为领导全国提高科学水平、培养新生力量的火车头",会后着手制定了"十二年科学技术远景发展规划"。此后,科学院配合"两弹"攻关,开创人造卫星事业,落实"四大紧急措施"(计算技术、电子学、半导体、自动化),部署和组织全国自然资源综合考察等具有战略意义的重大科研项目,中关村科学城成为共和国发展现代科学技术和实现国家目标的重要科学基地。截至1966年,中国科学院直属研究机构有118个,分布在北京的有28个,此中有22个集中在中关村。可以看出,中关村科学城的基本格局已经在"文革"前形成,它的飞速发展也成为新中国科学技术事业的一个缩影。

在"文革"之后的伟大变革中,1980年中科院物理所科技人员陈春先率先"下海",成立第一个民办科技机构,是为"中关村电子一条街"的起点,而"一条街"的地域概念也第一次超越了中关村的行政辖区。1984年,中科院赵文彦等五位学者向中央提出"充分开发中关村地区智力资源,发展高技术密集区"的建议。后经各级政府机构和科研机构、高等院校等的努力,于1988年建立了我国第一个国家级高新技术产业开发区"北京市新技术产业开发试验区"。又经十余年的探索、开拓,至1999年国务院批复决定加快建设中关村科技园区,在一区五园的格局中,以海淀园为主体和核心,"中关村科学城"为核心区诸多板块中的一块。五个科技园区虽然皆以"中关村"冠名于前,但其地域不仅超越了中关村,也超越了海淀区。在此过程中,据报道,甚至北京之外也曾有以中关村冠名的开发区或公司之类。这样一来,"中关村"这三个字已完全超越了地域概念而成为高科技的象征符号了。

　　本书有意只说1953—1966年这一段，涉及中关村的前史很少，涉及"文革"以后的文字也不多。受访者们，从当年的老乡长到当年的小学生，都曾经是中关村里的"村民"，是中关村历史变迁的见证人。看访问整理者的编排，书中大体上是循着历史变迁的顺序，讲述一座座科研大楼，一个个研究所，是何时和怎样在这块土地上出现的。其中也讲述了在这里工作和栖居过哪些著名的科学家，还捎带着提及与人们日常生活息息相关的基础生活设施的建设，但重点不在系统叙述这里发生过的科研活动和作出的科学贡献。总起来说，是通过亲历者的回忆，让人们看到科学城中建筑物的布局、研究所的兴革和社区的变迁，以此来展现这座"城"的发展轨迹。

　　历史有如一幅长长的画卷，每个人都或显或隐地出没在这画卷之中。本书作为口述者和访问整理者共同努力的合作结晶，它是可以勾起亲历者们怀旧思绪的鲜活"童话"，是讲给后人了解共和国科学事业基地打造过程的早年故事，更是留给历史研究者的细节史料——献给中国科学史，也献给当代中国史和北京社区史。

樊洪业
2008年10月于中关村

第一篇

村与城

1 "老乡长"话中关

访谈邓启祥[1]

受访人：邓启祥
采访人：杨小林　周东军
访谈时间：2001 年 11 月 15 日
访谈地点：中关村保福寺平房邓启祥先生家中

受访人简介

邓启祥（1921—2002），北京市人。1954 年任保福寺乡乡长，1955 年到中国科学院化学研究所工作，1984 年在中国科学院环境化学研究所退休。

---

[1] 此篇原载《院史资料与研究》2001 年第 3 期。因访谈时间为 2001 年，所涉及地点名称与现今有所变化，除个别情况外，不一一注明。

杨：请您先谈一谈您的家世与中关村的关系。

邓：在我小时候听我祖母和我母亲说过，我家的祖籍是山东登州地区，是由我的曾祖父带领全家逃荒来北京的。到北京后住在西城区剪子巷，据说在西四路口卖白薯。我祖父兄弟五人，祖父成年后曾在故宫内做过木瓦工，后来带领全家在城外保福寺居住，主要生活来源靠祖父做架子工。他弟兄中有三位在解放前就已过世了，我的二祖父和五祖父解放后不久也不在了。我父亲学过木工，后来靠做吹鼓手和看坟种地维持生活。所看的坟在颐和园东北角一个叫"坡儿上"的地方，他家坟由我们看着，他家的地也由我们种着，我们给他们家拿租子。1952年中国科学院在中关村建设占地，我家的祖坟迁移后就和城里的亲戚没有什么联系了。

我是1921年出生的，1928年在保福寺东庙念书。1931—1934年在城内麻状元胡同义顺斋裱糊铺学徒，回家以后一直在家种地和做裱糊工作，到1948年底1949年初在保福寺乡政府任财政委员，1954年保福寺乡第一届人代会当选为乡长，1955年因中国科学院征用土地，我到化学所工作，在总务科任办事员。1958年在化学所食堂任管理员。1975年在环境化学所食堂做管理工作，环化所当时在怀柔。1984年退休。1985年在环化所知青社服务公司做管理工作。1986—1992年在发育所传达室做收发工作。1992年后一直在家。

在解放前并没有"中关村"这么个地名，"中关村"是在科学院到了以后才叫出来的。我们住在这地儿的人都叫它"中官儿"（为简洁起见，下称"中官"）。中官归保福寺乡管辖。保福寺乡也是解放后的叫法，解放前叫18保，归北平市18区管辖，下设11甲。18保原来设在蓝旗营关帝庙西屋，关帝庙在蓝旗营北门内。大约是在1946年底迁移到保福寺西庙的西屋，这是解放前。再往前的事情我就记不清了。1954年乡政府迁

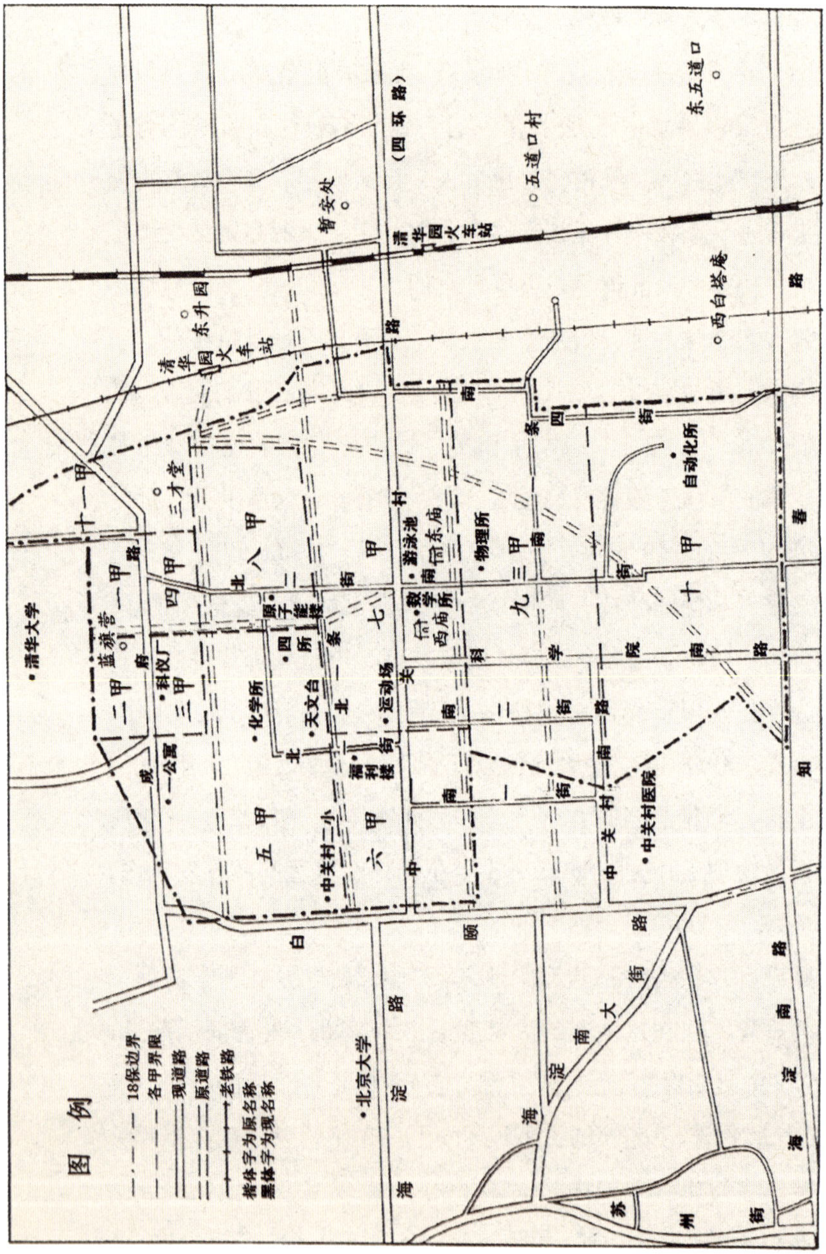

1949年"18保"示意图

入东庙，西庙则交付保福寺小学使用。保福寺小学是中关村一小的前身，解放前成立的，具体时间我记不清了，是由当时的保长刘长禄出面集资筹建的。解放后大约1949年的4—5月份，推翻保甲制，18保改为18村，改甲为间，11甲改称11间。1950年12月更名为保福寺村，1951年后为保福寺乡。

杨：您能具体地给我们谈一谈保福寺各甲的具体边界吗？

邓：我们就从蓝旗营说起。蓝旗营的北边是成府村管辖的地界。蓝旗营原来是清代的兵营，边界比较整齐，住户也比较多，按东北、西北、西南、东南四块分为第一、二、三、四甲，具体边界是：东至三才堂，南至北保福寺，西至中官，北至清华南墙。听祖辈说蓝旗营是有围墙的，但到我记事时围墙已塌，但墙基还在。蓝旗营还设有箭亭，在现在的低温中心（今理化研究所）附近。蓝旗营的西面就是中官，分为第五甲和第六甲，五甲在北，六甲在南，具体边界是：东至蓝旗营西门外，也就是现在的科仪中心；南至南保福寺北头，就是现在的四环路以南；西至临近燕京大学东墙外果园以东，就是现在的白颐路东；北至成府南头，边界是一条西南向东北的斜线，后来修建成府路时才取正为南北向再拐为东西向。第七甲和第八甲为北保福寺，东至老铁路，南至保福寺的东庙，西至中官，北至蓝旗营南门，七甲在南，八甲在北。第九甲和第十甲为南保福寺，东至五道口，南至三间房，西至东大院（属海淀管

化学所西南面的侧柏,是当年坟地的标志(摄于2001年7月)

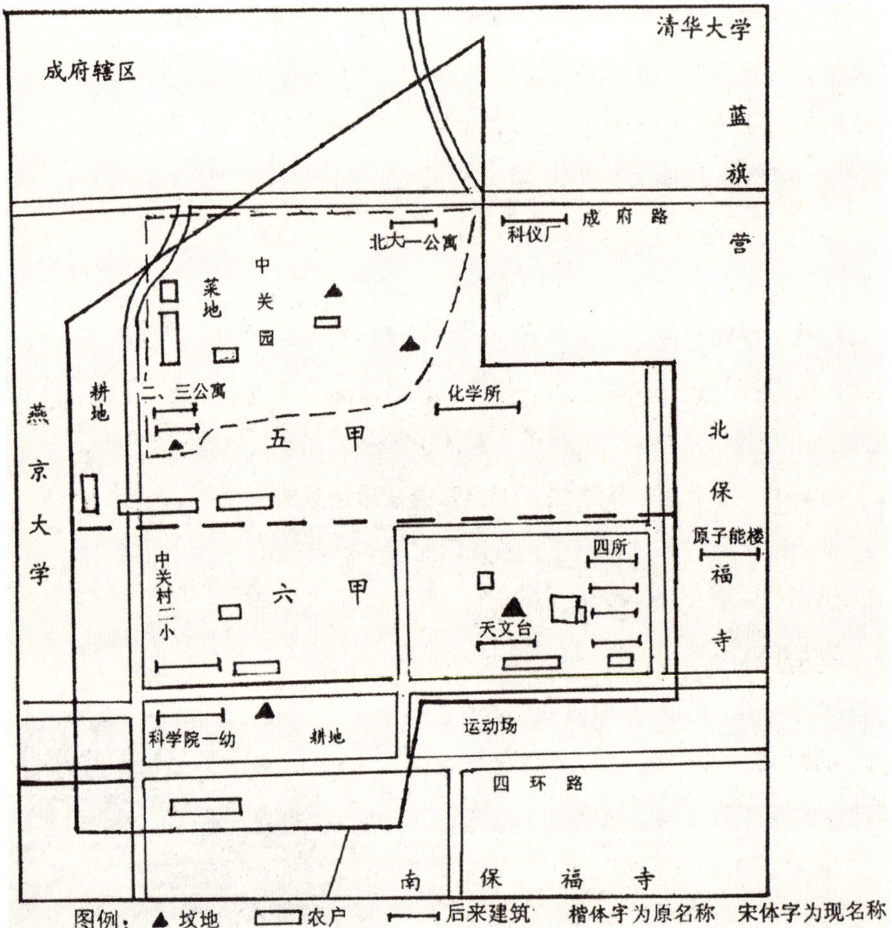

1949年"中官聚落"示意图

辖），北至保福寺东西庙前大道，九甲在北，十甲在南。最后的十一甲是在东北角，蓝旗营以东的三才堂一带，还包括清华园和西柳村，在老铁道的西侧，占很小一个角。

土改时期，五甲有24户人家，有顾、刘、张、吴、侯、徐、高、杨、绳、芥等姓。五甲西北角有菜地。因成府有座喇嘛庙，所以在今北大的中关园三公寓之南有喇嘛坟，大约有十来座，坟周围三面有松树。这一带并没有太监坟。现在的中关园和化学所、设计院都在五甲界内。化学所的西北角是乱坟岗子，化学所西南面有一松树圈坟，看坟人叫芥德才。六甲有16户，有张、杨、尹、姚、王、梁等姓。这里有当官的墓葬三处。在北京天文台楼后，有一松树坟地，坟主姓东，看坟人姓杨，坟前有井。此坟西南，还有一杨树坟地，看坟人姓张。另有一座无主坟，在今福利楼以西。后来科学院占地迁坟时，我是起坟的总监察，在无主坟中起出有金银、文物，金银交银行，文物交大觉胡同①。北京天文台东南有张家，是地主，张宅东面接出一间小房，做了外来户的夫妻店，卖酒、醋、酱油、煤油、火柴等。小店的门脸朝东，在房檐下的右上角处写着"中官"二字。

在我的记忆中，从未听说过有朝官在这儿恭候朝见的事儿。我的印象是当时这里无官道。

杨：保福寺的东庙和西庙在现在的什么位置呢？

邓：东庙在现在的中关村游泳池的位置，西庙在现在的中关村87楼处（已拆除，今为融科大厦）。东庙略微偏南一些，东西相距大约200米，西庙略大。在东庙的东南不远，有一五道庙，比较小。西庙是八大处大悲寺的下院，有二进。一进供弥勒佛；二进供三大士，如来、文殊和普贤。有东西配殿，东配殿供财神，西配殿供娘娘。乡政府就设在西配殿。东庙有围墙及东西厢房，但无僧众，只有看庙人，供奉关公，有匾，上书"亘古一人"。五道庙的西屋是私塾，东屋是小卖部，东西耳房住有两户人家。

杨：东庙和西庙是在什么时候拆的呢？

---

① 当时北京市物资局回收公司在西城区大觉胡同28号。

邓：1957—1958 年，东庙先被拆除，后来建计算所时拆的西庙。

杨：在您的记忆中 18 保当时有哪些主要道路？

邓：蓝旗营东西直通，西至成府路，东至清华园老铁路。南北直通保福寺北大道，直到南保福寺以南。蓝旗营东门外往南有车道直通南保福寺界外。北保福寺北边有人车道，可通海淀。在这南边还有一条小路直通海淀，南北保福寺中间有一条车道，东至老铁路，西至海淀。南保福寺中间有小路东至铁路，西至海淀。还有一条宽路从南保福寺至老的清华园火车站，这条路后来逐渐消失。三才堂、清华南门外有一条土路直通西直门。

杨：请您再谈一下保福寺乡的行政归属的变化。

邓：在 18 保时，归三才堂管辖，1949 年划归成府管辖。1959 年成府派出所撤销，中关村派出所成立，保福寺乡划归中关村管辖。土改后根据区政府的指示，搞农民互助合作组，后又搞土地合作社，一共有 29 户，这 29 户都是贫雇农，社长是董世德。人民公社后，保福寺为一小队，归大钟寺大队管辖。

杨：在您任乡长时的乡政府干部您还记得哪些人？

邓：解放初期乡政府只设正、副乡长及秘书，后来增设财政、民政、治安和妇联，其中正式脱产干部 4 人。干部有一些是从部队转业来的，也有一些是像我这样是当地的。保福寺村的第一任村长叫王德福，从 1949 年初到当年的七八月份任村长，后因贪污被免职。第二任村长赵珍，村改乡后任乡长。他好像是 1949 年入党的，我是 1955 年入党的。后来他任支书，我任乡长。他是和我一起到化学所的，现在已经去世了。我任乡长时，副乡长是一位姓孔的女同志。接替我乡长职务的叫朱文起，现在还健在，也住在保福寺。当时的妇女主任，大家都叫她程四奶奶，也早不在人世了。其他的人我就记不清了。

蓝图中的科学官与科学城 2

访谈姜虎文①

受访人：姜虎文
访谈人：杨小林
访谈时间：2001年8月13日
访谈地点：中关村姜虎文先生家

受访人简介

姜虎文（1918—2011），山东省禹城县人。1952年任政务院文教委员会基建财务局基建处定额组组长，1954年调入中国科学院。离休前为中国科学院遥感应用研究所副所长。

---

① 此篇原载《院史资料与研究》2001年第4期。因访谈时间为2001年，所涉及地点名称与现今有所变化，除个别情况外，不一一注明。

杨：姜先生，请您先谈一谈您在来中国科学院之前的工作。您原来的工作与科学院的关系密切吗？

姜：我1952年由平原日报社调到政务院文教委员会基建财务局基建处，主管政务院14个部的基建定额与政务院文教委员会所属部委局北京地区的限额以上的基建工程计划、规划、设计、施工等工作，还附带管北京市文教区计划。当时中国科学院的基建是限额以上项目，所以由我直接管。这14个部委中，其他部委的基建项目基本上属于工业民用建筑，都能提出定额，只有中国科学院的基建项目属于科研用建筑，提不出定额。由于当时我国在科研用建筑方面没有任何参考资料，所以在相关项目的设计、施工方面困难很多。为了搞好这方面的工作，那时我与科学院的来往就比较多。当时，张稼夫①是副院长，秦力生②是办公厅主任，陈宗器③是副主任。陈宗器还是院地球物理所研究员，我和陈宗器的接触比较多。

我到文委时，正值高校的院系调整。根据调整方案，燕京大学被撤销，北大为文、理综合大学，清华为工科类综合大学。燕京大学撤销后，其文科和理科部分归北大，工科部分归清华。北大由城内红楼迁至原燕京校园。我到文委的第一个基建任务就是为调整后的北大、清华做规划。因为燕京校园很小，原来的成府路是一直向西穿过去的，路北是燕京，路南是老百姓的民居，叫桃园。调整后把桃园划给北大建宿舍，具体设计是梁思成④管的。当时一共搞了40多万平方米的基建项目。

---

① 张稼夫（1903—1991），1953—1955年任中国科学院党组书记、副院长。
② 秦力生（1915—1993），中国科学院办公厅主任、副秘书长。
③ 陈宗器（1898—1960），地磁学家。时任中国科学院地球物理研究所副所长，1952年1月兼任院办公厅副主任，分管基建、器材、总务等处工作。1955年底，兼任管理局局长，主持科学院的建设和规划。
④ 梁思成（1901—1972），建筑学家，中央研究院院士（1948），中国科学院院士（1955）。时任清华大学教授、建筑系主任。1952年任中国科学院建筑委员会委员。

中关村科学城的兴起（1953—1966）
The Rise of the Science City in Zhongguancun

杨：那么，新中国成立初期，北京市的整体规划是怎样的？

姜：新中国成立后如何建北京，早期梁思成曾提出过"撇开老城建新城"的设计方案。1952年文委从苏联请来的一位女的规划专家，也是"撇开老城建新城"的设计方案。她在这个基础上提出过一个规划，中轴线在老城西外，南起复兴门外真武庙，北至中关村。规划在这条轴线上的主要建筑物有：在真武庙建广播大厦，即现在的广播电影电视部大楼；广

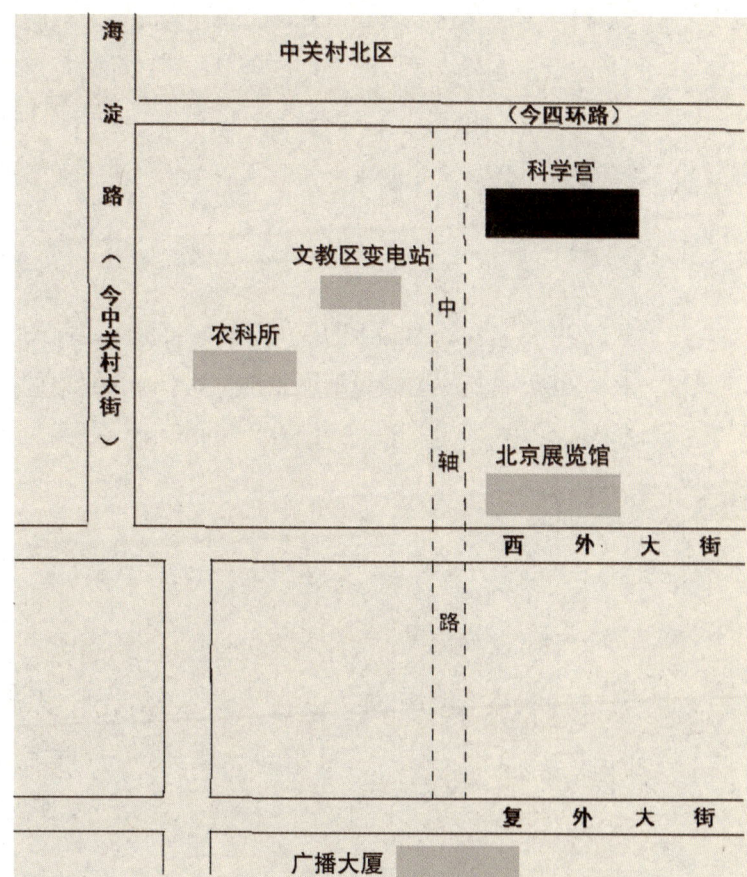

1952年"新北京"规划中"科学宫"与中轴线地理位置示意图

播大厦北面建国务院大楼；往北建苏联展览馆，即现在的北京展览馆；再往北建科学宫，具体位置在文教区变电站东北，这个变电站是科学院修的，即在现在中国农业科学院东北面；最北是中国科学院动物研究所大楼。科学宫的模型当时已经做出来了，32层高。从颐和园海昌阁（应为佛香阁）的顶端到景山上最高的亭子的顶端拉一条线，中间就是科学宫的高度。

那次北京市的规划是没有环路的，而是以老城为中心向四外建辐射线。科学宫就在从故宫经西直门到颐和园的辐射线的东北面。根据这个规划，北京市在公主坟以西重点修建了各军兵种的司令部。在三里河建四部一会大楼。"四部"包括财政部、一机部，还有两部记不清了，"一会"是计委会。还有就是北京大学、燕京大学、清华大学三校院系调整及十大学院的修建等。

杨：是哪十大学院？

姜：就是我们通常讲的八大学院，再加上南面的北京音乐学院和北京财经学院。这八大学院包括：北京航空学院、北京矿业学院、北京农机学院、北京钢铁学院、北京石油学院、北京邮电学院、北京地质学院和北京医学院。

杨：当时北京文教区划给科学院的占地面积是多少？

姜：6 000多亩。

杨：具体范围呢？

姜：大概范围是北起中关园，南至五塔寺①，东起清华主楼至西直门路，西至中关村24楼、81楼南北一线。中关村的定点与施工是与十大学

---

① 据中国科学院办公厅档案记载：科学院原拟申请农科所以北用地6 000亩，后来中央文委与首都计划委员会划给科学院的用地是大泥湾以北、成府以南约4 500亩。

院同时进行的。那时政务院要建文教区，大学、图书馆、科学院都包括在内。文教区内要建新建筑，许多单位要搬进来。但是，进行到一半时，规划变了，结果许多工程下马了。最典型的例子是人民大学。人民大学成立时在城里，往文教区内搬，搬了一半，规划变了，结果很长时间内是城里一半，城外一半。

杨：规划是什么时候变的？

姜：1955年。苏联把这位女规划专家调走了，换了一位男的年纪较大的规划专家来。这位专家否定了前一个规划，他提出"要接受莫斯科的经验教训，须在老城的基础上建新城"。

杨：这次是如何规划的？

姜：这次规划仍以老城的子午线作中轴线。即南起永定门，往北经前门、正阳门、天安门、三大殿、景山、鼓楼、钟楼，再往北延伸至土城北，建科学宫，具体位置是现在的中华民族园，最北端是现在的中国科学院917大楼（今奥林匹克公园内，现已拆除）。

杨：科学宫为什么选在那儿呢？

姜：因为西边为文教区，东边是轻工业区，位置非常理想。

杨：科学宫为什么没建起来呢？

姜：因为当时北郊条件差，所以何时开工一直定不下来。"文革"开始后也就不提了。

杨：第二次规划对科学院有什么影响吗？

姜：科学院在西北郊也就是中关村地区的占地面积从6 000多亩减少为3 600亩：南起土城路（即现在的知春路），北至成府路，东西不变。另在北郊划地22 000亩：南起土城，北至小清河岸，东起安立路，西至德清路。变电站在北极寺。这个变电站也是科学院建的。科学院当时的规划是除电子学的几个研究所留在中关村外,其余各所都要迁到北郊,中关村成为电子学城。当时四环路穿过北郊与西北郊科学院地区,北郊的规划是新的,没有什么问题,而中关村的一期规划已经完成,一些研究所的科研办公楼已经建好,紧靠路边,四环路通车势必会影响到科研工作。这样,北京市考虑到科学院的情况,特许中关村一段不通行,东来的车绕成府路,西来的车绕土城路。

杨:您所说的四环路就是现在的四环路吗?原来的规划里就有这条四环路?

姜:原来就有。在北京市的第二次规划里取消了辐射线,改为建环路。所以现在所修的四环路并不是什么新的规划。

杨:您是如何到科学院的?是组织调动,还是您自己要求的?

姜:我自己要求来的。我是1954年到科学院的,因为那时要建科学宫。当时我负责规划设计的广播大厦工程刚开工,觉得科学宫是一个大工程,是一个学习的机会,所以要求到科学院来。我要求到科学院来还有另外一个原因,就是我主管的14个部中只有中国科学院是属于科研用建筑,我对这些很感兴趣。

杨:请您再谈一谈当时中关村的规划。

姜:中关村的具体规划是按照科学院党组提出的"科研建筑八字方针"制订的。这八字方针是:安全、安静、绿化、成套。其中,"安全"是指,防特、防盗、防水、防火、防毒、防污染等。"安静"就是要谨防噪音。根据"绿化"的要求,就是要建两个公园、四个人工湖、溪水绕村行。"成套"包括:(1)设铁路支线、公路;(2)设两用电话局,即电话与电脑一线两用;(3)建气体厂,保证用水,即上水足量、下水通畅;(4)要11万伏高压线进户和两路与环行供电,以保证研究用电;(5)要水暖和热量统一供应；（6）设医院；（7）设幼儿园，中、小学校；（8）设招待所与娱乐场所；（9）设各种商店、市场。

杨：您能具体谈一下吗？

姜：首先是工作区与生活区分开。四环路这段为街心公园，四环路宽80米，中间40米建街心公园，南北上下路各20米。物理所与计算所中间、力学所与电子所中间，南起502所，北至化冶所为带形公园，两头各建一建筑物，使公园两侧的路合二为一，使两端向里看看不到，便于保密。力学所北，化冶所南原有四个窑坑，建成人工湖。把物理所、自动化所、计算所的冷却水集中起来，在现在的服务楼南面修一个分水闸，一半水顺河向西走，原来有一条小河在现在中关村一小和中关村三小中间，顺着河过小桥向西南开始修一个半天然游泳池，地址在现在的科学院第三幼儿园南墙的松树林南头处，在中关村80楼东南修一控水闸，使游泳池的水汇入东南来的小河内，最后向西入白颐路西边向北的小河内；另一半向北走，入公路南边沟向西流，至白颐路边进管道流入路北边沟，向东至电子所东墙外向北流，然后入人工湖，水大时可提闸放入清华大学门前的小河里。游泳池南为万人礼堂。电子所与力学所中间为五千人礼堂，图纸当时已设计好，后因三年自然灾害未开工。五千人礼堂对面路南为图书馆。现在的北大附中原为科学院的干部子弟学校。当时规划的居住人口为6万人。为防战争，科学院第三幼儿园老楼南边至东西路为万人人防工程。为保证中关村的水电供应，打了6眼加压井，规划了11万伏的变电站。当时不允许11万伏的高压电进户，那算二级电站。我就去北京市电业局找到了电业局的党委书记，把科学院的特殊用电情况和他们讲了一下，他给我出了个主意，说不是有华北区的11万伏的高压线路过你们中关村吗，你办个手续，向国务院申请，请求批准，这样11万伏高压电不就进户了

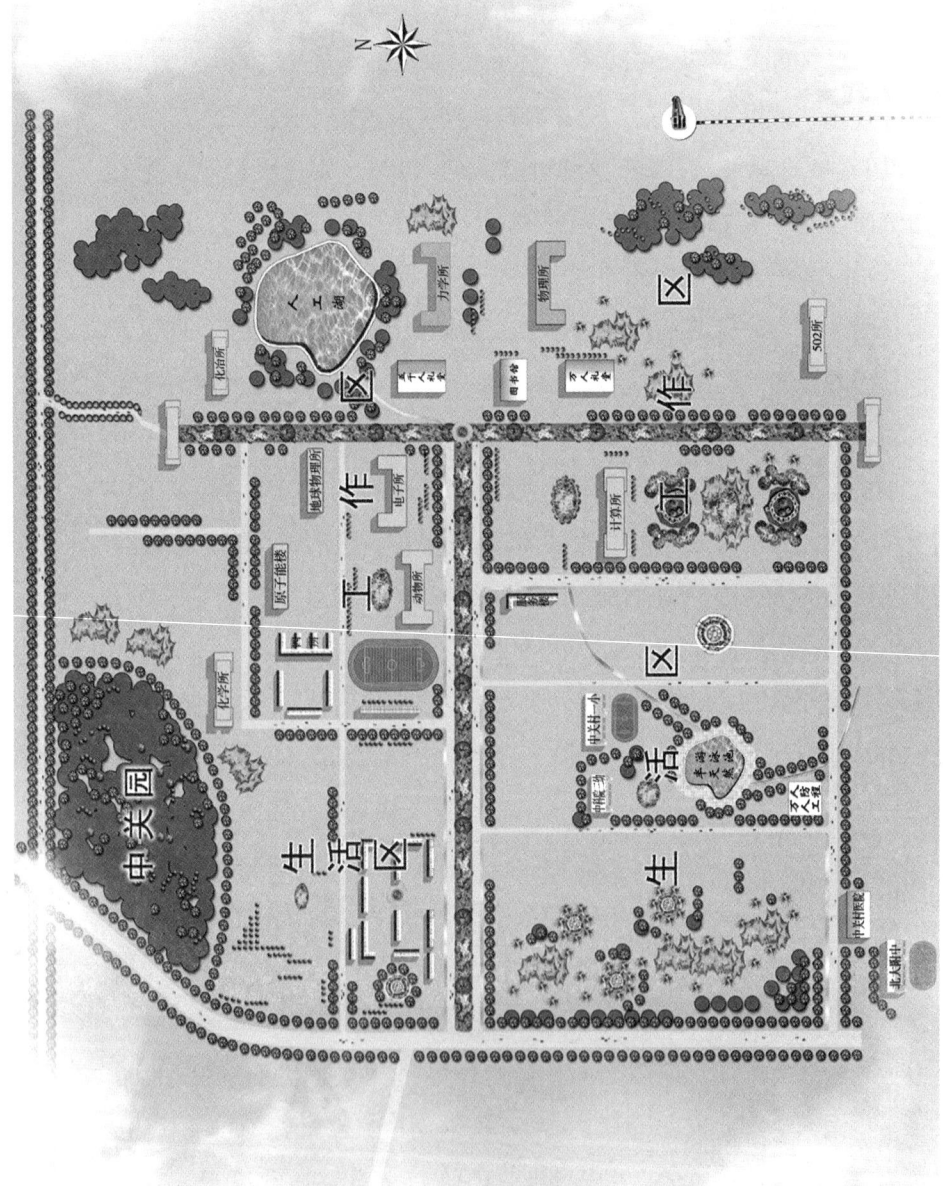

据姜文先生所述绘制的1950年代初"中关村规划"示意图

中关村科学城的兴起（1953—1966）
The Rise of the Science City in Zhongguancun

吗，中关村就不会再断电了。我回来后向科学院党组书记、副院长张劲夫①汇报了，张劲夫与我马上去了国务院，很快国务院秘书长打电话给水电部。那天水电部的部长不在，是办公厅主任接待的，当时就答应了。

杨：就是说，11万伏高压电进中关村是国务院特批的。

姜：是的。

原来的清华园火车站规划为高能所静电加速器用地，科学院拨给铁道部250万元将火车站移到现在的地址，中关村南路直通火车站。并修了中关村科学院铁路支线，站台在科学院物资供应站东库，"文化大革命"时才拆掉。

清华园老火车站（摄于2001年）

杨：为什么要修铁路支线呢？

姜：因为当时科学院的订货量大，有的还分运国内各地。有一次退钴60空罐，在站台上有一个罐子找不到了。因为这个罐子放射性很大，所以公安局挨家挨户查，结果发现是一个小孩觉得这个罐子很好玩，就给抱回家放在床底下了，很危险。所以为了安全和保密起见，就修了科学院的铁路支线。

---

① 张劲夫（1914—2015），1956—1966年任中国科学院党组书记、副院长。

现在的28局电话局原来是科学院的专用电话局。

当时为中关村的煤气化，在气体厂修了6台炉子，在1号楼北修了1万立方米的煤气罐。1964年原准备中关村北区生活区煤气进楼，由于有人到中央告状，说科学院"以国防投资大搞生活设施"，结果未上，由此也殃及了"四不要"礼堂改建、灯光球场加盖、半天然游泳池及中关村四周常流水等工程。其实当时我们用的并非国防工办划拨的基建年度款项，而是多年来积存的基建材料设备，合750万元，是经财政部批准安排使用的。

这时科学院设计建筑物、构筑物的八字方针是：实用、坚固、经济、美观。

杨：中关村的规划是什么时候变的？

姜：1965年科学院成立"三线"办公室，把我调去任主任。我下去安排工作时，病在贵阳了，一下待了四个月，结果中关村的规划全变了。那一年的变动太大了，公园绿地和人工湖以及11万伏高压电进中关村等全都取消了。

还有就是红楼区的建设，是1954年的计划，1962年才完成。当时科学院从西安专区调来一个专员任行政处长，这个人在"文革"中死了。原来科学院都是用自己的基建队伍，他说"科学院是搞科学研究的，怎么自己盖起房子来了"，结果就把红楼区工程包给海淀区了。我1960年接的工程，逼着他们交工，他们说没材料，我说没材料就"甩项"交工，所以红楼区的质量很差。

第二篇

早期奠基

3 入住中关村的科学院第一人

访谈丘宝剑

受访人：丘宝剑
访谈人：杨小林
访谈时间：2007年5月22日
访谈地点：中关村丘宝剑先生家中

受访人简介

丘宝剑（1922—2009），广西人。1949年4月毕业于浙江大学史地系地理专业。中国科学院地理研究所研究员。

杨：丘先生，请先谈一谈您是怎么到科学院来的。

丘：好的。我是1949年从浙大史地系毕业的，毕业后北京外国语学校在杭州招生，我就考上了，分在英语系。那时刚解放，北京这个地方房子特别紧张，学校没教室。1949年8月15日前后，外国语学校派我们到"华北人民革命大学"学习，地址就在现在西苑中医研究院附近。那块儿原来是北洋政府时期建的兵营，现在属某中央机关。"华北人民革命大学"在北京一解放就开始办第一期，这一期学员毕业以后就南下了，有上万人。我们是第二期，一是学习革命理论，另外一个，主要是查清历史。"华北人民革命大学"是临时的，办完了第二期就不办了。等他们走了以后，1950年3月外国语学校就在此开学了。我1950年2月底入党，回到北京外国语学校不久，学校就让我当了英语系的秘书。后来又做过学生科的科员、人事处的秘书。

1950年5月，在前教育部所属中国地理研究所的基础上成立了中国科学地理研究所筹备处，主任是竺可桢①，副主任是黄秉维②。研究所于1953年初正式成立，所址在南京。我的专业本来是地理，根据当时的政策，就由中央组织部以技术归队的名义，把我调到了地理所。我并没有到南京去，而是到了设在北京的《中华地理志》编辑部。我还记得当时到院部报到时，负责接待我的是任知恕③。同我一起调来的，还有我在浙大的同学左大康④，他原在浙江省财经委员会工作，从杭州过来，所以比我晚到了一个星期。左大康后来在1984年当了地理所的所长。

---

① 竺可桢(1890—1974)，地理学家、气象学家，中央研究院院士（1948），中国科学院院士（1955）。曾任中国科学院副院长。
② 黄秉维(1913—2000)，地理学家，中国科学院院士（1955）。曾任中国科学院地理研究所副所长、所长。
③ 任知恕，时任中国科学院干部局人事干事。
④ 左大康(1925—1992)，地理学家。时任中国科学院地理研究所研究人员，1960年苏联莫斯科大学地理系研究生毕业。后曾任中国科学院地理研究所所长。

这里我要先讲讲《中华地理志》编辑部是怎么成立的。1952年，中国科学院应苏联科学院的要求，决定与他们合作编撰《中华地理志》，《中华地理志》编辑部就是办这件事的机构。编这套书的总负责人是竺可桢，他是中国科学院的副院长，又是地理学界的头儿。当时的中国地理学界、气象学界，恐怕多数人都是他的徒子徒孙，我也在内。我在浙大时读史地系，竺老是校长，我和竺老有过接触，他也认识我，没想到我到了科学院以后归竺老直接管。

《中华地理志》编辑部刚成立时一个党员都没有，由周立三①负责。他是地理所的副所长，也是代理所长。我到了以后，因为我是党员，他就要我跟他做经济地理。我跟他讲，搞经济地理要有自然地理的基础，我的学业荒疏很久了，而且已经30岁了，还是搞自然地理吧。他同意了我的意见，就派我到上海去跟黄秉维学自然地理，因为黄先生是自然地理的权威嘛。当时已经定了黄秉维是将来地理所的所长，他这个时候在上海，在华东财委工作，还没到地理所。当时还害怕他不来呢。黄秉维就叫我到南京地理所熟悉文献，大约半年就回北京了。

左大康来了以后，周立三让他做编辑部秘书，并要他跟自己搞经济地理。我跟左大康在浙大时是同班的，关系特别好。他也不愿意搞经济地理。我给左大康出主意，想要摆脱开，唯一的办法就是留苏去。当时国家要派大批学生到苏联留学，谁都不好挡。就这样，左大康要求去留学，周立三同意了，竺可桢也同意了。他就开始准备俄文，考莫斯科大学的研究生。他建议我接替他做《中华地理志》编辑部秘书。我很支持他出国学习，就答应下来。这时，我人还在南京，本来准备10月中旬回北京与左

---

① 周立三(1910—1998)，经济地理学家，中国科学院院士（1980）。时任中国科学院地理研究所副所长、代所长。

大康交接工作。就在这期间，左大康被竺老找去，挨了一顿批评。

原来《中华地理志》编辑部刚成立的时候没有地方办公，就借全国科联的房子，在东城干面胡同。那个院落，进来后是一个大概十几平方米的厅，我们就集中在那儿办公。我们编辑部的这些同志大多是新来的，北京没有家，没地方住。严济慈①先生的家离干面胡同不远，他就把自己家四合院的前院借给我们住，他们家在后院。住了有半年吧。他家前院东面有一排房子，南面也有一排，可住人，西面就是邻居的院子了。严家养了四五条狗守院，我们搬进来以后，晚上一回来，狗就汪汪叫，吵得严家和邻居们睡不好觉。这成了一个问题。再就是我们住的南院里有一棵很大的枣树，9月份枣子熟了，我们这里有些刚来的年轻大学生，晚上一回来，就相互骑在肩膀上摘枣，够不到就用石头打。抛石头就免不了甩到隔壁人家院子里去了，人家就会来抗议，因此影响了邻里关系。

事情报到竺老那儿，竺老很生气，就找我和左大康两个说道说道。我那时刚好是在从南京回来的路上，左大康一个人去了。竺老跟左大康讲，你们这些人怎么这么淘啊，我知道你是不会这样做的，但是你要管住他们才好。好不容易人家把房子借给我们，无偿地借给我们，你们这样子不好。左大康在浙大上学时曾是学生会主席，竺老那时是浙大校长，打交道还挺多。我们都非常尊敬竺老，不过，该讲的话还得讲。他就跟竺老申辩：现在我们住的这个房子，睡的是行军床，连桌子都没有。现在任务很紧，我们在科联那儿办公，经常要开夜车，晚上回来就很晚了。陆陆续续回来，狗就接连着叫。影响人家，我也觉得不好。枣现在没有了，不会打了。我们以后可以规定统一时间回来，吵就吵一次了。但是那些狗特讨

---

① 严济慈（1901—1996），物理学家，中央研究院院士（1948）、中国科学院院士（1955）。新中国成立初期曾任中国科学院办公厅主任、应用物理研究所所长、中国科学院东北分院院长。

厌，我们晚上上厕所它也叫，不只他们睡不着，我们晚上也睡不着。我们白天还要工作，休息不好，也是很大的困难。竺老一听，也感到很为难。

后来，大概是竺老跟院领导和行政主管部门商量过，这时正好在西郊给社科四所①造的房子已经造好了。竺老说可以给我们先去住，叫我们尽快把编辑部搬出城去！这个时间是在1953年10月中旬。

就这样，竺老马上就让我们去看房子。我和左大康、曾尊固、李涛四个人就赶紧去看了。随后，我们就搬过去了。

杨：丘先生，希望您能把看房子的事情说得细一点儿。

丘：我们那天从城里到西直门，然后在西直门乘私人的烧木炭的汽车再往这边走。那个车破旧不堪，而且不定时，人满就走，车很小，每辆车也就坐六七个人，收多少钱记不起来了。

那时候中关村根本没有路啊，从西直门出城以后，到白石桥，然后到颐和园，也就是白颐路。可是这条路那时走到黄庄就往西走了，往海淀那边走了。往中关村就基本上没有通车的路了。因为那时是10月份，地里种的都是麦子，还没怎么长起来，高粱、玉米都没有了。到了黄庄，大概就是现在海淀剧院附近，站在那儿，已经能够看见四所的房子了。我们从这儿下车，摸着田间小路一直往北走。到了四所这儿以后，先找到负责基建的同志，他说院里已经通知他们，给我们一栋，让我们挑。我们看了房子以后高兴极了。这是由北而南、并立邻接的四栋二层楼房。因为当时这四栋房子是给社科四所造的，所以后来有那么一段时间大家都管这儿叫"四所"。我们就挑了最南面的这栋，阳光最充足，房子也宽敞。楼上十几间，楼下十几间。楼上住人，楼下办公。我们觉得这里确实比城里好多了，所以很快就决定搬过来。

---

① 指中国科学院当时社会科学部分的社会所、近代史所、考古所和语言所。

但当时水电还没有通，喝水、吃饭、取暖都成问题。管基建的负责人跟我们说，水、电好办，今天就可以接通，取暖问题也可在11月15日前解决。可是吃饭问题怎么办呢？恰好我在四所东面近代物理所大楼①工地上转悠的时候，遇到了原来北京外国语学校的食堂管理员，一位姓赵的老红军。

为"四所"建造的四幢二层小楼
（摄于2005年4月，现在拆除中）

他这时在近代物理所大楼的建筑工地做管理员。我在外国语学校时同他很熟，都是党员嘛。我就说："我有个困难，你能不能帮个忙？我们想搬来这里办公，有二三十个人，现在还没接水电，能不能在你这里用点开水，吃个饭什么的。"他说："没问题，没问题，我们原来200多人，现在都走了，就剩十来个人，别说你们二三十个人，就是五六十个人都没问题。"这样，我们就决定马上搬过来。我们就是科学院入住中关村的第一批居民，人数约有二十个。

杨：请您介绍一下刚来中关村时的情况。

丘：先说搬家。说起搬家，很有意思。我们是1953年10月22号搬来的，我记得特别清楚。为什么挑这天呢？因为当时白天城里不让走大马

---

① 近代物理所1953年改名为物理研究所，1958年改称原子能所。现在的中国科学院物理研究所原称应用物理研究所。为不致混淆，本书中将前者改称原子能研究所之前统称为近代物理研究所。

车，我们要从干面胡同经过市中心到这儿来，从东城搬到海淀，所以我们只能晚上搬。那时候出城以后就没有路灯了，我们只能借着月色走，这天是阴历的九月十五，而且秋天的月亮特别亮。我们过来的时候有八九辆马车，把桌子、椅子、柜子都搬过来，我们一个人押一车。走到黄庄这儿就没路可走了，那赶车的也是农民，他也不管了，就朝着大的方向走，从田里硬趟过来了。

记得当时有人自作聪明，他们从西直门出来，不走到颐和园方向的路。他们觉得四所在东边，为什么要往西边走？因此就走高粱桥。但是出来就没有路，都是农田，他们就乱走。我们早上八九点钟就到了，到吃饭时候还有两个车没来，我们就派人又去找。找到后，负责押车的同志就埋怨赶车的人，我批评他们不跟着队伍，乱走。到四所的时候已经是中午12点钟了。

那时旁边的近代物理所大楼已经造好了，正在装修内部，谁都不让进去，大概是因为要保密。有一天那个姓赵的管理员带我进去看看，他们正在抹地呢。后来好长时间近代物理所都是保密的，有警卫站岗。而四所是公开的，所以附近人家都知道四所，而不知道近代物理研究所。

杨：四所这块地方，现在是叫中关村了，当时的地名怎么叫？

丘：现在中关村这段的四环路，当初是条小路。从路的西口出去就是现在的中关村大街，再往西通海淀。当时路边的一些树上和墙上钉有木头牌子，箭头往里指，写着"中官屯"，表示再往东走就是中官屯了。我这个印象非常深。我的小孩是1957年生的，六几年上学，领他玩的时候，走到白颐路路东，仍然能看到房子旁边和一些树上还钉着画有箭头和写有"中官屯"三个字的木牌。我亲眼看到的。这明显表示这里是中官屯的西界。还有，在我们入住的四所那里，小楼西侧有个小铺，在小铺外面的南墙上也写着"中官屯"①，用白灰写的。房子南边有条东西向的路。很多老同志也都清楚地记得这个情况。因此，可以肯定地说，讲中关村的历史，一定要说到中官屯。而中官屯的地界肯定是在现在中关村北大街的东边。把中关村历史的标志物建在中关村北大街西侧的太平洋大厦门口，是没有道理的。

杨：请再讲一讲，"中关村"这个名字是怎么叫起来的？

丘：这个事情才有意思呢。编辑部刚成立的时候，因为我们年轻人不懂档案管理，也不懂公文，所里就从南京调来了一个老文书，叫袁宝诚。他是上海人，满口的上海话。刚搬到四所这儿的时候，很快就面临通讯地址如何写的问题，因为编辑部对外联系很多。我就叫袁宝诚印一批信封、信纸，印出来我一看，编辑部的地址写的是"中关村"。我就批评他："你没看见外面小店的墙上写的是'中官屯'，你怎么给写成中关村了呢？让你印信封、信纸，三个字你错了两个，怎么搞的！"他讲印信封之前，他问当地老百姓这地方叫什么，人家告诉他了，他上海人，听不大懂北京话，就把"中官屯"听成"中关村"，就这样印到信封、信纸上去了。我问印了多少，他说印了很多，印多了便宜，印少了也要花一样的印刷费。他说怎么办，我说算了，下次印的时候改过来吧。当时我不敢说重印呀，1952年搞"三反"，有"反浪费"一条，不敢落这罪名。不久各所陆续搬来，也就都跟着叫中关村，与全国各地通讯，都这样联系，后来也没办法改了。

至于先前为什么叫中官屯，有一次我到乡政府去开会，是1954年春天，就是选邓启祥当乡长的那天，我记得非常清楚。到了很多代表，满屋子都是，都坐在长板凳上，开会之前等人的时候，我就问一个七十多岁老

---

① 边东子先生回忆此处的字是"中关邮"，见本书第316页。

头,我说四所那边为什么叫中官屯呢?我心里想的是,我们搞错中官屯,写成中关村,所以我必须把地名弄清楚。这位老人马上找了四五个年纪大一点的人,六七十岁了,一八八几年出生的,十几二十岁的时候,还是知道一些的。他们的说法大都是清朝那时候皇帝经常住在圆明园,就在圆明园办公。所以官员们要见皇帝,就要在海淀这一带等着,谁知道皇上哪天要召见谁。如果住得太远,就连通知都来不及。所以大一些的官员们就在成府、海淀、西苑一带造房子,而剩下的阿猫阿狗的一些中小官员就只有住在这里等着召见,临时搭个房子,或者租个房子,十间、二十间的。所以后来老百姓就管这个地方叫"中官儿"。他们对"中官"的解释是中小官员,而不是有些人解释的是太监。当然,我对这个说法,没有考证,只是听他们说说而已,不一定可靠。

杨:你们入住四所以后,这四栋楼都住了哪些单位?

丘:这四栋小楼是为社科四所盖的,盖好之后,四所中真正完全搬来的也只有经济研究所①,我们《中华地理志》编辑部是第一个搬到四所这里来的机构,然后是经济所、数学所、动物研究室也陆陆续续搬来了,一个所占一栋,也还是四所。从南往北数,第一栋是我们《中华地理志》编辑部,然后是动物研究室、数学所和经济所。数学所在四所办公的只有几个人,绝大部分都在清华那边。后来经济所和我们的人越来越多,就开始"侵占"其他两个所的房子。我记得还曾经给过考古所和语言所几间房子,他们的牌子就挂在我们的楼门口。因为四个楼是通着的,我们在最南面,楼前有东西向的路。但是考古、语言两所就没来过,牌子挂了没多长时间也就摘了。社科四所中只有经济所是真正在这落了脚的,时间比较长。像

---

① 前身是中央研究院的社会研究所,所长陶孟和。1950年为中国科学院社会研究所。原所址在南京。1953年改称经济研究所,迁北京,1958年迁至北京阜城门外月坛北小街2号,即原西郊宾馆。

中关村科学城的兴起（1953—1966）
The Rise of the Science City in Zhongguancun

狄超白①、顾准②，包括吴敬琏③他们都来了。当时这四栋楼，地理所和经济所占的房子最多。

由于这几个所人都不多，党员更是没几个人，所以就成立了一个西郊支部，书记是数学所的关肇直④。关肇直资格老，入党比我们早，从法国留学回来，先在院部工作了一段时间，

2001年丘宝剑在当年《中华地理志》编辑部门前（摄影时为微生物所行政楼）

后来到数学所。支委有数学所的吴振甲，他是一个转业军人，当时是保卫委员，还有经济所的徐云、动物室的于启发和地理所的我。我还兼任团支部书记。虽然各所的事归各所管，但支部组织生活严密，定期开会交流情况，协调关系，在政治思想上起着领导作用。

当时在四所这儿的，现在很多都是名人了，比如现在大名鼎鼎的吴敬琏、周叔莲，当时都在这儿。

---

① 狄超白（1910—1977），经济学家，中国科学院学部委员（1955）。新中国成立后历任政务院财经委员会统计处处长、国家统计局综合处处长、中国科学院经济研究所代理所长。

② 顾准（1915—1974），经济学家、思想家。1956年入中国科学院经济研究所任研究员，1957年任中国科学院综合考察委员会副主任。

③ 吴敬琏（1930—），经济学家。1954年毕业于上海复旦大学经济系。时任中国科学院经济研究所研究实习员。

④ 关肇直（1919—1982），数学家，中国科学院院士（1980）。燕京大学毕业，1947年入党，后留学法国。1949年归国后曾在中国科学院院部任职，未久即至数学所。系统科学研究所成立后任首任所长。

《中华地理志》编辑部的炊事员周文斌,曾给梅兰芳做过饭,烹调手艺很好,他与各所的炊事员组成四所食堂,这个食堂在四五年时间里享有盛誉。不但四所的单身汉在此用餐,地球物理所、化学所的人也到此用餐,甚至很多家属也常来打饭打菜。我们家里有时做不了饭,也是到四所食堂买一点。

到了1954年底,地球物理所的大楼建好以后,他们从城里迁到中关村来了。我被派到他们所去学习气候学,参加竺老、张宝堃领导的"中国气候区划"的工作。我的组织关系就转到他们这儿来了。当时卫一清是党总支书记,副书记是谷景林。组织委员是钱骥,他后来也是23位"两弹一星"功勋之一。另一支委就是后来地震局的副局长林庭煌,连同我,五个人。肃反啊,整风啊,反右啊,各种运动都是我们领着干。早年间党员很少,到文津街院部开全体党员会,最多三四十个人,都到了,一个大教室也坐不满。后来慢慢调来了一些干部,党员才多起来。

杨:在北京的《中华地理志》编辑部与在南京的地理研究所是什么关系?

丘:《中华地理志》编辑部是南京地理所的下属机构,头头都是地理所的,参与编写的人有所外院外的,上面归竺老直接管。

除了《中华地理志》编辑部之外,还成立了地理所北京工作站,也在四所这儿。所里的头头脑脑和主要研究人员都常来,有时竺老也来。北大地理系的侯仁之[①]教授那时是《中华地理志》的编委,也来开会。生物楼盖好之后,地理所工作站和编辑部就搬出四所,到生物楼来了。

1958年国务院批示地理所可以到北京集中,11月地理所就搬来了,

[①] 侯仁之(1911—),历史地理学家,中国科学院院士(1980)。北京大学地质地理系教授。

一开始是在生物楼,到了1964年,院里在北郊大屯路盖好了917大楼,本来是给中国科技大学建的。建好后,他们不要了,结果就给了地理所、综考会和遗传所。

杨：听说您曾经当选保福寺乡人民代表,请说说这个吧。

丘：我已经记不清这个具体过程了。1954年召开的全国人民代表大会,事前全国都要逐级选人民代表。当时中官屯归保福寺乡管,我去乡政府开过几次会,乡政府就设在保福寺东庙,就是现在中关村游泳池这个地方。庙很小,很破旧,只有一个约20平方米的厅堂,有几条长板凳可供开会。前面是一个大不了多少的露天场地,东、西两侧各有两间很小的房子,这就是乡政府的办公室,在前面有一个朝南开的大门。

我的主要任务,就是沟通保福寺乡和科学院的关系。科学院大规模建设,占用了很多农田,一些农民的出路就成了问题,没有土地了。有些人由我介绍到所里工作,各所都需要人,一说就被录用;甚至农民自己找到所里,也常被录用。后来保福寺乡的乡长邓启祥不就是到了化学所当食堂管理员了吗。

杨：您还记得中关村早期的各种服务设施是什么时候建起来的吗？

丘："四不要"礼堂东边那个小商店原来是没有的,在很长一段时间里,我们买副食、水果、烟酒、铁钉啊之类家中常用的东西,都要跑很远。最近的小商店是在现在四环路南、电话局西面,临中关村大街那块地方,商店门是朝西的。你想,那时我们住在北区这边,多不方便。我做人民代表以后,大家就找我提意见。为此,我曾去找过海淀区负责基建的一个人,和他说了情况。后来就在化学所南面建了这个小商店,当初好像叫合作社。再后来,慢慢地就有了福利楼、新华书店、粮店等服务设施。82楼的合作社建成后叫大合作社,北面的叫小合作社。

杨：曾经听不少人讲过中关村这里有不少太监的坟，是这样的吗？

丘：我是1953年调来地理所的，1949年到1953年我都在西苑那儿住。那时候没有电影啊，没什么可看的，礼拜天的时候就同了一批人出去逛，到处乱走。由西直门到颐和园，一眼望去全是小麦地、高粱地、玉米地。偶尔有一小丛柏树、松树，那就是墓。墓都是零星的，都不挨着，但是只要有树就有墓。一丛树就是一个墓，树丛都是长方形的。多的有100多棵，少的就是二三十棵树。

78楼前面那点儿，中关村粮店北面不是有一片树林吗，老年人都在那儿活动，那有一个比较大的墓，有一个大碑，比人还高，就是王八驮石碑。我后悔当时也不认识那些字，没把它抄下来。后来那个碑就放倒，地下垫了石头，大家在当凳子坐。一直到七几年的时候还有。包括中关村二小那边也有，所以只要有树就有墓。

当然我现在没有考证，也不好统计里面有多少是太监的，恐怕也不多。肯定也有不是太监的。有些墓地有看坟的人家，但绝大多数都没有。

当时中关村修建要迁坟，那时政府跟人民关系很好的，出了公告。希望墓主来，给他们迁葬费，让他们把挖出来的骨头赶紧给带走，有浮财什么的都给墓主。但是多半都没有人来。多半都是无主的墓。邓启祥也曾经讲过，他当时是负责监管的，有些东西就上交了。但多半的墓也没什么东西，可见这地方埋的人多数都没什么地位。

所以我们讲由西直门到颐和园一眼望去都是高粱地、玉米地、麦子地，反正稀稀拉拉的有些树，有树的地方必有墓。必然是这样。

杨：您还记得早期中关村主要建筑建成的大概顺序吗？

丘：我们刚到这儿的时候，除了四所和近代物理所之外，没有任何房子，都是后来造的。在四所、近代物理所之后，是地球物理所，然后是化学所、动物所。"十二年规划"以后，就往南往东。宿舍也是由北区往南区发展。

宿舍楼与单位的房子是同时盖的。1号楼是最开始盖的。2号、3号、4号、5号，一直到了29号、30号楼。29号、30号楼就已经靠到马路边上了，也就是现在四环路的北边。你可以看其中的奥秘，它完全是按序号从北往南盖的。30多号的楼就在路的南面了。

1、2号楼靠近中关园，同化学所很近，我住过1号楼。我们最早住的6号楼，然后搬到1号楼，再从北区1号楼到34楼，最后在1986年又从34楼搬到现在东南小区的918楼。

杨：您还能回忆一下50、60年代在中关村生活的一些故事吗？

丘：说点小事，算是怀旧。地球物理所潘怡航丢了一辆自行车，向海淀公安局报了案，不到一个月，民警就把车送回来了，并说："凡是丢车报了案的，到现在为止，还没有找不回来的。"现在听了会以为是吹牛。

再一件，1957年5月26日清晨3时，我爱人临产，急忙中我找到了一个车库，不知哪个单位的车，也不知道司机姓甚名谁，听我将情况一说，司机马上冒着雷雨，把我们送到城里养蜂夹道的妇产医院。到后不到一刻钟，我的第二个小孩顺利出生了。出院时我抱着小孩，领着我爱人到文津街院部，坐班车回到中关村。

我两个小孩多病，常由我抱着到医院看病。遇到风雪之夜，就不得不去找住在五层的一位大夫。据说她是儿童医院住院部主任，夫妇都是从美国回来的。她工作很忙，常赶不上班车和公共汽车，是骑自行车上下班的。每次找她，不论多冷、多累，她都穿好衣服就来，很快作出正确诊断和处理，使小孩转危为安。我们非常感谢她。

4 原子能楼

访谈叶铭汉

受访人：叶铭汉
访谈人：杨小林
访谈时间：2007年5月14日，5月20日
访谈地点：理论物理所叶铭汉先生办公室

受访人简介

叶铭汉（1925—），上海市人。中国工程院院士（1995）。1949年毕业于清华大学。曾任中国科学院高能物理研究所所长，现任中国高等科学技术中心学术主任。

杨：请叶先生首先简单谈谈您与中关村的关系。
叶：最简单地说，我从1954年年初开始就居住在中关村，也多数时

中关村科学城的兴起（1953—1966）
The Rise of the Science City in Zhongguancun

近代物理研究所人员1951年春在东黄城根合影（前排左起：胡文琦、肖振熹、邓稼先、彭桓武、赵忠尧、钱三强、何泽慧、肖健、王素铭；中排左起：金建中、彭××、毕先文、黄祖洽、蒋铮、李德平、陆祖荫、刘杰、叶铭汉、殷鹏程、许槑、忻贤杰；后排左起：叶恭先、×××、×××、周中治、白国良、李寿楠、卢竹轩、容霖汉、×××、高义、王平、于敏、陈耕燕）

间工作在中关村，刚到时是29岁，现在是82岁。现在还是在中关村生活和工作，就是这样。

杨：您是什么时候参加工作的，怎么来到中关村的？

叶：我是1949年在清华大学毕业的，大学毕业以后就在清华读研究生，导师是钱三强①。那时候就是念硕士学位，念了一年以后，按原来钱先生的安排，我负责调研回旋加速器方面的工作。后来钱先生说国

---

① 钱三强（1913—1992），物理学家，中国科学院院士（1955），"两弹一星"功勋奖章获得者。曾任近代物理所所长、二机部副部长、中国科学院副院长。

家有明确的政策，大学里不造加速器，大工程应集中在研究所，你要搞加速器，只能到研究所，所以我就不念书了，到科学院近代物理研究所当研究实习员。当时和我同时到研究所的还有于敏，他是1949年在北大毕业的，是张宗燧的研究生，也是念了一年研究生就到近代物理所了。他那时候因为家里经济困难，研究生拿的钱比较少，就参加工作了。当时刚解放，是用小米来做工资，我们研究实习员是400斤小米，而研究生才200斤。

近代物理所是1950年成立的，科学院副院长吴有训兼第一任所长，钱三强是副所长，一年之后任所长。刚开始建所的时候，也就十来个人，从南京物理所来的有李寿楠、程兆坚、殷鹏程等。赵忠尧当时在美国，还没有回来。从北平研究院原子学所来的有钱三强、何泽慧、杨光中等。在周总理的关怀下，钱先生四处招揽人才。当时清华大学和浙江大学给了很大的支持，从清华调来了彭桓武、金建中，从浙大调来了王淦昌、忻贤杰，等等，来参加筹建工作。一年以后，就发展到30多人了。其中有很多是从国外回来的科学家，赵忠尧、郭挺章、金星南、肖健、邓稼先、朱洪元、胡宁、杨澄中、杨承宗、戴传曾等，由于杨澄中和杨承宗大家叫起来很不好区分，于是就把从英国回来的杨澄中称为"英杨"，把从法国回来的杨承宗称为"法杨"。其中不少人是冒着生命危险回来的，1950年6月赵忠尧先生从美国途经日本回国时，被美国联邦调查局扣押在日本的巢鸭监狱，直到1950年11月才回国。当时还从国内邀请了一批年轻的物理学工作者来所，有黄祖洽、肖振熹、王树芬、陆祖荫、李德平、于敏、许㭎、叶龙飞等，我也在其中。另外还从1951、1952年的大学毕业生中选拔了一批来所。这样，到1952年底，就发展到90多人了。到了1953年近代物理所就改名为物理所,再后来到 1958 年改称"原子能研究所"。①

1952 年,在讨论制定研究所的第一个五年计划时,明确提出办所方针,就是:"以原子核物理研究工作为中心,充分发展放射化学,为原子能应用准备条件。"这样,为了保证第一个五年计划的实施,1952 年底所里调整了研究机构,成立了四个大组:一组为实验核物理组,组长赵忠尧,副组长杨澄中、何泽慧;二组为放射化学组,组长杨承宗,副组长郭挺章;三组宇宙线组,组长王淦昌,副组长肖健;四组为理论组,组长彭

1953年建成的原子能楼。1973年高能所成立,原子能所大部分搬到玉泉路,原子能楼的西半部三楼至五楼交由生物物理所使用,其余部分为高能所中关村分部。生物物理所1990年迁大屯路后,由微生物所使用

---

① 上述文字涉及人员中吴有训、赵忠尧、彭桓武、王淦昌、胡宁于 1955 年当选为中国科学院院士,何泽慧、于敏、肖健、邓稼先、朱洪元、金建中、杨澄中、戴传曾于 1980 年当选为中国科学院院士,其中彭桓武、王淦昌、邓稼先为"两弹一星"功勋奖章获得者,彭桓武、王淦昌曾任近代物理所副所长。

桓武。第一大组又下设四个小组：静电加速器组，负责人赵忠尧、杨澄中；探测器组，负责人戴传曾；电子学组，负责人杨澄中、忻贤杰；核乳胶和云室组，负责人何泽慧。我当时在静电加速器组。

方才说这些是研究所成立之初的大致情况，当时所址在北京城里，是东黄城根甲42号，1953年底中关村的大楼建好后，1954年初就搬过去了。

建造中关村的大楼我记得大概1952年就开始了，那是抗美援朝期间拨款建造的。建所初期，行政管理人员很少，许多行政工作由科研人员兼管，大楼的设计还请研究人员来提提意见。那个时候是在钱三强先生领导下，主要由一位叫金建中的同志负责，后来他到兰州去了，后来也当选为中科院院士。

那时候大楼建造是按照需要，所以大楼的西边是放静电加速器的。还建有半地下室，半地下室西边是库房，东边是金工厂，搞机械加工。大楼西边是静电加速器大厅，大厅的天花板安装了起重吊车，吊车可以伸到大厅的外面，为的就是把加速器的钢筒整个地运进去。

1953年，我们在东黄城根建造了一个能量比较低的700千伏的大气型静电加速器，就是在大气里工作，不像我们后来造高的气压型静电加速器，是罩在钢桶里面的。这台700千伏静电加速器

我国自行研制的250万伏静电加速器

当时初步发了高电压,然后把它搬到中关村来了。因为当时加速器已经造好了,加速器里面有一部分叫加速管,这部分我们不愿意拆,所以我们整根管子搬,等到中关村房子弄得比较好了的时候才搬来的,我们是最后一批,在1954年春搬过来的。搬过来以后,我的办公室就在二层的西边,何泽慧先生在二层的东边,东边还有暗室,是制作核乳胶的实验室。王淦昌在五楼,宇宙线组也在五楼,彭桓武、邓稼先、于敏他们都在三楼。钱先生是所长,在一楼,赵先生办公室也在一楼,靠加速器这边。

大楼开始设计的是四层,但是留有余地,可以造五层。后来在建造的过程中就造了五层。这样就把近代物理所各个实验室的人都安排过来了。

当时还是国家财经比较困难的时候,因为抗美援朝嘛,国家拨款造这栋大楼也不容易。当时选在中关村,有一个考虑因素,就是比较靠近北大、清华。那时刚进行了院系调整,现在北大的校址原来是燕京大学,当时已经决定要把北大迁过来了。

杨:您还记得刚搬到中关村时的情形吗?

叶:刚到中关村的时候,这地方都是农村。从西直门往这边走,到魏公村农业科学院那个地方,老远就可以看到近代物理所的大楼。因为没有别的高楼啊,全是农田啊。那时候从西直门经过动物园到白石桥,然后再到海淀,有一条公路,是走汽车的路,实际上就是现在的中关村大街。然后,穿过海淀镇再到燕京大学的西门,也就是有两个石狮子的那个大门,然后再拐一下,跟现在的路线一样,就到了颐和园。通中关村的32路汽车交通线是后来修通的。

另外,四所南面这条路汽车也可以开过来,这条路往西一直到现在二小的这个位置,然后出去就可以上大马路了(即今中关村北大街)。

杨:一路上再没有别的大楼了吗?

1954年12月5日,中国科学院领导登原子能楼五楼顶层俯瞰中关村。左起:李四光[①]、竺可桢、张稼夫、郭沫若[②]、钱三强,前立儿童为郭沫若之子郭民英

叶:那个时候就有楼的,一个是农业科学院(原称农科所)的楼。农科院的楼是日本人建的,大约在上世纪40年代建成的。中关村再往北就是清华大学,往西北就是燕京大学。还有就是当时四所的楼,是跟近代物理所的楼同时开始建造的,我们搬来时已经造好了。其他没有楼,一路上大部分都是农田。

杨:也有一些坟地吗?

[①] 李四光(1889—1971),地质学家,中央研究院院士(1948),中国科学院院士(1955)。新中国成立后历任地质部部长、中国科学院副院长、全国科联主席、全国政协副主席等职。

[②] 郭沫若(1892—1978),中央研究院院士(1948),中国科学院院士(1955)。新中国成立后历任政务院副总理、文教委员会主任、中国科学院院长、全国文联主席、全国人大副委员长等职。

叶：坟地不太明显，有些坟就分布在田里面，不是整片的坟。这里地是比较平的，田是比较好的，还有好多水田，种的稻子。这是我来时的印象，从前是什么情况，我不知道。

初来时，走过来还可以看到一些老百姓的房子。有一处老百姓的房子墙壁上还写着"中官村"这几个字。不过刚搬过来的时候我们研究所没有明确的地址，路也没有路名，可能也是为了保密起见，我们研究所对外统称"918 信箱"。这个信箱号是邮局定的，估计没有其他什么意思。

杨：当时你们来了以后，宿舍都在什么地方呢？

叶：当时科学院在中关村造了现在的北区 1 号楼、2 号楼、3 号楼，在那些楼的北边造了一排平房，已婚的工作人员就住在这些房子里。那时候我们这些人都是单身汉，比如陆祖荫、我、于敏、叶龙飞，都没有结婚，就住在原子能楼的 5 层楼上，暂时作为单身宿舍。3 个人一个房间。我和于敏、叶龙飞住一个房间。

后来又建了 4 号楼到 8 号楼，5、6、7 号楼是一些回国早的人住的，譬如说像赵忠尧、英杨、肖健他们刚回来的时候，就住在这里。4 号楼和 8 号楼稍微小一点，朝向也不好，房子差一点。像李德平他们结婚就在这个楼。

"特楼"更晚一点，后来才盖的这些楼。像赵先生先是住在 3 号楼，后来就搬到这里来了。像钱三强他们是从城里搬来的。

原子能楼前面有一排原来建筑工地的工棚，也没拆，就作为所里的饭厅，也和现在一样，自己买饭票，有米饭、馒头，各种各样的菜，吃什么就买什么。

那时候几位老先生，有时也和我们在一起吃饭。大家活动，打排球什么的，除了赵先生以外，像戴传曾、肖健等，都在一起，很融洽的。大家运动、活动都在一起，交往也比较多。

后来因为工作扩展，人员增加了，大概是1955年秋天我们就从5层搬出来了。那时沿着马路有一排楼，就是现在四环路北边这排楼造好了，有些楼没有分配给家属，就让我们单身汉搬到这里住。

由于50年代初近代物理所发展很快，阵容很大，实验室不够用，又新盖了一座实验大楼。但1955年中央决定在北京西南的房山县坨里地区兴建一座原子能科学研究新基地，代号为"601厂"，到1959年改为"401所"。做了这个决定之后，我们所在中关村的部分就不再发展了。1958年坨里那边造好后，就改称原子能研究所

2003年12月19日叶铭汉陪同何泽慧来到原子能楼，在楼道中回忆往事

了，中关村的一部分就搬过去了。静电加速器没有搬。中关村这边称为"一部"，坨里那边为"二部"。原来在中关村为我们所建的第二座大楼，在1958年建成之后，就用作举办跃进成果展览会，结束后就由微生物所和生物物理所搬进去了。

杨：当时坨里那边都哪部分人去了呢？

叶：当初不是成立了四个大组吗，赵先生的第一组实验物理组的探测器、电子学小组都搬去了，静电加速器小组留在中关村。在坨里从苏联引进了一台回旋加速器。杨澄中在1956年到兰州去了，到那里主持兰州近

代物理研究所。何泽慧先生领导的核乳胶组和云室组全搬了。第二组放射化学组，有的搬，有的没搬。第三组宇宙线组没有搬，全留了下来。第四组理论组全搬去了。还有就是1956年谢家麟先生回国之后成立的电子直线加速器组没搬。中关村的静电加速器一直没动。后来在20世纪60年代初，在坨里又从苏联引进了一台静电加速器。

到了1962年中关村部分又想发展，而且已经是决定在中关村建造一个串列式静电加速器。后来国家决定搞三线建设，不在北京进行基建，所以也砍掉了，没有造。经费倒是有了，最后原子能所中关村部分就不发展了。到了1973年成立了高能物理所，我们搬到玉泉路之后，这里只留了化学部分，因为搞放射化学实验，当时那边没有条件。还有静电加速器和电子直线加速器没动。空出来的房子，生物物理所贝时璋先生他们就搬进来了。生物物理所因为成立得晚一些，没有一处好房子，有的平房的条件也比较差，所以有地方就尽量给他们，当时他们那个所人称"八大处"，到处都有。

杨：您早期做什么研究？

叶：在五六十年代这段时间，主要是与加速器有关的技术，是我们先发展起来的。譬如说，真空技术，高电压技术，都是我们过去不掌握的，开始摸索起来。也通过静电加速器培养了一批搞加速器的人才。我们也用加速器进行了一点点核物理的实验，在国内也是首先做的。总的来说，不能说做了多了不起的工作，我们是在什么技术都没有的情况下，做了一些开创、摸索性的工作。

杨：赵忠尧先生的工作也主要是在中关村做的吗？

叶：是的。赵先生还领导一个小组在坨里的回旋加速器上做物理实验工作。

杨：叶企孙①和饶毓泰②两位老先生来过中关村吗？

叶：来过，因为他们那时也是近代物理所学术委员会的委员，都来参观过。我记得好像是1955年初学术委员会开会时来过。

杨：您能回忆一下五几年中关村的配套服务设施的发展吗？比如说福利楼、新华书店等都是什么时候建起来的呢？

叶：我们刚搬过来的时候都到海淀镇购物的，中关村什么时候有小店我都记不得了，那时候也有小商小贩。当时我们单身汉好像也不大需要什么，我们当时生活挺简单的，房间里一个热水瓶也没有，大家也没觉得需要，平常洗脸什么的都用冷水，那时大家也没觉得艰苦。

配套的服务设施大概是1955年就建起来了，包括福利楼跟书店，书店旁边有粮店。还有我刚才讲的一些房子，这期间也都造好了。我们当时因为单身，生活比较简单，也不觉得服务设施差，无所谓了。

一开始福利楼刚有餐厅的时候，质量非常好，是非常好的饭馆。后来全体厨师可能支援西北去了，我估计可能是那时西北要搞原子武器，就调过去了。那几个厨子原来还是从北京比较有名的饭馆调过来的。茶点部的点心也是很好的，那时候北京能做这种高级西点的点心店没几家，可能只有两三家，质量很好的。

大操场也是五几年就建起来了。当时很大的，是专门给科研人员留的运动场地。中间可以踢足球，还有环绕的跑道，标准的，兜一圈400米。我们刚搬过来的时候就在楼前面的空场或楼顶上锻炼，那时还有工间操，

---

① 叶企孙(1898—1977)，物理学家，中央研究院院士（1948），中国科学院院士（1955）。曾任清华大学物理系主任、理学院院长等职。叶铭汉的叔父。
② 饶毓泰(1891—1968)，物理学家，中央研究院院士（1948），中国科学院院士（1955）。曾任北京大学物理系主任、理学院院长。

上午 10 点钟在楼下。有时打打排球、乒乓球,我们有乒乓球桌子。

那时候中关村路两边绿化种树我们都参加了,也就有了后来的林荫大道。

但是我不记得小学是什么时候建的了。好像先建的是一小,后来是二小,后来一小太大了,又分了三小。就是一小旁边扩大变为三小。我的孩子一年级是一小上的,后来在北区的二小建好了,就在二小上的,因为我们住在北区。

1956 年"十二年科学技术发展远景规划"之后,中关村就往东、往南扩大了。

杨:朱德 1958 年参观原子能楼时您在场吗?

叶:没有,我是后来才知道这件事的。我们那时候保密意识很强,不

1958年10月9日,钱三强(左三)陪同朱德副主席(左二)参观原子能楼

让我们知道的事情绝不打听。所以我搞了十几年加速器，连一张与加速器合照的照片都没有照过。

杨：当年进中关村除了现在中关村大街这条路，还有别的路吗？比如您当年在清华上学的时候，到中关村来走的是哪条路？

叶：从城里来只有这一条路。我在清华上学时，一般是去燕京大学或者是海淀镇，没到过中关村。那时燕京大学的东北面有一大片桃园，原来叫"东北义园"，是埋葬东北军将士的。

杨：当时您从中关村去清华叶企孙老先生家是怎么走的？那时中关村有公共汽车到清华大学吗？

叶：都是骑自行车去，公共汽车是没有往那边走的。田里有道，搞农业也要运输东西，所以是有车道的。那时我们主要的交通工具是自行车。

杨：您刚参加工作的时候生活状况怎么样呢？

叶：刚参加工作的时候工资是400斤小米，大概折合39~40块钱，每个月不等，要看市场上小米的价格。

后来变成薪金制的时候，一开始大概是50几元。我们那时工资调得比较快，每年调一级，到1956年就90元，到1957年就106元了，当时我是助研。到1963年就调到120多元了，我那时工资算是比较高的，拿的是助研中最高的一档。因为国家经济好了，到后来少数人动的时候我也动了，到"文化大革命"前就到130多元了。

困难时期大家都一样，但是院里给一部分人有一些特殊的照顾，比如一个月有一两斤肉，要到海淀去买，我也归在特殊照顾的队伍里。还有一个故事，我女儿是1962年生的，生下来我爱人没奶，怎么办呢，我叔叔（叶企孙）那时有半磅牛奶，就给我们了，但是还不够。我就给彭真市长写信，意思是当时社会上不是能够买到高价奶吗，应该供应一些给没有奶

中关村科学城的兴起（1953—1966）
The Rise of the Science City in Zhongguancun

钱三强先生曾将近代物理所比喻为"老母鸡下蛋"，意指作为中国第一个原子能研究机构，近代物理所为中国的原子能研究机构的建立和发展所起的作用。此图为1980年代中期钱三强先生凭记忆勾画出的核科学技术机构沿革图。原图载于葛能全著《钱三强传》（山东友谊出版社，2003年）

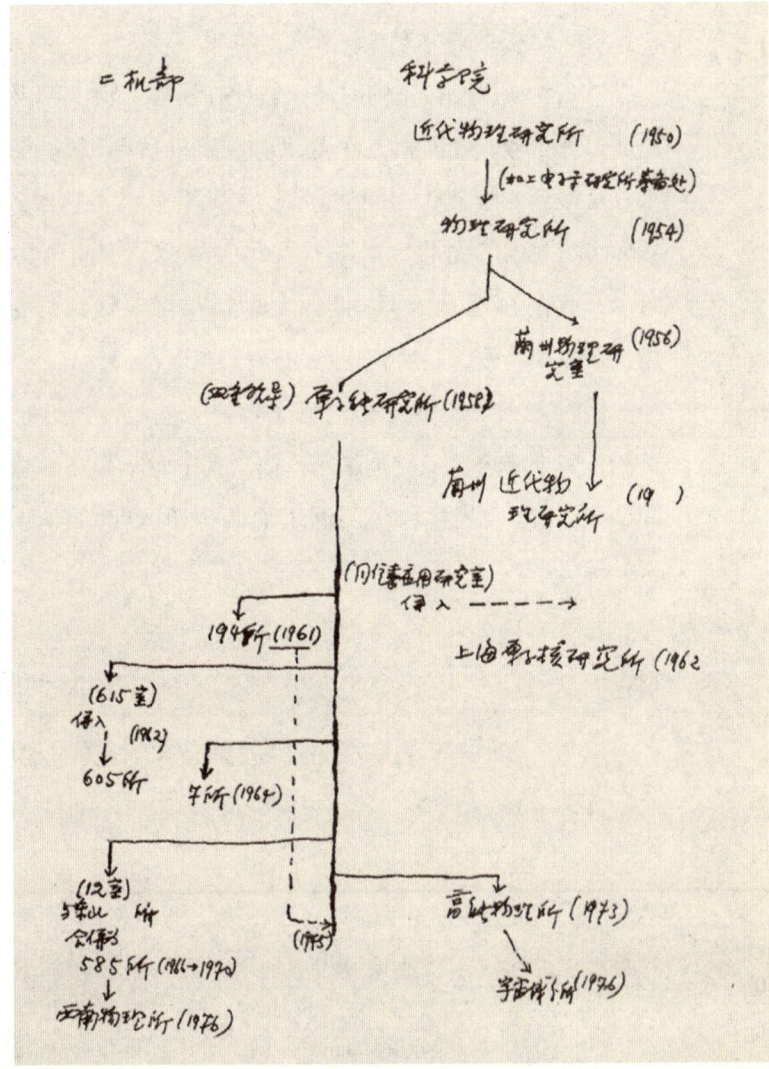

喂孩子的同志。我也没想到他就批给海淀牛奶场了，牛奶场的书记来找我，说彭真同志有批示，可以给你一些牛奶，我说是不是可以给我们一磅，他说一磅有困难，半磅可以。这样我孩子吃奶就没问题了，因为我叔叔那里有半磅，这里又有半磅。后来日子就好了嘛。

杨：您在中关村都住过哪几栋楼呢？

叶：从城里刚搬来的时候，就住在所里5楼上嘛，后来搬到现在四环路北边那排楼，那时候是单身汉。成家以后到1958年，我爱人调到北京来，就搬到8号楼，一间房。到1962年生孩子就搬到3号楼，两间房，1963年又搬到7号楼，后来"文化大革命"中间调整房子，因为我们人口少，就在10号楼给了一间，大概1973年又回到7号楼。后来从7号楼搬到黄庄804楼，然后到现在的新科祥园。

当时1、2、3、8号楼的房子稍差一些，一进门四间房间，只有一个厕所，两个厨房，一般是三家合住，其中两家都是一间房间，有一家是两间，是套间。7号楼每个门洞里面两个单元是单独的，各有两间房和厕所、厨房。

附

早年的中关村和放射化学小楼的建设[①]

杨承宗口述

中关村是从1952年的时候开始建设的，这50年来的情况，要看看钱三强同志的回忆录，那是最权威的了，因为他都参加了。我们那个时候还

[①] 摘自《杨承宗口述自传》未刊稿。该书为本丛书中的一册，即将出版。

在城里，在东黄城根。钱三强等几个领导同志，先要看近代物理所搬到哪里去，也就是去找地方。这地方要靠近北京大学和清华大学，又要有发展余地。这样就找到了中关村。那时候中关村叫"中官村"，当官的官，有两三栋房子，具体的地方就是在白颐路（现在中关村大街）到海淀路要转弯的地方。在现已拆掉了的五金交电公司（东邻现在的电话局）的东北。那时候有一片房子，几户人家，还有一片松柏树和一些石碑。在那些房子沿马路的墙上，画着一米半直径的白石灰圈，有三个字——"中官村"。据说那石灰圆圈是防狼的。

原子能所离这个地方东北500米左右。我们搬来的时候，四周一点房子也没有。造房子的时候，需要造得结实一点，因为我们有一个直线加速器，需要钢骨水泥建筑。那时候在北京还找不到能造这种钢骨水泥建筑的公司，还是到上海找的，因此成立了北京第二建筑公司，就是现在的"北京市二建"。那批从上海调来的建筑专业人员就落户到北京。那时他们没有地方，就给了他们一个地方，以前在中关村的南边不是有二建的党校吗？就在那个地方，后来拆了。

在我们前面先来的有两个人，一个是办公室主任，叫岳起，一个叫胡翼之，是退伍军人。他们住在新建的大楼里，还带着两支卡宾枪，一是防坏人，二是防狼。

建所时负责和建筑部门联系的，一个是金建中，后来到兰州去了，一个是李德平。我们大概是1954年四五月搬来的。那时家属都没有来。我们住在四所空房里面，那是四座二层小楼，地面铺的是地板。这里是经济所等四个研究所的房子，因此叫"四所"。我们搬进来的时候，有一套真空系统，是做盖革计数管时抽真空用的，由戴传曾负责。抽真空系统是玻璃制的，装在架子上不能拆。怎么办呢？那时科学院只有一辆大轿车，能坐三四十人。那个大概是苏联的车子，震动得很厉害，真空系统会被震坏。怎么办？后来就想出了一个办法，就是把真空系统搬上大轿车以后，人坐在车上，再用肩膀扛着真空系统。也就是说，人坐在车上，机器"坐"在人肩上。那时中关村到原子能所根本没有路，四周都是菜地。孙良方测量过，从中关村到原子能所有500多米，从蓝旗营到原子能所只有400多米。那时从蓝旗营到原子能所不像现在这样弯弯曲曲的，而是一条直路。因此决定，搬真空系统的车子开到蓝旗营，再由人扛到原子能所，这样可以少走一些路。真空系统没有大的损坏，大家都很高兴。当时年轻人都参加了。中关村的第一个研究所是近代物理所。第二个是地球物理所，所长是赵九章。放射化学小楼建在地球物理所稍微靠后面一点，离原子能所有一定距离。这里有人为因素，这是因为原子能所有人有顾虑，担心我们放射化学实验室有放射性。但是地球物理所不怕，赵九章欢迎。

放射小楼中间有楼梯，这个楼梯上面通二楼，下面就通地下室。地下室有两间，一间漏水，很脏；一间有个"水泥疙瘩"，我们叫它"迷宫"。它埋在地下，是整体浇起来的，很结实，敲也敲不动，炸也炸不掉，大约是一个平方多一些，不到两个平方米大，人可以进去，射线不能出来。放射源就保存在里面，所里曾买了一些镭，用铅罐子保存在这间迷宫里。为什么要建这个东西呢？因为当时是朝鲜战争时期，怕敌人飞机来轰炸。"水泥疙瘩"上边有60厘米厚，周围有1米厚。为什么上面反而比周围薄呢？因为炸弹能直接命中的不多，倒是周围受到弹片和冲击波的威胁比较大。因此，周围就比顶部要厚。"水泥疙瘩"最底下也是水泥，大概是40~60厘米厚，它的中间还有10厘米直径的铁管子一直插到地下3米深，假使敌机来轰炸了，放射源可以通过铁管子放到底下去，铁管子上面还有盖子。

  1999年底，原来要拆这个小楼的，就因为听了大家的意见，柴之芳找到了环境保护委员会，对他们说："小楼不要拆了。原子能所要建科技教育馆，这个小楼是杨先生从1954年到1955年建成的。"但后来这个放射化学实验室还是拆了。

5 地球物理研究所

访谈朱岗崑、吴智诚

受访人：朱岗崑
访谈人：杨小林
访谈时间：2007年5月31日
访谈地点：中关村朱岗崑先生家

受访人简介

朱岗崑（1916—2010），浙江淳安人。1941年毕业于中央大学地学系，1949年获英国牛津大学物理学部哲学博士学位，同年回国。中国科学院地球物理研究所研究员。

杨：请问朱老是哪一年到中关村的？还请介绍一下您早年的工作经历。

中关村科学城的兴起（1953—1966）
The Rise of the Science City in Zhongguancun

朱：我是1955年，从新街口北航空署街7号搬到中关村的地球物理所大楼的。我是1936年11月在南京考进中央研究院气象研究所的气象学习班。考试的人很多，录取的不多，我倒是取上了。我被录取之后，在所里训练学习了三个月。那时候，所长是竺可桢，但他多数时间已在浙江大学。所里派我到泰山日观峰气象台去做观测。干了大约一年左右，我报考了中央大学。那时刚刚爆发全面抗战，日本人打进来了。气象研究所内迁，先到武汉，再到重庆。我是从泰山到武汉，然后跟着研究所到重庆，在中央大学学习气象专业。四年之后又回到了气象研究所。1946年回到南京，后来我又拿到了公费，到英国牛津大学读研究生。1949年6月份拿到学位，我的导师本来留我继续在英国工作两年，但是所里让我回国，当时我还拿着国内的七折薪金。出国之前我已经娶亲了，家里有妻子有孩子，妻子身体也不好。接到所里的信之后，我就回国了。那时候我只能坐船，坐了一个月，很慢的。10月才到香港，有地下工作人员接待，又从香港坐船到天津，从天津到北京，再坐火车回到南京，回到气象所，那是在1949年11—12月间。

气象所在1950年5月改名为地球物理研究所，所长是赵九章，副所长是陈宗器和顾功叙①。陈宗器是搞地磁的，他原来是中研院物理所的，后来转到了气象所。顾功叙是北平研究院物理所的，搞物理探矿。另外，原中央地质调查所中搞地震的李善邦②先生也合进来了。不过，所中主要的力量还是在气象方面。对这个所，院领导是想让我们从南京迁到北京的，但是，当时北京没有房子，一时动不了。

---

① 顾功叙（1908—1992），地球地物学家，中国科学院院士（1955）。时任中国科学院地球物理研究所研究员、副所长。

② 李善邦（1902—1980），地震学家。时任中国科学院地球物理研究所研究员。

新中国成立初期,成立了一个隶属于中央军委的气象局。局长是涂长望①,副局长是张乃召和卢鋈。气象局在初创时期,力量薄弱。就全国来说,搞气象工作的主力在中国科学院。涂长望就向中国科学院求援,要依靠地球物理所的帮助。气象局局长涂长望,地球物理所所长赵九章,这两个人原来很熟悉,而且过去都是竺可桢的学生。竺可桢这时是副院长,在他的协调下,局、所之间就很顺利地达成合作推进中国气象事业的协议,由气象局提供条件,由地球物理所从南京调来科研人员,与气象局的人一起,共同组建了两个机构。一个叫"联合天气分析预报中心",目标是搞好天气预报,简称"联心"。还有一个叫做"联合气候资料中心",搞气象统计,气候调查,搞资料,简称"联资"。"联心"的主任是顾震潮,副主任是陶诗言②。"联资"的主任是张宝堃,副主任是我。这样,我们就带人到北京来了。可以说,所中搞气象工作的绝大多数都到北京来了,杨鉴初、刘匡南、章震越、朱抱真、江爱良等等,都来了。

杨:你们是什么时候到北京的?住在什么地方?

朱:我是1951年底,元旦之前就来了。当时军委气象局办公的地方在新街口北航空署街7号,我们住在新街口北魏胡同17号,离气象局很近。当时,中国科学院在北京的房子非常紧张,在双方签协议的时候就说好了,办公和居住的用房,要由气象局负责解决。气象局初建,缺乏资料,我们从南京运来了大量的资料,那是很宝贵的,是原来气象所积累了多年的很多资料。后来,其中有不少资料就支援给气象局了。

当时"联资"的主要工作是整理气象资料,为抗美援朝之用,以及出

---

① 涂长望(1906—1962),气象学家,中国科学院院士(1955)。时任中央人民政府军委气象局、中央气象局局长等职。

② 陶诗言(1919—2012),大气物理学与气象学家,中国科学院院士(1980)。时任中国科学院大气物理研究所研究员。

版《中国气候图集》。另外还有一项工作就是培养年轻人。

杨：请说说你们研究所搬到中关村的情况。

朱：前面说了，地球物理所的本部在南京，全所的研究工作按学科性质分为四个部分，分别由赵九章（气象）、李善邦（地震）、陈宗器（地磁）、顾功叙（物探）负责。我们做的工作都是与国家建设紧密相关的。军事方面，抗美援朝前线，解放海南岛、舟山群岛，都有气象方面的问题要解决。西藏和平解放了，就跟着有这方面的任务。还有防洪救灾，台风、寒潮预告等等。那些年，我们和气象局配合，做了大量的工作，应该说，成绩是很突出的。除了气象方面，还有顾功叙领导的物理探矿，全国各地到处跑，帮助产业部门找矿。不过，他们本来就是在北京的。地震方面，工作也很多，哪里修铁路、修水库，建工厂，搞大

1954年建成的地球物理所大楼（北侧）。1966年3月地球物理所一分为四，此楼由独立后的大气物理所使用。1973年，大气物理所迁往祁家豁子后，由电工所迁入（摄于2008年5月）

建筑，都需要了解这地方是否会发生地震，历史上发生过的地震烈度是多大，对新建筑有什么要求。他们也很忙，不只是李善邦，赵九章也花了很多精力。后来地球物理所因为有大量事情要在北京办，因此就在我们住的北魏胡同17号，成立了地球物理所北京工作站，站长是叶笃正①先生，赵九章先生也经常在这里办公。这期间，科学院已经在中关村为地球物理所盖大楼了，北京工作站同时也在为迁所作准备。1954年下半年楼盖好后，工作站就先搬过来了，同时在南京的地震、地磁、物探方面也都搬了过来。而我们还在城里，等到1955年"联资"、"联心"的合同届满了，才回到所里上班。一个研究所原来分散在南京、北京的三四个地方，终于可以合在一起了，大家都非常高兴。因为事先已有准备，搬家工作进行得有条不紊。

杨：您当时对中关村新大楼的印象如何？

朱：那个时候这一带地方很荒凉。当时从城里到颐和园去玩，从新街口起到西直门转过来，从白石桥再往这边走，印象里面只有农科院那个地方有个楼，有个大门。再往颐和园方向去，就只有北京大学的西门，是个大门。中关村这里只有一些零碎的农家房子。我们研究所的大楼建在这儿，当然觉得很壮观。楼里面也很宽敞，与原来的工作条件比，好像是换了一个天地。这是中国科学院在中关村建的第二个实验大楼。第一个是近代物理所的大楼，搞原子能的。第二个就是我们的楼。按现在的街名说，是在中关村北二条6号，后来是给电工所了。当时我们楼的旁边，还有给社会科学方面盖的四栋二层小楼，当时叫"四所"，我们初到时，就在四所食堂吃饭。

---

① 叶笃正(1916—2013)，中国科学院院士（1980）。时任中国科学院地球物理研究所研究员，后任大气物理研究所所长、中国科学院副院长等职，2005年获国家最高科技奖。

杨：您的办公室在哪？家住在哪里？

朱：我在3层。家就住在附近的3号楼302号，那时候我是副研究员，所里给了我两大间宿舍。当时算是中关村的最北边。"文革"中，把我撵出来，搬到29楼很小的一间。"文革"过后，落实政策，我家又搬到友谊宾馆对面的西颐北馆，是两大间。到了1980年，从北馆搬到这里了，810楼。

杨：您能回忆一下1956年参加"十二年科学发展远景规划"工作的情况吗？

朱：那是一个很大的事情，有苏联专家来的。持续了挺长一段时间，参加的科学家也很多，有些人是脱产搞这个。有一段时间，有个把月吧。当时我们都住在西郊宾馆。我们是气象海洋组，住会的人中，气象方面是赵九章和我。海洋方面，是天津的一个局长，叫徐力伟，大概是航海保护局的，他是搞海洋测量的，现在不在了。他是来自军队的负责人，不一定都参加具体的事，有时他会来主持一下，指挥指挥，提供些材料，提些要求。科学学科方面的具体内容是由我们来做。军事国防方面，有些很保密的内容，可能有另外的搞法，不会在大范围内讨论。时间长了，很多事儿都记不清了。

受访人：吴智诚

访谈人：杨小林

访谈时间：2007 年 6 月 28 日

访谈地点：中关村中科院政策所会议室

受访人简介

吴智诚（1933—），安徽人。曾任中国科学院空间物理研究所党委书记、副所长。

杨：您初到地球物理所时具体做什么工作？对研究所的印象怎样？

吴：我是 1956 年 7 月调到地球物理所的，在所办公室为赵九章所长做些秘书工作。

研究所是知识分子成堆的地方，我要和科学家打交道，要称呼他们为"先生"，我从部队来，不大叫得出口。有一次赵所长让我找地震学家、一级研究员李善邦先生到他办公室。我到 3 楼不知哪间房，就在走廊上叫"李善邦"，结果有一位同志训斥说："李善邦是你叫的吗？应叫李先生。"这次记忆深刻，时间长了就慢慢习惯了。

那时科学院在中关村只有现在的北区一部分，最高的大楼是原子能所，是中关村第一座楼，我听说在白石桥那边的中央气象台，往北观测能见度的一个标志就是这座楼。第二座楼就是地球物理所。

杨：地球物理所大楼什么时候盖好的？

吴：1954年大楼建成，同年下半年全所从南京搬进大楼。在此之前，1950年下半年，地球物理所与军委气象局合作，建立"联合天气分析预报中心"和"联合气候资料中心"，所里有相当多的气象研究人员来北京参加上述两个中心的工作，在北魏胡同设立地球物理所北京工作站，由叶笃正负责。全所搬来后这个站就取消了。解放后，我国的天气预报工作和气候工作主要是由上述两个中心开始建立起来的，地球物理所的人员起了主要作用，是顾震潮、陶诗言带领和指导的。直到我国"两弹"做试验，他俩还是亲临第一线做预报工作，为国家作出了贡献。

杨：地球物理所的业务工作情况怎样？

吴：地球物理所的前身是1928年成立的气象研究所，1950年国务院批准成立地球物理所，业务范围扩大，除了气象研究外还有地磁、地震、地球物理探矿，成为科学院的一个大所了。

赵九章①是位气象学家。在赵先生之前的老一辈气象学家，主要有竺可桢，他是中央研究院气象研究所第一任所长，为我国气象学研究打下了很好的基础。竺可桢下面就是赵九章、涂长望、北大的李宪之、南大的朱炳海、吕炯等，再下来就是叶笃正、顾震潮、陶诗言、

1953年赵九章摄于访苏期间

---

① 赵九章(1907—1968)，气象学家、地球物理学家、中国科学院院士（1955）、"两弹一星功勋奖章"获得者。曾任中央研究院气象研究所所长，新中国成立后历任中国科学院地球物理研究所所长、中国科学院卫星设计院（代号"651设计院"）院长等职。

叶笃正获2005年度国家最高科技奖

谢义炳[1]这一代。气象学界这一代曾有"四大金刚"的说法，就是指的这四位。叶笃正是赵九章在西南联大的学生，在浙大史地系读研究生时是涂长望的学生，在美国获得博士学位后，1950年回国，一直从事大气环流、动力气象、高原气象和气候变化等领域的研究。先后担任过大气物理所所长、中国科学院副院长，曾获世界气象组织第47届最高荣誉奖，2006年获我国2005年度国家最高科技奖。

我国气象学研究队伍是很强大的。当时地球物理所是我国气象学的主要研究基地之一。所内除了上述科学家外，还有张宝堃、朱岗崑、高由禧[2]、杨鉴初、刘匡南等一批气象学家。

杨：请谈一下地球物理所抓地震工作的情况。

吴：由于国家建设需要，赵九章抓地震工作，花的时间很多。国家要在哪里建设，首先要了解那里的地震烈度，如烈度是6度，建设设防就少些，如是8度，投资就要增加很多。地震资料过去虽然有，但不全。中国科学院成立了以李四光、竺可桢为首的地震工作委员会，赵九章是委员会的秘书，实际上是秘书长，办公室就设在地球物理所内。他组织各方面专家先后编出了《中国地震目录》、《中国地震烈度表》。地球物理所在50年代建立了不少地震台，监测地震。仪器开始多是苏联的，随后是我们自

---

[1] 谢义炳（1917—1995），气象学家，中国科学院院士（1980）。北京大学教授。

[2] 高由禧（1920—2001），气象学家，中国科学院院士（1980）。时任中国科学院地理研究所副研究员。

己研制的，在相当数量的台站基础上，形成地震监测网。

杨：赵先生怎么会去搞海浪研究？

吴：50年代初，直到1956年气象资料一直是保密的。国外对我们封锁，我们也得不到国外资料，不像现在有气象卫星等先进手段，全世界气象资料都公开广播，尤其是台风形成、路径、强度，几天前就公告出来，使大家早有预防。那个年代各国都保密。如果台风来了不知道，经济上、军事上和老百姓生活上都会损失很大。赵九章考虑，台风之前有浪先来，他想以海浪来预告台风，所以成立一个海浪研究组。在大楼内建立了海浪模拟设备，制作海浪仪，和海军合作去青岛设立海浪观测站。当然研究海浪除了当初想预告台风外还有别的重要用途。

杨：我国早期搞卫星时，地球物理所作出了重要贡献，那时的大致过程怎样？

吴：1957年10月4日，苏联成功地发射了世界上第一颗人造卫星，这件事情轰动了全世界。我们国家的科学家也反应很强烈，一是当时美苏两个阵营，苏联是我们社会主义阵营嘛，我们这个阵营发射卫星了，大家很高兴。二是一些科学家认为搞卫星对发展现代科技非常有好处，虽然以我们国家当时的实力，不可能当时就去搞，但是要作准备，从科学、技术上都要作准备。10月13日，中国科学院等单位联合就苏联成功地发射人造地球卫星这一重大事件举行座谈会，参加会议的有天文、力学、气象、地球物理、原子核物理、电子学等各个学科的科学家50多人。会上赵九章等许多科学家就提出，我国也要开展人造卫星研究工作。两天之后，10月15日，"国际地球物理年"中国委员会就设立了人造卫星光学观测组和无线电观测组。随后赵九章等科学家们就积极开始调研工作。

1958年5月17日，毛泽东在中共八大二次会议上，提出"我们也要搞人造卫星",而且政治局也研究同意了由科学院为主搞人造卫星,聂荣臻[1]就派张劲夫、钱学森[2]和国防部五院的副院长王诤来负责这件事情。这样张劲夫副院长就组织科学家们座谈,院领导有时参加,讨论搞卫星应该需要一些什么技术,科学问题有多少,还有其他各方面的问题。1958年的七八月间,这种讨论相当多。多数会议是在地球物理所大楼内开的,后来为了组织这件事情,可能是1958年的8月份,院党组就决定成立"581"组,负责组织和协调卫星、火箭探空任务,钱学森是组长,赵九章和卫一清是副组长。钱学森当时主要精力是在搞导弹。人造卫星方面,主要负责的是赵九章。参加的主要单位有地球物理所、力学所、电子所、自动化所、生物物理所、计算所和化学所。有个"九人领导小组",都是各个所的所长或党委书记。地球物理所是赵九章和卫一清,力学所是钱学森和

1959年"581"组在西苑饭店举办成立一周年纪念展示。图中右起:郁文、钱骥、赵九章、杜润生、廖冰、卫一清

---

[1] 聂荣臻(1899—1992),时任国务院副总理兼任国务院科学技术委员会主任。
[2] 钱学森(1911—2009),物理学家,火箭专家,中国科学院院士(1957),"两弹一星"功勋奖章获得者。新中国成立前曾任美国加州理工学院航空系研究员、空气动力学教授、喷气推进中心主任等职。1955年回国后任中国科学院力学所首任所长,后曾任五院院长、第七机械工业部副部长等职。

党委书记杨刚毅,还有电子所的顾德欢,自动化所的武汝扬,计算所的阎沛霖,化学所的华寿俊,生物物理所的党委书记康子文。

开会有时候还请国防部五院的同志参加,当时钱学森是中国科学院力学研究所所长,还是国防部五院的院长。另外五院的副院长王诤是一位中将,他有时候也来。当时还请了军事医学科学院的生理学家蔡翘来参加。搞卫星,可能要人上天,就要研究宇宙生物问题。后来军事医学科学院和我们生物物理所有关人员组织起来成立了专门研究队伍,后来成立的五院507所的前身,也就是现在训练宇航员的那个单位。

"581"组是一个领导小组,不能什么事情都管,下面成立一个"581"组办公室来负责组织具体事务。办公室的人基本上都是地球物理所的人。钱骥①当时是地球物理所办公室的副主任,让他到"581"办公室负责科技工作。

杨:"581"组的办公室当时设在什么地方?

吴:设在地球物理所,赵九章办公室就在一楼的103号,钱骥也在一楼。开一些座谈会都在二楼的会议室。那时候比较落后,作学术报告或者讲一些方案,不像现在有电子显示,要把图一张张画好,然后一张张翻。钱骥作报告的时候,比如第一张是卫星总体,下面就是一张结构图。他作报告,别人在旁边帮他翻。后来稍微先进一点,搞一些幻灯片,一张张地放。1965年赵先生作报告,还是用幻灯片。

地球物理所大楼房子少,业务面扩展了,地方不够用,就借了西苑某中央机关的房子。那地方就在现在西苑中医研究院南门正对面,整个那个院子都是科学院借的。有一座三层小楼,估计是解放后盖的,围墙围着,

---

① 钱骥(1917—1983),空间技术和空间物理专家,"两弹一星"功勋奖章获得者。曾任中科院地球物理所办公室副主任、651设计院业务负责人、七机部第五研究院卫星总体设计部主任、副院长。

门牌号叫西苑操场甲1号。前几年他们拿出借条，发现是张稼夫签名借的，张稼夫1953年到1956年初是科学院的副院长，到我们搬去西苑的时候已经是张劲夫接替张稼夫了。这说明那房子是张稼夫时代就借用了，但是我们不知道是做什么用的。

1958年10月，"581"组办公室就搬到西苑去办公了。说起来是办公室，实际上是搞了一些研究实体。成立了包括卫星总体研究组等七八个研究组。另外还有行政机构，对外是保密的，叫"581"组，慢慢发展成几百人了。1960年以后，叫作地球所二部。研究组也改称研究室了，包括总体研究室、电离层物理研究室、中层大气物理研究室等，有关学科都建立起来了。

"581"组发展很快，西苑那个地方还是太小。中关村地球物理所大楼旁边有座二层小楼，有个研究室就搬到这小楼里。另外在北郊祁家豁子建了一个3号楼，本来是宿舍楼，我们就把宿舍楼中的一部分改成了实验室，搬去两个研究室。在北郊还新建了空间环境模拟实验室（约12平方米），还建了加工厂（后来称为"581"厂，有几千平方米），所以"581"组的地址是很分散的。

1966年一二月份，整个地球物理所分所了，一个大气物理所，一个地球物理所，一个是应用地球物理所，在北京分了这三个所。另外还有一些人去了昆明，有些人去了兰州，先后成立新的研究机构。

杨："651"设计院什么时候成立的，在哪里办公？

吴：1966年1月正式成立"651"设计院，也叫卫星设计院。由赵九章当院长，杨刚毅是书记，钱骥和"581"组的总体室等都调过去了，力学所的五室等机构都是属于"651"设计院的。开始办公是在中关村的一座二层楼上，是一个工厂的房子，后来大概是属于电工所的，位置靠近成府路。后来又转移到了力学所大楼的五层。

"651"设计院的党政人员是由科学院华北办事处合并来的（这个办事处当时刚撤销）。

"文化大革命"时，中央社会主义学院停办了，他们的房子（在白石桥附近）空出来了。1968年2月国防科委五院搬到那儿了。"651"设计院和应用地球物理所（即原"581"组）都划归五院的建制了，装配卫星的北京科仪厂也归到五院去了，还有好多所和工厂，这都是在"文革"浩劫中发生的，使科学院大伤元气。

杨：您能回忆一下您所了解的赵九章先生的一些情况吗？

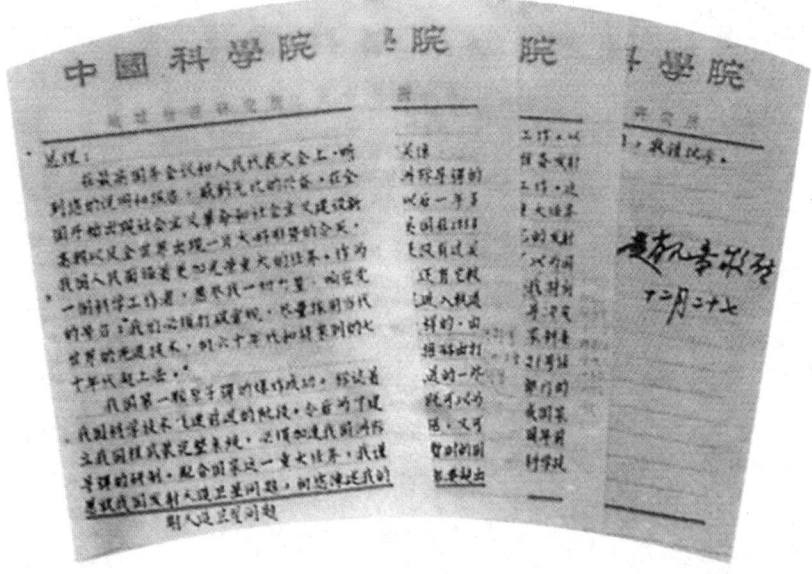

1964年12月27日赵九章致函周恩来总理，提出关于重新启动研制人造卫星的建议。此后不久，中国科学院成立了"651"设计院

地球物理所机构演化系谱（吴智诚绘制）

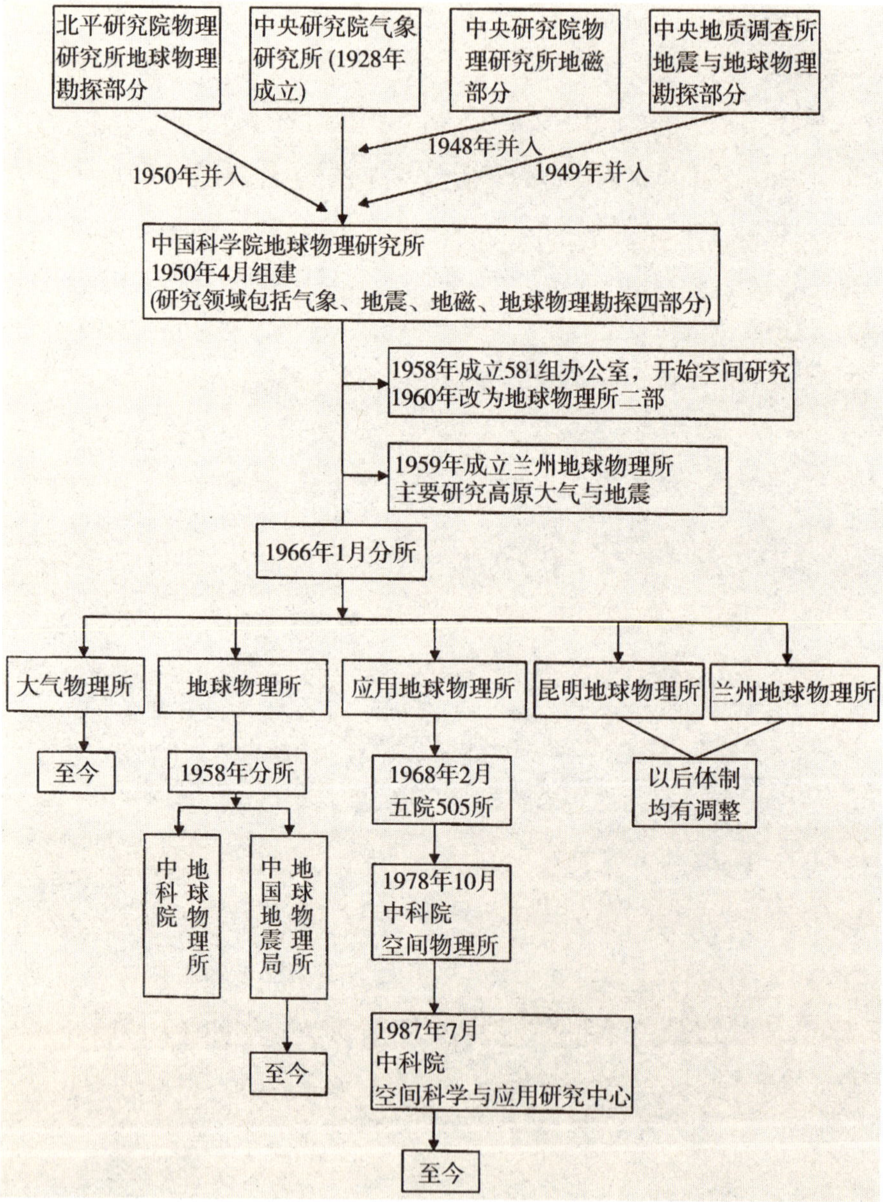

吴：赵九章先生很爱国，国家需要他干什么就干什么，他总是为国家考虑，也就是他说的那句话："科研要急国家之所急，还要先走一步，为国家长远需要早作准备。"

1958年以后，他开始抓人造卫星。卫星研制是个大的系统工程，既要有科学设计，也要有工程技术设计。赵九章着重是科学设计。除了卫星本身的设计外，他还抓有关的空间科学研究。60年代他亲自组织研究组，研究磁暴，研究空间辐射问题。他常举的一个例子是苏联虽然第一个发射卫星，但理论研究工作没有跟上。苏联卫星首先进入辐射带，卫星仪器计数率突然增加，他们误以为是仪器故障。而美国卫星也出现了同样现象，结合高纬度火箭探测的同类现象，他们认为这是被地磁场捕获的带电粒子引起的，于是发现了地球周围存在着辐射带，用美国科学家范阿伦的名字命名为范阿伦带。美国人占了先，这就说明理论研究的重要性。

我国的空间物理学应该说是赵九章创建的，他经常和他的研究组一起学习，一起讨论，紧跟国际空间物理学的研究前沿，他们发表了一些较高水平的研究报告。这个研究组培养出了一批具有一流水平的空间物理学家，直到现在还活跃在科研第一线。其中后来当选科学院院士的有两位（刘振兴、魏奉思），国际宇航科学院院士有一位（刘振兴）。

赵先生对我国气象卫星研制也是早有准备，1962年就招两位研究生开展气象卫星的预研课题，从大气吸收光谱搞起，还建立实验室，研制有关红外线仪器。1965年8月就写出我国气象卫星设计设想报告，在有关卫星会议上作了报告。这些都说明了赵九章的远见卓识。看得远，要搞新东西，这是他的一大特点。

他还有一个特点，能不耻下问。他不熟悉的东西，善于向别人请教。

他带的学生所研究的都是些新的领域,他让学生去请教有关专家,如力学问题请教郭永怀①,天文学问题请教王绶琯,光学问题请教王大珩②,电子学问题请教陈芳允……他都是亲自写信、打电话,派学生前去。他对这些专家都很尊重。他尊重别人,别人也尊重他。他和同辈的科学家关系都很好。所以他在搞卫星"抓总"时,各方面专家协调都比较好,真是同心协力。再有,是赵九章先生非常爱才,热心培养提掖后辈,不拘一格培养人才。这方面例子很多,如周秀骥、巢纪平、王水等院士都受到赵先生的重点培养,甚至连过去的公务员、司机,只要爱学习,他都加以培养,如陈建奎、王宝根等,后来都成为高级技术人才。

杨:请您再回忆一下关于钱骥先生的一些情况。

吴:我1956年刚来中关村的时候,钱骥是地球物理所的办公室副主任,实际是所里的学术秘书,给赵九章当学术上的助手,我跟他接触比较多。他工作特别认真、谨慎,老老实实,不爱多说话。到了"581"组的时候,他还是办公室副主任,负责科研组织工作。他是学物理的,工程技术也很清楚,赵九章搞一些技术上的规划什么的,基本上是钱骥帮他弄。

"581"组办公室下面有一个计划科,让我负责。计划科没有科长,我是副科长,一直到"文化大革命"。钱骥管业务,当然上头是赵九章。我跟钱骥接触得比较多,我大多是做些具体工作,科研业务主要是钱骥拿主意。

---

① 郭永怀(1909—1968),力学家、应用数学家、空气动力学家、中国科学院院士(1957),"两弹一星"功勋奖章获得者。时任力学所副所长,后历任二机部第九研究所副所长、第九研究院副院长等职。

② 王大珩(1915—2011),应用光学专家、中国科学院院士(1955),中国工程院院士(1994)。历任中国科学院仪器馆馆长、中国科学院长春光学精密机械研究所所长等职。

那个时候"581"组业务比较多,有搞卫星总体的,有搞探空火箭总体的,有搞结构的,有搞环境实验室的,还有搞电离层物理研究的,空间物理学研究的,大气物理研究的,很多学科。钱骥是业务上的总管,我们计划科就是做具体管理协调,有时起草个书面材料,组织开个会等等。他工作挺认真的,但是他这个人内向,不跟人家争什么,实实在在的一个人。

钱骥在第一颗人造卫星,即"东方红"卫星的总体设计上起了关键作用。因为搞卫星不单是技术总的设计,还有那么多单位,怎么组织,哪些单位承担什么任务,怎么样搞,这些组织工作,要求组织者对业务比较熟,这方面由钱骥和总体组来安排、负责。第一颗卫星方案论证,钱骥带领总体组的人在那里组织搞。1958年科学院上报关于卫星研究的申请报告中,第一人是赵九章,第二人就是钱骥,是他俩起了主要作用。

1965年10月11日在友谊宾馆召开我国第一颗卫星方案论证会期间,钱骥对我说,晚上周总理接见。我的棉上衣有些破,想找人借一件上衣,回家拿来不及了。我张罗着找人借衣服。在总理接见后的某一天,钱骥向我们说了点情况:"当总理知道我的姓名后,感叹道:看来搞卫星也离不开钱呀!"这句话一语双关,一方面

"东方红1号"卫星

是搞原子弹有钱三强、搞导弹有钱学森，现在搞卫星又有了个姓钱的。另一方面说的是搞这些尖端项目都要花大钱呀！没有钱是搞不成的。总理这句话意味深长，令人难忘。

1966年1月，搞总体的人到"651"设计院去了，"文革"浩劫中，不叫他搞主要工作了，他还是搞资料、搞翻译。"文革"后他当了五院副院长，很可惜，到1985年就去世了，得了癌症。他人是相当不错，1999年，追授他"两弹一星"奖章。他在世的时候默默无闻。

杨：请您再介绍一下空间中心的情况。

吴：中科院空间中心的前身大部分是空间物理所。主要是从事空间科学的研究，也有应用研究。许多学科带头人和骨干均是赵九章、钱骥带出来的。他们现在都已到退休年龄。现在的科技骨干都继承了过去的优良传统，同时也有很大的发展。如双星探测、神舟飞船上的载荷研究都取得了重要成果。在我国探月工程也承担了有关空间学科的研究任务。同时空间微波遥感和有关应用研究也是空间中心的重要研究领域。

1997年是赵九章九十周年诞辰，有42位院士倡议为赵九章竖立铜像。这座铜像就摆放在空间中心的门厅内。

赵九章铜像

中关村科学城的兴起（1953—1966）
The Rise of the Science City in Zhongguancun

为赵九章树立铜像倡议书上的签名

王淦昌、王大珩、叶笃正、陈芳允、杨嘉墀、彭桓武等42位院士倡议为赵九章竖立铜像的签字

6 化学研究所

访谈胡亚东

受访人：胡亚东
采访人：杨小林
访谈时间：2007年6月4日，8月7日，8月9日
访谈地点：中关村胡亚东先生家中

受访人简介

胡亚东（1927—），北京市人。1949年毕业于清华大学化学系。曾任中国科学院化学所所长，联合国教科文组织高级官员。

杨：请先谈一下您到化学所之前的情况。

胡：我是抗战胜利前一年考上的天津工商学院，我本来想考辅仁大学

化学系，结果没考上，就到了天津工商学院学国际贸易。念了一年后，抗战胜利了，北大、清华都回来了，我就又考上了北京大学化学系。那时候叫临时大学，已经不是日本时期的伪北大了，当时的系主任是刘思职。上了一年以后，清华大学迁回清华园复校，临时大学的学生可以选择清华、北大两个学校继续学业，我就选择了清华。所以我上清华不是考上的。这是1946年，到了清华大学化学系，上二年级。在清华这三年，虽然花了很多时间参加如火如荼的学生运动，还加入了党的地下外围组织"民青"，但基本上可以说没耽误什么学业。当时清华的教授非常好，系主任是高崇熙，张子高、黄子卿、张青莲、马祖圣等著名教授，都教过我们。那真可以说是"获益匪浅"，所以后来我到苏联去留学，学习起来就很轻松了。

1949年从清华毕业以后，我分到轻工业部的人事处，主要负责组织、辅导马克思主义学习，还有就是建立中苏友好协会、工会等，还是轻工业部的团支部书记、宣传委员。这期间我入了党。斯大林七十寿辰的时候，到苏联大使馆去祝贺，我是代表轻工业部去的。那天我穿的是一条美军的呢子裤，是在东单买的美军剩余物资，那是我当时最好的一条裤子。

一年以后，我就调到了业务处，是合成橡胶组的组长。那时候国家刚解放，缺少橡胶，橡胶是战略物资。后来说新疆有一种草，根上有橡胶，可以提取，就派我们到新疆去调查橡胶草。我记得一起去的有农业部的副部长杨显东，还有西北武功农业大学的两位教授，有一位老先生，是造皮革的。还有一位，是刚从美国回来的席承藩①，后来他当过科学院南京土壤所的所长。调查回来之后，我还写了一份调查报告，发表在《中国轻工

---

① 席承藩（1915—2002），土壤地理学家，中国科学院院士（1995）。时任南京土壤研究所助理研究员。

业》第一期还是第二期上，记不清了，这是我发表的第一篇关于高分子方面的文章。

当时轻工业部的部长是黄炎培，党委书记兼副部长是龚饮冰，他是龚育之①的父亲。龚饮冰这个人非常好，没有一点架子，经常找我们这些二十出头的年轻人谈话，征求一下对部里工作的意见，和我们聊天，聊他自己的历史。他说他在东北做地下工作的时候，还做过和尚，让我们看他头上的戒疤。

1951年组织上就派我去了苏联学习高分子化学，1955年8月毕业。拿到学位以后我并没有回轻工业部，而是到了中国科学院。当时去前门火车站接我的是院人事局的肖金②，院里派了一辆车，我父亲也去了，我爱人也去了，结果车坐不下，肖金就自己乘公共汽车回去了。当时我也不知道我是怎么到科学院来的，直到90年代我退休以后，肖金才告诉我，当年是院人事局局长钱三强派他去教育部把留苏学生的材料找来，钱三强亲自挑，一共挑了三个人，一个是我，一个叫张志诚，电子学的，还有一位记不清了。我从苏联回来是1955年8月，一回来就让我到化学所来了，在化学所干了一辈子。

杨：您在清华上学的时候，来过中关村这边吗？

胡：我在清华读书时，不知道现在中关村这边叫什么地名。这里紧靠着清华，就在清华的南面。有时候在边缘地带走一走，望一望。那时候我的印象，远远望去，好像是一片沼泽似的，好多地方有水，水洼地。还能看到几处不很大的树林子和破房子。我来到化学所的时候还有，那房子也

---

① 龚育之（1929—2007），曾任中共中央文献研究室副主任、中共中央宣传部副部长、中共中央党校副校长、中央党史研究室常务副主任等职。

② 肖金，时任中国科学院干部局人事干事。

中关村科学城的兴起（1953—1966）
The Rise of the Science City in Zhongguancun

不是正经的农村住家的房子，像窝棚似的，很小，里边很暗，没光线。这样的房子，在我们来了好几年之后才没有的。

我来化学所的时候，这里已经叫中关村了。但是它原来叫什么呢？当时，我们要出门上海淀镇，或是去坐公共汽车，要走小西门，那

化学所科研楼

里原来有条通向大路的通道，就在后来的中关村二小与科学院幼儿园之间。小西门旁边原来有几间农家房，靠路口的那个房子的山墙上挂着一个木牌子，是歪歪着的，上面写着"中官屯"三个字。好多年都在那里挂着。当时如果把那块木牌摘下来保留起来就好了，现在也是文物了。

化学所这块地儿，在中关园南边，在靠西这一段上算是科学城的北边了。我刚来的时候，中关村还很荒凉，只有几个楼，一个是原子能楼，是钱三强、彭桓武、王淦昌他们那个楼。还有一个是地球物理所大楼，就是赵九章、叶笃正、顾震潮、陶诗言他们那个楼。另外还有四所，就是四排的两层楼，原是给社科四个研究所的，后来有些变化。有几个所没有来，社会所从南京搬来了，来了的时候改名叫经济所了，所以我们管他们那几排叫经济楼。冯玉祥的女儿冯理达的丈夫、著名经济学家罗元铮[①]就在这里上班。我们很熟悉，他家住7号楼，我也住7号楼，他们后来搬走了。

---

① 罗元铮（1925—2003），经济学家。时任经济研究所助理研究员。后历任经济科学出版社社长、中国社会科学院研究生院教授、北京大学经济系兼职教授等职。

1955年经济所搬到城里去了，有些研究所就利用那里的房子周转。60年代初的时候，化学所人越来越多了，就把从南边数的第二排的楼上和第三排的整栋腾出来给了化学所。但是我们习惯上仍然叫它们是"经济楼"。人们后来有的以为是因为盖二层楼省钱才叫"经济楼"的，那也算是一种顾名思义，但实际上不是那么回事，是经济所的楼，就像我们化学所的大楼有时被称作"化学楼"一样。

我们化学所大楼是1955年盖好的。我刚从苏联回来，觉得我们化学所的大楼比苏联的漂亮。不过，我起初来到研究所的时候，楼周围的路还没修好，晴天全是土，雨天全是泥。记得在1955年8月间，我陪柳大纲①、袁翰青②两位先生往成府路那边走，走得很困难，没有适合走的路。

杨：化学研究所成立初期的情况是怎样的？

胡：建院初期，调整旧研究机构的时候，在上海成立了以庄长恭③为所长的有机化学所，还有以吴学周④为所长的物理化学研究所，把北平研究院的化学所给撤了。1952年成立东北分院，把物理化学所迁到了长春，后来成了应用化学所。另外在大连还有一个工业化学所，就是后来的大连化学物理研究所。后来又想在北京成立一个综合性的化学研究所，起初是想把有机化学所从上海迁过来，以它为基础再加以扩大。1953年年底成立了一个筹建委员会，以庄长恭为主任，以杨石先为副主任。研究所大搬

---

① 柳大纲（1904—1991），中国科学院院士（1955）。曾任中国科学院化学研究所所长、青海盐湖研究所所长。
② 袁翰青（1905—1994），化学史学家，中国科学院院士（1955）。时任中国化学会秘书长。
③ 庄长恭（1894—1962），化学家，中央研究院院士（1948），中国科学院院士（1955）。新中国成立后任中国科学院有机化学研究所所长。
④ 吴学周（1902—1983），化学家，中央研究院院士（1948），中国科学院院士（1955）。历任中国科学院长春应用化学研究所名誉所长、环境化学研究所所长等职。

家,有许多许多困难,后来决定只把有机所中的高分子部分迁过来,任命曾昭抡①做所长,柳大纲做副所长。曾昭抡先生当时是高教部副部长,很忙,实际上筹建工作的担子就落在柳先生的肩上。柳先生原来是随吴学周他们从上海到长春的,这回建化学所,就把他调到北京来了。后来"反右",给曾先生戴上右派分子的帽子,所长也不让当了。柳大纲以副所长代所长干了一段时间,后来"扶正"的。

杨:化学所刚成立的时候有哪些研究室,楼内各研究室又是怎样安排的?

胡:化学所刚成立的时候,主要是由四部分组成的:一是上海有机所的高分子部分,钱人元②、王葆仁③带了一大批人来,他们是1956年来的。二是北平研究院的分析化学和有机化学部分,分析化学是梁树权④先生,有机化学是蒋明谦⑤先生,跟他一起的还有李广年、李光亮。三是北京大学由黄子卿和傅鹰两位教授兼任的物理化学研究室,黄子卿先生搞热力学,傅鹰先生搞胶体化学,还有唐有祺建立的热化学,胡日恒从美国回来以后成立了热化学组。四是柳先生的无机化学研究室,主要助手是徐晓白。

因为一楼比较稳,震动比较小,所以需要精密仪器设备的研究室都在一楼有一些实验室。具体分布是:一楼大部分是物理化学研究室,还有分析化学研究室和高分子物理研究室,一楼靠图书馆这边主要是高分子物理

---

① 曾昭抡(1899—1967),化学家,中央研究院院士(1948),中国科学院院士(1955)。化学所所长,此前曾任北京大学教务长兼化学系主任、高等教育部副部长等职。
② 钱人元(1917—2003),化学家,中国科学院院士(1980)。时任化学所研究员,后曾任化学所所长。
③ 王葆仁(1907—1986),化学家,中国科学院院士(1980)。时任化学所研究员。
④ 梁树权(1912—2006),分析化学家,中国科学院院士(1955)。时任化学所研究员。
⑤ 蒋明谦(1910—),化学家,中国科学院院士(1980)。时任化学所研究员。

1963年柳大纲（二排左一）和化学所同仁在一起

研究室，钱人元先生就在一层。二楼大部分是分析化学研究室，少部分是物理化学室。三楼是有机化学研究室和无机化学研究室，柳先生在三楼。整个四楼都是高分子化学研究室。当时高分子化学和高分子物理研究室很大，无论是人员也好，题目也好，都占了化学所将近一半。可以这么说，中国高分子化学和物理的发展基本上是科学院化学所带起来的。

这是一开始的情况，后来在怀柔火箭基地又成立了化学所二部，主要搞火箭烧蚀材料。

化学所当时跟北大的合作很好，柳先生的为人特别好，非常和善，他可以海纳百川，所以他跟北大的合作，非常的顺利。

当时从面积上说，化学楼好像是最大的。那时候看起来相当好。研究所的大门是朝南开的，不是现在这个样子。大楼是五层，一层的两边，东

中关村科学城的兴起（1953—1966）
The Rise of the Science City in Zhongguancun

1956年苏联科学院院长涅斯米扬诺夫访问化学所时，参观化学所图书馆

边是图书馆，西边是礼堂，都是当时中关村一带最为漂亮的有名场所。图书馆的设计非常精巧，阅览室高达7米，有80个阅览桌位，各种外文杂志曾多达300多种，藏书数万册，全部开架。当时化学所对于外文杂志的采购是不遗余力的，曾以重金到英国、德国等书市采购化学杂志，如德文的物理化学会志就从第一卷第一期补全直到20世纪，不缺一期。CA则要备两套，一套原版，一套影印版，原版藏于楼上，影印版放在楼下便于查阅。化学所的礼堂，一直到"文革"为止，在中关村各所的礼堂中是最好的。那个时候，其他研究所开会，顶多有个大会议室，就是一个大屋子。而化学所礼堂，是阶梯式的，有520个座位。还有舞台，有配备电影放映设备的工作间。因此，后来有很久一段时间，院里有什么会，什么分片传达中央文件等，在中关村开会，就经常是在这儿。各所有大型活动，也到

1960年代初，在化学所礼堂召开中国科学院工厂厂长会议

这里来借。即使建了"四不要"礼堂以后，也还是经常在这里开院里的会。

这五层楼，实际上只给了化学所四层，第五层呢，临时给别的所用。当时科学院发展很快，要搬进中关村的单位多呀，大楼不可能一下子都盖起来。就把五层借给别的所先用着。

杨：做周转房？

胡：对，周转房。叶渚沛先生的那个化工冶金所就在五楼呆过，那个所现在改称过程工程研究所了，还在中关村。钱学森、郭永怀他们那个力学所也在这里呆过。还有贝时璋贝老他们那个生物物理所，在这里周转的时间最长，他们所太分散，是全院有名的"八大处"，到"文革"以后才搬走的。

杨：您刚来所的时候，主要做什么工作？

胡：我刚到化学所的时候，化学楼还没装修完，我就负责设计我自己的试验台、订仪器设备。我们的试验台是非常好的，耐酸耐碱。那时候院里对我们还是很优待的，汪德昭①先生当过一段院里器材局的局长，他让我直接到仓库里去挑选设备，没有的就订，到了货也是先给我们。所以第一个进化学楼的就是我，柳先生他们那时候还在地球物理所三楼的角上的房间里办公。

这期间，数理化学部也经常找我去帮忙，有好些具体事是学部副主任恽子强②管，他从所里调些人来。邓稼先管物理方面的，我管化学方面的，还有一个曾肯成③，管数学的。这都不是正式任命，找来就帮忙。这些个都是听恽子强随便使唤的人。学部工作慢慢走上正轨了，都有专门的人了，我们就在所里专心做研究工作了。邓稼先后来倒是在学部留下来当了一段秘书。再后来就不见了，搞原子弹去了。那人最爱开玩笑，我们在院部期间混得很熟。

我回所后行政工作并不多，做过所里的团委书记，党支部委员，后来是党委委员。从1958年开始到1965年，我基本上就不在中关村，到怀柔火箭基地去了。基地的总设计师是郭永怀，副总设计师有三位，力学所的林鸿荪④、自动化所的屠善澄⑤，化学所是我。怀柔基地化学所部分的房

---

① 汪德昭（1905—1998），大气电学家、水声学专家，中国科学院院士（1957）。时任近代物理所研究员兼中国科学院器材局局长，后历任电子学研究所副所长、声学研究所所长。

② 恽子强（1899—1963），时任中国科学院数理化学部副主任，此前曾任中国科学院办公厅副主任、编译局副局长、中国科学院东北分院副院长。

③ 曾肯成（1927—2004），时任中国科学院秘书处翻译，后任中国科学技术大学数学系教授。

④ 林鸿荪（1925—1968），时任数学助理研究员，后任力学研究所怀柔分部副主任。

⑤ 屠善澄（1923—2017），自动控制专家，中国工程院院士（1994）。时任自动化所研究员。

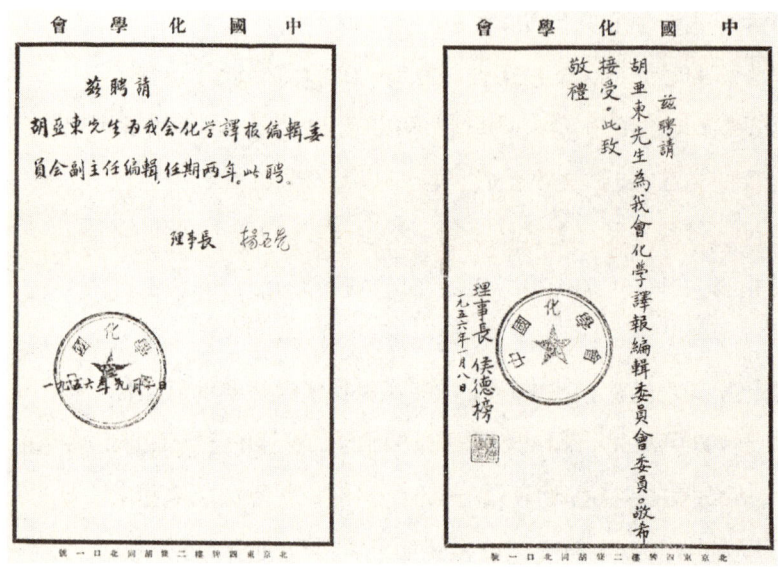

杨石先和侯德榜先生为胡亚东签署的聘书

子多是我设计的。

另外,我从苏联回来不久,化学会就邀我做《化学译报》的副主编,主编是唐有祺。聘书我现在还留着呢,杨石先、侯德榜①签字的。当时《化学译报》只翻译苏联的东西,欧美的东西不敢介绍。我来了以后,支持翻译欧美的东西,所以唐先生对我的印象特别好。后来他对我说,老胡啊,你是从苏联回来的,又是党员,你能够支持翻译欧美的,我们就放心了。

杨:您参加"十二年科学发展远景规划"的制定工作了吗?

胡:1956年制定"十二年科学发展远景规划"是全世界第一个国家规模的发展科学技术的长期规划,是周总理亲自领导的。那时候国家很重

---

① 侯德榜（1890—1974），化学家，中国科学院院士（1955）。时任中国化学会理事长。

视科学发展,为了更好地组织制定"十二年科学规划",还专门成立了范长江①等十人领导小组。制定规划的时候,各个学科领域请了600多位专家住在阜成门外的西郊宾馆,住了两三个月。整个西郊宾馆都包给我们了,范长江、张劲夫、杜润生②就在那儿坐镇。范长江的夫人沈谱是沈钧儒的女儿,曾在轻工业部和我是同事,也较熟。

当时还请了苏联专家来指导我们规划,其实他们也没做过,也不是每个人都够资格,但总体上说对我们的帮助还是很大的。

当时我是化学组的秘书,所以我从头到尾都参加了。规划开始制定的时候是准备从学科做起,后来强调要以任务带学科。原子弹和导弹这"两弹",就是其中最重要的任务,当时叫"原子能技术和火箭技术"。科学院还制订了"四大紧急措施",要在短时期内发展计算技术、半导体技术、无线电技术和远距离操纵技术。这样,国务院马上决定在科学院成立计算所、半导体所、电子所和自动化所。

制定规划期间,6月14日,毛主席、朱老总、周总理、小平同志、聂帅等国家领导人还在中南海专门接见了参加制定规划的全体人员,照了相。照完以后,毛主席在边上的一个桌子旁边坐下来抽烟,我们就凑上去,想跟主席说话,结果被警卫给挡开了。

我觉得从这时候起,中关村就变成一个真正的科学城了。什么都有,数理化天地生,计算机科学、电子学、声学、自动化、化工冶金,等等,都有了。

根据我的理想,那时候就觉得太好了,真是一个文化区。周边既有北大、清华和八大学院,又有西郊圆明园、颐和园、香山,风景、位置、人

---

① 范长江(1909—1970),时任国务院科学规划委员会秘书长。
② 杜润生(1913—2015),时任中国科学院副秘书长,院党组成员。

文、地理各方面都是一等一的。

我认为中关村的发展，中关村出名了，关键是在科学院，在五六十年代建立了科学城，打好了基础。改革开放以后，出现了中关村电子一条街，最先"下海"的，是中国科学院物理研究所的陈春先①，是他第一个出来搞公司的。我跟陈春先熟悉得很，他留苏回来以后就在我们的研究室里待过一段，那时候我们和物理所联合，搞有机半导体，他也参加这个工作。我们合作得非常好。

杨：1958年在中关村举办跃进成果展览会，化学所有什么参加展览会的成果？

胡：举办跃进成果展览会是在微生物所的那个大楼里，不过当时微生物所还没成立。那时大楼刚盖好，先办了展览。化学所参加展览会的成果很多，其中高分子化学的比较多，因为高分子可以表现啊，像尼龙、有机玻璃、离子交换树脂，另外还有国防上用的耐高温塑料，这些都是看得见的。盐湖方面也有一点，还有稀土，有些稀土元素是中国特有的，最早是梁树权先生他们分离出来的。另外还有比较基础的工作，比如那时候我们就展出了一个不锈钢的量热弹，这是物理化学实验室胡日恒他们做的，非常精确。这个量热弹有很厚的外壳，里面有一个非常精密的温度计。比如要测量一根火柴燃烧时的热量，就要把整个钢弹能够吸收多少热事先计算好，再测量这根火柴燃烧时温度的变化，再减去这个弹的热容量，从而计算出这个火柴能有多少热量。后来上天用的高能燃料的热力学数据都是我们化学所做的。

在跃进成果展览会上，因为我当时是讲解员，所以毛主席、刘少奇、

---

① 陈春先（1938—2004），1958年获苏联莫斯科大学物理系副博士学位。回国后在物理所工作，1978年被破格提拔为研究员。1980年提出要在中关村建立"中国的硅谷"，并率先成立了"先进技术服务部"，被誉为"中关村民营科技第一人"。

朱老总、周总理等国家领导人来参观展览会时，我都在场。

杨：请您再进一步介绍一下化学所执行"十二年科学发展规划"的情况，取得了哪些研究成果。

胡：在"十二年科学发展规划"里，化学所承担了一些项目。比如我们做的火箭材料，包括火箭的壳体、推进剂、烧蚀材料。比如火箭要回收的话，前面就要有一个罩。这个罩如果是金属的，就化成稀水了。就要用一种特殊塑料，在烧的过程中还保持着一定的强度，不能化，慢慢烧成炭了，这个形状还得保持着，还能落地。后来1965年化学所还办过一个展览，展出的就有我们做的火箭烧蚀材料，是火箭后面的喷嘴儿，我就在那儿负责讲解，还和郭老一起照了相呢。

胡亚东先生在讲解火箭烧蚀材料。台前周围左起：张劲夫、郭沫若、童第周、×××、胡亚东、严济慈、竺可桢

杨：中国科学界60年代的一件大事是制定"科研十四条"，据说也是与化学所有关的？

胡：在"大跃进"中，科研机构的科研秩序受到很大冲击。"反右倾"啊，"拔白旗"啊，也严重伤害了科学家。搞"十四条"，就是针对这些问题而来的。前期准备工作，是大兴调查研究，开神仙会。院党组为此做了大量工作。在形成了基本的政策思想并初步有了若干条条之后，1961年3月，院领导决定要在两个研究所搞整风试点，派了两个工作组。一个组是院秘书长杜润生同志带队来化学研究所，另一个是副秘书长谢鑫鹤带队，到微生物所。工作组到了化学所之后，工作非常细致，实际上也是做贯彻"十四条"的试点，开展了地毯式的调查研究，从不同阶层、不同环节上了解问题，听取对"科研工作十四条"草稿的意见，我记得还召开过两个所全体人员大会，动员大家提意见。

"十四条"原来是科学院为自己订的政策条条，后来报到国家科委主任聂老总那里，就再修订变成适用全国的了。记得其中最重要的几条非常解决问题，比如指明科研机构的根本任务是"出成果、出人才"，要严格区分政治问题和学术问题的界限，党委一级有领导权而基层党组织只起保证作用等等。还有一条很重要，要尊重科学家、保护科学家，不能在政治上对科学家要求太高，只要做到"初步红"就行了，就是说做到拥护党、拥护社会主义就行了。现在看，这些都没什么新鲜的，但那时可真是解决大问题呀。有了这个"十四条"，后来科学院又制定了针对研究所工作的"七十二条"，科研人员就可以安心搞科研了。从1956年到"文革"之前这十年，是中国科学院的黄金十年，也是中华人民共和国科学事业的黄金十年。我认为，"十二年规划"和"十四条"是起了根本的保证作用。

顺便说说杜老这个人。他非常有才，非常有思想，有政策头脑。合作化运动时期，毛主席批他和邓子恢①是"小脚女人"，撤职了，现在回过头来看，还是他正确。中央农村工作部被撤销了，张劲夫把杜润生要到了科学院来，起初是做副秘书长。是金子到哪儿都闪光，他先后成了制定"十二年规划"和"十四条"的核心人物，真是了不得。他的口才特别好，作报告，大科学家们都听得津津有味，口服心服。人也没有架子，他在院里的办公室，我们敲门就进。

杨：化学所是个大所，这些年中从化学所分出去了哪些机构？

胡：到目前为止，一共分出去了四个研究所。第一个，1958年中苏两国科学院合作开展了"柴达木盆地盐湖资源勘探与利用"的研究，柳大纲先生是"中国科学院盐湖科学调查队"的队长。在调查队的基础上，1965年，无机化学研究室的盐湖部分，独立成为青海盐湖所，所址在西宁。柳先生在世时，由他兼盐湖所的所长。第二，1958年成立了成都有机化学所，李广年、陈荣耀等十几位业务骨干都是从有机化学室分出去的。第三个，"文革"后期，因为有国防的任务，如高空摄影。另外那时候江青也抓彩色胶片，本来是科研业务上的事情，被江青弄成政治事件，与"批林批孔"运动掺和到一起，1975年，在有机化学研究室的基础上成立了感光化学所，在北郊大屯路边上盖的大楼。前几年在知识创新工程调整机构的过程中，这个所一部分又并回化学所，一部分与低温物理中心合并，成立了理化技术研究所，又迁回中关村来了。第四个，1972年斯德哥尔摩全球环境会议后，1973年我国召开了第一次全国环境保护工作会议，环境问题开始纳入政府工作日程。1975年在分析化学研究室和无机化学研究室的基础上，成立了环境化学研究所，第一任所长是刘静宜②。

---

① 邓子恢（1896—1972），时任中共中央农村工作部部长，曾任国务院副总理。
② 刘静宜（1925—），时任化学所研究员。

这个所开始是在北京郊县怀柔,那个地方原来是化学所的二部。后来迁到离中关村不远的肖庄,1986年与生态环境中心合并了。另外,还有高分子物理研究室以蒋锡夔①为主搞有机氟研究的一部分人员,1963年调到上海有机所去了。2002年,在国家自然科学一等奖连续空缺三届后,蒋锡夔获得了这个奖项。

杨:请结合您的居住情况谈谈中关村宿舍楼的建设和日常生活中有趣的故事。

胡:我到中关村的时候已经有15座宿舍楼了,那边已经有3座"特楼"了。1956年以后,南边开始盖宿舍,就是从31楼往后排的。我最早来的时候还在所里住,实验室好多都空着呢,就在实验室搭铺,开始一个人,后来3个人,住了半年。后来在7号楼给我分了一套房子,家属就搬过来了。我家里人口多,爱人生了孩子,还有阿姨,还有老人,70楼盖好后,杜润生就专门批了两套两间的房子给我,那是很少有的。到了"文革"的时候就成了一个不得了的事,就把我们家轰回7号楼去了。一开始是三间,1968年以后又变成两间了。就是这样,从1955年开始,我在中关村搬了9次家。最后,80年代稳定在现在住的812楼了。

我刚到中关村的时候,服务设施还很少,后来陆续有了福利楼、新华书店、粮店、茶点部等,大家的生活就方便多了。记得1958年"大跃进"的时候,我们那时候真是夜以继日,实验室经常是灯火通明,到了晚上8点,就经常到福利楼去吃饭,有什么红油水饺、鱼香肉丝……

到了困难时期,在福利楼的二楼为副研以上的研究人员成立了一个俱乐部,每人发一张卡,有咖啡喝,可以打乒乓球。那时候理发困难,还专门请了一个师傅在那里给大家理发。还有一个小餐厅,有一些在楼下餐厅

---

① 蒋锡夔(1926—2017),化学家,中国科学院院士(1991)。中国科学院上海有机所研究员。

吃不到的东西。另外还给一个卡,可以每个月到海淀去买点儿肉什么的。让人感觉到"为科学家服务"不只是一个口号,真是落在了实处。

刚来的时候,在保福寺的一个破庙里有一个小学校,叫保福寺小学,后来科学院出钱,盖了现在中关村一小的那个楼,起初还是叫保福寺小学,不记得什么时候改叫中关村小学了。后来孩子越来越多,就分成中关村一小、二小,再后来又有了三小。我女儿刚上学的时候就在保福寺的破庙里头。

当时娱乐活动不多,"四不要"礼堂建好以后,院里请一些文艺团体来演出,我记得当时请过中央乐团来演出交响乐,由著名的指挥家李德伦指挥。由于我很喜欢交响乐,能看上这种演出,也是莫大的享受。京剧大师梅兰芳最后一场演出正是在"四不要"!

我还记得1955年的冬天,在四所的东边,地球物理所的旁边,有一块空地,弄了一个人工冰场,那时候滑冰的人不多。我喜欢滑冰,有一天在那儿碰到刚回国的林同骥[①]夫妇,林同骥不会滑,他夫人张斌在那儿滑,张斌当年是辅仁大学的校花,我也认识她,于是我们俩就在冰上跳了一段华尔兹。1955年以后这个冰场就没了。后来福利楼后面,两个单身宿舍中间的空地有一段时间也是冰场,后来还做过网球场,杜润生、白介夫[②]都在那儿打过网球。

前面说过,刚到中关村的时候,这地方还很荒凉。树是慢慢种起来的。盖楼就要种树。张劲夫同志还组织大家每周义务劳动,他本人也亲自来参加劳动,还到集体宿舍蹲过点,在宿舍区里打扫卫生,美化环境,植树种花。再加上那条很有些名气的林荫大道,就是现在的四环路那一段,"文革"前的中关村真是漂亮。

[①] 林同骥(1918—1993),力学家,中国科学院院士(1980)。时任中国科学院力学所研究员。
[②] 白介夫(1921—2013),时任化学研究所副所长,后任北京市科委主任、中共北京市委常委、北京市副市长等职。

7 生物楼——昆虫研究所与动物研究所

访谈郭郛

受访人：郭　郛
采访者：杨小林
访谈时间：2007 年 7 月 13 日
访谈地点：中关村郭郛先生家中

受访人简介

郭郛（1922— ），江苏泰州人。1946 年毕业于南京大学生物系。中国科学院动物研究所研究员。

杨：请问郭先生是哪一年到中关村上班的？
郭：我是 1956 年 5—6 月搬进动物所大楼的，当时叫"生物楼"。起初不只是动物所在这里，楼里还进过好几个单位。我本人来的时候，是在昆虫所，不是在动物所。

杨：请顺着您自己的经历，介绍一下昆虫所和动物所的历史。

郭：我大学毕业后，到上海的中央研究院动物所工作，从事昆虫研究。1952年3月从上海来到北京。当时是中国科学院之下成立的昆虫研究室，室主任是陈世骧①，副主任是朱弘复②。陈先生原来在中央研究院动物研究所，朱先生原来在北平研究院动物所。中国科学院成立以后，对研究所做改组调整，以中央研究院动物所为基础，成立了水生生物所。原来所中研究昆虫的人员成立一个昆虫室，附在由贝时璋先生担任所长的实验生物研究所内，仍然在上海。1951年在北京成立独立建制的昆虫研究室，原昆虫室的一部分人员就迁到北京来了。我是1952年搬来的，那是在我结婚前一年。刚来时，昆虫研究室的地址在西郊公园，就是北京动物园那个地儿。这里有一部分建筑是北平研究院的动物所和植物所等机构的，由中国科学院接收下来。朱弘复他们原来就属于北平研究院动物所的。在当时，这个小建筑群中最漂亮的就是陆谟克堂，西边是西洋楼。不过，我们办公的地方是在陆谟克堂旁边一个相对独立的三进院落里，不是楼房，但房子比较高大，原来好像是哪个王府的厢房，再先是庙宇，和尚没了，房子经过了改建。这里原来有个"惟一堂"，应该是原来北平研究院时代纪念动物所所长陆鼎恒先生的，"惟一"是陆鼎恒的字号。

昆虫室来北京后得到了很大发展，来自各方面的任务也很多。1953年改为昆虫研究所之后，原有的地方就太拥挤了，各所之间经常因为工作

---

① 陈世骧（1905—1988），昆虫学家、进化分类学家，中国科学院院士（1955）。时任昆虫所所长，后任动物所所长。

② 朱弘复（1910—2002），昆虫学家。时任昆虫所副所长，后任动物所副所长、代所长。

生物楼

空间闹矛盾。等到1956年，大约在10月间，中关村的生物大楼盖好了，我们很快就搬了过去。

杨：请介绍一下搬家的情况。

郭：我们单位有拉货的汽车，是在1956年之后的事。当初搬家时没有汽车，只能用人力的平板车，所有的设备都是装了箱以后用平板车拉过来的，拉了好多天。标本、图书的量都很大，图书重，一次不能装太多，只能装几箱。多了就拉不动了，车也受不了。

杨：搬到生物大楼的，还有哪些单位？

郭：当时与我们同时搬进来的还有动物研究室。

杨："昆虫"是研究所了，"动物"怎么还是研究室？

郭：我简单点儿说。中国科学院的动物研究所，成为研究所建制是在1957年，此前是1953年成立的动物研究室，再以前是1950年成立的动物标本整理委员会。刚建院时，生物口的机构主要在上海，如水生生物研究所、实验生物研究所、生理生化研究所。在北京的主要是植物分类研究所，后来我们昆虫室到了北京，就算是生物口在北京的第二大单位了。前北平研究院的动物所，本来人就不是很多。所中的原有人马，朱弘复这些人到了昆虫室，又有张玺等一些人去了青岛海洋生物室。剩下几个人，就整理动物所留下来的标本,有鱼标本、兽标本什么的。另外,原来的静生生物调查所,是以植物为主的,但也有张春霖等少数人做动物方面的工作。他们的人员和标本也从文津街转到西郊公园来。因此就成立了动物标本整理委员会,聘请北京大学生物系的陈桢①先生当主任。陈先生主要时间还是在北大。1953年改称动物研究室之后,受各方面条件的限制,发展也不快。与动物室相比,我们昆虫所算是兵强马壮。1956年搬进大楼的时候,昆虫所占的地方很多。建好的大楼有五层,院里的生物学部也搬到这个楼里来了,在三楼,他们人并不多,大概占七八个房间。地理所也分了一层,好像是在四层吧。图书馆占了一、二层的西边一头,标本室占的是三、四层西边一头,五层也有,因为昆虫标本很多,动物室标本也不少,当然后来更是愈来愈多。

后来动物所发展得比较快,一些分支学科陆续有了带头人。1955年邀请秉志②老先生从武汉的水生生物所到北京来。秉老是中国动物学的奠

秉志(右)在指导技术员陈进先做实验

童第周(左二)和同事们在做实验

陈世骧在实验室

---

① 陈桢(1894—1957),动物学家,中央研究院院士(1948)、中国科学院院士(1955)。曾任中国科学院动物研究所所长。

② 秉志(1886—1965),动物学家,中央研究院院士(1948)、中国科学院院士(1955)。中国现代生物学奠基人。

基人，是头号祖师爷，很多有成就的动物学家都是他的弟子。条件具备了，动物研究室就在1957年升格为动物研究所了。这一年的年末，陈桢先生去世，就由当时担任生物学部主任的童第周①先生兼任所长。1960年昆虫所与动物所合并为动物研究所，仍由童先生任所长，但实际上是由陈世骧负责，后来1962年就由陈正式担任所长。

两所一合并，这样，生物楼也差不多就被动物所独占了。像地理所、真菌植病室等不过是临时周转一下，都陆续搬走了。

到1964年施履吉②先生的生物学实验中心成立，就在动物所一楼的东边，让了一部分房间给他们，一直到"文革"期间他们撤销。生物学实验中心的任务是为在北京的生物口各研究所科研实验服务，而他们自己并没有研究任务。当时的仪器设备是很先进的，而且是给大家免费用。我记得当时动物所用这些仪器设备做了好多工作，用得最多的恐怕就是我们这个组了。我们当时做昆虫的大分子结构。我们真是应该感谢他们。

杨：当时研究室的布局是什么样的？

郭：动物室因为没有多少人，一开始只是分布在一层。有秉老的实验形态室，童第周的细胞室，张致一的内分泌室。郑作新③的动物分类室，其中包括研究鸟类（郑作新）、兽类（寿振黄）、鱼类（张春霖）和无脊椎动物（沈嘉瑞）的各个组。还有一个动物生态室，没有大头儿。这是动物部分比较整齐的几个研究室。昆虫所人多，一、二、三、四层都有实验

---

① 童第周（1902—1979），发育生物学家，中央研究院院士（1948），中国科学院院士（1955）。新中国成立后历任中国科学院动物所研究员、生物学部主任、发育生物学所所长、中国科学院副院长等职。

② 施履吉（1917—2010），细胞生物学家，中国科学院院士（1980）。

③ 郑作新（1906—1998），鸟类学家，中国科学院院士（1980）。中国科学院动物研究所研究员。

室。一层是马世骏①的昆虫生态室。二层是钦俊德②的昆虫生理室，我就在这个室。还有刘崇乐③的昆虫资源室。三层是分类室，陈世骧、朱弘复、蔡邦华④等都在这儿，第四层是药剂毒理室。

动物所和昆虫所合并，只是行政机构合并，各个研究室都没做任何调整。到了六几年，动物所就很大了，十几个研究室，人员比较整齐，各方面研究力量都很强。

杨：当时到了中关村以后，刚搬过来生活不是很方便，听郑阿姨讲，刚搬到中关村住的时候，是坐班车到城里上班。

郭：起初是住在中关村，在城里上班。由于离城里比较远，动物室和昆虫所也有班车。每天早上7点多，从中关村坐班车到动物园，大概8点以前就到了。每天晚上再从那边开回来，天天这样，星期天没有班车。一条直路，从中关村一直到白石桥，还是比较方便。如果赶不上班车，就坐32路公共汽车。32路是从动物园到颐和园的，中关村是其中的一站。

杨：您对1958年的跃进成果展览会还有印象吗？

郭：那时各个所要拿一些重要的成果去展览，动物所也想拿一部分去，那时候我们做得比较好的是蝗虫工作。这个工作，动物所那时有几十个人参加，很有成绩，做得很不错。我也参加了，在蝗区搞了三年。准备拿这个去献礼。大家商量好设计一个模型，我当时也参加了设计，做一个大的沙盘，有山、有土、有河流、有蝗虫、有庄稼，等等。为此，我还去

---

① 马世骏（1915—1991），昆虫生态学家，中国科学院院士（1980）。时任动物研究所研究员，后任动物所副所长、生态环境研究中心主任等职。
② 钦俊德（1916—2008），昆虫生理学家，中国科学院院士（1991）。中国科学院动物研究所研究员。
③ 刘崇乐（1901—1969），昆虫学家，中国科学院院士（1955）。历任实验动物研究所研究员、昆虫研究所研究员、昆明动物研究所所长等职。
④ 蔡邦华（1902—1983），昆虫学家，中国科学院院士（1955）。时任昆虫研究所副所长。

过科学仪器设备制作中心，记得好像在前门外，把我们讨论的设计方案，拿去做大样，做好以后拿到所里大家看。我去过两次，沙盘雏形都出来了。后来所里不让做了，停止了。那时候负责这摊工作的主要是马世骏，他是搞生态的。那时候，好像所里主要领导人对他不太满意，不知道什么原因，我不太了解。后来这些都停止了，前面做的模型都作废了。这些损失，由所里报销。但是，我们心里不痛快。后来给大家发票去看展览，我们也不去领票，没去看，也就不清楚所里参加展览的是什么内容，有情绪嘛。

杨： 到了中关村以后，比如说星期天要去看个电影什么的，上哪呢？

郭： 化学所有个小礼堂，工会组织在那看看电影。后来就搞了一个"四不要"礼堂。"四不要"礼堂建好以后，在中关村地区是一个娱乐活动中心。一星期总有几场电影，五分钱一张票，后来是一毛钱。后来还请各个文艺团体来唱戏，梅兰芳的最后一次演出《穆桂英挂帅》就是在这儿唱的，我们还去看了。他来过几次。郭院长为了表示尊敬，也来中关村看，好像就是郭院长的面子请他来的。

杨： 您与秉志、童第周等老先生都有接触吗？

郭： 我在南京大学上学时，秉老教过我。我记得那时候他给我们讲中国动物学最基本的三大任务，首先是要搞动物相，就是现在所说的动物区系，建立中国的动物系统。后来几十年时间动物所一直在编写的《中国动物志》，做的就是这个。再就是要把实验科学、形态结构以及生理生态各个学科都搞起来。第三个就是一定要搞清楚生物的进化，就是动物过去怎么发展，现在怎么发展，将来怎么发展。秉老还资助贫困学生，比如张春霖，他学习非常努力，秉老很赏识他，他出国的时候有困难，就是秉老资助的。

秉老来到中关村时，已是70岁高龄，但他早上8点钟就到所工作，干到12点回去休息，下午2点钟又到所里上班，到下午4点，有时候晚上也要来，很不容易。动物所为了纪念他，在北郊的新所址为他塑了一尊铜像。

童第周先生，是搞实验胚胎的。给我印象很深的，是他对自己使用的工具、仪器非常爱护。他用的解剖钳，都是自己磨的，很平很细，尖的部分非常密合，这样才好用。如果解剖钳不整齐，就是在再好的仪器上实验也做不好。那时候我们每星期六都要开一次学习会，大家交流一下学习心得、实验心得。有一次他就讲，某日，他刚磨好了一个解剖钳，放在自己手旁边准备做实验。来了一个朋友，闲谈的时候，这个朋友就拿他的解剖钳不经意地在桌子上笃笃地敲，他也不好说什么。他给我们讲这件事的时候，能看得出来，他真是非常心疼。

杨：您能简单介绍一下从动物所分出去的研究机构的情况吗？

郭：1959年，动物所的遗传组与遗传栽培试验室合并，成立遗传所，刚开始就在后来设计院的那个楼。

动物所1960年时两个所合并，科学院动物学方面的大部分研究力量都集中在这儿，势力比较强大的。当时房子也很好，开展工作也很快。三年困难期间，没有什么大的影响，工作还照样做。后来按院里的意思（童第周是生物学部主任，他也有这个想法），要分出一部分人到云南和青海，成立一个青海生物研究所，一个云南动物所。实际上这两个地方原来都各自有一部分力量，但是科学院想充实他们。动物所就把一部分力量分到这两处去了。

再就是昆虫学研究方面，陈世骧从上海来北京的时候，有一部分研究人员留在上海了，后来成立了上海昆虫研究所，这也是结合地方上的需要。

"文革"以后，机构建制方面的变化，主要有两个，一个是到了1980年，童第周先生就把他的细胞遗传学研究室从动物所分了出来，成立了发育生物学研究所。这个研究所在中关村南头盖了一所新的大楼。不过，在进入知识创新工程阶段,他们与遗传所合并了,现在也已集中到北郊去了,科学院生物学口在北京的机构后来大部分都集中过去了。

另外,马世骏先生领导的生态学研究部分,在1980年成立了生态环境研究中心。1986年,环境化学研究所合并进来。现在的生态环境研究中心就坐落在环境化学所的原址上,在肖庄,离中关村不远。

杨：您能介绍一下动物标本馆的情况吗？

郭：动物标本是动物学家从事科研的基本资料,打个比方吧,就相当于档案,是一种形象的档案,它对于了解动物的过去和现在,预见某物种的未来,对于研究、保护野生动物都具有重要意义。

动物所的标本馆,不仅为研究人员使用,而且还利用馆藏标本拍摄过《昆虫世界》、《寒冬到来之前》、《蝉》、《蛐蛐》、《桃红颈天牛的防治》等广大群众喜闻乐见的科教片,对科学文化传播也作出了很大的贡献。

标本馆,不仅在建筑上有恒温、恒湿等要求,在管理上也要求很严格,有一定的制作、保藏的管理规范。比如鱼,放在一个大的玻璃瓶子里,一排排整整齐齐。兽类标本,把皮剥下来,一张一张排好,把一些樟脑粉等防虫的东西放在里面。小的昆虫、鸟类什么的分好以后,放在纸盒里,加药,密封好。这样才能保证标本不会损坏。

现在动物所迁到了

新建的国家动物博物馆

北郊，同时在那里建起了一座非常壮观、漂亮的"国家动物博物馆"，在大屯路的北侧，远远就能望到那几个大字。新馆收藏的动物标本也将大大增加，尤其是设有展览部分，将向公众开放，这对于科学普及，提高全民的科学素质具有非常重要的意义。

8 力学研究所

访谈郑哲敏

受访人：郑哲敏
访谈人：杨小林
访谈时间：2007年9月19日
访谈地点：中关村力学所郑哲敏先生办公室

受访人简介

郑哲敏（1924—），山东省济南市人。中国科学院院士（1980），美国国家工程科学院外籍院士（1993），中国工程院院士（1994）。1947年毕业于清华大学，1952年获美国加州理工学院博士学位，1955年回国。曾任中国科学院力学所所长。

杨：请您先谈一下您是怎么到中国科学院力学所的。

郑：好的。1943年我考上了西南联合大学电机工程系，二年级转到机械系,1946年随着清华大学回到了北京,念四年级,钱伟长[①]先生教了我一年力学。虽然那时候四年级基本上不了几节课,参加罢课、学潮的时间比较长,上课是经常被打断的,但是基本上没有影响学业。1947年毕业后,我留在清华又跟着钱先生当了一年助教。1948年考取了国际扶轮社的留美奖学金,钱先生和李辑祥先生推荐我去美国加州理工学院学力学。一年后拿到硕士学位,不久就当上了钱学森先生的博士生,做热应力方面的论文。1952年拿到了博士学位后就想马上回国,但是当时美国对中国留学生控制得很严,我受到美国移民局的刁难,不但回不来,护照也被扣留了。到了1954年9月,我从纽约坐船到了法国,然后又坐船到了瑞士,在瑞士申请到香港的签证,等了3个月的时间,才拿到了到香港的签证,这样才乘从马赛到日本的船,于1955年2月,趁轮船在香港停留之机下了船,找香港中国旅行社买了回国的火车票,所以说是兜了一个大圈回来的。

回来以前我给钱伟长先生写过信,希望到中国科学院数学研究所的力学研究室工作。回到北京以后,先住在位于王府仓的留学生招待所,并填写了希望到哪里参加工作的志愿。住了近2个月后,4月份到数学所力学研究室报到,这实际上也就是力学所的前身。当时数学所不在中关村,而是在清华园南门里边,所长是华罗庚,力学研究室主任是钱伟长。我回来以后任副研究员。我记得分配到科学院工作的时候,首先是竺可桢副院长和我谈的话,可惜谈的什么不记得了。

那时候力学研究室也就十来个人,有林鸿荪、胡海昌、蔡树棠、何善堉和另外几个年轻人,其中包括齐景泰(中专)。蔡树棠是周培源先生的

[①] 钱伟长(1912—2010),力学家、应用数学家,中国科学院院士(1955)。新中国成立后历任清华大学教授、副校长,中国科学院力学研究所副所长、研究员,中国科学院自动化研究所所长,中国科学院学术秘书,国务院科学规划委员会委员等职。

学生，搞湍流理论。主要就这么几位。跟我差不多同时报到的还有不久前从美国回来的李敏华①和程世祜先生，李先生今年已经90岁了，程世祜先生则因"文化大革命"中受迫害于1968年去世。1955年暑期以后还分配来了几个大学生，有马宗魁、刘正常、叶钧道、戴汝为②。刘正常后来参加科学院卫星方面的工作调出力学所，退休之前在科学院空间中心。还有个把人我现在叫不上名了。

杨：请您介绍一下力学所从筹备处到正式成立的情况。

郑：1955年的七八月份或更晚一些时候，钱伟长先生给院里打过一个报告，申请筹备成立力学研究所。差不多同时，朱兆祥来找我，说钱学森先生要回国，陈毅副总理派他代表中国科学院到深圳罗湖去迎接。因为我在美国的时候是钱先生的学生，朱兆祥向我了解一些情况，我就我所知给他作了介绍。

不久数学所的力学研究室就成建制地从数学所分出来，搬到了中关村新盖好的化学所大楼的四层东侧，准备成立力学所。不久，林同骥先生、沈志荣先生也从美国回来，到所里参加工作了。

钱先生是10月8号到的深圳，大约是10号到的北京。钱先生回到北京后不久就来到化学所四楼，主要是看看情况和安排一下工作。他决定，除了成立由他本人领导的自动控制组以外，原有的研究组暂时不变，明确了弹性力学组由我继续任组长，流体力学组由林同骥继续任组长，塑性力学组由李敏华继续任组长。十分关键的是他为这三个研究组确定了方向。钱先生找我谈话，说中国是一个多地震的国家，咱们应该搞与结构物抗地

---

① 李敏华（1917—2013），固体力学家，中国科学院院士（1980）。中国科学院力学研究所研究员。

② 戴汝为（1932—2014），控制论与人工智能专家，中国科学院院士（1991）。中国科学院自动化所研究员。

震有关的研究，弹性力学组应该以这个为主要方向，所以从那时起我们就开始调整一些力量了。他提出塑性组要以研究固体的本构关系为主要方向，流体组以叶栅流动理论为主要方向。后两个方向显然是主要以航空工业的需要为背景。按照钱先生的要求，我们很快就开展工作了，办讨论班，组织文献调研，所以每个组每周都有学术活动。11月底，院里安排钱先生到东北考察了一个月，了解一下我国的工业生产情况，以便回来更好地确定力学所的研究方向。这次考察仍然是由朱兆祥陪他去的。

钱先生从东北回来以后，1956年1月份我们从化学所搬到了现在中国科学院设计院所在的那个灰砖的三层小楼里，力学所就正式成立了，党支部也成立了。这时候朱兆祥也从全国科普协会正式调到了力学所并且参加了塑性组。调来的支部书记叫晋曾毅，他的资格很老，曾经在比利时和法国勤工俭学，还当过法共巴黎中国语言组书记，来力学所之前是北京工学院也就是现在北京理工大学的副校长，中国科大成立后就调到科大当副校长去了。力学所成立不久，许国志[①]先生、刘源张[②]先生、潘良儒先生、卞荫贵先生、桂湘云先生也陆续回到国内，参加力学所的科研工作。郭永怀先生在1956年10月从美国返回北京，参加力学所的领导工作。杨南生先生由长春第一汽车厂调到力学所。当年还选拔了院系调整后的第一批优秀的大学毕业生参加工作，成为力学所发展的核心力量。

杨：力学所成立之初有哪些学科设置呢？

郑：谈力学所的学科设置离不开钱学森先生的办所方针，也离不开他关于技术科学的思想。简要地说，他认为近代力学作为技术科学的一部分

[①] 许国志（1919—2001），运筹学家、系统科学家，中国工程院院士（1995）。时任力学所副研究员。

[②] 刘源张（1925—2014），管理科学和管理工程专家，中国工程院院士（2001）。时任力学所副研究员。

此楼是1955年为文学所建造的,故习称"文学楼"。1956年力学所和自动化所迁入,与文学所共同使用。1958年3月,植物所遗传研究室迁入,1958年底力学所、自动化所迁入力学所新建科研大楼,1959年植物所遗传研究室与动物所遗传组合并,在此成立遗传所。1964年遗传所迁北郊917大楼后,由1962年成立的中国科学院北京建筑设计研究院使用至今

需要不断从数学和其他自然科学汲取营养,创新内容,提高水平;研究工作不仅要有科学水平而且要有应用方面的针对性;力学研究所要服务于国家建设的需要,要以创新的科学研究成果带动工程技术的发展为最高目标。

记得我回国之前他请我到他家吃饭,给我送行,他还亲自下厨做了烤鸭。他当时特别叮嘱我的话代表了他要以力学研究为国家需要服务的中心思想,他说:"你回国后,要做两件事情:一件是运筹学,希望你和清华大学钱伟长教授说一说。这个学科美国也刚刚开始研究。我想,一个社会主义国家,在如何进行科学管理,加强计划性方面,运筹学会起重要作用。另一件是要讲力学对发展国民经济的重要作用。像流体力学是马上能够应用的,诸如油管、水管的生产和管理问题等。总之,要向有关方面,特别是领导、管理部门宣传,引起关注。要使科学技术尽快为生产服务。"所以力学所正式成立之后,除了原来的四个小组之外,又成立了三个研究小组:化学流体力学组,组长是林鸿荪;物理力学组,组长是钱学森先生自己;运筹学组,组长由和钱先生同船回来的许国志先生担任。1956年国家的"四大

紧急措施"出台，于是以自动控制小组为基础成立了自动化研究所。与此同时开始建设金工车间，并配备了工人。应当说他为力学所确定的这几个学科领域在国际上也属十分前瞻的。

到了1958年"大跃进"，钱、郭二位所长根据"十二年科学发展远景规划"，在"任务带学科"思想指导下，提出了力学所的方向和任务并相应地调整了所的学科领域。7月6号，力学所"三巨头"钱学森、郭永怀、杨刚毅①在万寿山开会，万寿山会议在力学所历史上很有名气，会上将力学所的方向和任务概括为"上天、下海、入地"，这是个非常宏伟的目标。定了这个目标以后，就调整研究组，组成了四个研究室。

一室也就是力学所二部，负责搞"上天"。1958年8月，我们所的领导小组通过院党组向中央提交了一份《关于高速度地发展我国火箭技术的报告》，同时提交的还有钱学森先生写的《推进剂研究中心方案》和《火箭技术及星际航行中力学问题的研究》两份报告。中央对报告作了批复以后，科学院和力学所就开始布局火箭、导弹、人造地球卫星方面的初始研究工作，包括成立"上天"设计院。力学所承担了火箭设计、研制、试验方面的工作。同时院里成立了新技术办公室，主要是分管承担发展尖端技术和国防任务的研究所，1960年新技术办公室扩大为新技术局。为了保密起见，新技术局对外联系使用"零四单位"代号，我们所是"零四单位"101所，老大！这大概也是因为钱学森的关系吧。

当时就派朱兆祥负责在北京远郊区找一个合适的地方做火箭实验的基地，为此还安排了一次飞行选地，朱兆祥陪同张劲夫，还有北京市的领导都在飞机上。因为要做火箭实验，所以不能在航线上，要隐蔽一点。最后

---

① 杨刚毅（1916—1981），时任中国科学院力学研究所领导小组组长兼副所长，后历任半导体研究所副所长、新技术委员会副主任兼"651"设计院党委书记、计算技术研究所党委书记兼所长等职。

在怀柔的山沟沟里找了一块实验基地，开始筹建工作，随后就派朱兆祥去负责基地建设了。为了保密，当时怀柔基地对外叫做"矿冶学院"。另外还在上海建了一个对外叫做"机电设计院"的机构，领头人是杨南生，这就是后来的上海运载火箭基地和现在上海航天局的前身。王希季就是建这摊儿时从上海交大调过来的。那时候林同骥、李敏华、卞荫贵、程世祜等经常要跑上海。这个摊子特别大，由钱先生和郭先生直接掌握，下面几摊的主要负责人有林同骥、李敏华、林鸿荪。

二室搞"入地"，就是搞爆破，搞深钻。那时我们发展了火箭钻，参与多种爆破实践，学习爆破知识，开展爆破研究。其实，早在回国之初，钱先生和郭先生就对定向爆破十分感兴趣，因为他们认为这是个待开发的力学领域，它对我国的建设有重要意义。这个研究室由钱学森先生亲自从美国请回来的土力学专家钱寿易①先生任主任。

三室搞"下海"，就是要把水动力学这摊儿抓起来。包括船舰、鱼雷等的设计理论和实验。但是到了三年困难时期，力学所没有能力继续承担这方面的任务了，连人带设备都转到了无锡702所，三室也随同去了三五个人。当时那个单位归海军领导，现在属于船舶总公司。虽然不能说我们给他们奠定了什么基础，但是我们确把这摊儿都交给他们了，后来他们的发展是很大的。

最后就是四室，把有关一般工农业里面的问题都放这个室里面，把我调到那儿去当副主任去了。我们把"老"力学所这摊基本上都继承下来了。

稍晚一些又成立了一个专门从事力学测量技术研究的室，后来叫做九室。

---

① 钱寿易（1917—1991），土力学家。时任中国科学院力学研究所研究员。

1960年科学院原动力研究室并入力学所，除了另增与航空有关的研究室外，许多人参加了"上天"方面的任务。吴仲华先生同时被任命为副所长。

三年困难时期，运筹小组调到数学所去了。到后来70年代末数学所一分为三的时候，以运筹小组为基础成立了系统科学研究所。

还有就是1960年抗震方面的工作交给哈尔滨的工程力学所了，我们就没再继续做。1960年研究室又有调整：成立了十一室，从事高速空气动力学研究，林同骥负责；十二室从事高温结构力学研究，李敏华负责；十三室从事液氢液氧发动机的研究，林鸿荪负责；新四室从事物理力学研究，钱先生亲自负责；六室从事等离子动力学研究，潘良儒负责；原四室撤销并入二室。接着又进一步明确了力学所与国防部五院和火箭研制部门的分工，力学所负责火箭研制中基础研究方面的工作。作为第一批项目，承担了101、102、103、104、105任务。

从1958年开始，钱学森先生在力学所的时间越来越少，除了每周六回来抓物理力学研究室的工作外，主要精力放到五院去了。力学所的日常事务主要是郭永怀副所长在抓，吴仲华副所长分管工程热物理方面的工作。钱伟长的副所长职务在反右运动中被撤了。晋曾毅调到中国科技大学之后，杨刚毅任党委书记。后来比较长的时间，我们所的党政工作基本都是他在管。

另外，所的方向调整、组织调整都大量地需要人，当时从部队调了一些团级干部来当处长、研究室书记、副主任，再就是要了大量的义务兵，大概有几百人，另外就是从全国各地的大学"拔青苗"。这样，力学所从几十个人一下扩张到了800多人，膨胀得非常厉害，科研秩序受到很大冲击。1958年"大跃进"开始，科学院每一个礼拜、两个礼拜就开一次献礼大会。我们也在主楼前面炼过钢,那年还安排我带了几十个学生,干了一个暑假的超声波技术的研究。那时社会上连什么是超声波都不知道,反正把水管砸瘪通上高压气,就是超声波。说是用超声波超一超,铝材的强度就能提高。真是毁了不少东西,破坏性非常大。虽然那时候乱是乱,但是说实在的,也多少促使人们不要太守旧,要革新,研究工作要联系实际,要有应用对象,对社会起点作用,对吧?不过,不讲科学性,代价实在太高了。

杨:力学所什么时候搬到现在这个楼的呢?

郑:1956年就开始策划建现在这个楼,因为不能老在那个小楼里呀。这个楼主要也是朱兆祥负责建设,因为他是浙大土木系毕业的。土建工作从1957年开始,所以我们所1957年来的大学生都先到这里来参加劳动,钱学森先生也来劳动过。1958年底建好后就搬过来了。

在设计这个楼的时候,钱学森先生就说,楼里一定要有讨论室;研究人员工作室里一定要挂黑板,走廊里也要有黑板,走到哪里讨论到哪里;要有实验室的面积;要配备研究所的加工车间。我们大楼就这么起来了。1956年我出国开会的时候,国家给一点外汇,让我经过瑞士的时候买了一些设备回来,建了一个振动实验室,在国内也算是比较早的。

力学所大楼(摄于2006年)

杨：您从1955年回国到1966年"文革"前都做了哪些主要工作呢？

郑：1956年我的主要工作就是参加制定"十二年科学发展远景规划"，做力学组秘书组的秘书工作，从头到尾都参加了。

钱学森先生刚回国的时候，先是安排我做抗震，我当时研究的主要是水坝抗震，具体对象是刘家峡，到1958或1959年，抗震工作就转交给哈尔滨工程力学所了。钱先生跟我说："抗震让别人干，但是你得开辟一个新方向。"这给我很大的压力。当时我们想，我们国家缺少万吨水压机，能不能用简便的爆炸方法来代替。便下到汽车厂、锅炉厂去研究爆炸成形新工艺。但在那时的气氛下，"革命浪漫"主义精神有余，求实精神不足，一年时间过去，一个产品也没有做出来，工厂的态度一下子来个180度的转变，我们只好走人了。好在我们还是积累了一批系统的实验数据。我意识到在生产应用之前，必须先做科学研究，于是回所组织实验室研究，寻找规律。先是对爆炸问题作了初步力学分析，分解出带基础性的爆炸载荷、金属材料性质和带综合性的成形规律三个问题，并组织了三个研究组展开研究，同时还进行了爆炸实验基本手段，如计时仪、测压仪等的研制。通过对金属板的变形过程的实际测量，肯定了板料经历过两次加速。接着就提出了用水下爆炸空化理论来解释板材的两次加载和加速的现象，形成了爆炸成形机理的核心内容。我们所提出的爆炸成形模型律和惯性模也被证明很有用，受到应用部门的欢迎，微秒级水下爆炸冲击波压力测量探头也被推广到兄弟单位。

1960年至1962年，主要是做爆炸成形的理论和应用研究，并和工业部门用爆炸成形的新工艺合作生产出了技术要求很高的导弹零部件，这个项目1964年获得了全国工业新产品一等奖。1964年，我国开始地下核试验的预研究，这项工作和地下核爆炸威力的估算和预报问题有关。受委托，我和解伯民经过一番熟悉之后，向上级部门提交了"关于地下核爆炸计算模型的一个建议"，提出了一种新的力学模型——流体弹塑性体模型，我们认为这个模型可以较好地模拟地下核爆炸的力学效应。我们这个方法与美国发展的方法类似，是各自独立进行的。接着，我们受委托，与计算所合作用这个方法进行具体的数值模拟工作。到"文革"开始不久，我们取得了实质的进展。但是1968年12月，我因受"审查"，离开了这项工作。好在基于这个模型的数值模拟工作，到了70年代初又恢复了，只是服务对象有了变化。1965年，解伯民还开始做了另一项比较有意义的工作，就是协助兵工部门进行穿甲几何相似律的模型试验。1971年从干校回来以后，我就组织力量研究穿破甲机理，利用流体弹塑性理论，经过6年的努力，先后解决了穿甲和破甲相似律、破甲机理、穿甲简化理论和射流稳定性等一系列问题。1982年，这个始于1965年的项目获得了全国自然科学二等奖。

我在"文革"前这几年，最出成绩就是1960—1962年这三年，虽然吃得很差，那时候困难得连米饭也没有了，馒头也没有了。但是那时候的心情还是比较愉快的，因为没有什么人干扰，没有什么政治运动。那时候，研究大楼里晚上是灯火辉煌，大家的情绪很高涨，能安下心来，工作开展自然就比较顺利。

杨：请您介绍一下当年您参加"十二年科学技术发展远景规划"制定的情况。

郑：从1956年3月起，集中了全国600多位科学家，住在西郊宾馆，参加制定"十二年规划"，前后大概有6个月的时间。制定规划，一开始是讨论学科和任务关系问题，当时钱学森是积极主张以任务带学科，我们力学所就是这样做的。

"十二年规划"前面的总论，主要是讲各学科的性质，而力学规划这一块，其指导思想就是钱学森从40年代形成的系统的技术科学思想，他认为这个学科的性质应该是一个为国防建设、工程技术服务的，是基础科学与工程技术的桥梁，应该用科学的观点、科学的发明，来帮助解决工程中的问题，应该能够以创新的科研成果引导工程技术的发展。

当时我们力学规划小组的正式成员一共是五个人，一个是钱学森，一个钱伟长，一个周培源，一个沈元，还有晋曾毅。钱学森是组长。后来因为工作需要，有些写写弄弄的秘书工作，所以就派朱兆祥、我、林鸿荪我们三个去帮忙。钱学森先生给我们的任务是先要了解一下国家的需要，然后再制定具体规划。我们三个就去听各个专业组的讨论，做好记录，整理出其他学科对力学的要求，回头向他们汇报。然后根据他们五位的讨论意见，我们三个起草规划。他们五位不能每次会议都来，所以不少时候是我们三个"吵架"，吵来吵去，吵来吵去，形成一个文件之后，他们就来听一听，不合适再改。所以虽然最后形成的文字量不大，但是反复修改的工作量很大。

其他规划方面我就不太知道了，只知道钱三强、钱伟长、钱学森这"三钱"很有名，非常活跃，钱学森还担任综合组的组长。

我记得6月14日，毛主席、朱老总、周总理等国家领导人在中南海接见参加制定规划的全体代表，接见完还照了相。那天挺热的，主席没说话，挺严肃的，是总理讲的话。照完相后走出来，有一个很高的凉棚，底下有桌子、椅子，我们就在那儿坐了一会儿，隔壁桌坐的都是国家领导人，总理、陈毅都在那儿坐着，就听见总理一个人在讲话，总理非常活跃。

杨：请您介绍一下力学所执行"十二年规划"的情况。

郑：我想集中谈两个方面：一个是办力学研究班，一个是力学所承担的部分上天任务，前者是"十二年规划"中力学学科规划所要求的，后者属整个规划的核心。

当时规划已经定下来要办力学班，因为国防建设急需人才，其他方面也都需要人。所以规划专门写有一条：力学所跟清华大学合作办力学研究班。

我们国家解放以前只有少数的从事力学研究的人员，大多数分散在各大学物理系或是工学院的各个系里边。刚才也说过，我们科学院也只有数学所里有一个力学研究室，就那么十来个人，所以科研队伍人才奇缺，很难适应航天、火箭和其他方面的任务。当时我们采取的措施就是办训练班，叫力学研究班。钱学森和钱伟长认为在有工科背景的基础上，加强力学知识的培养，不需要太长的时间，就应该能够培养出副博士水平的人才。所以在制定力学规划时我们做了好多调查，比如国内哪些大学有力学课程，哪些大学有力学研究机构。当时只有北大有数学力学系，别的地方没有专门的力学系。我们一共办了三届力学班，是和清华大学合作办的，钱伟长是首任班主任。力学班也是清华工程力学系的前身。这个班是1956年开始策划，1957年2月份开始办的。后来大连工学院和上海交通大学也根据力学规划办了两个班。1957年初开班开课的第一学期，钱学森先生、郭永怀先生、钱伟长先生便都亲自去上课，钱伟长还担任班主任，可见他们对执行规划和创办力学研究班的重视和热忱。几位大师在简陋的教室里同时为规模不大的力学研究班学员上课真可以说创造了历史，是第一届学员的大幸，也是我国力学界值得纪念的盛事。当时让我也教一门课，后来参加教课的还有力学所的其他几位老师。学员由工科大学或科学院保送，有三种类型，一类是大学高年级的高才生，一类是已经在科学院内工作的一些年轻研究人员，再就是大学里的年轻教师。这些学员大都是学工科出身的。连续三年办了三个班，我们一共招了120人，这些人后来为国家建设以及力学教育和研究的发展作了很多贡献，还出了4个院士。第一届力学研究班是在植物所办的，就在北京动物园那里，那是个世外桃源。幸好办班初期没在清华园，在那段时间里受反右运动的影响不大，没有影响到学生的功课。到1957年年底，清华的大字报就刷到动物园去了。不久整个班迁到了清华园，形势发生了很大的变化。钱伟长先生被撤职，力学所的人也未能幸免，被弄到清华大学大礼堂参加批判大会。

上天方面，力学所承担并完成了许多重要研究任务，有理论方面的也有实验方面的，上天任务始终是力学所的重中之重。我只就其中的三项工作作些介绍。

一个重要任务是搞液氢液氧火箭发动机，这项工作主要是林鸿荪在钱学森的直接指导下从50年代末开始的。现在卫星发射都要用液氢液氧发动机。军用火箭一般用固体发动机，用火药作燃料。液氢液氧发动机的好处是燃料轻，推力大。力学所经过一系列燃烧与传热原理的实验研究，特别是在成功实验气氢、液氧火箭燃烧室的基础上，1964年11月24日在力学所怀柔分部，液氢液氧火箭燃烧室地面试车一次点火成功，燃烧时间超过20秒，推力达到500千克，远比气氢液氧高，从而为我国液氢液氧火箭发动机的研制奠定了一个重要的基础。这是液氢液氧火箭发动机研制进程中一项重大的技术突破，也是掌握低温技术、把液态氢从实验室少量使用转到大量工业化应用过程的一次突破。科学院在三年困难时期为此投入了很大的力量。为了提供所需的低温技术和氢气、液氢和液氧，专门成立了气体厂，建立了低温中心。70年代，力学所把研究液氢液氧发动机的整套技术资料都转给了七机部。

激波风洞

再有就是风洞试验。火箭和航天器的研究需要有高速风洞，飞机研究也离不开风洞。在地面做实验，高性能、大尺寸、高超声速风洞是研制航天器必不可少的实验设备，但是建设这种风洞很贵，运转起来也要大量消耗能源。郭永怀先生考虑到当时我们国家"一穷二白"的状况，认为我们应该发展投资相对小又节约能源的激波风洞。但与常规高速风洞相比，将激波管发展为激波风洞需要大量的探索性研究。一个突出难点是有效实验时间短。通常高速风洞能吹风若干分钟，而激波风洞只能吹百分之一秒或者是千分之几秒，所以带来的困难之一是要在千分之若干秒内、在强烈的振动环境下把所有的测量数据完整、准确地采集和记录下来。风洞试验需要很高速的风，我们的行话叫高马赫数风洞，马赫数等于1，就是风吹的速度是等于声速。我们做的激波风洞需要模拟更高的风速，马赫数甚至要大于10，吹到模型上会使其达到很高的温度。所以这么高速的风，呼地吹过来，包括测力、测温和测压等设备就强烈振动起来了。怎么克服这些问题，是一项难度很大的工作。激波风洞的研制是俞鸿儒负责和带领，在郭所长指导下完成的。这个项目获得了1978年的全国科技大会奖。

还有就是研究导弹回地问题，需要有研究高温、高压环境下材料抗烧蚀性能的地面实验设备。科学院上海硅酸盐所负责提供弹头抗烧蚀的材料，而我们负责创造高温、高速气流，能实现烧蚀条件的实验环境。这项研究工作是吴承康负责完成的。

力学所还成功试制了二级轻气炮，能发射高达每秒几千米的飞行模型，用以模拟弹头回地时的气动力和气动热环境。

这些设备试制完成后，我们都无偿地把有关的技术转给了中国风洞群了。因此说，我们国家航天气动力和气动热学的发展，和力学所的工作是分不开的，更是和钱学森、郭永怀两位所长的建所思想和具体组织与领导分不开的。

杨：请您介绍一下力学所几位老先生的情况，比如钱学森、郭永怀、钱伟长、朱兆祥等。

郑：我们所这几位老先生，尤其是钱学森和郭永怀先生对我国的国防事业都作出了很大贡献，他们二位后来都被授予"两弹一星"元勋的称号，郭先生还付出了生命。

先说一下钱学森先生。大概是1956年4月，钱学森先生在周总理主持的中央军委会议上作"发展我国导弹技术"的报告，会后，我们国家就决定把发展导弹技术作为国防建设的一个重要方向。我们后来才知道是钱学森先生在1956年的一二

1957年钱学森在书房中

月份给中央写了一份关于中国发展导弹技术的计划之后，军委才开的这次会议。

钱学森先生的兴趣和视野非常广阔，在学术上和科学院其他所的联系很多。比如他对生物很有兴趣，认为会有很好的发展前景，所以跟贝时璋关系很好，常常和他交流。另外因为我们所搞化学流体力学，他对怎么样把化学流体力学运用到工业里面去一向都很有兴趣，所以跟化冶所所长叶渚沛来往也挺多。他很支持叶渚沛的一些主张。我记得他亲自分析过冶金炉顶部吹氧的问题。他跟郭慕孙也经常有讨论，所以化学流体组组长林鸿荪后来跟郭慕孙进行了协作。他请在加州理工学院时期就和他在一块儿的傅承义[①]先生来作报告，帮助我们开展抗震方面的工作。

钱学森先生很重视人民来信，要求我们一定要一一认真答复，有时我们写回信，很多时候他亲自写。他十分强调研究工作要结合国家需要，比如说要我们做抗震。还有就是强调计划性，要求我们制定年度计划，每个年度都要有一个计划，目的是让每个研究组想一想，这一年你要做什么事，能做到什么程度，需要什么条件。他很赞赏毛主席的《实践论》和《矛盾论》。他经常说他在美国20年，自己摸索积累了一些治学方法和心得体会，回来一看，原来《实践论》和《矛盾论》里已经写得很清楚了。他说做研究工作要联系实际，要从基本的科学问题出发，要透彻掌握前人已有的知识，要重视实验观察和实验验证，不能空来空去。正是因为如此，他规劝我们少写"不出汗"的文章。

另外他和郭永怀先生都关心我们国家内陆发展。我们中国是一个多山的国家，你看看地图，绿的有多少，只有海边一溜，往西也就插到四川

[①] 傅承义（1909—2000），地球物理学家，中国科学院院士（1957）。时任中国科学院地球物理研究所研究员。

中关村科学城的兴起（1953—1966）
The Rise of the Science City in Zhongguancun

那儿，其他的都是黄不拉叽的，是吧？中国的海拔800米以下也就那么多地方，再上去第二层就到1 000米以上，再就是青藏高原了，5 000米以上。所以那些地方的水和矿藏资源的开发大都需要爆破，因此，他们对爆破很有兴趣，建所伊始便成立了爆破组，请国内一些爆破专家来作报告，比如工程院院士冯叔瑜等。那时候苏联专家正在帮助我国用万吨级爆破开矿。1956年要在兰

郭永怀在书房中

州白银的大铜矿实施大爆破，所以就派我跟胡海昌去观察学习了。那时候兰州已经有分院了，我们俩坐火车到兰州，然后坐汽车去了白银。白银这个地方够苦的，整个都是荒野，水都要靠卡车从黄河运去。这次西行使我了解到什么是真正的贫困。可惜由于工地出了事故，实施爆炸的时间被推迟，胡海昌和我都未能一睹大爆破的宏伟场面。

另外我们所的工会活动钱先生有时也参加。那时工会生活还是挺丰富的，每礼拜五大家要聚一聚，他有时还带着黑管，给大家吹一吹，谈谈对音乐的欣赏。

郭永怀先生是1956年10月初回来的。我去前门火车站接的他，还有他的夫人李佩先生和女儿郭芹。

郭永怀先生和钱学森先生他们两个，做人、做学问的思想，爱国主义的思想以及建所的指导思想是很一致的，但作风不大一样。钱所长有时是要当面批评人的，群众有点怕他。包括在讨论班上，有时候说话也不太客气。郭所长虽然要求很严格，但是比较温和，比较平易近人，所以和大家关系要轻松得多。再加上他具体管理力学所的时间比较多，同群众的接触也比较多，只要有时间连星期日也到所里来指导研究生学习。郭所长又是一位坚持原则，治学严谨，实事求是，不轻易苟同的人。所以现在力学所一些老人回忆起郭所长来印象特别深刻，对他的牺牲都很惋惜。郭所长好像从1957年起开始介入国防科研，研究拟议中三峡大坝的抗爆炸问题。这个问题关系到大坝建设的决策。当时郭所长组织一个专门小组，在力学所开展工作。到1960年，郭所长当了九院的副院长，同时指导工程兵防护工程的研究，在所里的时间相对少了，但他仍一如既往地主持力学所的工作。1968年12月5日，郭所长从青海导弹试验基地回北京汇报工作，结果飞机失事不幸遇难。我所参与的与爆炸方面的工作多数和郭所长有关。

钱伟长先生是一个非常活跃的人，思想很进步，他在大学时期就参加过"一二·九"运动，之后到南京去请愿、卧轨，他都参加过。我在清华上学的时候，他经常给我们介绍一些美国的情况，支持我们搞学生运动。在国外学习和工作时，同钱学森先生和郭永怀先生一样，都接受过德国哥廷根大学应用力学学派的长期熏陶。在解放前的清华园里他是著名的进步教授。解放后，他的社会活动十分活跃，50年代中期他已经有几十个以上的头衔了，其中包括中缅友好学会会长等等。1957年，他参加了著名的"六教授会议"，清华大学很早就开始批判他，报上的社论也出来了。清华批钱伟长批得挺厉害，登在清华的《新清华》上，他顶得也挺厉害。我那时候还没结婚，住在清华我哥哥那儿。我看了以后，回到所里就捅了个娄子。我有一天找朱兆祥，他是力学所党支部的宣传委员，我说钱伟长顶得挺厉害，咱们劝劝他，别这么顶了。朱兆祥是老党员了，又是我们所的支部委员，他知道张劲夫是主张保钱伟长的，当然这是我们后来才知道的。张劲夫在一次纪念聂荣臻百年诞辰纪念会上也亲自讲过。他请示过毛主席，说我们科学院有一批人是50年代刚回国的，他们根本不懂政治，这些人一概不要划右派了吧，毛主席同意了。虽然钱伟长是清华的教授，但也是我们力学所的副所长，科学院的学部委员，科学院自动化所筹备委员会的主任，所以也会是他要保的人，据说还准备安排钱学森也去和钱伟长谈一次。朱兆祥心中有点数，所以找了一天晚上，我们就去了，一共去了四个人，除了我、朱兆祥之外，还有杨南生，他是预备党员，我上钱伟长课的时候，他是助教。还有一位是林鸿荪，是入党积极分子，又是民盟成员。我呢，什么也不是。那次谈得挺好的，朱兆祥也讲了不少道理，钱伟长也能接受，晚上回来大家还很高兴。

没想到这事情闯祸了。据说蒋南翔把这事儿告到中央去了，说我们清华在批判有右派言论的钱伟长，科学院还有党员去安慰他。结果中央指示要查这件事儿，所以这个压力一下就到朱兆祥头上，他这个跟斗就栽下去了。钱伟长划了右派以后，就开始搞朱兆祥的"问题"了，最后他被作为反党分子开除出党，连降三级，离开科研工作到怀柔基地搞基本建设去了。基地建好以后又被调到中国科大去当教师，"文革"之后，1978年被平反。80年代中期他创建宁波大学并出任校长，卸任后回了力学所。他的一生真是不容易。1956年调到力学所以后，短时间内他把多年未搞的业务全捡起来了。在沉重的政治压力下他一口气在科大开出了好几门爆炸力学专业方面的课程，撑起了一个很有特色的爆炸力学专业，培养了许多人。他是个受有极大委屈而始终自强不息、令人尊重的人。

1957年钱伟长(中)和胡海昌(右)、叶开沅讨论工作

借此机会我想简短介绍一下钱寿易先生和他的一项重要研究成果。郭永怀先生和钱寿易先生都是钱学森先生亲自写信请回来的。钱寿易是国际土力学权威泰沙基的学生,取得博士学位后在美国一家著名的建筑工程公司从事土力学方面的工作,当时已经是这个领域里的知名专家了。1958年举家回国来到力学所,不久便主持力学所第二研究室的工作。初到北京时钱学森先生还带我去拜访过他。他为我国培养爆破工程和土力学专门人才作出了突出的成绩,在城市沉降和海洋工程土力学方面有开创性贡献。60年代,上海出现地面沉降问题,影响到城市安全和市政建设。钱寿易应邀参与这个问题的研究。他首先分析了几种可能的原因,特别强调了城市过度汲取地下水的因素。接着他组织力学所的科研力量同上海市地矿部门合作进行了现场调查和地下渗透水压力的测量,结合理论分析,确认了不适当地抽取地下水是造成上海市地面沉降的主要原因。随后他又提出了针对上海市的合理抽用地下水和季节性回灌的建议,很好地为解决大城市合理

利用地下水提供了途径。可笑的是这些很有创造性、很科学、很实用的方法竟然受到《红旗》杂志一篇文章的批评,胡说什么专家们只知道罗列一大堆原因,不知道怎样解决实际问题。我想这都是为"读书越多越反动"制造舆论。虽说这件事没有影响钱先生的工作,但不能说没有给他施加了莫须有的压力。他仍然以他一贯严谨、谦虚、踏实的态度,勤奋的工作,对城市沉降问题进行深入地研究。不久出于我国海上油气开发的需要,他联合科学院有关研究所,开创了海洋土力学的研究,为解决海洋平台建设遇到的海洋土力学问题作出了创造性的贡献,并因此获科学大会奖和国家科技进步二等奖。十分可惜的是,1991年他因接洽由他负责的一项联合国发展署海洋土力学项目到美国访问,飞抵旧金山未及休息便开展工作,因过度疲劳心脏病突发而去世。这是我国土力学界和力学所的一大损失。

杨:力学所是一个大所,这些年从力学所分出去了哪些机构呢?

郑:先是力学所成立不久,"四大紧急措施"出台后,自动控制小组分出去,成立了自动化所筹备处。到了1958年,运筹室归了数学所,后来运筹室又进入系统所。1960年,水动力学室(三室)划到了无锡702所。1965年,一部分有关航天的研究划到了五院。到了"文革"开始,又有一部分到了原七机部702所,一部分到了四川29基地,一部分调去筹建卫星研究院。后来702所这部分回来了,29基地那部分就没回来。力学所还有一部分辗转到了现在的空间中心。

另外,数学所从清华搬出来以后,院里又在清华数学所小楼那儿成立了动力研究室,吴仲华[①]先生是清华教授兼该室主任。1960年,科学院把大部分义务兵都遣散了,我们所这边又需要火箭发动机的研究力量,就把

[①] 吴仲华(1917—1992),工程热物理学家,中国科学院院士(1957)。曾任力学所副所长、工程热物理研究所所长等职。

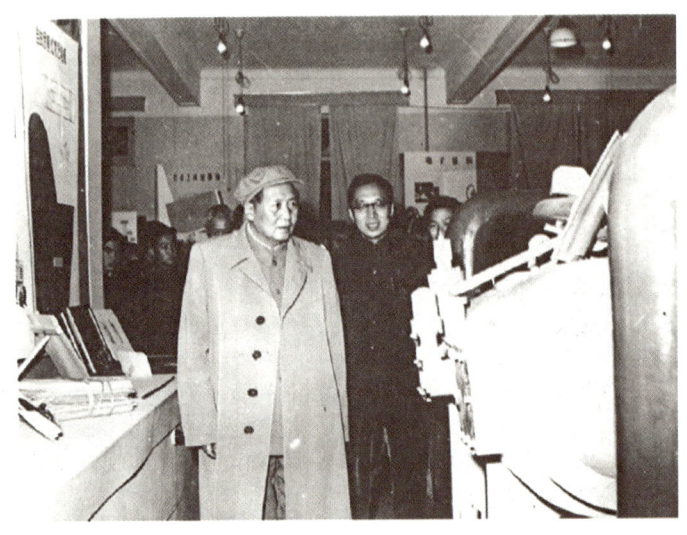

1958年11月15日毛泽东主席参观中国科学院自然科学跃进成果展览会，吴仲华（右）向毛泽东主席介绍3 000匹马力自由活塞式燃气轮机模型

动力研究室并入了力学所。一部分在中关村，一部分到怀柔去了。后来到了80年代，工程热物理这部分又分出去了，成立了工程热物理研究所，吴仲华先生是所长。

杨：您还记得刚到中关村时的一些情景吗？

郑：中关村那时基本上是一片荒地，印象中那时候只有几座楼，比较大的是原子能楼和新建好的化学楼，另外还有地球物理所，挺小的一个楼，所长是赵九章，傅承义先生、李善邦先生当时也都在那里。还有四个连着的两层小楼，是给社会科学方面语言所、历史所、经济所、考古所建的，所以大家都管这儿叫"四所"。

郭所长他们住的那几栋楼比较早就建好了，13、14、15楼，因为标准略高，所以被称为特级楼。钱所长回国后住在14楼，郭所长回国后住在 13 楼，直到现在李佩先生仍然在那儿住，一直没搬过。科学院在北京的许多著名科学家那时大都住在那里。那时候没有现在这么多楼，绿化得很好，一到春天桃树、梨树一开花，漂亮极了。

那时候中关村基本上是封闭的，包括现在的北四环西路的一段，完全归科学院。曾经有一度给住在这里的人发过徽章，没有这个徽章是不能随便进入中关村的。

我结婚以后就搬到中关村住了，开始住 4 号楼，不久又调整到 5 号楼，80 年代初搬到 15 楼。2003 年搬到现在的院士楼。

中关村许多楼都是 1958 年开始盖的，包括"四不要"礼堂。"四不要"礼堂建好以后，我们就经常去看一些演出，比如梅兰芳演的《穆桂英挂帅》。我们所 1960 年的春节晚会就是在这儿开的，我还演过相声。

杨：您还记得和谁说的吗？

郑：我们所的潘良儒。

杨：您是捧哏还是逗哏？

郑：不记得了。我当时是院工会副主席，那时吴云是实际办事的。

附

钱学森先生在力学所初建的日子里[①]

朱兆祥

1955 年秋天，钱学森先生突破美国政府的封锁回国。我受陈毅副总

[①] 本文原载 2005 年 12 月 7 日《科学时报》，为朱兆祥先生在中国科学院力学研究所成立五十周年庆祝大会上的讲话。朱兆祥（1921—），浙江省镇海县人。1944 年毕业于浙江大学土木工程系，历任中央文化部科学普及局辅导处负责人，中华全国科学技术普及协会常务委员，中国科学院力学研究所学术秘书、研究员。曾任宁波大学校长。

理的派遣代表中国科学院去深圳迎接。那时我不认识钱先生,出发前我找到了中国科学院的赵忠尧和郑哲敏先生,又到上海拜访钱先生的父亲钱均夫老先生,了解钱先生一家的有关情况。钱老先生还给了我钱先生夫妇和子女永刚、永真的一张合照,以便辨认。当我到广州时,陈毅同志已有电报来关照省府。地方上很支持,派了一位副处长陪同我前往深圳协同工作。

1955年10月8日,深圳罗湖桥头动人心魄的一幕是很难忘怀的。当时我们已经从中国旅行社探知,钱先生等30位离美归国人员所乘克里富兰总统号邮船将在九龙靠岸,当时的香港殖民政府屈从美国的压力,对钱先生等一行将以所谓"押解过境"的屈辱名义来对待。近中午时分,罗湖桥门打开了,这支光荣的爱国者队伍踏上界桥,面向祖国,步行过来了。正当我们拿着照片紧张地搜索钱先生一家之时,我的手突然被队伍中的一位先行者抓住,使劲地握着。我猛转身,发现对方眼眶里噙着的眼泪突然掉了下来。我意识到,虽然原来谁也不认识我,也不知道我是来干什么的,现在我却被看做伟大祖国的代表了。我也极为感动。就这样,一个挨着一个,每个人都带着激动的泪痕跨入国门——我终于接到了钱学森先生一家。永刚和永真两个天真的孩子,拉着我的手,不停地喊着"Uncle Zhu, Uncle Zhu",他们也和父母一起沉浸在回到祖国的幸福之中。

和钱先生一家同时从美国加州理工学院所在地珀萨定纳出发,一路同行的还有李整武、孙湘教授一家。当我陪着两家人进入深圳车站休息室坐定后,我把科学院吴有训副院长和院学术秘书长钱三强先生的欢迎函面交给他们。钱先生站了起来,再次和我们握手,并走到李教授跟前说:"整武兄,这下我们真的到了中国了。恭喜,恭喜!"两个人又激动地握手。孙湘教授把怀中的孩儿递给丈夫,从手提包里取出他们随身带来的离美那天出版的《珀萨定纳晨报》给我看。上面印着特大字号的通栏标题:火箭

中关村科学城的兴起（1953—1966）
The Rise of the Science City in Zhongguancun

专家钱学森今天返回红色中国！

这天，钱先生终于安全地回到了祖国，开始了生活上崭新的一页。

钱先生一到北京，中国科学院正式提出请钱先生以数学研究所力学室的十二员大将为基础，和清华大学教授钱伟长先生一起创建力学研究所，并建议他到新中国的工业基地东北参观考察一下。钱先生欣然同意了。我再次受命陪他去考察。

我们二人在东北整整考察了一个月。先到哈尔滨，然后依次南下访问长春、吉

钱学森于1955年乘克里富兰总统号轮船归国，图为全家在船上的合影

林、沈阳、抚顺、鞍山，最后到旅大市。考察了新中国成立后短短的6年里兴建和更新的许多工厂和矿山。此外，还访问了中国科学院在东北的研究所，以及在东北地区的几所著名高校。

此行收获很大，钱先生和我都感到惊讶，深深感受到社会主义制度在统筹和协调工作上的巨大能力，可以集中力量办大事。才6年时间的建设，祖国的面貌已经大变，焕然一新。在所见所闻中，我只就当时感受较深而对后来影响较大的两件事来说一说。

第一件事是解放军陈赓大将邀请我们参观哈尔滨军事工程学院的事。

哈尔滨是我们东北之行的第一站,时间已在11月下旬。省委统战部出面安排接待。钱先生表示他有两个朋友庄逢甘和罗时钧在哈尔滨工作,他希望此次能见到他们。省里感到有些为难。因为这二人都在哈尔滨军事工程学院,而这是个保密单位,省里作不了主,要请示中央。当时解放军副总参谋长兼任哈军工院长的陈赓大将正在北京,一听到钱学森先生要来哈军工访问,第二天清早就乘专机飞到哈尔滨,并亲自赶到军工学院迎接钱先生,陪同参观。

陈赓大将命令把所有各系的实验室和陈列室都打开来请钱先生参观,他说,"在钱先生面前还有什么保密的。我们的很多陈列品都是从朝鲜战场上拣回来的战利品。我们规定了一些保密条例,只是为了向帝国主义装个蒜,不让他们知道底细。"在实验室所在院子的一角,我们看到有几个教员正在摆弄一个很简陋的小火箭实验。陈将军问钱学森:"中国人自己搞导弹行不行?"钱说:"外国人能干的,中国人为什么不行?"陈赓大将说:"好!我要的就是你这句话。"我们在哈军工参观了两天,这是钱先生回国后第一次接触解放军,对部队装备的科技水平有了第一次了解。

回到北京后,陈赓大将问我:"钱先生对我们哈军工有什么意见和看法?"我说:"钱先生对我们新中国有这样装备新颖和管理井井有条的军事工程学院非常高兴。但他对学校里请了这么多苏联专家来教书,很不以为然。他说:难道我们中国人不会教书啊,请了这么多外国人来做什么!哈军工的教师好像事事都要听从苏联专家,显得很被动。这对学校发展很不利。"陈赓一听,就兴奋地站了起来说,"哎呀,钱先生民族自尊心这么强,多么可贵啊!"陈将军随即半开玩笑地说:"你们科学院的同志,可真厉害啊!我们刚刚听到钱学森即将回国的消息,很想及早会见他请教请教，就有人告诉我：科学院早已派人到深圳去迎接了。等钱学森到了北京，我们很想请他到部队来发挥专长，就有人告诉我，人家科学院早已请妥他创办力学研究所啦，房子、班子都准备好了。所以我说你们科学院同志，想得早，干得快，真厉害。"他的玩笑中隐含着一股迫切的心情。

三四天后，陈赓大将亲自陪同钱先生和我一起到医院去看望彭德怀同志。这次会见很特别，彭老总开门见山就提出问题说：我们是社会主义国家，不会去打人家。但我们一定要把部队用新式武器装备起来，落后了要挨打。我很想知道，我们中国人，能不能自己造出导弹来？需要多少时间？双方就这个问题讨论很久，谈得很投机。看来彭老总心情很急，简直就像交代任务一样。

钱先生对导弹原理和国际情况都了然于胸，陈赓就提出请钱先生为部队的校级以上干部作个普及导弹知识的报告。这个计划不久就实现了。在总政排演场礼堂，钱先生连讲了三天。以上这些活动我都参加了，使我感到了紧锣密鼓的气氛。

11年之后，1966年10月27日，钱学森先生协助聂荣臻元帅领导导弹和原子弹"两弹结合"飞行实验获得成功。

第二件事是，在东北之行中，钱先生有好几次应大学和研究所之邀作学术报告。讲演的主题大都是关于发展"技术科学"的问题，一次比一次深入和展开。我曾经把他此行所讲和他后来提出的建设力学研究所的方案相比较，发现他回国时向往成立的研究所的内涵远比传统的应用力学要宽要深，实质上是希望办成一个运用马克思主义方法论的、足以领导工农业生产前进的"技术科学研究所"。

"技术科学"一词原来叫做"工程科学"，译自英语。钱先生1947年回国探亲时，曾以工程科学为题在交大、浙大和清华分别作过讲演。讲述了德国著名数学家克莱因倡导的应用力学学派在工程应用上的重大成就和发展前景，指出这个学派所提倡的科学和工程相结合从而推动工业技术飞速发展的思想已经得到了充分的体现，在自然科学和工程技术之间已经形成了一个独立的科学体系。这就是工程科学，后来改称技术科学。在美国的最后几年间，钱先生在失去自由的情况下，埋头创建了技术科学方面两门新的学科："工程控制论"和"物理力学"。通过微观和宏观相结合的方法去预测工程中需用的新物质材料的宏观性质。两者都和传统的应用力学紧密相关，然而都已超出了经典力学的范围。

在钱先生的心目中，有许许多多新的技术可以在新中国发展。他举出航天技术、核聚变、自动化工厂、冲击波化学、风力工程、定向爆破、光能利用、农业工厂以及气象工程等等，和这些新技术相应可以建立起许多影响国计民生的新的技术学科，前途无限宽广。

此外，他又特别注意到国外在二次大战中发展起来的一门新学科——"运筹学"，有可能发展到经济、企业、工程的管理中去，逐步形成工程经济理论、运输理论等新学科。他认为，新成立的力学研究所可以把研究范围放宽。在1956年1月5日中国科学院的院务会议上，钱先生提出了建立力学研究所的方案。这个力学研究所将成立弹性力学、塑性力学、流体力学、物理力学、化学流体力学、自动控制、运筹学等7个研究室。由于学科发展的紧迫需要，自动控制研究室在半年内升格成为自动化研究所，运筹学研究室则在后来演变成为系统科学研究所。这两件事说明了钱先生早年卓越的远见。

我有幸能够参加力学所最初的建设工作，直接体会钱先生学术思想的精深，在以后的力学教学和研究中，也得到钱先生多次有力支持。我常常想到我们在一起时的美好岁月。

第三篇

"火车头"时代

9 数学研究所与计算技术研究所

访谈许孔时

受访人：许孔时
访谈者：杨小林
访谈时间：2007 年 5 月 20 日
访谈地点：中关村许孔时先生家中

受访人简介

许孔时（1930—），河南省固始县人。1952 年毕业于清华大学数学系。曾任计算技术研究所副所长，中国科学院软件研究所所长。

杨：许先生，您好。计算所老楼现正在拆除，先请您简单谈一下建这个楼时的一些情况。

中关村科学城的兴起（1953—1966）
The Rise of the Science City in Zhongguancun

许：好的。这个楼大概是1956年底、1957年初开始盖的，是计算所的北楼。1958年春天建好后，所里组织大家到工地劳动，说这就是咱们的研究所大楼。大家就要求来了，我们劳动劳动也算出点力。楼建好后我们很快就搬到中关村来了。计算所的南楼大概是1962年底、1963年初盖好的。当时计算所大院子里，还盖了一个东楼，一排平房，后来都拆了。现在，计算所北边的这个老楼也要拆了，这一拆之后，当年计算所的"古迹"就什么都没有了。

杨：您第一次到中关村是什么时候？

许：1956年9月30日。那天印尼总统苏加诺访华，毛泽东、刘少奇、周恩来、朱德去西苑机场迎接。院里就组织我们在西郊的各研究所的人到中关村路口这儿来夹道欢迎，就是现在四环路中关村一桥的南边。在路口这儿，当时印象，也只是现在电话局的西边有一个门朝西的、临街日杂商店，卖一些钉子、铁丝什么的。其他的什么也没有，两边都是农田，种的是高粱、玉米一类的庄稼。

这时我在数学研究所，研究所是中国科学院的，但所址在清华大学校

计算所北楼（现已拆除）。数学所进入中关村后，在此楼的四层全层和五层东侧

内,不在中关村。在参加这次欢迎之前,我从来没有来过中关村,也没听说过这个地名。从在清华上学,到在数学所上班,进进出出都是走清华二校门。

杨:我们想从数学研究所的角度了解中关村的历史变迁,请您先谈一下数学所早期的情况。

许:好的。数学所筹备处是1950年6月成立的。苏步青①是筹备处主任,周培源、江泽涵②、华罗庚③、许宝騄④是副主任,田方增⑤先生是筹备处的秘书,委员有段学复、闵嗣鹤、张宗燧等。地点就在北海旁边的文津街3号院部的西配楼。

今年92岁的田方增先生和我谈过,他是1950年7月从法国回来的,回来后马上就被任命为数学所筹备处秘书,是筹备处的第一位工作人员。当时筹备处只有两间小屋做办公室。不久就有了一位打字员和一位工友(管收发文件等),这样全办公室就这三位大员。就在这时候挂出了筹备处的牌子。

1951年1月政务院批文,任命华罗庚为即将成立的数学研究所所长。有文字资料说,1952年7月1日筹备处撤销,数学所正式成立,所址在清

---

① 苏步青(1902—2003),数学家,中央研究院院士(1948),中国科学院院士(1955)。复旦大学校长、复旦大学数学研究所所长。

② 江泽涵(1902—1994),数学家,中国科学院院士(1955)。北京大学数学系教授。

③ 华罗庚(1910—1985),数学家,中央研究院院士(1948),中国科学院院士(1955),美国国家科学院院士,第三世界科学院院士,联邦德国巴伐利亚科学院院士。历任数学所所长,中国科技大学数学系主任、副校长,应用数学研究所所长,中国科学院副院长,全国政协副主席等职。

④ 许宝騄(1910—1970),数学家,中央研究院院士(1948),中国科学院院士(1955)。北京大学数学系教授。

⑤ 田方增(1915—),数学家。新中国成立后历任中国科学院数学研究所筹备处副研究员兼所务秘书,中国科学院数学研究所研究员、副所长。

华园内。

我接触到数学所的时候,数学所在清华大学新林院的新房子已经盖好了,从清华南校门走进去,左手边。1952年的春节,当时我还是清华大学数学系四年级的学生,数学所的青年研究实习员请清华数学系的同学联欢,意思就是希望我们毕业之后愿意到数学所来。我记得去了二十几个同学。看到的数学所是一座很新的二层楼房,所内家具等一切都是新的,还有糖果招待。联欢会结束回清华的路上,四年级的殷涌泉说"简直到共产主义了",一年级的陈翰麟还指挥大家唱歌,直到走回平斋。

这个房子何时盖好的呢?据我所见和几位数学所的老人谈话的情况分析,应该是在1951年底或1952年初。我访问过今年85岁的越民义,他说他是1951年春节正月初一到数学所筹备处报到的,他是浙江大学陈建功先生推荐的。当时已经报到在册的人员最多十几人,有林鸿荪、孙以丰、万哲先等。越民义说,有一次他在筹备处办公室,正好碰见数学所新楼的设计师拿着设计好的图纸给田方增看,征求意见,越民义也看了图纸,说这个楼太高级了,设计师听了很不以为然,说现在还能再搞"干打垒"吗?可见这时施工尚未开始。

另外越民义还说,他报到后,虽然筹备处已经有了十几个人,但大家都分散住在外边,也不上班,只是每月组织一次学术活动,记得华罗庚讲过一次矩阵论。当时关肇直还在院部工作,也来参加学术活动。田方增也说,筹备委员会第一次会议时,就把关肇直请来作记录。

杨:您是什么时候到数学所的呢?

许:1952年7月,我从清华大学数学系毕业,就分配到了数学所。这一年我们清华数学系一共毕业了五个学生,分到数学所的,就我一个。同时分到数学所的还有北京大学数学系的何善堉，浙江大学数学系的王元、孙和生，这二位是陈建功、苏步青先生的得意门生。8月25日到院部报到。当时先后来院部报到的新分配大学生大约有三四十位，都住在文津街院部大楼后面新盖的一座三层楼，当时叫科学院后楼，很多人住一大间。一日三餐，伙食很好，八个人一桌，午、晚餐都是四菜一汤，很丰盛，比大学时不知好了多少。

大学生基本到齐以后，就开始学习。学什么呢？就是学陈伯达的一个讲话。1951年9月中央在各高等院校开展了"知识分子思想改造运动"，1952年7月科学院也开展了同样的活动，只是不叫"运动"，叫"思想改造学习"。陈伯达当时在科学院的五位副院长中是排名第一位的，这个讲话实际上是动员报告，题目是"在中国科学院研究人员学习会上的讲话"。我们报到的时候，发给我们人手一册。我记得这个讲话的开头很有意思，他说："科学院学习委员会几位同志要我到这儿来讲些话。讲话之前，对一些问题，我曾向郭院长请示过，向几位副院长请教过，向学习委员会的同志商量过。"在学习讨论期间，最强调的是，要正确对待老科学家，到研究所后，要尊重老科学家，好好向老科学家学习。

在院部后楼生活、学习期间，我们还听过郭沫若院长、竺可桢副院长的报告，二位都讲了他们年轻时的学习情况、当前国家的形势和需要，对我们这些新来的大学生提出了希望和要求。我记得郭老谈到年轻时在日本学医，曾做过尸体解剖；竺老讲到他出国留学前还梳着辫子。这期间，郭院长还请了许多位政府部长来作报告，讲他们这些部门当前和今后有哪些科学技术问题需要解决。这样，科学院可以根据这些部门的需要，安排全院各研究所的工作。让新大学生都来听这些报告，可以开阔眼界，也激励和鼓舞我们奋发努力，走上新的工作岗位。我当时被指派参加这些报告的记录和整理工作。由于报告人讲话的口音天南地北，当时的录音设备又不好，有时一句话听好几遍也弄不对，所以花了很多的时间。

到了9月底，在院部的学习就结束了。"十一"那天，新大学生都参加了科学院的游行队伍，大家都穿了新衣服，领队的是钱三强，意气风发地走过了天安门。

10月3日，我们就到数学所正式报到了。我们四个人分到数学所后，引起了一些矛盾。原因就是究竟这几个学生分给哪几个老师，因为所有研究员都要学生。结果孙和生说愿意做微分方程，所以就分到吴新谋先生那儿。何善堉分到在数学所兼职的钱伟长先生手下，在力学组，那时力学是归在数学所的。我和王元就分到华罗庚那儿，是数论组。华先生是所长呀，就给了他两个。先生用人有一套，政治上的活儿尽量让我去做，因为我是党员。最典型的一件事，就是帮着他答复人民来信。因为当时有很多人给数学所写信，问问题。所以我们成立了一个人民来信小组，让我管这个。

杨：请您再谈一下数学所成立之初的人员情况。

许：好的。我这些天查了一些资料，1953年上半年数学所有科研人员32人，其中专任研究员5人，华罗庚、闵乃大、吴新谋、张素诚和吴文俊，专任副研究员5人，关肇直、田方增、王寿仁、庄逢甘和夏培肃。助理研究员6人，林鸿荪、孙以丰、越民义、冯康、万哲先和胡海昌。研究实习员11人，陆启铿、龚升、胡和生、张里千、王光寅、邱佩璋、丁夏畦、何善堉、孙和生、王元和我。另外还有5位合聘的研究员，苏步青、陈建功、段学复、胡世华和张宗燧。在这32人中，后来当选中国科

1953年8月华罗庚先生(右四)和数学所的研究人员在清华园数学所门前漫谈数学问题

学院院士的就有 17 人①。

我刚到数学所的时候，闵乃大、张素诚、吴文俊、关肇直、夏培肃、龚升、胡和生等还没来，而胡和生似乎以后一直没有到数学所工作过。此外夏培肃在一篇回忆文章里提到，闵乃大、夏培肃、王传英三人是 1953 年 1 月 3 日到数学所上班的。我曾打电话问过王传英，他说 1953 年全年他都是在数学所工作的。

数学所清华园时期的科研人员，除前面提到的以外，1953 年秋天来所的是吴方和魏道政，这二位都是 1952 年院系调整后的上海复旦大学毕业的毕业生。这年来的还有王庭梁和庞建新。1954 年秋天来所的大学毕

---

① 这 17 人为：华罗庚、苏步青、陈建功、段学复（1955），吴文俊、张宗燧（1957），关肇直、陆启铿、庄逢甘、冯康、王元、胡世华、胡海昌（1980），夏培肃、万哲先、丁夏畦、胡和生（1991）。

业生是成平和欧阳鬯。1955年秋天分来的大学生就比较多了，我已经记不全了，只记得有杨东屏、石钟慈①、王树林、徐国荣、卢向华、曹传书等。

还有几位要特别提一下，一位是罗时钧，是留美的博士，1950年回国途中他和赵忠尧、沈善炯还被美军关押在日本监狱了一段时间。1952年，我国在哈尔滨组建第一个军事工程学院，罗时钧听从派遣，他就去了。

还有一位是李开德，1951年高中毕业后，考进清华大学工作，在电机系做闵乃大教授的计算员，她说1952年12月31日第一次进数学所参加除夕聚餐，印象很深刻。她后来到了计算所、软件所，成为研究员，在软件方面做了很好的工作。

林鸿荪和程世祜。林鸿荪是1950年朝鲜战争一爆发，就从美国回来了，可是那时候还没得博士，所以回来后在数学所是个助理研究员，他心里不太痛快。但政治上他很积极。程世祜是从英国回来的留学生，是1953年或1954年来数学所的，他和林鸿荪在力学所成立后就转到力学所了，不幸都在"文革"中去世了。张劲夫同志在回忆《中国科学院与"两弹一星"》那篇长文章中，还专门提到了林鸿荪的贡献。

关肇直先生是1952年调到数学所的。关肇直的专业是泛函分析，就成立了泛函分析研究室，因为要联系实际，就联系了控制论，所以后来又改名为控制论室，60年代初宋健②还当过这个室的副主任，那时候他常到

---

① 石钟慈（1933—），数学家，中国科学院院士（1991）。曾任中国科学院计算中心主任。
② 宋健（1931—），中国科学院院士（1992），中国工程院院士（1994），瑞典皇家工程科学院院士（1994），美国国家工程院院士（2002），曾任国务委员兼国家科委主任。

左上图　1953年,田方增和林鸿荪(右)在清华园数学所楼前
左下图　关肇直在作学术报告
右图　吴文俊2001年获得首届国家最高科技奖

数学所来。

2001年首届国家最高科技奖获得者吴文俊先生,他是1951年从法国回来的。回国后先是在北大数学系,1952年底到了数学所。

还有一位秦元勋先生,原来是北师大的副教授,在数学所待了一阵,调到二机部去了。当时都缺人哪。后来应用数学所成立,他又调了回来。

还有一位叶开沅,是1951年从清华大学电机系毕业的。不知道什么原因,1957年以后就调到西北了。"文化大革命"的时候被打成现行反革命,关监狱了,多少年才放出来了。后来到加拿大当教授了。前几年每年都回来。他喜欢京剧,自己做了很多戏装,挣那点儿外汇都给了京剧。自己出钱让人家给他录音,他就唱。每年他回来我们都见见,也80多了。

中关村科学城的兴起（1953—1966）
The Rise of the Science City in Zhongguancun

冯康先生是在我1952年到数学所不久后，从苏联回来的。后来才知道，他是咱们新中国成立以后第一批派去苏联学习和工作的。他在那儿研究工作做得很好，因为生病了，骨结核，就回来了。回到国内，有利于养病。

当然还有一位应该说的就是今年不久以前过世的张素诚先生。张先生原来在浙大应该算是苏步青先生的学生，院系调整以后到了复旦，大概是1953、1954年到的数学所。数学所在几何方面没有什么人，所以就把张素诚请来了。

冯康在作学术报告

后来陆续从国外回来的，有李敏华和郑哲敏。因为50年代初期美国政府对在大学工作的中国理工科留学生回国横加阻挠，李敏华是1954年绕道西欧、苏联回国的。李敏华院士是吴仲华先生的夫人。郑哲敏院士不久前还是力学所的所长，是1955年中美达成日内瓦协议后从美国回来的。

数学所还有一位著名的人物就是陈景润[①]。我第一次听到这个名字是在1953年或1954年初的一次报告会上，大概是北京数学会开会期间，地点是在北京大学一个较大的教室里，华先生作报告，谈到这几年数学界的研究成果时，在黑板上写了三个比较大的字——"陈景润"，说这是一个

[①] 陈景润（1933—1996），数学家，中国科学院院士（1980）。中国科学院数学所研究员。

陈景润（左一）与王元（右下）、杨乐[①]（右二）、张广厚[②]（左二）讨论数学问题

青年人，在福建，研究成果非常好，现在很多人的研究成果都不如他好，比不上他。华先生这些话给我留下了深刻的印象。陈景润调到数学所是在数学所在西苑大旅社期间。

当时数学所一共也没多少人，还没有什么研究室。主要分成两大部分，一部分是数学，一部分是力学。力学的头头，就是周培源[③]先生。钱伟长先生要排第二，因为周先生比他资格老。在清华，我就不知道周先生教没教过钱先生，但是钱先生是叫他"周老师"的。力学的人不多，是一个小组。周、钱两位的人事关系不在数学所，周先生在北大，钱先生在清华。

数学所1953年初成立了一个计算组，大家都很赞赏华先生有眼光。

---

① 杨乐（1939—），数学家，中国科学院院士（1980）。曾任中国科学院数学与系统工程研究院院长。

② 张广厚（1937—1987），数学家。数学研究所研究员。

③ 周培源（1902—1993），著名流体力学家、理论物理学家，中国科学院院士（1955）。新中国成立后历任清华大学教授、校长，中国科学院副院长，中国科协主席等职。

那时候中国没有计算机,根本就没有想计算机的事,就是叫计算数学。首先把清华大学的闵乃大教授请来了,这里是有故事的。闵先生早年留学德国,抗战胜利后就回国,在清华大学任电机系电讯网络研究室主任。他是网络专家,但那个网络,不是现在上网这个网络,是继电器节点网络,是 network 原来意义上的网络。闵先生回来就在清华大学电机系,但是后来在这电机系就不合适了。因为1952年学苏联,搞院系调整以后,偏理的部分都进了北大,清华成了多科性的工业大学。数学系、物理系、化学系都没有了。数学、物理什么的都是公共教研室。而闵先生这一套东西,当时算是比较偏重理论,清华大学就觉得不好办,让他教什么课都不合适。正好不知道谁碰见华先生了,一商量,就把闵乃大调到了数学研究所。同时把刚刚从英国留学回来的夏培肃博士也调到数学所,接着又调了两个大学生,还有一个实验员,就这么五个人吧,成立一个计算组。

华先生虽然很重视这个计算组,但是终归这个研究所没有很多钱来买仪器设备,最后跟钱三强先生商量,1953年底就把这个计算组转到近代物理所去了。到了1956年,在这个组的基础上又筹备成立了计算技术研究所,数学所的部分研究人员也到了计算所。

1955年钱学森回国,中国科学院成立了力学研究所,力学组的人就过去了。

数学所在几十年中不断扩大,研究领域不断拓展。1979年底数学所一分为三。控制论室的全部人员和运筹图论、统计等方面的研究人员分出,成立了系统科学所,关肇直任所长。另外部分研究人员与中国科学院应用数学推广办公室合并,成立了应用数学研究所,华罗庚先生任所长。"分久必合,合久必分",到了1998年这三个所又与计算数学与科学工程计算研究所整合组建了数学与系统科学研究院。

前面讲的是研究人员，行政系统方面为首之人是田方增，他是所务秘书，那时人少，也没有办公室、处、科之类的机构。1952年底吴振甲从部队转业来所后，负责党政工作，因为当时党员很少，科学院北京西区也就一个党小组，所以他来了以后就叫人事干事。曹珍是会计，刘载涟负责行政事务，钱丽春协助吴振甲做一些工作，郑坤常、杨明洁、关谷兰、丁蕙琳这四个人负责图书管理、打字，协助田方增做一些事情，其他还有一些做杂事的。

杨：请您再谈一下计算所的情况。

许：好的。1956年国家制定"十二年科学发展远景规划"，一共列入了57项重点任务，其中第57项便是"计算技术之建立"。为了迅速发展无线电电子学、自动化、半导体和计算技术这四个具有关键作用的新学科领域，又提出了"四大紧急措施"。据说是周恩来总理亲自过问、批准，由科学院来具体操办，着手筹建有关研究机构。这个时候，又把闵乃大、夏培肃这一拨人从近代物理所调出来，筹备成立计算所。当时筹备委员会的主任委员是华先生，副主任委员是何津、王正、阎沛霖；委员有赵访熊、闵乃大、蒋士𬸚、吴几康、周寿宪、范新弼、徐献瑜、夏培肃、张效祥和张克明。另外还成立了筹备委员会办公室，主任是何绍宗。

筹备处是成立了，但是没有地方怎么办，有高层领导直接过问，决定在西苑大旅社（现在的西苑饭店）借三座楼，计算所、电子所的筹备处，一个所一座楼，华先生身兼两所的负责人，数学所也一起搬了过来。那三座楼，1号楼是数学所，3号楼是计算所，6号楼是电子所。我们是1956年秋天从清华大学搬到西苑大旅社的。1957年的新年就是在那儿过的。

计算所正式成立是 1957 年夏天。这个时候闵乃大是正研究员，是研究室主任。在建所前后，从美国回来的还有范新弼先生、蒋士骕先生，都是博士。范先生的夫人很有名，是中国第一代女飞行员，不知道谁给介绍的，后来也在我们计算所。

记得那时候有人跟华先生开玩笑，说您是筹备处的主任，您怎么不调数学所的人来支持计算所呀？结果冯康和我，还有魏道政，三个人同时从数学所到了计算所。我和魏道政是调过来了，冯康先生是自己要求过来了。这是 1957 年的事。

计算所的人员发展得很快，从 1956 年 6 月筹备委员会成立到 1956 年 10 月，就已经调来了 115 人。

1957 年底，计算所筹备委员会由阎沛霖全面主持工作，筹备委员会的主任由华先生改为了阎沛霖，这是在西苑大旅社正式宣布任命的。阎沛霖原是国家建设委员会的委员，还兼了重工业局局长。计算所正式成立是 1959 年 5 月，所长阎沛霖，副所长是吴国华和王正。

计算所第一任所长阎沛霖

杨：搬到中关村后，计算所和数学所在这个楼里是怎样一个布局呢？

许：一开始的时候，这儿没有宿舍，单身就住六层，一个屋里摆几张床。那时候无所谓什么北楼、南楼，就这一个楼。计算所也在这个楼，数学所也在这个楼。另外在中关村北区四所刚建好时，据说数学所有少数人在那儿办公，后来把方程室、运筹室和系统控制室安在那儿。一直到90年代初，数学所才搬到现在数学与系统科学研究院这个楼。

数学所当时占了第四层。四层楼中间这个大屋子，是华罗庚先生的办公室和会客室。五层的东边，也是数学所。其他都是计算所。计算所的图书馆、工厂、车间，都在下面和后面。

冯康、魏道政、我三个人调到计算所的时候，给冯先生单独一间办公室，我和魏道政还有刚从美国回来的黄兰杰三个人一个办公室，黄兰杰的父亲是黄鸣龙院士。她丈夫是力学所的吴承康①，也是位院士。

当时数学所一共有四个研究室，第四研究室就是胡世华的数理逻辑研究室。后来由于胡世华同志坚持，1963年1月，张劲夫等院领导在院党组开会时决定把它从数学所的编制划归计算所。一方面是数理逻辑理论研究要联系计算机，另外也是由于各室之间也有一些矛盾。比如说当时科学院要求要下放一些人到农村去搞四清什么的，可能数理逻辑研究室派的名额就多。比如有的研究室说我们室重要，去一个两个了不得了，但是数理逻辑研究室就猛往下放。老胡就想不行，都下放完了，我数理逻辑室没人了。所以就先"下放"了四个人到计算所了，我人都下放完了，你再让下放我这儿没人了。当然这也可以看做是一种玩笑话。当然这个过程也是几经周折的。数学所田方增、关肇直他们都不大乐意，说数学所怎么能没有数理逻辑呢？但是因为所谓形势逼人，已经发展到这一步了，计算所阎沛

---

① 吴承康（1929—），气体动力学家，中国科学院院士（1993）。力学研究所研究员。

霖同志也表示欢迎。征求我意见，我当然赞成了。因为当时胡世华有个想法，数理逻辑的研究是计算机设计的理论基础，西方就有这一块。可是事实上到了计算所之后呢，这些搞工程的人又认为你那个不联系实际，所以这个数理逻辑两边受气。当然后来经过几十年，大家都承认了，胡世华是有道理的。

杨：计算所成立之初都有哪些研究室，后来又分出去了哪些研究机构呢？

许：1957年的时候成立了三个研究室，第一研究室是计算机整机，第二研究室是计算机元件电路，第三研究室是计算数学。从1959年到1966年，又陆续成立了四室电源，五室存储器，六室外部设备，七室机械设计，八室计算机维护，九室总体设计、软件及数理逻辑，十室专用机，十一室固体电路，十二室109乙机管理。另外，1965年8月又成立计算所二部，专门负责微型计算机的研究试制工作。这是"文革"之前研究室的一个大概状况。

分出去的研究机构。1966年2月，计算所二部从计算所分了出去，成立了中国科学院微电子学研究所。1978年3月，第三研究室及部分硬件人员从计算所独立出来，成立了中国科学院计算中心。1984年，计算所新技术发展公司成立，发展演变到1989年联想集团正式成立。后来联想集团又组建了计算所二部。1985年2月，第二十、二十二、二十三室和数理逻辑组调出计算所，成立了软件研究所，我是第一任所长，1995年原来计算中心计算机应用部分也并入了软件所。1995年计算中心的科学与工程计算部独立，成立了计算数学与科学工程计算研究所，这个所后来又并入了数学与系统科学研究院。

杨：请介绍一下我国计算机的早期研制情况。

科学院的第一台计算机——103机

许：先说一下103机。我现在说的是科学院的第一台计算机——103机。咱们国家的第一台计算机究竟是以谁为主做出来的，是科学院做出来的呢，还是国防科研部门做出来的呢，还是电子工业部做出来的呢？各说各的。所以如果找到我了，我从来不说这个第一台，我只说真正科学院的第一台是哪一年造出来的。

科学院的头一台就是1958年的103机。当时张劲夫说了，给这台计算机起个名字，叫"有了"，意思是"我们现在有计算机了"。

苏联援助中国的第一台计算机的资料叫M3，德文叫MD。这个是苏联最落后的老计算机，电子管，每秒钟运算80次。中国人真是聪明，拿过这些图纸，就咱们那些位，稍微把电路改进、设计一下，每秒钟就200次了。这就是103机。

第一台计算机是仿制的，那时没办法，因为你电子工业不行，所以管子有时候还要从人家苏联那儿买。咱们738厂什么都是那么建立起来的。

可是当初研制计算机的速度并不慢，1959年国庆节104机就造出来了。这台计算机的蓝本就是苏联的БЭСМ-Ⅱ，德文叫BASM，快速电子数字计算机，每秒8 000次。到1959年，中国人略加改动就到了每秒

10 000次。104机做出来试运行的时候，苏联科学院的院长涅斯米扬诺夫正好在这儿参观，他们有点怕中国人了。再往后想要技术就困难了。因为1959年国庆节不是赫鲁晓夫跟毛泽东吵架了吗？而且1960年的布加勒斯特会议以后中苏关系就逐渐恶化了。我们在苏联留学的都受影响，就提前回国了。

那时候苏联老大哥跟中国内部闹什么矛盾，咱也不知道，对不对？另外，我们对西方的事一点不了解，就算了解也不能随便说，否则你就会有麻烦。记得1957年的时候，数学所有人就说过，中国都解放八九年了，怎么咱们电视做的还不如巴西好呢？就因为这句话，这人就当了右派。

第三台计算机，当时还不叫晶体管呢，还没有集成电路这个词，叫固体电路 solid-state，实际上就是后来的晶体管 transistor。这是那时候短时间

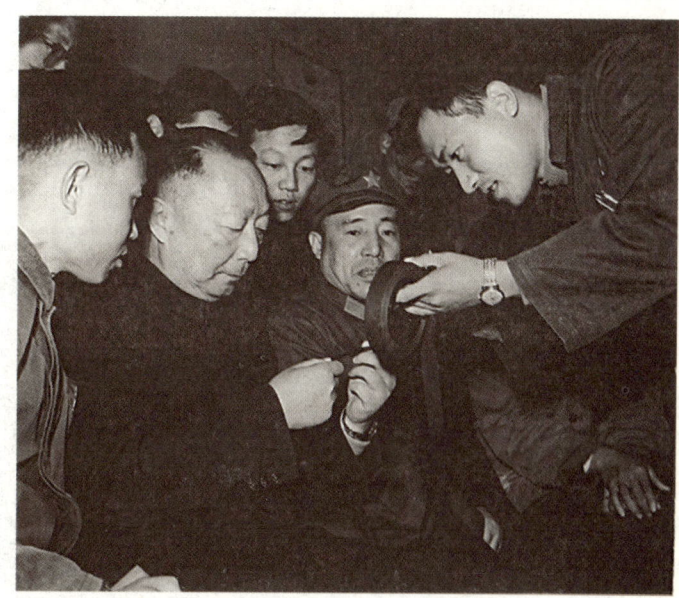

1968年聂荣臻（左二）视察计算所

用过的词，叫固态电路或叫固体电路。第三台计算机跟第二台计算机中间隔了6年，就全是靠我们自己的力量了，那也是千辛万苦啊，大概是1965年做出来的。你想，晶体管刚会做，它淘汰率很大。当时这个管子做一千个就只有几个是合格的，所以不计成本。这台计算机寿命不长。这个计算机有个代号，叫119吧。不过，这是一个转折，以后就是做晶体管计算机了。后来109丙机出了名，这个计算机一出来，先是中关村刷大标语，再就是报纸大新闻，欢呼无产阶级"文化大革命"的伟大胜利！其实那是前几年做的，结果结在了这个时候。聂荣臻表扬这个，说这个是"功勋计算机"。粟裕也来看过。为什么叫功勋计算机？就是因为原子弹、氢弹什么的研制过程都在这上面计算。后来还做了几个小计算机。

杨：您在"文革"前都主要做了哪些研究工作？

许：到了数学所之后，华罗庚所长就决定让我们新分来这四个人补习一年，自学三高（高等微积分、高等代数、高等几何和微几何），一年后考试，然后再分别开始研究工作。理由是前几年，大学政治运动多，学生

1968年研制成晶体管大型通用数字电子计算机——109丙机

学习不够，也不扎实，立即做研究工作不合适。于是我们就都开始努力复习三高。这期间所里的学术报告必须都去听。一年之后考试，有书面，有口头，书面的题目比较难，拿回去做。口头的就是在黑板上出道题，让你讲一讲，下面坐着的几位先生提几个问题，最后都过关了。没有出太难的题。我记得特别清楚，让我讲的是微分几何的测地线，有一些公式，挺有意思。

我到数学所之后，前面讲了，就分到华先生这了，既然到了华先生这儿，我们当然要学数论了。1953年正式到组里参加工作，这时候吴方和魏道政也到了数论组。华老给我们分工，王元做华老的那套数论，也就是王元开始有成就的那套筛法。魏道政好像是做代数数论，吴方的不记得了，给我分的是"数的几何"。这在数论里面比较冷门，但是一个非常有意思的题目，比较难。华老就让我念一些文章，然后读一本德文书，名字就叫《数的几何》。因为当时华老可能有点想法，想在这个分支上有所突破。所以那时候还有人说，给你这么一个难的，你做得出来吗？我说我倒觉得挺有意思的。但是这个题目好像到现在一直没有人做出来，就像陈景润的数论 1+3，1+2，1+1，到现在也没有人突破。

到了1956年"十二年科学发展远景规划"，成立了计算所筹备处。那时候数论组的人也多了，党员也多了，有人就建议我不如搞计算机的数学去。因为有华先生数论的基础和训练，去做那方面工作可能更好。这样我和魏道政就提出来，想到计算所来。从数论组出来两个人支持计算所，华老面子上也好看了。

到了计算所，一开始我是搞计算数学，还没做什么呢，苏联专家来了，就让我听苏联专家讲课。那时还没有"软件"这个词，而是叫"程序自动化"。听课听了整整半年，苏联专家大概是1958年3月走的。我们就成立了程序自动化小组,就是第三研究室第四组。后来这个组是成立软件研究所的主要力量。那时候用现在的话说,形势发展很快,我们在4、5两个月筹建了一个小组,刚刚定了计划要做什么事,就决定要去苏联。第三研究室派了刘慎权、王汝权和我,还有几位是进修生,有一位叫唐裕亮,后来是计算所第一研究室的主任。六七月份大热天,就把我们送到北京外国语学院留苏预备部,就在现在魏公村外国语大学的东院,靠东头。到12月二十几号,这批人,不知道有多少人,就上了开往莫斯科的国际列车。按照计划,应该是12月30日还是31日到莫斯科,那边的老留学生已经准备了新年联欢晚会。但是因为下大雪,火车1月1号晚上才到,第二天天一亮,就听见楼里大声喧哗,卡斯特罗取得政权,把巴蒂斯塔总统赶跑了,庆祝古巴解放。

我在苏联学的是程序自动化。1961年6月回来后,还是在三室四组搞这个。1966年三四月间,我就跟胡世华商量,那时他还在数学所,但是他非常关心计算机的发展。我们就订了一个计划,做一些准备工作,等计划订好了,"文化大革命"开始了。所以全让咱碰上了。所以你问我在计算所干了一些什么,全在"文革"之后呢。但是这十年我没白过,我看了一些书,因为我算逍遥派。"文化大革命"中我受的冲击很少很少,也没有被隔离,也没挨过打。我只被批斗过两回,一回在阶梯教室,一回是在北楼的平台上,就是现在要拆的这个楼。我也只是陪斗,譬如批判胡世华,我的罪名就是包庇胡世华,包庇反动权威。"把许孔时押上来",也来一喷气式,但是都是熟人,很客气。批斗完这个人,我也就下去了。

杨:您能说说刚搬到中关村时的一些事情吗?

许:刚搬到新楼还没有几个月,就"大跃进"了。当时中关村打麻雀就是在这儿打的。那时候这个北楼南边种的都是老玉米,一片青纱帐。这是研究所，前面一条土路，那边就是玉米地。就是现在"苏浙汇"、"融科"这一块，全是庄稼。那个时候大家都拿着锣，拿着脸盆，麻雀一落下来，就轰，麻雀没地儿落，就累死了。那麻雀真是噼里啪啦往下掉，这是真的。这是1958年。我还记得"大跃进"的时候，北区的那条路沿街的墙上全画满了画，什么亩产万斤啦，超英赶美呀，工人举着大旗，上共产主义天堂，等等。

1959年到1961年上半年，我在苏联学习。1961年6月间，我就回来了。那个时候计算所南楼还没盖，生活最困难的一段还没过去，福利楼这儿没什么吃的。对高级研究员，福利楼这儿有点优待，可能是张劲夫同志的规定。当时吃不到什么东西。记得1960年夏我们从苏联回来度假的时候，这里的老研究员招待我们时，有西红柿炒鸡蛋就不错了，真是困难。

到了1961年的秋天，计算所不知道跟哪儿联系的，给大家搞了点福利，但好像还不是所有人都有。当时所里通知我说，许孔时，你可以交钱每天喝一杯牛奶。那时候得拿着一个缸子，到保福寺的西庙这儿，人家拿勺给你舀一勺牛奶。我就在这儿喝牛奶。这事时间不长。当时这个庙就剩这一个殿了，虽然庙不大，但是那是坐北朝南的，这殿可能是保福寺的一个主要建筑。当时计算所的医务室就在这个庙里，哪儿伤了破了，抹点药，都上那儿去。后来准备盖房子，把它拆了。

当初盖计算所大楼的时候，挖出来许多坟墓，没听说有什么重要的文物。但是原来计算中心，也就是现在软件所的院子里，挖出来过一块挺高、挺漂亮的碑。"文化大革命"时被推倒了，碑座砸坏了。听说那是清朝哪一个皇帝的老师的墓碑。到软件所成立，我们搬进去以后，我曾经有兴趣弄弄清楚，也弄不动它。等到我退了休，软件所要盖新楼，觉得它太占地儿。碑座坏了，重新立就不好立了。另外当时大家也觉得，研究所里弄这么一块碑算怎么回事儿？就给北京市文物局打了一个电话，石刻博物馆来人给搬走了。所以这块碑无论如何算是文物。所以最近我还想到五塔寺那个古碑陈列所去看看，到底是哪个皇帝的哪个老师，叫什么。

我们从计算所出来都是往北走到中关村路，再往西，到中关村大街。现在南北向的中关村大街，原来是白颐路的一段。而原来的"中关村路"是东西向的，就是现在北四环的中关村这一段，它原来两边有树，高高的，很壮观。路两边各有一条水沟。往东走不出去，走到东边往北拐就是铅笔厂，出去就是成府路，通五道口。

我们到中关村以后，南区的宿舍正在建，中关村南路还很破，我们基本上就没走过。我记得60年代初有一天晚上我到81楼去看董韫美①，那时候他还单身，出来以后路上没灯，我摸黑儿走出去，到黄庄那站上的车。1966年初的时候我骑车还是走北边这条路。再后来南边修了路，就不走北边这条路了。修路期间，中间有个挖断了的沟，因为下雨，水漫过了沟，看不清路，我骑自行车还摔了一回，摔我一身泥。

---

① 董韫美（1936—），计算机软件专家，中国科学院院士（1993）。

中关村科学城的兴起（1953—1966）
The Rise of the Science City in Zhongguancun

化工冶金研究所 10

访谈许志宏

受访人：许志宏
访谈人：杨小林
访谈时间：2007年7月27日，7月31日
访谈地点：中关村许志宏先生家，中科院科技政策所会议室

受访人简介

许志宏（1930—），山东省青岛市人。1952年毕业于天津市南开大学化工系。曾任中国科学院化工冶金研究所所长。

杨：请问您第一次到中关村是哪年？
许：1955年的夏天，我当时在院部学术秘书处工作，那天是跟随苏

1955年6月叶渚沛与巴尔金在化学所大楼2楼会议室进行学术交流(正面左四巴尔金,左六叶渚沛,左七许志宏)

联科学院代表团团长、冶金专家巴尔金院士到北京的各研究所参观。我记得那天从文津街出发,先到的是西郊动物园内的植物所,然后就到在中关村的各个所看了一下。那时候还没有化冶所。

杨:您是什么时候到化冶所工作的呢?

许:我1952年从南开大学毕业,先后在东北分院、院学术秘书处工作。直接领导我的是武衡①同志。叶渚沛②先生那时候是学术秘书处的学术秘书,我和他接触比较多。1955年叶先生筹备化冶所的时候,就动员我到化冶所筹备处来,我当时担心武衡同志不放。叶先生就说,你考我的研究生吧。就这样,我1957年考上了叶先生的研究生,正式到化冶所筹备处做研究生。那时化冶所的大楼还没盖好,我们就在化学所的五楼上工

---

① 武衡(1914—1999),时任中国科学院党组成员、副秘书长。
② 叶渚沛(1902—1971),中国科学院院士(1955)。中国科学院化工冶金所所长。

作和学习。我差不多经历了化冶所从筹备到成立的全过程。

杨：请您介绍一下筹备成立化冶所的经过。

许：是这样的。叶先生 1950 年回国后，周总理就任命他在重工业部做顾问。1953 年纯氧顶吹转炉炼钢技术在奥地利问世不久，叶先生就敏锐地意识到，氧气转炉比传统平炉要节约很多能源，而且炼出的钢所含的杂质很少，氧气转炉必将取代传统的平炉，成为主要炼钢方法。他积极倡议在国内发展氧气转炉炼钢，但是他的这个建议并没有被采纳。因为那时我们和苏联的关系很好，斯大林早年曾经讲过，"要炼好钢就要盖平炉"。所以重工业部在苏联顾问的影响下，确定了优先发展大平炉的技术路线。我们基层的各个钢铁厂都把这个作为马克思主义的经典了。另外叶先生在其他几个技术问题上和苏联专家的意见不一致，因此和冶金部也产生了一些矛盾。所以吴玉章就把他推荐给了中国科学院副院长张稼夫，科学院就把他调来，在院部当了学术秘书。当时，中国科学院正在学习苏联的体制，成立了学术秘书处，像贝时璋先生、叶笃正先生等，都是来自不同学科的学术秘书，这个学术秘书是很有地位的，说明院里很重视他。1955 年苏联科学院代表团访华，要求叶先生全程陪同，团长巴尔金院士了解到中国冶金界关于氧气转炉炼钢和平炉的争论后，很支持叶先生的主张。据说，他和周恩

1958年春落成的化冶所大楼

来、陈伯达等领导人都讲过:"你们中国有一个很伟大的冶金学家,他有一系列的观点都是正确的,我不知道你们为什么不用他?"巴尔金院士是苏联科学院副院长,说话很有分量。在他的建议下,就决定成立中国科学院化工冶金研究所筹备处。筹备处成立之初,就在中关村化学所大楼五楼上借了几间办公室,一直到1958年春天化冶所大楼盖好,才搬到了新楼,化冶所也就正式成立了。

杨:巴尔金访华除了提出要搞氧气转炉炼钢,还提了其他什么建议了吗?

许:巴尔金院士是一位冶金学家,他和叶先生在文章上的交往已经有很长时间了,所以他来了就点名希望让叶先生陪同他全程访问。我对英文、俄文专业名词都懂一些,也就有幸全程陪同担任记录。我的任务就是负责把巴尔金所有的讲话记录下来,不管他讲俄文也好,英文也好。每天就跟着他们去跑,然后晚上回来再整理出来记录,虽然很辛苦,倒是什么场合都让去。

巴尔金在这次访华期间,除了提出关于冶金工业氧气转炉发展的问题外,在他一个月的整个的访问中,他主要谈的是四大尖端学科。大意是说:"现在世界发生了空前的伟大的技术革命,主要表现在四个方面:第一是原子物理科学,第二是计算机和半导体,第三是无线电电子学,第四是自动化。这四大尖端学科构成了西方现在整个技术革命的核心。计算机技术苏联落后了美国10~15年,现在我们在拼命地追赶。中国共产党假如不抓住这四大尖端学科,要犯历史性的错误。"

巴尔金讲了以后,对我国上层的震动是很大的。这个报告我们翻译出来以后,科学院就报到国务院去了,大约是七八月份报上去的。这与后来1956年初国家出台的"四大紧急措施"、"十二年科学发展远景规划"应该有密切的关系，基本精神也是一致的。此后几年中，以发展新兴的科学技术为目标的一系列的研究所成立了。

杨：您参加"十二年科学发展远景规划"的制定工作了吗？

许：参加了，我在外事组。那时候请了一大批苏联高层专家，我们从苏联专家那儿了解了一些世界上的科学发展情况。那时候我们了解的欧美的情况很少，叶渚沛先生是自己订了几份西方的杂志。制定规划期间，冶金这方面主要是由科学院的李薰[①]、周仁[②]、叶渚沛、严东生[③]这几位主持。

中关村真正兴旺起来，是在制定"十二年规划"以后，一幢一幢新大楼拔地而起，中关村一下子就热闹起来了，在这个"村"里出现了我国新建的一座科学城，包括"两弹一星"，都是在这里起步的。

杨：化冶所刚成立的时候有几个研究室，各研究室是怎么安排的？

许：刚成立的时候是分四个室，炼铁、炼钢、流态化、湿法冶金，后来由于工作逐渐深入下去以后，要做大量的实验，就成立了一个分析室。分析室那时是申葆诚先生主持，后来最多人数到了40~50人。再后来又成立一个物理检验室，做样本的物理结构分析。当研究成果进行工业化时，又增加了一个技术室，做工业实验设计。所以"文革"前总共有七个室。"文革"之后又成立一个情报室。那时候所领导们都在二层，叶先生在201号，书记、副所长在203号。

[①] 李薰（1913—1983），金属材料学家、冶金学家，中国科学院院士（1955）。时任金属研究所所长。

[②] 周仁（1892—1973），钢铁冶金学家，中国科学院院士（1955）。时任冶金陶瓷研究所所长。

[③] 严东生（1918—2016），化学家、材料学家，中国科学院院士（1980），中国工程院院士（1994）。时任冶金陶瓷研究所研究员。

杨：您前面谈到叶先生在氧气转炉炼钢的问题上和冶金部产生了一些争论，化冶所成立以后，氧气转炉炼钢做起来了吗？

许：虽然当时叶先生呼吁氧气转炉炼钢的建议未被产业部门接纳，但他并没有停止这项工作。他与冶金工业部内的一些观点相近的专家安朝俊、孙德和等合作，带领化冶所的科技人员，从1958年到1962年期间，建立了一座1.5吨氧气转炉的中间试验厂，成功地吹炼普通生铁、高磷生铁及攀枝花含钒生铁，为发展规模更大的氧气转炉炼钢积累了很多宝贵的经验。所以说中国的第一个氧气炼钢厂的起源就在咱们中关村。这个钢厂厂房现在还在，就在化学所的后面。

到了1962年左右，中央政治局通过了一项决议，以后再建炼钢厂，就建氧气转炉。当时冶金部有一位副部长却讲，我们国家的主流还是要搞平炉，如果中央决定要搞试点，我们也支持。当时叶先生为了氧气转炉的工业化，找了聂帅。聂帅很支持，并说："工业部门不给钱建氧气转炉，我给你们科研费建。"就这样，国家科委拨了2 400万元工业试验费，在石景山钢铁厂（即现在的首都钢铁集团总公司）搞工业化的顶吹氧气转炉试生产，技术由叶先生负责。所有的技术人员从厂长到下面的工长、设计院的设计人员都是在我们所的实验炉上培训的。

当时氧气炼钢是把高压氧气喷枪插在钢水上面1米左右，然后用超音速的氧气去吹炼钢水。人们主要担心用高压水冷却的喷头会不会烧穿？如果这样，高压水就一下子喷到钢水里去，会产生爆炸。叶先生就让我们研究这个喷头会不会爆炸的问题。我们用各种办法，如锻造、探伤、小试验炉上试验等多种途径和方法，来保证喷头的安全。大概用两个月的时间，证明了我们制造的氧气喷头没有问题，设计院、生产厂的许多同志一起参加工作，也都因之建立了信心。当时我是主管第一线工作，主要是上夜班,因为特别担心夜班出问题。

氧气转炉炼钢工业炉在投产时,刚一开始有很多故事。例如,试车时,一摇炉就把保险丝烧了,试了几次都是这样,找不到是什么原因。动员好多人用微分、积分,计算了整个摇炉力矩,需要多少安培电流,算完了也都没有问题,觉得不应该过电流。后来跟工人一起去推敲,发现是转动齿轮的问题。齿轮上的曲线理论上应该是渐近线式的曲线,但是当时我们国家的机械工业相对落后,加工出来的齿轮的曲线不符合规定。最后我们想出来的办法是不砌炉,而是让这个空壳在那里空旋转,就这样磨合了好几天,把那个曲线硬磨出来,就可以炼钢了。像这种故事还很多。

还有一个比较大的问题,就是氧气一吹下去,就把接触部分的铁蒸发了,烟气中夹杂着浓厚的氧化铁的红色微粒烟尘,非常细,大概只有0.1μ。在欧洲奥地利第一次做这个生产实验时,整个城市都变成红色的城市。一般在化工过程里面,解决这个问题,主要是用6万伏的高压电除尘器。但是当时高压电除尘器都是从国外买来的,我们自己不会做。所以叶先生就提出来用高速文式管的办法来解决,我们在试验厂里专门搞了一个大的循环水池,最后用土办法解决了严重的污染问题。

现在冶金界大家公认,叶先生的一个重要贡献是坚持在我国采用了科研—设计—生产三结合的方法,实现了以我国自己的技术力量在首钢建立第一个氧气炼钢厂。

这个项目在1964年我们就成功地掌握了全部技术,但到了1978年才获得了全国科技大会奖。而我国的平炉直到21世纪初,才最后被淘汰,比国外发达国家晚了20多年。

杨:化冶所"文革"前还有哪些重大项目呢?

许：在"文革"前，化冶所根据"十二年科学发展远景规划"，还有很多成果，例如："三高"炼铁，竖炉炼磷，低品位与复杂矿的资源综合利用，攀枝花含钒钛铁矿的综合利用，气体流态化炼铁，流态化技术的改进和推广，超细颗粒的除尘技术，有色金属的湿法冶金，贵金属特别是铜、镍、钴、黄金的提取，超细金属粉末的制备等。这些都是结合了国内工业建设、军工和援外项目进行的。

叶渚沛先生的传奇经历[①]

叶渚沛先生是菲律宾华侨，祖籍福建厦门。他的父亲叶挺渠在菲律宾经商，是孙中山先生的追随者和好朋友，是早期同盟会会员，他曾经在南洋华侨中多次为孙中山先生募捐活动经费，为此，孙中山先生将他父亲改名为叶独醒。叶先生在美国读书期间，1927年曾加入美国工人革命党，也就是美国共产党。1933年回到中国后，被聘为国防设计委员会（1935年更名为资源委员会）化学专门委员。1938年，新西兰社会活动家路易·艾黎陪同加拿大医生诺尔曼·白求恩去他家拜访。得知白求恩在途中将医疗器械等全部丢失，叶先生当即拿出自己的积蓄来，并向钱昌照等募捐，为白求恩置办了行装和医疗器械，资助他去延安的路费。

[①] 许志宏根据档案资料整理。

在南京政府撤退途中,叶先生结识了许多中外进步人士和共产党人,如路易·艾黎、埃德加·斯诺、史沫特莱、斯特朗等,并且在汉口为八路军募捐。到了四川以后,把吴大章安排在他身边工作,为的是与中国共产党保持联系。皖南事变后,他受中国共产党的委托,在重庆为周恩来与英国使馆代办安排了秘密会晤,通过外交途径向西方国家说明了"皖南事变"的真相。

1942年,为了要了解世界工业发展的新情况、新动向,动身前往欧美各国进行工作考察。由于内战,叶先生回国的行程改变了,1946年,在英国通过李约瑟博士进入联合国教科文组织工作,后任科学组副组长,李约瑟博士任组长。任期满后,叶渚沛旅居法国和意大利。在威尼斯,他与美国玛茜女士结为夫妻。1948年叶渚沛到美国,受聘于联合国经济事务部,任经济事务官。新中国成立后,叶先生毅然辞去了联合国的职务,带着家眷于1950年经香港回到广州,不久到了北京。

杨:请您介绍一下叶渚沛先生回国以后的情况。

许:由于叶先生是在国外长大的,又娶了一个美国太太,所以他起初中文说不太好,只能说福建的客家话。回国以后唯一能用中文与他自由交谈的领导人就是陈伯达,他们是福建老乡。叶先生到了科学院以后,我与他接触比较多,可以和他用英文交谈技术问题,所以关系比较好。叶先生这个人有一个特点,不怕斗争、不怕批评,非常执著,如果一件事他认为是对的,就不管别人说什么,一定要做下去。比如刚才讲过的氧气转炉炼钢。另外,他关注的面很广,而且都是从国民经济发展的角度出发。比如他对我国农业肥料问题有独到见解,曾经写过长达数万言的《关于解决我国农业问题的建议》的著作，竺可桢副院长为《建议》写了序，认为这个《建议》是"把'肥'的问题安放在科学基础的尝试"。

他有很多新的科学观点。他的好朋友、北大化学系的傅鹰教授曾经对我们说过，你们叶先生最伟大的地方，就在于他的那些创新的观点，可能有很大一部分是不对的，但是只要有10%是对的，那就是了不起的。这点是你们要学习的。叶先生有时也很固执，假如说你和他在一个问题上有不同意见，就要把具体的实验数据拿出来。他的意见也不是绝对不可以改，但是必须要有让他信服的数据。

另外叶先生在学科发展问题上是比较敏感的。我举几个例子。1962年3月广州会议上，陈毅副总理代表党中央给知识分子行脱帽礼，给大家鞠了一躬，给大家脱去"资产阶级"的帽子。从这以后，叶先生才真正开始活跃了。有一次叶先生跟我商量一件事，就是建学科的事。他说，我们必须要认识到产业部门已经开始有自己的研究院，所以科学院应该做一些大家共性的事。他当时让我去了解一下，模拟计算机和数字计算机有什么区别，我们要发展的话，主要是发展模拟机呢，还是数字机呢。为这个事我专门去请教了陈芳允先生。

还有一次大概是1962年，他要我们给他找各个大学里头的学科分布，都有些什么系、专业。1963年所里作一个要进大学生的计划，他就提出来要了一些学电子、数学、化学、物理的毕业生，他说这样我们的思维才能扩大，才能在过程工程中引进一些新技术。那一年我们要了三十几个人。少部分是学化工冶金的，大部分是理科的学生。有一次他提出要买一台计算机，我们很多人不理解，他买计算机干什么？因为那时候叶先生计算工作都是自己拉算尺，他知道手工计算是很费劲的，有很大的局限性。这还是60年代末的事，但是很可惜他没买成，就开始"文革"了。后来

中关村科学城的兴起（1953—1966）
The Rise of the Science City in Zhongguancun

1964年叶渚沛陪同郭沫若、竺可桢等院领导视察化冶所。
坐者右一叶渚沛、右二竺可桢、右三郭沫若、右四王力方

到了1974年我们所买了一台数字计算机，可惜叶先生没来得及体验，1971年就过世了。后来，我们所于1978年还专门成立了计算机室。

叶先生"文革"的时候被整得很惨，就是那样，他也没有忘记他的工作。就在他去世前的几个月，他还给毛主席写信，要求给予他本人继续工作的机会。我记得他在信里写道："为祖国进行科研工作是我的生命"，"您能够理解一个年近七十，只剩下不多几年工作时间的人，对浪费最后的生命感到的痛苦"。

杨：请您再介绍几位在化冶所起关键作用的人物。

许：郭慕孙[①]先生是1956年回国的，对化冶所的贡献也是很大的。他

[①] 郭慕孙（1920—2012），化学工程学家、化工冶金专家，中国科学院院士（1980），瑞士工程科学院外籍院士（1997）。曾任化工冶金所第二任所长。

1964年叶渚沛(左四)、陈家镛(左三)、郭慕孙(左五)、杨玉璞(右一)等在春节联欢会上表演节目

的主要工作是流态化技术在各个过程工业领域上的应用,例如:对我国低品位与复杂矿的资源综合利用、气体还原炼铁、催化裂化流化床的改进,以及两相流的基础理论和颗粒学等很多方面,都有重要的贡献。叶先生身后十几年,他一直主持我们研究所的工作。另外郭先生的英文特别好,在一些正规的场合,都需要他来把关。所里给叶先生写悼词,因为有很多外国友人参加追悼会,所以悼词要有英文的,悼词的英文稿由他书写和最后定稿。他对人很和气,但要求很严。他当学术委员会主任的时候,有时候我们带的学生论文有些单词写错了,他就很客气地对我们说:"是不是最近太忙呀?"

另外一位就是陈家镛[①]先生。他在我国湿法冶金过程的发展中,是主

[①] 陈家镛(1922—),化学工程学家、化工冶金专家,中国科学院院士(1980)。曾任化工冶金所副所长。

要的学术带头人之一。例如他主持研究的难选铜矿问题，新的镍、钴和贵金属黄金等的提取方法，萃取过程的中间相分离问题，湿法回收和制备多种金属粉末技术，在物质分离理论上和实际生产上都有着重要贡献。

郭、陈二位先生都非常鼓励年轻人发扬创新精神。在叶先生过世后，在我所原有的基础上，在两位先生的鼓励和支持下，根据国家的需要，年青一代又开拓了一些新兴学科的研究，如生物化工、能源工程、环境工程、计算机化学与化工、颗粒学、分离工程、超细粉末材料研究等。

我在这里还需要提一下杨纪珂[①]先生。化冶所建大楼的时候，杨纪珂先生是甲方代表，代表我们所提出一些具体的要求和方案。比如一层楼有一小半是比较低的，上几个台阶才能上到一层，这是因为实验室要装一些较高的设备。整个楼的设计很多处都是非常考究，可以说化冶所这个大楼的设计，杨先生有很大的功劳。

杨先生很有才华，才思敏捷。他是1956年从美国回来的，反右运动的时候，他引述了两句话"如履薄冰，如临深渊"，挨批了。当时这两句话就成了右派言论。好在当时科学院有一个政策，回国不久的专家一般不定右派。他后来调到了科大，1980年当了安徽省的副省长。他对我们所一直都是非常关心的。

我们所建所初期，还有一位领导很值得一提，就是第二任党委书记王力方。他是一位老红军，四方面军的，过了三次草地。他做任何事情都是从党和国家的利益出发。我们都很敬重他。他刚到所里的时候，和叶渚沛先生在技术干部的任命上产生了一些矛盾。张劲夫到所里来视察工作，了

---

① 杨纪珂（1921—2015），1948年毕业于美国俄亥俄州立大学，获冶金硕士学位。1955年回国。历任中国科学院生物物理研究所副研究员、中国科技大学教授、安徽省副省长、中央社会主义学院院长、致公党第九届中央副主席等职。著有《生物数学概论》、《数量遗传基础知识》、《现代生物统计》等。

解了情况。张劲夫对他说,这些科学家都是国家领导人认可的,我们的科研事业委托给他们了,所里的研究工作、技术干部的任命,都要尊重叶先生的意见,党委的工作就是要为科研服务,委托你去帮助他们。后来他和叶先生相处得非常好。"文革"的时候批他,说他是投降主义。

杨:1958年的大炼钢铁运动,化冶所的工作是不是也受到一些影响呢?

许:那当然,所里其他的工作差不多都停了。那时候很多单位都上山去砍树,砍了以后就拿木材去炼钢,到处都是小高炉、小转炉,到处冒烟啊,中关村也一样。那时候我们所的党委书记坐在第一线,督促大家炼钢。1958年国家的钢产量目标1070万吨,是1957年总产量的两倍,我们所就定了1070吨的目标。因为我们有炉子,钢的质量总是稍微好一点。但是电和焦炭都不够,也烧一些劈柴。这时候叶先生等科学家谁也不敢公开讲反对意见,有时候叶先生就偷偷地跟冶金部副部长陆达讲一些。后来周总理跟陆达讲:"你到基层去给我看看,炼的那些钢究竟行不行?"陆达就向总理汇报了,说80%都不成。

杨:请您谈一下刚到中关村时的印象。

许:我1957年到中关村的时候,到处都在建设。那时候中关村的路,到电子所东边这个十字路口这儿为止。就是说现在的北四环中关村二桥再往东就基本上没路了。那时候根本就没有路牌。我们化冶所对外的通讯地址就是353信箱。

我在城里的时候是住在石板房胡同,那儿离文津街很近,所以一有空就到院部东边的北京图书馆去。到中关村以后就住在57楼的单身宿舍,我们那一套房子是四间,大概住了十四五个人吧。后来科学院建了很多房子,57楼就分给几家合住了,我们单身汉不断地搬家。最后一次是搬到

90楼，那时候化学所和我们所的单身都住在90楼。我们是住在3、4层，他们住在1、2层。

杨：您在中关村亲眼见到过哪几位院领导，有什么印象深刻的事？

许：我印象比较深的是张劲夫同志。他经常到中关村各个所来视察。有一段时间，他还经常是上午到单身宿舍来。有一次，他看到很多人内务很差，下午就去剋这个所管行政的副所长是怎么管的！他还经常组织大家义务劳动，植树、种花、种草，那时候的中关村真是很有生气。另外，还有一件事，是郭老拿出自己的稿费，给大家修了中关村的露天游泳池。当时年轻人非常高兴，人员经常爆满。那时候我的一些同学、朋友很羡慕我能在中关村工作、生活。

11 电子学研究所

访谈叶毓林

受访人：叶毓林
访谈人：杨小林　周东军
访谈时间：2007 年 12 月 5 日
访谈地点：电子所老干部活动室

受访人简介

叶毓林（1930—），浙江省慈溪人。1953 年毕业于上海复旦大学物理系，同年到中国科学院长春机械电机研究所工作，1956 年调入中国科学院电子所，副研究员。

杨：请问您是哪一年到的电子所？

叶：1956 年 12 月。电子所筹备委员会是 1956 年 10 月成立的，当时我们还在长春机械电机研究所。这时候我们已经知道国家制定了"十二年科学发展远景规划",科学院又制定了"四大紧急措施",要成立电子所,也知道我们电真空研究室要到电子所来。我们从长春一起来的还有张恩虬①先生,以及毛振琮先生、刘学悫、陶兆民、陆孝厚等,另有一些工作人员。电子所筹委会刚成立的时候是借应用物理所的房子工作,很快就搬到西苑大旅社。我们来到北京以后就在西苑大旅社的6号楼,我们单身的就住在三层上。当时长春机电所其他室有一部分人员调到了正在筹建的自动化所,我们到了北京以后就到中关村来看他们,所以我第一次到中关村的时间是1957年初。那时候电子所的大楼正在盖,到1958年才建好,建好后我们就搬过来了。

杨:搬到中关村电子所大楼以后,各研究室是怎样一个布局呢?

叶:电子所刚成立的时候有三个主要的研究方向:无线电电子线路、电子器件及电真空器件和声学研究。这样,就设立了三个研究室,无线电室,陈芳允②先生负责;电子学电真空室,孟昭英③先生负责;声学室,马大猷④先生负责。搬到中关村以后,这三个研究室都细化、扩充得很快。无线电室分成了四个室,一室雷达,二室微波与量子力学,三室固体电子,四室脉冲技术。电子学室分成了两个室,五室是超高频管,六室是阴极电子,我就在六室搞阴极测试、真空等工作。声学室分成了三个室,七室是水声,八室是超声,九室是建声、电声。还成立了十室,叫化学室。大楼的主楼,一层是所行政部分,二、三、四层是一、二、四室。东配楼

---

① 张恩虬(1916—1990),电子学家,中国科学院院士(1957)。电子学研究所研究员。
② 陈芳允(1916—2000),电子学家、空间系统工程专家,中国科学院院士(1980),国际宇航科学院院士(1985),"两弹一星"功勋奖章获得者。时任电子所研究员。
③ 孟昭英(1906—1995),物理学家、电子学家,中国科学院院士(1955)。清华大学物理系教授。
④ 马大猷(1915—2012),中国科学院院士(1955)。曾任电子所副所长、声学所副所长。

电子所大楼(摄于2007年12月)

的一、二层是五、六室,三层是三室,西配楼是七、八、九、十室。

杨:请您再介绍一下电子所的学科发展情况。

叶:好的。由于电子所搬到中关村以后发展很快,1959年就把电波传播和无线电从一室分出,成立了十一室,把110大功率速调管从五室分出成立了十二室。到了1960年上半年又把微波技术从二室分出,成立了十四室,电子光学从六室分出并入十二室,把气体放电从六室分出,独立成五室;又成立了仪器与计量室。同年成立0305厂,根据任务需要把五室及微波测试部分调整到了0305厂,设立了超高频管、电子束管(包括光电管)、工艺及微波测试四个研究室。

电子所在筹备期间发展很快,到1960年7月正式成立的时候,学科设置已经几乎覆盖了当时无线电电子学的全部领域,职工达到2 000多人。

1964年电子所进行了大的科研结构调整,在七、八、九三个室的基础上,成立了声学研究所;后来二室合并到了上海光机所,一、四、十四室和0305厂微波实验室、十一室的天线部分合并到了西安空间无线电技术所,而十一室的电波传播部分则与院外几个单位合并成立了四机部电波传播研究所。另外还援建了国防科委西安卫星测控中心、航天部771所。

1965年4月,华东电真空研究所合并到了电子所,电子所又对研究室

中关村科学城的兴起（1953—1966）
The Rise of the Science City in Zhongguancun

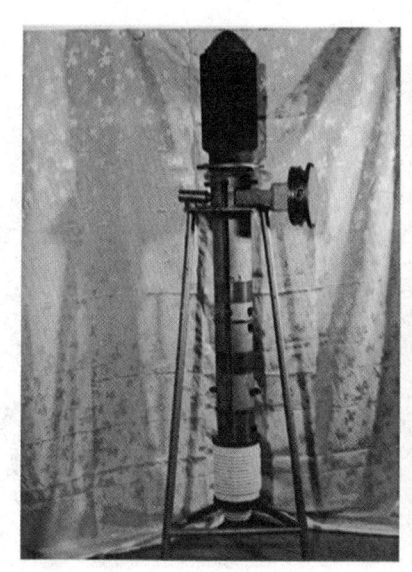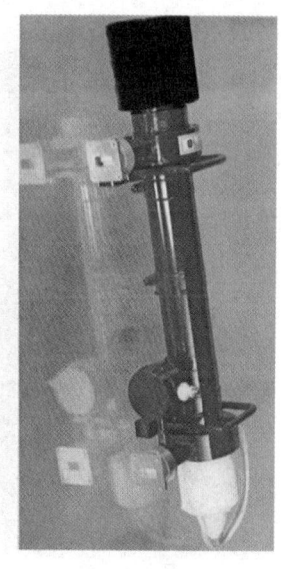

电子所研制的人造卫星上用的大功率行波管和速调管

重新进行了调整，成立了 11 个研究室：一室（磁控管）、二室（反射速调管）、三室（固体电子学）、四室（返波管、行波管）、五室（气体放电）、六室（阴极）、七室（电子束管）、八室（电子光学）、九室（工艺材料）、十室（电子学计量与测试）、十二室（大功率管）。

从成立之初到"文革"前，电子所取得了很大的成绩，为我国国防和国民经济都作出了很大的贡献。比如专用无线电测高计、同步脉冲监测仪等成果为我国第一颗原子弹爆炸发挥了重要作用；为发射卫星、运载火箭和导弹提供了高可靠、长寿命空间功率行波管；电子束焊为研制原子弹、导弹、卫星解决了许多技术难题；1959 年研制出了国内第一台晶体管化工业用电视摄像机；60 年代在国内首先研究成功了自动电子轨迹仪；等等。

杨：请您简单介绍几位早期对电子所作出重要贡献的科学家和所领导。

陈芳允与其他三位"863"计划倡导者在"863"计划10周年纪念会上。(右起陈芳允、杨嘉墀、王淦昌、王大珩)

叶:好的。首先我想讲一下陈芳允院士。筹建电子所时他是筹委会的副主任,主要是搞脉冲。他对电子所的学科建设作出了很大贡献。我记得在1959年底、1960年初,为了调查各分院的电子学研究情况,陈先生带着我们一起去湖南、贵州、河南三个分院宣传调研他们有可能做的任务,他曾提出了搞气象雷达方面的建议,这也是后来建西安卫星测控中心的一个基础思想。另外,陈先生在电子所的时候就研制出了国际上第一台实用型毫微秒脉冲取样示波器。"文革"前他就离开电子所到国防科委去搞空间方面的技术工作了,参加了卫星测控系统的建设工作,为我国人造卫星上天作出了贡献。后来被入选为"两弹一星"功勋奖章获得者。

再说一下张恩虬院士。张恩虬先生很注意培养年轻同志,鼓励新生事物。比如原来的钡钨阴极,国外的办法要用两步的缩和压制造,后来有一位年轻的同志试验用一步做成,他积极支持,后来这项工作成功了,在苏联作了报告。另外钡镍阴极也作出了成绩,得到了尤利卡发明奖,所里好多同志都称张恩虬为"红色科学家"。

还有一位要说的是沈光铭先生,后来到美国去了。他虽然不是院士,但是对电子所发展贡献很大。他原来是搞半导体的,在"文革"中受到了很多不公正的待遇,后来顾德欢同志就把他从室里调来搞研究课题的调研,以便提出电子所新的研究方向。经过调研,他认为应该搞一些实际的东西,就提出搞测试雷达,直到现在,这项工作我们电子所还在欣欣向荣地开展。

张恩虬

在所的党政领导里,对电子所贡献最大的就是顾德欢①。他这个人真的是全心全意地为党工作,一点私心都没有。电子所刚一开始没有任务,顾德欢拼命去找,确定了两个。一个是大功率速调管,一个是行波管,当时国外对我们封锁,所以这

电子所第一任所长顾德欢

---

① 顾德欢(1912—1993),时任电子所党委书记兼所长。此前曾任浙江省副省长。

两个管子完全是我们自己搞的。这两项工作我们现在还在做,在国内是领先的。比如大功率速调管不单是满足我们国内需要,每年还有出口任务,美国、法国、伊朗都买我们的。其中美国是带有合作性质的,它把图纸送来,我们给他们做。行波管现在是用在卫星上面,我国第一颗卫星上通讯用的行波管就是我们做的。后来可以进口了,国外的行波管比我们的性能好,我们的科研经费也不足,有一段时间这项工作慢慢就冷落了。但是,因为进口国外的行波管很贵,最近国家又要我们所把这项工作做起来。

声学研究所 12

访谈柯豪

受访人：柯豪
访谈人：杨小林
访谈时间：2007 年 12 月 18 日
访谈地点：声学所马大猷先生办公室

受访人简介

柯豪（1933—），上海市人。1956 年调入中国科学院电子所，1964 年转到中国科学院声学研究所，曾任马大猷所长秘书、声学所九室副主任，高级工程师。

杨：请您先谈一下声学所成立的背景。
柯：好的。1956 年制定"十二年科学技术发展远景规划"的时候，就把国防水声学作为紧急重大项目列入了规划,"十二年规划"制定之后,中国科学院采取紧急措施,马上就决定筹备成立电子所,由电子学、无线电学和声学三个部分组成。电子所筹备委员会主任是李强,陈芳允、孟昭英和马大猷是副主任。当时电子所筹备委员会的筹备工作报告是马大猷先生负责起草的。电子学、无线电学和声学这三个部分分别由陈芳允、孟昭英和马大猷三位先生负责。没多久李强就调走了,调来了原浙江省的副省长顾德欢当主任。后来1957年孟昭英先生被错划成右派,就调回清华大学去了。开始筹备时,最大的问题是人员,在电子学不受重视时,这方面的教授、助教在高等学校里几乎成了累赘,这时又成了香饽饽。因为郭沫若院长与教育部杨秀峰部长有个"三八线"协议,科学院不能从大学里调人,只有靠院内各所支援了。声学部分的基础是应用物理所马大猷先生的声学小组。我1956年来应用物理所的时候就在马先生手下,当时就他和吕如榆两个人。

杨:筹备电子所的时候在哪儿办公?

柯:电子所刚成立的时候是借了西苑大旅社的6号楼,位于三里河路北口,与北京动物园相望。同时着手在中关村建电子所大楼。大楼设计、施工、装修都是马大猷先生负责提出要求的。大楼1956年开始设计,1957年开始动工,1958年8月份我们就从西苑大旅社搬过来了。这座大楼的建造质量非常好,当时花了100万元。你看到现在已经50年了,除了门窗换了、墙壁重新粉刷以外,其他没有任何维修和加固。那时候我们都到工地来劳动过,我第一次来中关村就是1957年来参加劳动。"文革"前电子所大楼前面是一个花园,有葡萄架,有果树,有花草,那时候顾德欢同志说这里是年轻人谈情说爱的地方。

杨:搬到新大楼后,各研究室的布局和发展的情况怎样?

中关村科学城的兴起（1953—1966）
The Rise of the Science City in Zhongguancun

柯：当时东配楼是电子学部分，主楼的 1 层和 4 层是所行政办公室，5 层是图书馆，2、3 层是无线电部分，西配楼是声学部分。1964 年声学所成立后，大楼就一分为二，东边是电子所，西边是声学所。直到现在还是这个格局。

电子所刚成立的时候人很少，连行政人员

1958年柯豪在新落成的电子所大楼前

加在一起就三十来人。搬到中关村以后，这三个研究室都有很大的发展，分成了十个研究室，其中声学室分成了水声学、电声学和建筑声学、超声学三个研究室，汪德昭、马大猷、应崇福[①]三位先生分别兼室主任。1960 年前后，又先后在上海、海南、青岛建了三个水声工作站，我们称为东站、南站、北站。1963 年又在香山建立了次声学工作站。随着研究工作的开展，缺少研究人员成了一个很大的问题。当时科学院采取了几个办法，除招收研究生外，还有就是从将要毕业的大学生中"拔青苗"，当时声学室接收了从北京大学选来的 20 多名物理系即将毕业的学生和一些工科院校的学生。这些学生绝大多数后来都成了声学所的业务骨干，有 4 人已经是院士了。后来又从部队调来了一大批转业军人，声学室分来了四十多人。由于研究工作和人员发展都很快，1964 年，这三个研究室和三个

[①] 应崇福（1918—2011），声学家，中国科学院院士（1993）。曾任声学研究所副所长。

工作站从电子所独立出来,成立了声学所,所长是汪德昭先生,副所长是马大猷、应崇福、于强、葛燕璋。那时候声学所已经有600多人了。

声学所与电子所还是在一个大楼里。声学方面建造了空气、水声、语言识别合成三部分实验室。空气实验室由混响室、隔音室和消声室三部分组成,总的建筑面积有480平米,高10米,是为空气声的扩散声场和其他一些特殊声学环境建立的。水声实验室是一个室内的水池,有20米×7米×5米,配有电子测量设备,它的主要任务是为了建立部分水声测量标准,研究水声换能器的各种测量方法,70年代中期这个水池分成了大小两个水池。语言识别实验室的主要设备有常规声学测量分析仪、数字录音放音设备等,后来又配备了微机和一些相应的外围设备,主要是为了开展汉语语音分析和特征研究、汉语语音识别和合成等工作。这些实验室的功能、性能当时在国内是一流的,我们现在还在用,特别是大声学实验室,不仅是国内的第一座,而且到现在为止,国际上也为数不多,当时定购了全套丹麦最新的声学实验仪器,和外国先进的振动和声学仪器,现在还非常好。当时马先生想得很周到,大到实验室,小到广播、电话,那时候电话都由总机控制,每个房间都有分机的插孔。

1979年声学所在香山又建了高声强实验室,1988年在声学所的主楼后面建立了半消声实验室,主要是用来做自由空间声场条件下的各种实验。

杨:请您介绍一下声学所早期的研究工作。

柯:声学所早期的研究工作主要是在马大猷、汪德昭和应崇福这"三位前辈"的领导下展开的。而且声学所的科研工作有三个明显的特征:学科门类齐全、军工项目多、与应用结合紧。

我先讲一下军工方面。电子所声学组开始设立水声学的目的就是为海

中关村科学城的兴起（1953—1966）
The Rise of the Science City in Zhongguancun

马大猷在实验室

汪德昭在书房工作

应崇福

军服务，当时的主要任务就是研究中国海区的传播规律和水声新技术，为海防建设服务，建立反潜探测系统。1958年顾德欢率领水声考察组访问了苏联，当时还在原子能所工作的汪德昭先生参加了考察。考察回来后，聂荣臻元帅就推荐汪先生来建立了水声研究室。当时汪先生提出的国防水声研究的指导思想是"由近及远，由浅入深"，也就是先开展近海、浅海的水声特征研究，然后再研究远海、深海的水声特征。中国周边大部分是浅海，世界少有，南海和太平洋则是深海，浅海研究是我国的特色。经过这么多年的实践，证明这个指导思想是行之有效的，我们的浅海声场研究在国际上是处于领先地位的。另外还开展了水声信号处理、声呐与水声设备研究、水声换能器等方面的研究。例如声学所成立不久就接受了和721厂联合研制海岸预警声呐的任务，1967年就完成第一台，在南海下水布放成功，后来经过改进又陆续在广东、旅顺、山东成功地投放了3台。这项任务1978年获得了全国科学大会奖，后来还获得了六机部重大科技成果一等奖。

在空气声学方面，1958年科学院制定了研制卫星的"581"任务，马大猷先生负责其中的低频声学和大气声学记录分析系统的研究。应用基础研究处理，在分层大气中次声波远距离传播理论，次声信号的分析技术，信号的数字处理技术，抗噪声接收问题，核爆炸当量估计问题。1961年马先生向中国科学院写了一份报告，提出要开展核爆炸侦察和声学探测。在香山植物园南面建立了次声波接收和传播工作站。1964年我们国家第一颗原子弹爆炸成功后，马先生立刻组织了核爆炸侦察研究，不但研究了国内外的核试验，还对火山爆发、地震预报、台风跟踪、导弹发射等所产生的次声做了研究。经过多年的研究，完成了核爆炸产生次声波在大气中的传播理论、数据处理和电容传声器次声探测系统。装备了二炮，完成了"320"任务，获得国家一等奖。另外，还承担了地下导弹发射井吸声系统的任务。因为导弹发射时所产生的噪声十分强烈，启动时声功率高达1亿瓦，足够开动一架大型喷气飞机，另外还有高温、潮湿气流强、高压声等问题。当时在国际上，吸收声音主要靠多孔性材料，使声音产生的空气振动在微孔内摩擦、消耗。由于导弹噪声太大，就必须要有复杂的保护设计，以免多孔性材料受到破坏（声疲劳）。经过研究，马先生决定不用这种笨办法，提出了直接在金属板上钻孔，每平米钻3万个微孔来完成声吸收作用的想法。经过大量的实验，证明了这个想法是可行的，在导弹的实际发射中发挥了很好的作用。

1964年人造卫星工作再次上马，代号为"651"任务。我们所负责的是人造卫星噪声试验。因为卫星发射后的速度很快，所以与空气摩擦会产生强大的压力起伏，尤其在回收时，卫星可能会受到破坏性的声疲劳，导致内部灵敏仪器、设备可能暂时声失效而失去准确度。为了避免这种后果，一般在发射前先做强噪声环境试验。马大猷先生为此设计了高声强实验室，建成了能产生160分贝的混响室和170分贝的行波管道。在这个实验室里完成了很多材料和航空部件声疲劳试验，声疲劳的规律与振动疲劳相似，所得声压级-断裂时间曲线是完全符合。还做了动物试验，以证明小动物的致死阈符合能量规律（声压平方乘以致死时间为一常数），与听觉对脉冲噪声的响应相同。这个实验室现在还在发挥着作用。

1965年，声学所接受了福建前线有线广播任务，组织设计了2 000声瓦的电动扬声器和10 000声瓦的气流扬声器，在混响室内产生了近160Db的声场，是当时国际上功率最大的广播用扬声器（2 000声瓦约等于讲话人所发出功率的5万倍）。当时小嶝岛可以算得上是世界广播覆盖率最高的地方，24个高音喇叭排在一起对着金门广播，对面金门岛对福建沿海的有线广播站，也是24个高音喇叭对着小嶝岛方向，整个就是一场"广播战"。

另外在"文化大革命"时期派性斗争中，高音喇叭也派上了用场。在电子所大楼屋顶上，安装了"九头鸟"大喇叭作为院"红联"和"红声"总部造反派的宣传工具，在打派仗的宣传战中，方圆十里都能听到它的声音。声学所作出了"贡献"，当然，这是玩笑话了。

杨：声学所的研究成果在国民经济建设上还有哪些应用呢？

柯：1958年，在马大猷先生的带领下，在我国率先开展了语言声学研究，在国际上也算是比较早的，进行了汉语语音分析和特征研究，汉语语音识别和合成，实用语音产品的研制和开发，语言自动机器识别，为后来我国语言科学与语言技术的发展以及汉语语言信息处理研究达到国际水平奠定了基础。1961年实验室内做出了以电阻网络为记忆系统的十个元音识别系统，效果良好。1973年提出数字式声码器，为集成电路组成，体积是第一代的1/3，语言清晰度也提高到76%，后来又提高到86%，比美国商品稍好。此项工作多次得到中国科学院和部队的嘉奖。另外1981

年承担了总参的"应用数学研究",把解魔方的原理用于数学问题的求解。

还有就是开展了系统的建筑声学研究。1959年建人民大会堂的时候,周恩来总理亲自点将,声学所承担了人民大会堂的音质设计任务。当时人民大会堂是世界上最大的为正式活动而建的厅堂,容积高达90 000米^3,最多能容纳10 000人,我们组织了北京各大学、建筑部门、广播系统中的声学专家,提出设计要求,进行模拟试验、测量和检定工作。马大猷先生提出了用分散半分散声源和联结立体声系统来解决这个巨大厅堂的扩声问题,顶上和墙面用穿孔板吸声处理来减少回声,并控制混响时间到1.8秒,以适合音乐的需要。分散声源用于听报告。建成后做了测量,证明设计、处理完全成功。而且还带出了国内第一支建筑声学的研究和设计队伍。

建筑声学方面还调查了中国古代的喷水鱼洗,研究了水面振动原理,并做了模型试验,发现盆壁振动不但可以激起盆中水的喷注,在一定条件下还将产生次谐波。另外还对天坛公园的回音壁做过测量调查。

喷水鱼洗演示(右后为马大猷)

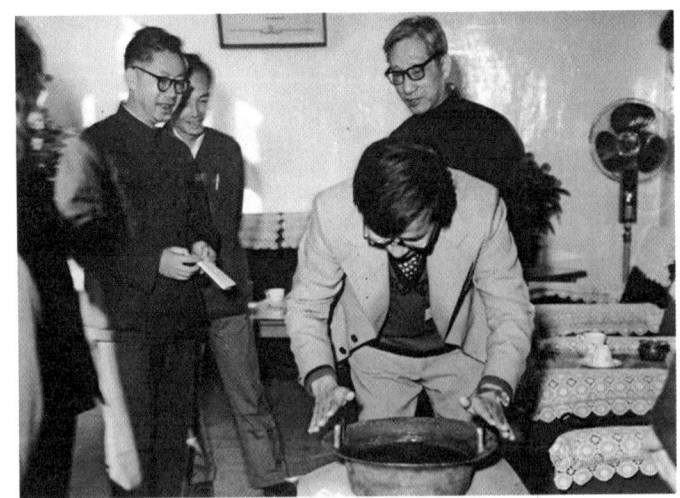

再就是超声学研究。应崇福先生曾经说过,超声学研究起源于当年因为泰坦尼克号碰上冰川沉没了,人们就开始想,如果早一点看到前方有东西,就可以避免这样的灾难。泰坦尼克号沉船事件发生大概不到一个月,就有好几个人提出用声波来做实验。因为声音的一个特点就是可以在物质里面传得很远,如果能够把声波传出去,碰到物体会反射回来,然后就可以收集到反射信号得知前面的障碍物。超声学应用的领域非常多,比如超声检测,我们完成了大庆油田提出的水泥胶结构固井质量的超声检测技术研究,解决了目前国际上还不能解决的二界面检测问题。另外在超声医学诊断方面也取得了一些成果。如断肢再植手术中,检查血管是否接通甚为灵敏。B 扫描超声诊断,超声 CT 等其他扫描在我国已普及。在压电陶瓷和高频超声换能材料的研究也颇有成绩。还有就是超声节能的应用,以簧片哨处理油渗水、煤油浆促进燃烧方面取得重大成果,在国际上也是首创的。另外建立了超声节能实验室。1965 年就开始研究表面波换能器,1972 年开始研究声全息,并把它用到水下物体的显示,1977 年完成了表面脉冲压缩滤波器。

杨:人们说"大跃进"的时候,常常会提起"土超声"运动,这和声学所超声节能研究有关系吗?

柯:有关系,"土超声"运动就是从声学电子所搞起来的。当时超空气声学研究室搞了"簧片哨",就是将一根金属管的一端敲扁做成一个扁缝,使管中的高压气流从扁缝中喷出,再在扁缝上焊上一块铜的簧片,气流冲击簧片使簧片振动,振动的簧片对气流调节,当时给这种经过调节的气流取了一个名字叫载波气流,说载波气流的作用很大,以前用平直气流的地方改用载波气流,可以增进效率提高生产,好像载波气流是万能的。比如厨房烧火做饭,用"簧片哨"一超,火的能量就会增加,等等。有一次在化学所大礼堂，超空气声室的李沛滋先生还专门给大家讲"簧片哨"的理论和用途，当时台下坐满科学院的科研人员，大家听得也很认真。1958年的跃进成果展览会上，我们所展出的成果就是"簧片哨"。我们去参观展览的那天，正好看见朱老总也来参观了。但是宣传过头了，群众运动一窝蜂，不按科学规律办事，运动过去后，一大堆抛弃的簧片哨，浪费很大。不过，虽然那时候好像是一场闹剧，但是"簧片哨"的理论后来还是得到了应用，比如重油、柴油掺水技术在锅炉、炼钢炉、内燃机上的应用，取得了较好的经济效益。

生物物理研究所 13

访谈郑竺英

受访人：郑竺英
访谈人：杨小林
访谈时间：2007年6月5日
访谈地点：中关村郑竺英先生家中

受访人简介

郑竺英（1926—），浙江省海宁县人，1950年毕业于浙江大学生物系。中国科学院生物物理研究所研究员。

杨：郑先生，请问您是什么时候到的中关村呢？
郑：是这样的，我1953年从上海实验生物所调到中国科学院北京昆虫所的时候，住在当时科学院的第二宿舍，就在西直门内马相胡同的口上，是一个旧时的王府，有许多进。当时，包括厢房、边房什么的，都已经住满了，很挤的。到了1954年中关村盖宿舍了，院里就动员我们搬到中关村来住，但是在城里上班的同志不是太愿意。那时候院里还有好多所在城里，大家都觉得中关村太远了，后来单位同意每天给大家开班车。其实中关村的住房条件比第二宿舍好多了。后来每次我们坐电车路过马相胡同的时候，都会看看我们原来的家还有没有。就这样，我们是先搬到中关村住，然后才来中关村上班的。

杨：您是什么时候到中关村上班的呢？

郑：1955年贝老（贝时璋）① 到昆虫所来视察，同我讲，科学院要招收研究生了，要我考他的研究生。这时候他的实验室正准备搬到北京来。这样，我1955年通过考试，1956年3月就到了贝老实验室做研究生。那时候叫中国科学院实验生物所北京工作站。1958年以后才改叫生物物理所的。

杨：请您简要介绍一下生物物理所成立之前的一些情况。

郑：好的。1949年科学院成立以后，1950年就在上海成立一个实验生物研究所，贝时璋先生担任所长。下设了三个研究室，一个是植物生理室，罗宗洛②先生任室主任。第二个就是昆虫室，陈世骧先生任室主任。第三个是发生生理室，童第周先生任室主任。我是1950年到实验生物研究所的，在发生生理室工作。当时发生生理室有四个研究组，都是用领导老师的名字来命名的：贝时璋实验室、朱洗实验室、庄孝僡实验室和姚鑫

---

① 贝时璋（1903—2009），实验生物学家，中央研究院院士（1948），中国科学院院士（1955）。中国科学院生物物理所首任所长。

② 罗宗洛（1898—1978），植物生理学家，中央研究院院士（1948），中国科学院院士（1955）。

实验室。我在姚鑫实验室工作,贝老实验室就在我们对门。过了一年之后,植物生理室独立了,成立上海植物生理研究所,罗宗洛先生是所长。陈世骧先生的昆虫室搬到北京,与原来北平研究院朱弘复先生领导的昆虫学部分合并了,成立昆虫所,陈世骧是所长,朱弘复是副所长。童第周先生一直就在山东海洋所,始终没有到发生生理室上任。这样实验生物所只剩下发生生理室了,研究方向就更集中了。

由于我爱人郭郳随昆虫室来到北京了,这样我1953年年初也到北京昆虫所来了,跟钦俊德先生做研究工作。1954年1月,中国科学院成立学术秘书处,贝老任学术秘书,所以要经常到北京开会。1955年就把他在实验生物所的研究室搬到北京来了,就叫做中国科学院实验生物所北京工

1957年为近代物理所建造的科研楼,因近代物理所大部分迁坨里,1958年建成后先是举办了中国科学院"自然科学跃进展览成果会",后由微生物所、生物物理所使用。1990年生物物理所迁大屯路后,全部归微生物所使用,2007年微生物所迁大屯路。大楼现为"国家纳米科学中心"

作站。后来这个工作站改成北京实验生物研究所，上海实验生物所变成细胞生物研究所了。

1958年9月20日在北京实验生物研究所的基础上正式成立了生物物理研究所。

杨：生物物理所在中关村的时候，人称"八大处"①，请您简要介绍一下具体都在哪些地方。

郑：贝先生的研究室1955年搬北京后，就在化学所五楼的西侧的一排，另外六楼的一个小阁楼作为图书室、办公室及开会的地点。楼后有一小排平房用来饲养动物，还有两间用来做实验室。1956年动物所的大楼建好以后，我们在那里也借了一块地方。1958年院里跃进展览会完了以后，就把展览会用的这个新楼的西半部又给了生物物理所，东半部给了微生物所，这也就是我们研究所的本部了。60年代初，我们要搞放射化学，就在物理所东南端盖一小楼，内为钴60源，大概是1963年建成的。1973年高能所成立，原子能所的大部分搬到玉泉路去了，原子能楼的西半部三楼至五楼也给了生物物理所。另外我们在微生物所楼前建了一排平房作为食堂，食堂前面还办了一个所办工厂，有玻璃车间、金工车间等。后来在原来的中关村路一直往东到头的东平房那儿，又建了一个动物饲养场。这样，至"文革"结束时，生物物理所在中关村已有八块地方，所以人称"八大处"。

杨：生物物理所成立的背景是怎样的？

郑：1956年国家制定了"十二年科学技术发展远景规划"，中国科学院根据先前制定的"十五年发展远景计划"编制了"中国科学院十二年

---

① "八大处"，原指北京西郊的景点，以翠微山、卢师山和平坡山之间的八座古刹得名，称"西山八大处"。于此喻指生物物理研究所地址分布过于分散。

中关村科学城的兴起（1953—1966）
The Rise of the Science City in Zhongguancun

内需要进行的重大科学研究项目"，分别提出了要发展火箭技术和喷气技术。1951年，美国发射了"空蜂号"生物火箭，里面有几只老鼠和一只猴子，而且成功地回收了。1957年，苏联的人造卫星把小狗带上了天，轰动了全世界。苏联人造卫星发射成功之后，赵九章等科学家建议中国也要开展人造地球卫星的研制工作。1958年5月17日毛主席在八大二次会议上讲"我们也要搞人造卫星"。同年5月，中央书记处同意中国科学院搞人造地球卫星。这就是在我国最先提出的人造卫星研制计划，同时中国科学院把卫星研制任务定为全院1958年头号重点任务，任务代号"581"。为此成立"581"组，下设三个设计院。其中第一设计院负责卫星总体设计和运载火箭的研制，下设"507"组，主要成员都是军事医学科学院和我们所的，主要是搞宇宙生物学。

由于物理学突飞猛进的发展对生物学产生很大的影响，贝老意识到大力发展我国的生物物理学已经刻不容缓，因此提出了建立生物物理研究所的报告。这一报告很快得到国务院批准。当年9月20日，中国科学院生物物理研究所宣告成立。我们所当时拿的都是国防口，也就是"零四口"的钱。

生物物理所成立之初，大家对"生物物理"究竟是什么内容不了解，贝老就请苏联生物物理研究所所长弗兰克来所作报告，我记得是孙琦翻译的。当时给大家的印象就是，生物物理的内容包括两方面，即：外界物理因素对生物的影响和生物体内的物理特性。

杨：请您介绍一下在中关村建所之后，生物物理所的发展情况。

郑：好的。贝老他们自上海迁来时，主要有三部分，大约二十多人。一部分是贝老的实验室，有贝老、沈淑敏、李公岫、蓝碧霞，技术员马顺福，还有一个负责养动物的陆囡囡。第二部分是施履吉先生的实验室，带来年轻人姚山麟、杨振藩、金元祯、郭培奇、王苏民（党员）、陈景（瑾?）瑞（党员），这二位党员搬来后就是支部的成员，以及吹玻璃的工人李乾保、陈志刚。还有就是徐凤早先生的实验室，带来年轻人马淑亭、郑若玄、陈去恶和办事员金安里。大概就是这些人，有些人记不清了。

施履吉先生回国后有很大的抱负，希望生物学研究能尽快赶上国际前沿，要用新技术，因此提出要建立三个实验室：同位素实验室、亚显微结构实验室和微量分析实验室，以及一个所办工厂，内设金工车间和玻璃车间，为的是按照 Micro Manupulator 显微操纵器的需要，吹制一些小器皿。听贝先生讲，建立这三个实验室和所办工厂是周总理亲自批准的，拨了不少钱，用的是国防口的经费。施先生亲自订货、验收并建立起来。在当时北京各生物学口的研究所，只有实验生物所的仪器设备最为先进。

这个玻璃车间，起初也在化学所 5 楼，就在施先生实验室的对门。结果有一天起大火了，把大家都吓坏了。后来所里说，实验室大楼里面千万不能有工厂，就把玻璃车间放在了微生物所前面平房的所办工厂去了。

我记得那时候施先生有一段时间在研究细胞核质的关系，就是把细胞核拿掉，再放另外一个核进去。最典型的就是把来亨鸡和澳洲黑的鸡蛋拿来，把它的核置换，看它孵化出来是什么鸡。有一次换澳洲黑的核，结果孵出来的有两根白的毛，他高兴坏了。他就觉得是不是因为核的关系，最后对照组出来的也不行，他后来就说是拿来的蛋不纯。

但是两三年后由于施履吉先生不愿再在生物物理所工作，要求调到其他所去。这样院里成立了一个生物学实验中心，就在动物所大楼一层的东边给了他们一些地方。他领导的亚显微结构实验室及微量分析实验室等，都并入了实验中心，那些高级的仪器设备，为北京所有的有关单位服务。与生命科学有关的研究单位很多，但是没有必要每个单位都置办各式各样的高级实验设备，经济上也不允许。所以搞这样一个机构，集中订购，集中管理，为大家服务，是一个很好的办法。可是"文革"一开始，整个实验中心的人员全部下放到"五七干校"，这个实验中心也就等于撤销了，可能在1972年后又重新回到生物物理所。

我是1956年3月就到了贝老实验室做研究生。和我同时来的还有复旦大学生物系毕业的陈棣华，是徐凤早先生的研究生。他是做菜白蝶生活史的研究。1956年3月来的人，还有刚从国外回来的汪安琦先生。汪先生在国外进行的是遗传学研究，因听说遗传学在国内有争议，所以只说是学生化的，就到了我们所。但不久青岛会议举行，实行"双百方针"，遗传学可以按照摩尔根的观点进行，汪先生就提出还是想做遗传学方面的研究，就调到动物所了。再后不久，从大连医学院调来了神经组织学家马秀权先生，她爱人是古脊椎动物研究所的吴汝康[①]先生，为了照顾夫妻关系，就把她调来了。她带来了两名助手。

生物物理所成立后，贝老当时针对国家的需要，立即建立了几个研究室，一室是"放射生物学研究室"，二室是"宇宙生物学研究室"。贝老都为之查阅了大量文献资料，精细策划。这两个室在本所大楼内。尔后贝老又从学科本身发展考虑，成立了三室，是"结构与功能研究室"，由在上海时即在他实验室工作的杨福愉[②]同志任室主任。杨福愉其实在贝老实验室迁北京时并没有同时来，是留在上海工作的。贝老迁北京后，就被派往苏联进修去了。他1959年回国后，就派到生物物理所工作。四室是"工程技术研究室"，成立这个室是贝先生希望能够把现有的仪器做些改

[①] 吴汝康（1916—2006），古人类学家、解剖学家，中国科学院院士（1980）。中国科学院古脊椎动物与古人类研究所研究员。

[②] 杨福愉（1927—），生物化学家，中国科学院院士（1991）。中国科学院生物物理研究所研究员。

进，如果自己能做一些仪器就更好了。这个室由江丕栋同志任室主任，江丕栋是数学家江泽涵的公子。到1959年又成立了一个"理论组"，进行生物控制论研究。这个组后来扩大为"仿生室"。三、四室和仿生组都在化学楼内。1973年四室、仿生组、图书室都随同贝老搬到了原子能楼，三室还留在化学楼内。

后来随着研究工作的不断扩大，放射生物学室主要是研究外照射，就建立了钴60源，有γ射线对食品保存的影响，也就是看看是否影响到维生素，有X射线照射后的生物效应，有防护药物的探索，也有原发反应物质用顺磁共振，观察自由基的形成，还用猴子做慢性长期小剂量辐射的影响实验等等。

鉴于当时苏联已在实验核爆炸，因为其沉降灰对我国有影响，贝老又提出设立了一个新的研究室，在全国设立了许多检查沉降灰的站，北自黑龙江，南至海南岛都有。同时也利用同位素实验室研究如何排除沉降灰中污染到食物中的一些同位素。这个实验室的工作，在"文革"后则全部移交其他单位了，只有同位素实验室还保留着。这两个室都在本所大楼的四楼。

"文革"前的生物物理研究所的科研布局和地点分布，大致就是这样。

"文革"开始后，生物物理所有了很大改变。首先是宇宙生物学研究室，这时已由原来的一个室发展成了三个室，全部归到了航天部，成为507所，也就是现在研究宇航员上天的航天医学工程研究所。人和设备、科研档案资料都过去了，成编制地过去了。

其次，因为1966年邢台地区地震，震前动物有异常反应，所以仿生室就派人到邢台搞动物预报地震功能的调查，后来中科院成立的跨所地震组就挂靠在我们所，虽然最后其他所都撤了，但仿生室还一直有这个组。实验室就设在东平房的动物饲养场里面，从中关村路一直往东，已经过了铁路了。那时候骑自行车上班，轮胎经常扎破，因为要过一个大垃圾堆。后来生化厂也搬过去了。"文革"中还曾经有过要将研究所全部并入部队系统成为仿生研究所的方案，连工作证都改成部队的了，但地震组并没有改。到了1978年的时候，就成立了一个地震室。

后来地震室又和原仿生室研究视觉信息加工部分合并成立了神经生物研究室。

"文革"后，所里的研究室有了很大扩充。首先是成立了酶学实验室。邹承鲁①先生原是上海生物化学研究所的台柱子之一，他是李四光先生的独生女李林的丈夫。为照顾李四光先生，李林很早就从上海调到北京了，而邹先生一直在上海生化所。"文革"前他只是在生物物理所兼职，大概一两个月来一次。"文革"后邹先生正式调来，成立了一个酶学实验室。那时候不是已经取得了人工合成胰岛素的成果了吗，我们所的一些年轻人就想在这个基础上进一步合成一个核糖核酸的酶。然后他们就组织起来了。原来的二室"宇宙生物学实验室"到507所去了，他们就接下来叫二室。

还有就是成立蛋白质晶体学研究室。1969年，梁栋材②领导一些人在物理所完成了2.5埃分辨率的猪胰岛素晶体结构的测定，后来就被下放到了广州的一个工厂做工。1978年落实政策后，就把他领导的胰岛素三维结构与功能研究组全部调入了生物物理所，成立了蛋白质晶体学研究室。邹承鲁和梁栋材的实验室都在动物所楼内。

杨：生物物理所是哪年离开中关村的？

---

① 邹承鲁（1923—2006），生物化学家，中国科学院院士（1980）。中国科学院生物物理研究所研究员。

② 梁栋材（1932—），分子生物物理学家，中国科学院院士（1980）。中国科学院生物物理研究所研究员、所长。

2003年10月10日,不同年代的学生到贝时璋先生家中为他百岁寿辰祝寿时合影。前排左起:刘锡琏、贝时璋、郑竺英、程龙生,后排左起:阎锡蕴、陈楚楚、樊蓉、张锦珠、郭郭、杨福愉、王锦生

郑:1990年。当时院里决定生物学方面都要到北郊去发展,这样我们就在北郊盖了一幢新楼,很漂亮的。这样生物物理所总算是有了固定所址了。"八大处"成为历史了。

杨:听说贝老没有到北郊去,在中关村有办公室?

郑:生物物理所搬到北郊去以后,贝老没有去,他的实验室还是在原子能楼的二层。那时候他已经87岁了,还是每天上午都要去试验室工作,一直到1996年以后才不去实验室了,改在家里工作了。2003年还主编了《细胞重建》第二集的工作。

贝老的脾气很好,不管对谁都彬彬有礼。不论谁去拜访他,他都会起身迎接,和客人握手,客人走的时候,他也要亲自把客人送到门口,握手告别。2006年3月我过80岁生日的时候,他还写了一幅字送给我:"求

中关村科学城的兴起（1953—1966）
The Rise of the Science City in Zhongguancun

2007年10月11日，生物物理所为贝时璋先生（左二）祝贺104岁生日

实、求是、求真"。

2004年，在贝家服务几十年的老保姆李妈回安徽养老，贝老还送了3万元养老钱和2 000元路费，祝她过一个幸福的晚年。他常说："学问要看胜似我的，生活要看不如我的。"今年10月，他就满104周岁了。

杨：最后，请介绍一下您刚搬到中关村时的一些情况。

郑：1954年我们从城里刚搬来的时候，住在5号楼。1、2、3、4号楼是南北朝向的，5、6号是东西朝向的。当时感觉好像是四合院一样，1、2、3、4号楼像是正房，5、6号楼就像是厢房。我们刚搬来的时候看到正在造10号楼，不久以后13、14、15号楼就盖起来了。贝先生是1955年搬来的，就住在14楼。

到1958年的时候中关村北区一共有30个宿舍楼，30号楼是最后一个楼了，就在大操场的西面。

那时的中关村，统共也没几栋科研楼，好像只有原子能楼、地球物理楼、化学楼，还有社科四所那四栋小楼。动物所的楼是 1956 年造好的，后来就是东边的电子所的楼，声学所的楼，再过去就是力学所的楼。以后就有很多楼了，我也搞不清楚了。

我记得在化学楼的时候，五楼还有一间房子准备给钱学森先生来的，我记得很清楚，力学所的办公室主任朱兆祥当时就在那儿办公。他是我以前在浙江大学读书时的老师，所以我们见面很高兴，他说钱学森先生回国，要他到广东去接。但是钱先生回来后并没在这里上班。当时化学楼里好像还有化工冶金所的筹备处，后来也搬出去了。

郑竺英在活页纸上画的早期中关村北区建筑示意图

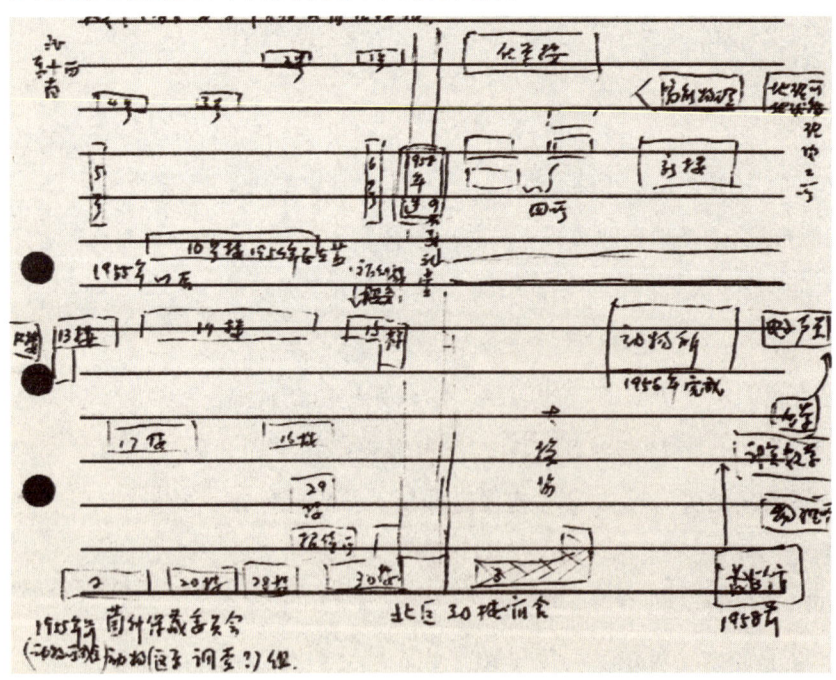

再后来南区就开始建楼了，但是哪一年开始我不记得了。

那时候生活很不方便，粮店、杂货店、饭馆、医院、学校等什么都没有。我记得最早的医务室，就在现在"四不要"礼堂的旁边，有一些平房，其中有两个小房子就是医务室，大概就是从部队上下来的几个护士，给大家开开药，有人生病给打打针，根本看不了病，看病就到海淀医院的。1958年的时候，我第二个小孩就是在海淀医院生的。中关村医院大概是六几年才建起来的，六几年我带小孩到中关村医院看病，也只是临时可以观察观察，但不收住院，要住院还要去海淀医院。当时有一段时间归科学院管，但后来不知道为什么不管了，给了海淀区了。

那时候从城里到中关村就一条土路，就是现在的中关村大街，而且只有32路一趟公共汽车。我们在城里上班的时候，如果赶不上班车，就得坐32路。

杨：您从城里搬到中关村后就一直在中关村住吗？

郑：是啊，我们在甲乙丙丁都住过。最早是从城里第二宿舍搬到北区的5号楼，后来又搬到30楼，再后来又搬到28楼。大概是60年代初的时候，44楼盖好后，西郊办公室副主任周文治就跟我们说，这回好了，你们可以搬到好楼去了。可是"文化大革命"一来，扫地出门。起先是人家搬进来，后来叫我们搬到28楼，就是现在四环路北边的那个楼，像筒子楼一样，一进单元门就是楼道，南面两间，北面两间，北面还有两间厨房，楼道顶头是一个小厕所。我们住北面的两个小房间。不只是我们搬到28楼，陈世骧、蔡邦华也搬到28楼了，搬到28楼就好像处分我们一样。那个房间小到什么程度，如果晚上要把自行车搬进去，就只能一个人进去，因为地下都要睡人。1970年又搬到科学院的西颐北馆。那时郭郛还在干校，我们就搬去了。也是和人家合住的，那家人很好，是动物所器材科的，记不得他叫什么了，我们都叫他小许。住了10年，1981年就搬到现在的812楼了。那时前面的高楼都还没有盖起来了，我们晚上看电视连天线都不要。现在中关村的发展实在是太快了。

中关村科学城的兴起（1953—1966）
The Rise of the Science City in Zhongguancun

微生物研究所 14

访谈程光胜

受访人：程光胜
访谈人：杨小林
访谈时间：2007 年 8 月 24 日
访谈地点：回龙观程光胜先生家中

受访人简介

程光胜（1937—），江西省新建县人。1958 年毕业于北京大学生物系生物化学专业。中国科学院微生物研究所研究员。

杨：请问您第一次到中关村是什么时间？
程：是这样的。我是 1954 年考上北大生物系的，9 月 2 日报到。9 月中旬,到北航(现称"北京航空航天大学")去看同学。我记得去的时候因为不知道在哪儿,是坐31路公共汽车去的。回来的时候我们就从他们的宿舍走北航后门出来,出门就是铁路,过了铁路以后就一直往西走,穿过一大片玉米地后,找到了现在的中关村大街,便从北大南门回到学校了。后来才知道我们往西走的右边就是中关村,那时候这里已经有原子能所的大楼,有以后归我们研究所的行政楼,当时没有注意到离路北有一段距离的这两处建筑。那时,中关园西边紧靠马路的地方有我们生物系的试验地。到了1955年,我又一次经过中关村,不记得是五一节还是国庆节的早上,我们到天安门去游行。怎么走的呢?我们从中关园出发,经过现在北四环路北侧的辅路,那时候是一条土路,走到清华园火车站。原来的清华园火车站并不在现在这个位置,而是在现在的五道口城铁的西南面一点。从清华园火车站坐火车到朝阳门火车站,然后从朝阳门火车站步行到沙滩的北大红楼,休息一会儿,再从红楼走到天安门接受毛主席和中央领导的检阅。这是我第二次路过中关村。

我第一次真正进入中关村,是1956年的1月1号去给我们的一位老师拜年,老师叫李琼华,据说是搞脂肪酸代谢的。当时和她先生刚从美国回来不久,她先生是科学院的。他们当时住在中关村北区的5号或是6号楼。到她家以后,看到有电唱机啊,有大的音响啊,我们特别惊讶,从来没见过,因为我们过去用的都是留声机,所以我印象很深。当时来去自由,可能是因为反右运动,所以回来不久他们就又回美国了。

1956年的下半年到1957年,我就经常到中关村来了,来干什么呢?看书。主要是在两个地方,一个是现在"四不要"礼堂对过的侨联办公室那儿,原来有一个小门脸,卖一些影印的国外期刊、杂志,主要是英文的。因为那个时候西方国家对我们封锁,我们也没有加入《国际知识产权公约》，所以光华出版社专门出影印的外文期刊。那时我们和苏联的关系比较好，有一些俄文的原版期刊。我们就到那儿去找资料，比如生化杂志等。也买不起，那阵儿也没复印的，就看一点儿是一点儿，我在那里看了不少。另外，在福利楼这儿，中关村餐厅（现在的郭林餐厅这个位置）南边，现在叫做什么咨询公司这个地方，现在那个门还在，那时进门的左边，是新华书店，也没多大，40平方米左右，有时候我们就在那儿看小说。那时候当学生，买不起书，就坐在地下看，经常是一个礼拜天都坐在那儿，一天看一本书，看完就回去了。

这就是我来中关村工作以前的印象。当时就知道这是科学院的地方，因为科学院和北大关系太密切了，我的老师大部分都住在中关园，而且中关村跟中关园是连在一起的。那时候北大的2公寓和3公寓的西北方有一块试验地，还有一个花洞子（土温室）和一口井，是给北大生物系学生做试验用的，我们就在那儿做过西红柿嫁接试验什么的。这个菜园子一直保持到上世纪70年代后期。

杨：您是什么时候到微生物所工作的呢？

程：我是1958年9月15日正式成为中关村"村民"的，那天到应用真菌研究所报到，地点就在生物楼，也就是后来专归动物所的那座楼，在三楼靠西边。那时院里已经通过决定成立微生物所，按院部的文件，下达通知成立的时间是1958年12月3日。

杨：微生物所成立的时候是由哪几部分组成的？

程：主要是两部分。一部分是戴芳澜[①]领导的应用真菌研究所，它的前身是清华农学院农业研究所的植病研究组。1952年院系调整后，北京大学农学院、清华大学农学院和华北大学农学院合并为北京农业大学，植

[①] 戴芳澜（1893—1973），真菌学家、植物病理学家，中央研究院院士（1948），中国科学院院士（1955）。中国科学院微生物研究所所长。

病研究组也就到了农大,1953年归属到了中国科学院植物研究所,成为植物所的真菌植病研究室,地点还在农大,就在罗道庄那儿。1956年真菌植病研究室独立成为中国科学院应用真菌研究所。

第二部分是方心芳①领导的北京微生物研究室。它的前身是1951年成立的中国科学院菌种保藏委员会,原来在黄海化学工业研究社的发酵研究室办公,1953年黄海化学工业研究社发酵研究室由科学院接收,地点转到北京动物园西边的一个旧庙里,后来这里是植物所大院的一部分。1957年在菌种保藏委员会的基础上成立了中国科学院北京微生物研究室。

1958年微生物所成立后,应用真菌研究所和北京微生物研究室便集中到中关村来了。应用真菌研究所搬出了生物楼,北京微生物研究室从动物园那边搬过来了。刚成立的时候所长是戴芳澜,副所长是邓叔群②和方心芳,林一夫是党的书记兼副所长。

杨:请您谈一下微生物所刚成立时的学科设置。

戴芳澜(1956)   邓叔群(1956)   方心芳(1959)

---

① 方心芳(1907—1992),微生物学家,中国科学院院士(1980)。中国科学院微生物所副所长。

② 邓叔群(1902—1970),真菌学家、植物病理学家、林学家,中央研究院院士(1948),中国科学院院士(1955)。中国科学院微生物所副所长。

程：微生物所成立的时候，确定的研究方向是综合性的，既要为国家建设服务，又要考虑做些基础性的科研。戴老认为如果只搞基础研究，只搞分类等等，不为生产服务，这个所一定存在不下去。所以他1955年就把当时在东北农学院当副院长的真菌学家和森林学家邓叔群请来出任应用真菌研究所副所长。由于北京微生物研究室的研究工作对国民经济直接起作用，所以微生物所成立以后，戴老力荐方心芳出任副所长。方心芳当时还只是三级研究员，而戴老和邓叔群是特级研究员，新中国成立前就是中央研究院的第一批院士。

微生物所刚成立的时候一共有九个研究室：真菌室、细菌室、病毒室、生理生化室、生物物理室、遗传室、工业微生物室、农业微生物室、地微生物室。

微生物所确实对国家作出了贡献，比如对我国真菌资源的调查和分类研究，体现在戴芳澜编著的《中国真菌总汇》、邓叔群的《中国的真菌》，以及后来数十卷的《中国真菌志》中。对植物病毒病害的基础研究和马铃薯退化的防治、小麦锈病的防治等也对我国农业生产有过重大作用。作为我国最大的微生物菌种保藏和供应机构，通过相应的菌种选育工作，为我国工农业生产发挥了重要作用。例如微生物所在上世纪70年代创立的二步法生产维生素C工艺，在国际上领先多年，并向国外转让；选育的黑麹霉糖化酶在全国推广，明显提高了酒精和酿酒工业的产率；味精生产菌种在全国的推广应用，对我国味精产业的建立起了决定性的作用。还有微生物探矿的研究，微生物浸矿生产贵重金属技术的开发，器材霉变的防治，等等。这些都是当时国内领先的成就。

杨：当时微生物所的地域好像还不小呢。

微生物所行政楼（左）与东楼

程：从建所起，微生物所主要有三个楼，习惯上称东楼、西楼、行政楼。先说一下东楼。这个楼是1958年建成的，一共五层。据说当时是给近代物理所建的，后来给了我们所和生物物理所。前面说过，我刚到应用真菌研究所的时候，是在生物楼，我们占了生物楼的二、三、四层的西边一些房间和四层的中间，四层的中间是应用真菌研究所的中心试验室，我经常在那儿做试验。新楼建好以后，先是举办了科学院的跃进成果展览会，展览会结束以后，我们就搬过去了。到新楼以后，微生物所占一、二、三、四层的东面，西面都是生物物理所。五层只有很少几个房间，是微生物所的同位素试验室在那儿。"文革"前，一楼除东边是图书馆外，和二楼一起是真菌室，三楼是生理生化和遗传，四楼是病毒和生物物理。另外，东楼北面东西还有两个配楼，到现在我也不知道是干什么的，这两部分从来没给过微生物所。中间是行政楼，就是那四排二层小楼（当时叫经济楼）最南面的那一排，所里的行政部门都在这。

再就是西楼。在我们进去以前，听说原来哲学所在这儿，所以叫哲学楼，据说许良英先生就在那里办公过。我们来了以后占了一、二两层，一层西边和二层东边归工业微生物室，包括保藏菌种的冷库，一层东边和二层西边归农业微生物室。三层是北京天文台的本部，他们的观测台站都建在远离市区的地方。

微生物所主体结构就这三部分，另外还有一些附属建筑。第一是食堂。就在经济楼的北面。那时大多数的单位都有食堂。1959年的1月1号，微生物所正式开饭，就是有食堂了。我记得很清楚，因为那天我起来晚了，到食堂的时候已经没可吃的东西了，大师傅就给了我一个咸鸭蛋。

第二就是培养基室，在微生物所西楼的北面的一排平房。当时西楼的北面除了培养基室以外基本再没有什么建筑了。那儿原来可能有一座坟，坟已经挖了，但是两排松树还在。

第三，在现在的中关村三桥和保福寺桥之间，当时大概有四五十亩地，往东一直到现在的京包线以西，距离铁路不到50米，南到现在的青年公寓以北，北到现在四环路保福寺桥东北边的银谷大厦往南一点，西到中关村三桥以东。当时这里有温室，有试验地，因为要搞植病真菌，搞农业病害防治试验。从1960年开始又建了发酵中试工厂。到70年代就先后被其他单位蚕食掉了。现在微生物所在那里还有很少一部分房子，用来进行开发试验，试验地早就没有了。

第四，60年代我们所又多了一个地方，我们叫南小院。就是原来的动物所食堂的西面，差不多就是现在情报中心东面那条路那个地方。当时我们有几个部门在那儿，一个是摇床间，后来器材处也搬过去了。还有几间实验室，1960年后曾经有一段时间在那里做病毒试验，后来盖了座三层小楼，做防霉试验。1980年后在这里有过地衣实验室、抗生素实验室、沼气实验室和细菌分类实验室。

到70年代，微生物所东楼的北边，又盖了菌保楼。为什么要盖菌保楼呢？那时候我们的菌种已经有上万种了，需要有一个比较好的保藏设施。国家就特殊拨款建了这个四层小楼，后来又增加了一层。菌种保藏并不需要这样多面积,所以建成后真菌室和环境微生物实验室也搬到这里了。直到迁离中关村为止,保藏菌种的那部分的供电是有专线的,从来不停电。因为制冷机一停的话,菌种就很容易死亡。所以只要一停电,我们的物资处处长就要去检查这个地方有没有出问题。

2007年春节前,微生物所告别了50个年头的旧驻地,搬到大屯路甲3号的新址,汇入科学院的北郊新的生命科学园区。

杨:请您简单介绍一下微生物所的几位名人。

程:我还是谈谈创建我们所的几位先辈吧。首先是戴老。他是我国著名的真菌学家和植物病理学家,可以说是我国真菌学的开山大师。他作为所长,在微生物所创建初期为这个所确定的方向和分支学科布局,是微生物所取得重大成就的重要原因,也为后来的发展奠定了基础。他这个人非常正直,坚持原则,坚持真理,也非常求实,他培养了一大批人才,其中包括多位院士。

我和戴老没什么接触。从1958年我到微生物所,一直到1973年1月戴老去世,我跟他只说过半句话。他是一个非常严肃的人,我从来没有在他手下工作过,而他又是小事儿从来不管,所以我不可能和他说上话。为什么说只跟他说过半句话呢,有一次我到东楼去找人,他的办公室在二楼,我从门口路过,戴师母把我叫进去了,不记得问什么事儿了,他就问我,你是哪个室的,我回答说:"我是方先生手下的。"一问一答,就这半句话。

我对邓叔群的印象非常深。他是著名的真菌学家。他在国外学了植保,又学了森林病理学,是我们国家森林病理学的奠基人。"文革"之前我和他没有什么接触。"文革"的时候他是大牛鬼蛇神,我是小牛鬼蛇神,我们在一起劳动差不多是三年时间。邓拓是他的亲弟弟,从1966年3月份批判邓拓"三家村"开始,他就受冲击,又被列进资产阶级反动学术权威、反动学阀。一直到1969年6月我完全解放，他还没解放。我觉得他这个人，第一，特硬，宁折不弯，他是我接触到的一个"文革"中从来没做检讨的人。第二，他确实是一心扑在事业上。那时候他是大科学家，我们是小右派，开始在一起劳动时有点距离，后来慢慢就熟了。我们大家劳动休息的时候，我就问他，邓老，你坐这儿想什么。他说，我在想飞机播种，绿化荒山。因为他是林学家。他还是蘑菇专家，我问过他怎么种草菇，他就非常细致地告诉我。我当时的想法，就是也许将来把我送到农村去了，我还可以靠这个混饭吃。那时候，他还教我学过英文。

下面我谈一下方心芳，我跟他在一起30多年，可以说没有他也就没有我的今天。我从北大分配来科学院是戴着"右派"帽子的。当时北大生化专业是全国唯一的一个生化专业，而且只有18个毕业生，应用真菌研究所的周家炽先生把我从北大要来了。所以我这个废品也就勉强当了一个正品用。如果不是学的生化，我可能早就被打发到农村教书去了。到所后，先在病毒组，半年后随新来大学毕业生一起下放劳动一年，1960年2月7日回到所里，被分配到工业微生物室。从此，直到方心芳先生1992年逝世，除了"文革"前后工作联系较少，其余30多年中，方心芳对我的影响很大。在1960年到1964年的5年中，他手把手教过我许多知识和技能，也对我讲过许多学术界的往事和掌故。我开始热爱微生物学，初步学到了从事工业微生物学科研的基本方法。改革开放后又推荐我到国外去进修，后来微生物学也就成了我终生的事业。方心芳的工作特别注重国家的需要，而且具有前瞻性。2008年3月份所里开了个纪念方心芳诞辰百年的纪念会，我觉得他一生的贡献可以概括为四方面：对建立我国现代工业微生物产业的开拓性贡献，对我国微生物菌种保藏事业的奠基性贡献，对我国微生物学人才培养和学术交流的历史性贡献。

附1

最大的鼓舞
——记毛主席参观我们的展览会①

中国科学院机关刊《风讯台》通讯报道

1958年11月15日《风讯台》刊载毛泽东主席来到中关村展览会的报道文章

  这儿是一座还没有完工的实验大楼,临时充作了内部参观的展览馆。从开馆到现在,仅仅一个多月的时间,已经接待了三万多的观众。党给予

---

① 本文原载于中国科学院机关刊《风讯台》1958年11月15日第1、2版,配图藏于中国科学院院史资料室。

全体科学工作者以极大的鼓舞。少奇同志在这儿整整参观了五个半小时,他详细地垂询了许多问题,说了许多勉励的话;恩来同志是和陈毅同志一道来的,但因临时有事,没有能够全部看完。他说:"争取再来第二次。"朱德同志冒着大雨来参观,裤脚被雨淋得透湿,他老人家丝毫也不减参观的兴趣。彭德怀同志,彭真同志,小平同志,聂荣臻同志也都先后来参观过了,人们不禁私下揣测起来:"中央许多负责同志都来过了,毛主席会不会来呢?"但是,人们一想到主席的工作忙,又觉得来的希望是不大的。

十月二十七日,刚刚阴冷了几天的气候,重又开始放晴回暖。碧天如洗,阳光慈爱地照着大地。就在下午四点十四分,一辆黑色汽车载来了我们敬爱的毛主席。和主席同来的还有胡乔木同志。这时,全馆的人们立刻沸腾起来,鼓掌、欢呼、跳跃,但是很有秩序地在欢迎着主席。主席一下汽车便和两旁迎接的人群握手,并且一一问了姓名。没有多大的停候便由郭沫若院长陪同到各馆参观。

主席开始浏览了一些尖端科学研究成果,接着看到了生物学馆。馆中有一个人体模型,全身布满了黑点,劲夫同志向主席介绍说:"这是针灸穴位和皮肤电位分布的比较。"主席边听边念着说明,然后对大家说:"这就有了科学了。"继而又重复了一句:"不能再说没有科学喽!""我还听说日本人也在研究这方面的东西。"主席的话,显然是针对着过去某些人一口否定了祖国医学的谬论而说的。

主席随着引导人员依次看了生物学部的一些重要成果,又看了编译、出版、图书和情报的展览室,便来到了地学馆。人们看见了主席,都情不自禁地欢呼着,跳跃着,好多青年激动得在眼里闪烁着幸福的泪花。正当大家争着和主席握手的时候,一位不到二十岁的女说明员,名叫朱克文,她的清脆的嗓音,像滚珠似的向主席介绍着她所守护的展品。主席不得不

毛泽东参观中国大地构造模型。前排左起：朱克文、竺可桢、郭沫若、毛泽东、胡乔木、侯德封

站定了含笑地倾听着，她说："这是一幅大地构造图的模型，是指导我们找矿用的。"主席问："怎样找矿呢？"只见她用短棒一指便上起地质课来了。她首先讲了地质年代的生存条件，指着喜马拉雅山告诉主席："这儿原是喜马拉雅海，后来才长成了山，而且现在还在继续长高。"主席说："噢，还要长高啊？"这句话引得大家都笑了起来。朱克文接着又告诉主席："这儿是一级构造的地槽区。"主席问："什么叫一级构造？"小朱熟悉地打开了图上的绿灯，指着图上被绿灯围住的地区告诉主席，"这就是一级区，所谓一级构造的地槽区，也就是不稳定的地区。"主席说："啊，你这个图上有这么多的绿灯，那就都不稳定喽。"全场人听了主席的问话，重又哄笑起来。小朱也笑着说："不，不，还有比较稳定的二级地槽区。"她边说边开了红灯，告诉主席："这些稳定的地带就有了矿藏，就产生了

中关村科学城的兴起（1953—1966）
The Rise of the Science City in Zhongguancun

毛泽东参观光学精密机械研究所"八大件"中的高精度经纬仪。前排左起：张劲夫、吴有训、毛泽东、郭沫若

石油。"主席问："华北找到了石油没有？"小朱答："找到了。""东北呢？"小朱说："东北肯定有，不过目前还没有找到。"主席和小朱亲切地握了手，夸赞她讲得不错，向她道谢。当主席走了以后，小朱非常懊恼地对人说："唉，我原来是想好了的，想跟主席说一句'祝主席身体健康'，表示我的敬爱，可是，一见到了主席，我激动得把许多话都忘了。"

主席边走边看喀斯特地区的模型，问郭老："这是广西地区吧？"于是指着模型上的荒山说："人说桂林山水甲天下，我看桂林山水就不甲天下。你们这里有广西人没有？"大家笑着说"没有。"主席这两句话也许是指：桂林山水单从观赏的意义来说，也不过是别具一格，如果从经济意义来说，桂林山水就更不能甲天下了。就在这个馆的左侧，陈列着名叫"纳玛"的一支丈把高的大象牙化石，郭老告诉主席，这是在河北迁安县发掘出来的冰河时期的化石。主席说:"这就证明河北省也曾有过大象了。"

参观了光机所的"八大件"以后,又看到了一个完整的大恐龙骨骼,这个恐龙,光是腿长就达两米多,主席仰头看了看恐龙的全身,又指着图片的说明问道:"为什么叫'棘鼻青岛龙'啊?"说明员回答说:"棘鼻是指恐龙鼻端隆起的肉质部分,是恐龙排水用的。这个龙生长在青岛。"主席又重复地对照了图形和恐龙的骨骼,然后指示说明员,"你们可要好好地保护它啊。"

穿过了一条夹道,到了技术科学的展览馆,张劲夫同志介绍了土木建筑所的"四不要"建筑展品①,主席详细地看着说明,边问说明员:"'不要'的知道了,什么'要'?"在说明员杨淑文同志简洁地回答了主席的问题以后,主席关切地问:"经过试验了吗?"劲夫同志指着墙上几张照片说:"这就是哈尔滨市用这些材料正在兴建的现场。"主席点点头,边走边念着要轻、要强、要经济、要便于安装的"四要"标语,转过脸来笑问说明员:"要轻?不怕台风刮跑了吗?"劲夫同志在大家的笑声中解释说:它还有"强"的一"要",接着,劲夫同志又向主席介绍了"全不怕"。主席边看边念,对劲夫同志说:"四不要,四要,全不怕,如果全国都这样,那就太好了。"

主席很仔细地看了水煤气合成石油和原子能反应堆,又看了三峡模型的表演,以后便由物理所所长施汝为同志引导走进一间小屋,郭老同主席坐着看了发光材料的表演。这些发光材料,在有阳光的地方,只是一些淡淡的灰素描线条,但是,经过紫外线一照,便现出了各种各样的色彩。就在这间展览室的正中,悬挂着一幅20吋用发光材料绘成的毛主席像,主

---

① 原设计中提出"三不要",即用竹筋、玻璃丝筋代替钢筋;用蒸汽养护硅酸盐制品作基础、拱架、空心板和砌块,不用水泥;用菱苦土制品代替木材作门窗、地板。但后来演化为不要"钢筋、水泥、木材、砖瓦"。当时为浮夸之作,后不久即出现工程质量问题。

席面对着这件科学艺术成品,连连称赞说:"很好,很好。"随即又询问了"发致发光"和"场致放光"的意义,然后对施汝为同志说:"你们的'场致放光'还不够清楚,还须进一步研究,将来如果能够代替电灯照明,那就是革命。"

主席走出了发光材料展览室,又和乔木同志共同看了化学所的海水淡化以及用稻草制成的木屑板。乔木同志很关怀地询问了制造木屑板的工艺过程有无困难,能否搞一个中间工厂,并且告诫化学所副所长华寿俊同志,这项工作应该抓紧进行。最后,主席以极大的兴趣参观了药物所的"萝芙木"和抗生素K,详细地垂询了这两种药品的研究情况。

在参观过程中,主席还会见了各学部和各所的负责同志。主席的记忆力真是惊人。当数理化学部副主任恽子强同志和主席见面时,主席不假思索地指出:"唔,我们在延安见过一次,你是江苏武进人吧?"主席看见了钱学森同志,主席说:"我们还是1956年在政协见的面。那一年,全国的干劲很大,第二年春天也还有劲,以后就泄气了。接着就是匈牙利事件,又来了个反冒进,真是一股邪风。说'马鞍形'是不错的。

"你在青年报上写的那篇文章我看了,陆定一同志很热心,到处帮你介绍。你在那个时候敢于说四万斤的数字,不错啊。你是学力学的,学力学而谈农业,你又是个农学家。"

钱学森同志回答说:"我不懂农业,只是按照太阳能把它折中地计算了一下,至于如何达到这个数字,我也不知道,而且,现在发现那个计算方法也还有错误。"

主席笑着说:"原来你也是冒叫一声啊!"这句话把大家引得哈哈大笑。

可是主席接着说:"你的看法在主要方面上是对的,现在的灌溉问题基本上解决了。丰产的主要经验,就是深耕、施肥和密植。深耕可以更多地吸收太阳，让根部多吸收一些有机物，才能长得多，长得壮。过去是浅耕粗作，广种薄收，现在要求深耕细作，少种多收，这可以省人工、省肥料、省水利。多下来的土地可以绿化，可以休闲，可以搞工厂。"

时针已是六点半了，当主席在展览馆前和人们握手告别的时候，门外已是人山人海，整齐地在等候着，想看一看主席的风采，展览馆门前的灯火，今晚也似乎分外明亮，主席站在台阶上不断挥手向群众答礼。四面八方雷动般的掌声，一直等到主席的车影去远了还继续在耳边萦回。

人人把自己的难以抑制的心情奔走相告；人人认为主席的来临是党对科学事业的最大的鼓舞；人人把这次幸福的会见都用最美丽的、最生动的词句纪录了下来。青年们写道：

"亲爱的党！亲爱的毛主席！在我们整个一生中，我们永远做您的好儿女。在这次幸福的会见里，您老人家给我们带来的幸福的暖流，是我们永远前进的动力的源泉。我们永远跟着党，跟着您，永远前进，前进！"是的，这是最大的鼓舞。这种鼓舞正在化为最大的干劲。我院全体科学工作者，正在发挥这种最大的干劲来争取最大的成绩；争取我们敬爱的毛主席再度来临！

自然科学跃进成果展览会

10月5日—11月9日 中科院在为原子能所（原近代物理所）新建的实验大楼①内举办了"自然科学跃进成果展览会"。参展项目共3 000余件，其中主要项目136件。展览共分五个馆。第一馆是新技术和

---

① 因本年决定原子能所改在房山县坨里兴建研究基地，此楼改由生物物理所和微生物所使用。

数理化，第二馆是技术科学，第三馆是综合考察及地学，第四馆是生物学，第五馆是图书、情报和编译出版。此外，另有一个保密馆，专门展出机密性较大的尖端技术方面的科研成果。参观展览会的有院内外445个单位38 392人次。党和国家领导人毛泽东、刘少奇、周恩来、朱德、陈云、邓小平、彭德怀、彭真、李富春、聂荣臻等先后到展览会参观。

附2

毛主席来到中关村[①]

漆宗英

1958年10月，中国科学院举办了建院以来第一次科技成果展览会，向党和人民汇报建国九年来，我院在科学事业上取得的初步成就。展览馆设在中关村一幢新建成的科研大楼。除了在一楼、二楼4个馆分别展出地学、生物、数理化以及半导体、计算机、电子学等新技术成果外，还特别在三楼设置了一个有关国防尖端技术的保密馆，展出了运载火箭模型、人造卫星设计蓝图、高空探测仪器模型以及耐高温合金、高能燃料、特殊化学材料、超纯金属、红外技术等方面的研制工作。人造卫星和火箭技术是由钱学森、赵九章领导的"中国科学院581组"，于1958年初提出开始研制的，该技术为1970年我国成功地发射第一颗人造卫星"东方红一号"做了大量开拓性工作，打下了良好的基础。

[①] 本文原载于《院史资料与研究》1995年5期。作者漆宗英，退休前为中国科学院政策局干部。

当时，我是展览会保密馆负责人之一。据我所知，这个馆的展品是专门向中央领导汇报的，自开馆以来，我几乎天天都在热切地盼望中央领导的到来，可是直到展览会闭馆那一天都没有来。又过了许多日子，到10月27日上午，院办公厅韦方安同志终于给我来电话，告诉我一个振奋人心的消息："毛主席将于今天下午来我们展览馆参观。"整个展览楼顿时沸腾了。

10月27日这个日子，是我一生中最难忘的一天。这一天天气特别晴朗。大约下午4点钟，毛主席来了，楼里响起了欢呼声和掌声。在郭沫若院长、张劲夫副院长及各所领导的陪同下毛主席一边向大家挥手致意，一边迈着稳健的步子直接登上了三楼。我站在楼梯口，心情非常激动，第一个迎上前去握住毛主席的手，轻声地说："毛主席，您老人家好！"毛主席和我们列队欢迎的工作人员一一握手后，首先到运载火箭和人造卫星展览室参观。展览由钱学森同志讲解，毛主席认真地倾听着。在参观过程中，毛主席对一些他关注的探测仪，如测高空大气、温度、风速的仪器和跟踪系统（当时都是模型），不时提问。当听说大部分仪器都是根据一些线索自己搞出来的时候，主席高兴地点头笑了。参观完各室后，毛主席到第五室休息，边休息边和大家亲切地交谈。他首先告诫我们说："美帝对台湾正在搞托管阴谋，我们不能答应。"接着又谈到进联合国的问题。主席说："我们不一定要进联合国嘛！我们中国就是个联合国，一千万人一个国家，如郭老的四川，就有七千万人。"接着还谈了农业问题，提到农业要搞深耕、密植，强调增产粮食，要合理利用土地，要大搞绿化等。当时，毛主席对在座的钱学森同志说："你在《中国青年》上写的文章我看了，你不仅是力学家，还是农学家。"钱学森同志回答说："是从太阳能推算的，现在也还有错误。"毛主席当即风趣地说："原来你也是冒叫一声啊！"大家笑了，他老人家也爽朗地笑起来。

北京天文台 15

访谈李竞

受访人：李竞
访谈人：杨小林　周东军
访谈时间：2007 年 7 月 5 日
访谈地点：中关村李竞先生家中

受访人简介

李竞（1928—），江苏省余姚县人。1950 年毕业于北京辅仁大学物理系，中国科学院北京天文台研究员。中国科学院老专家科普宣讲团成员。

杨：李先生，请问您第一次到中关村是哪一年？
李：1956 年。这一年中国科学院甚至全国科学界发生了一个重大事件，就是制定"十二年科学技术发展远景规划"。当时我还是中国科学院紫金山天文台的一名研究实习员，作为制定规划会议的工作人员借调到了北京。1954年我从哈尔滨外国语学院毕业，学俄文。这次规划会议邀请了苏联专家来参加。我的任务是做翻译，陪同苏联专家。在苏联专家没来之前，是在春天，有一天，紫金山天文台的台长张钰哲①先生把我叫了去，说即将筹建北京天文台，让我陪他看看将来在哪儿选台址。这一次去了两个地方：一个是中关村，一个是香山。

这是我第一次到中关村，也是北京天文台筹建过程中的第一次选址。

周：您还记得您和张钰哲先生第一次选址的情景吗？当时张钰哲先生和您说的是到中关村吗？

李：我记得那天张钰哲先生好像说："我们到西郊去看看，中国科学院有几个所在那儿，那儿就是中国科学院未来的基地。"那时候我还不知道中关村这个名称，大家都管这一带叫西郊。

我原来在北京辅仁大学念书时就不知道有中关村这个地方，那时候去颐和园，是从海淀镇斜插过去的，就是现在咱们黄庄那个金色DNA双螺旋那儿，从那儿拐弯，原来是斜着过去，走海淀南大街再过去就是西太后到颐和园那条路了。那天张台长跟院里要了一辆中吉普，能爬山的车。我们从阜外的西郊宾馆出发，先到白石桥，到黄庄也不必斜插了，一直往北走就过来了。我是第一次走这条路。土路旁边全是庄稼地，稀稀落落的有几处房子。大概是中午到的中关村。那时候给我印象非常深的是那座原子能楼，规模比较大，一个特别的地方是，楼的西边楼板从楼里探出一个尖，好像是一个吊车装置似的。我记得地球物理所的楼也建好了，还有一个化学所的大楼。

---

① 张钰哲（1902—1986），天文学家，中国科学院院士（1955）。

这时候我是第一次听张台长讲，我们将来台址本部就在这儿。我们到社科单位的那四栋二层小楼，先是拜访经济所，因为这个地方离我们未来的台址就很近了。我们中午在社科四所中的经济所还碰见了一个熟人，叫我们进去喝了杯茶。按现在的建筑规划，那四栋二层楼，就快要拆光了。

到北京天文台本部地址看过后，我们又驱车去香山选址。我们先登了香山，一上去我就看出张钰哲先生心情很不好。他当年在清华读书时来过香山。他说，我上次来，还是20年代末去美国之前。在清华大学时候的印象香山离北京城很遥远，现在一看不是那个感觉了。他非常扫兴，就是觉得离城市太近了。因为天文台本部选址和天文台选址不一样，天文台一定要选在离城市比较远的地方。我们下来以后又到了的另外一个山头，那个时候叫"望儿山"，也就是现在的百望山。周围完全都是荒野，看看也不理想，而且交通不方便，所以这些地儿都没有考虑。其实当时考虑这些地方也不行，后来都变成部队的地方了。

那个时候，科学院在南方的研究所纷纷北迁。"十二年规划"以后我们回到南京，就看着一个一个的研究所迁走了。我们在紫金山脚底下的宿舍也是越来越空。紫台的人，大家谁也不知道将来会不会迁走。但是那时候我已经知道了，北方将要建天文台，本部将设在北京的中关村。

杨：请您谈一谈您是怎么到的紫金山天文台，紫金山天文台和北京天文台又是什么关系呢？

李：好的。就我所知道的从头谈起。我1950年从北京辅仁大学物理系毕业后，就到了中国科学院紫金山天文台。当时中国科学院公开登报招聘，因为我是学天体物理的，就在毕业前夕报考了紫金山天文台，是在北京考上的。那时科学院的天文事业，就是我们国家的天文事业，别的国家天文研究机构还有在大学或是其他机构中的，我们没有。而且当时科学院只有一个直属的天文台就是紫金山天文台。紫金山天文台下设上海天文台和昆明观测站。上海天文台并不小，下设佘山和徐家汇两个观象台。

刚才说过，1956年国家开始制定"十二年科学技术发展远景规划"，当时的天文学家集中在北京制定天文学的发展计划。虽然这期间我没有资格直接参加制定规划的会议，但是我知道了几件重要的事情，其中之一，就是科学院要在北京建立天文台，也就意味着我国的天文中心要北移了。

因为什么呢？那个年代，时间是纯天文时间。人类认识时间，给时间下定义，是由天文学家定的。首先由天文学家定什么叫"日"，然后把"日"分成24小时，把"小时"分成60分，然后"分"有60秒，这就有了秒，也就是一天的1/86 400是"秒"。全世界都一样。当时我国的时间中心呢，是在上海的徐家汇观象台。这个观象台是法国天主教耶稣会1872年建立的，当时是比较先进的。很长一段时期，我们中国的时间，是由法国人定的。从那儿发布时间信号。后来我们把上海台收回了。但北京时间还是由上海发布的。上海，是临海的城市。如果打起仗来，一旦遭到破坏，国家时间中心就没有了。所以国家的时间中心必须向内地转移。国家这么需要天文，因此，紫金山天文台台长张钰哲就着眼于在北京选址。当然，天文台要做的事情很多，时间中心只是其中之一。

"十二年远景规划"制定以后，一直到1958年这个阶段，北京这边就开始有一些动作。是什么呢？首先，中国科学院把在上海天文台主持时间站工作的王绶琯先生调到北京去主持时间站的建立。

时间站的建立，必须符合一定的特殊条件，就是它一定不能在电讯发射区，要在受信区，只能接收，不许发射。不准发射到什么程度？甚至这地方不能使用拖拉机，因为拖拉机要打火，打火就是发射电信号。所以后来就选中了北京昌平沙河镇七里渠这个地方。这里有空军的天线接收地，全是天线，是空军接收信号的地方，当然那也是禁区。科学院就挤进了这块地方安营扎寨，王绶琯先生就到那儿主持工作。那时还没成立北京天文台，还是紫金山天文台领导的北京时间站。

同时，与苏联专家的提议有关，就是在北纬39°8′的纬度线上，设立了国际纬度站。而天津正好在这条线上，所以在天津建了一个"天津纬度站"，也隶属于紫金山天文台。

到了1958年，又发生了两件事：一个是中国参加了国际地球物理年活动。这在当时是非常重大的事情，是以中国科学院的名义在国际舞台上参与全球性合作的科学事业。为了参加国际地球物理年，我们购买了太阳色球望远镜，张钰哲先生决定这个仪器搁在北京。当时因为在北京还没有台址，就搁在了北京西边温泉附近的白家疃，那儿有一个地球物理所的地磁站，我们就借用了他们的地方。第二件事，1958年有一次日环食，这一次日环食的观测地点是在海南岛。当时苏联科学家和我国商定，把他们的射电望远镜搬到海南岛，用射电方法观察日环食。观察完了以后，我们就和他们商量，是不是把这个东西留下，由我们买下来。他们同意了，我们把一些射电天线买下了，就运到了沙河，这样沙河就又出现了新兴的射电天文，也由王绶琯先生负责。

这时北京本部还没建起来，可是已经有沙河时间站、沙河射电站、白家疃太阳站和天津纬度站，四个站。这些站的人事权、业务权，全都在紫台这边，连发工资都是紫金山发。这时候，程茂兰[①]先生回国了。

程茂兰先生要回来，张钰哲先生早就知道。当时他设想，按过去的例

---

① 程茂兰（1905—1978），天文学家。曾任法国上普罗旺斯天文台副台长，1957年回国主持中国科学院北京天文台的筹建工作，任台长。

子，程茂兰先生来了以后就是紫金山天文台的一个研究人员，而并非首脑。可是程茂兰先生1957年回国以后，这一年年底，科学院领导决定任命他来做北京天文台的筹备处主任。前面说的四个站就全归北京天文台筹备处负责了。程茂兰先生从国外一回来，就坐镇中关村，中关村就成了北方的天文基地。这样一来，我们的隶属关系也就变了，当时在北京工作而由紫台发工资的人，就改由北京天文台发工资了，我们比较高兴的一点是，当时北京的工资比南京的工资高一点，等于涨了几块钱。

这里需要说明，前面说的四个站，后来很快都有变化。首先，进入空间时代以后，人造卫星观察比地面观察的精度高得多，全世界的纬度站都撤了，天津纬度站也就没了。其次，是时间问题有非常重大的改变。在北京建时间站的时候，时间是纯天文问题。秒的定义是由天文定的。可是到了60年代初，这件事有了大变化，"秒"的定义改了，不是1/86 400天的一秒了，而是铯原子振荡的多少分之一定义为1秒，而且它的稳定度比天文时间不知道要高多少。原子振荡几百万年不差1秒。这样一来，全世界的时间不再是纯天文问题，而是变成了实验物理问题。关于国家时间中心地点的选择，"十二年规划"就决定把时间中心搁到了西安，这是中国自己独立自主确定的。这样，后来沙河时间站的地位也弱化了。再有，射

密云站的米波天线阵

兴隆站60厘米望远镜与施米特望远镜的圆顶

怀柔太阳站

中关村科学城的兴起（1953—1966）
The Rise of the Science City in Zhongguancun

程茂兰骑着毛驴在兴隆选址

电观察站在沙河那个地方太受局限，后来搬到密云去了，成立了密云站。最后，太阳站迁到怀柔，成立了怀柔太阳站。

杨：您是哪年到的北京天文台呢？

李：成立北京天文台筹备处的决定是在1957年年底，那时，程茂兰先生已经回国。通过程序批准、再通知下来，是1958年上半年。我是第一个被紫金山天文台派出来，到程茂兰先生这儿报到的。首先是协助他选址。当时算是出差来北京，真正调入北京是1959年底、1960年初。

周：您刚到北京时主要是做些什么？

李：我到北京主要是选址建兴隆站。

周：我们有一张照片，就是程茂兰先生骑着毛驴在兴隆选址。

李：骑毛驴那天我不在他身边，我在另外一个地方打前站。在兴隆选址，最早是我跟李启斌①两个人，我是组长。但因为他当时是党员，所以

---

① 李启斌（1936—2003），天文学家。曾任中国科学院北京天文台台长。

我什么事情都要向他汇报。后来又来了黄硼和林元章,我们都是从紫台来的。后来北京天文台扩大以后,有的是紫金山调来的,有的是从南京大学分来的,有些是在北京招的,等等。

杨:您还记得再来中关村时,中关村大体上是一个什么样子了吗?

李:我1956年第一次来,到1958年上半年再来时,这期间中关村的变化并不算大。虽然路比较窄,但是那时没有那么多的车,而且好多年里公交车就32路那么一条线。不过,那时南边已经开始盖房子了。现在四环路南侧的31、32、33这几栋楼,就是现在都写着"拆、拆、拆"的那几栋楼,当时已经盖好了。我刚来时就住在32楼,后来宿舍区就逐渐往南延了。

杨:您来的时候,到哪去办户口?

李:1960年我从南京正式调来,要把户口从南京转到北京,上户口是我自个儿到大钟寺去办的。那时候转户口也容易,转了以后就每月到粮店领粮票,还要去大钟寺领,真的是很不方便。可是那个时候好像就该这样,并没有觉得有多苦多累,乐乐和和地干活。

杨:您刚到中关村的时候,有那条横贯东西的林荫路吗?

位于中关村的北京天文台本部。此楼原为中国科学院哲学所建,哲学所1958年迁阜成门外西郊宾馆后,北京天文台与微生物所实验室迁入。现已拆除

李:谈不上,树是已经种了,但是路还是土路。我每天上下班都过这条路,如果下雨,还得趟着泥走。那个时候北区稍微好一些,有柏油路了。

杨:天文台那个时候的门牌号是多少?

李:那时没有门牌号,就叫西郊中国科学院北京天文台筹备处。通讯地址是多少多少信箱。程茂兰刚来的时候就临时在社科四所那儿的数理化学部的办公室附近,随后就迁入"所长楼",和赵九章先生邻居,先在家里上班,不久就到"四不要"礼堂东边那个楼的三楼,那就是天文台的正式台址了。那楼是三层,下两层是微生物所的实验室。

杨:您能谈一下对程茂兰、王绶琯两位老先生的印象吗?

李:程茂兰先生是1957年回国的。回国之前,我跟沈良照两个人还联名给他写了一封信,也就是制定"十二年远景规划"的时候,主要意思就是请他回来领导我们工作,当然最主要的还是吴有训副院长曾经亲笔写信给程茂兰,邀请他回国。程茂兰是好好先生一个,对于国情也不是太了解,自己不把自己当做主人而当客人。但是程茂兰先生在学术上也存在着某种偏见,对于张钰哲先生从事的小行星研究的领域他看不起,觉得他的天体物理是最前沿的,而且他会没有顾忌地流露出来。其实他对于张钰哲那个领域中很多天体力学的东西也并不熟悉,所以轻易地把人家的研究看做是小菜一碟,这是不好的,对别人不够尊重。把小行星放在今日来衡量,可比张钰哲先生从事小行星研究那个时代重要得多,因为近地小行星可能要撞地球哇!

周:程先生主要是做哪一个领域的研究?

李:他一直做特殊变星光谱研究,但是回来以后没有设备,他也就没做什么事。而且到70年代初他就半身不遂了,到1978年就去世了。所以很遗憾,他始终不是学部委员。

程茂兰先生半身不遂以后，就任命了王绶琯先生做北京天文台的副台长主持全台业务。我跟王绶琯先生很熟悉，他刚回国在紫金山天文台时，我和他住一个宿舍里。就是一进单元门，这间屋子陈彪①先生和我住，那间屋子他住。他当时也是一个单身汉。

王绶琯先生是紫金山天文台来北京最早的，科学院在北京筹建授时中心就是派他来负责的。科学院当时任命他主要有两点：第一，他是高研。第二，王绶琯先生的组织能力非常强。1953年他从国外回来以后，是在紫金山天文台。后来国家要提高时间的精确度，为了加强上海的时间工作，院里就任命王绶琯先生到上海天文台负责授时，很有成效。因此后来把王绶琯先生从上海调到北京来了。如今王老已退居二线，当然他这个退居并不是真正意义上的退休，他还在做许多工作，比如他现在主持大型光学望远镜即"LAMOST"的建设；前些年还组织我们这些人修订《中国大百科全书天文学卷》第二卷，他是主编，任命了四个副主编：一个是国家天文台的林元章，一个是国家天文台的邹振隆，一个是师范大学的，一个是我。这件事我们前年春节全部完成了。他还特别关注科普事业，前些年发起"大手拉小手"的活动，关心青少年的成长。

---

① 陈彪（1923—1992?），天文学家，中国科学院院士（1980）。中国科学院紫金山天文台研究员。

中关村科学城的兴起（1953—1966）
The Rise of the Science City in Zhongguancun

自动化研究所 16

访谈凌惟侯

受访人：凌惟侯
访谈人：杨小林
访谈时间：2007年9月4日上午
访谈地点：中关村自动化所老干部活动室

受访人简介

凌惟侯（1936—），江苏省扬州市人。1961年毕业于大连工学院自动化专业。中国科学院自动化研究所研究员。

杨：请问您第一次到中关村是哪年？
凌：我来中关村比较晚。1961年我从大连工学院自动控制专业毕业以后，就被自动化所从学校挑来了。所以我说要谈自动化所早期的历史，我不是最佳人选，但是当年的那些当事者大多已经过世了。有一段时间，我曾经做过自动化所所史的工作，与一些建所初期的元老人物有过直接接触，做过一些访谈和查档的工作，还算了解一些情况。

杨：请您谈一下您所了解的自动化所成立的背景及成立经过。

凌：好的。1956年我们国家制定了"十二年科学技术发展远景规划"，为了更好地完成这个规划，国家科学规划委员会又提出了《发展计算技术、半导体技术、无线电电子学、自动化和远距离操纵技术的紧急措施方案》，后来大家就把它简称为"四大紧急措施"。"四大紧急措施"出台以后，经周恩来总理同意，决定由中国科学院负责尽快筹建相应的四个领域的研究机构。1956年8月18日，当时的副院长、党组书记张劲夫签发了一个文件①，上报当时主管科技工作的陈毅副总理。在科学院上报中央的报告中，自动化及远距离操纵研究所筹备委员会的主要成员有主任委员钱伟长，他当时是清华大学教授，在科学院兼任力学所副所长。副主任委员有南京工学院副院长钱钟韩、上海交通大学教授沈尚贤，国家建委计量局副局长武汝扬②。委员有哈尔滨工业大学教务长朱物华，东北工学院教授郎世俊，清华大学教授钟士模，中国科学院研究员陆元九③，中国科学院长春机电研究所副所长夏光韦等。在这些人当中，除了武汝扬和刚从美国回来不久的陆元九以外，其他都是兼

---

① 指"（56）党组张发字第44号"文《中国科学院请批准筹建计算技术、电子学、自动化及远距离操纵等三个研究所和筹备委员会名单》，8月25日，陈毅副总理批示："同意办、报总理及中央。"

② 武汝扬（1912—1997），时任自动化所代所长，后曾任中国科学技术大学副校长、党委书记。

③ 陆元九（1920—），自动控制和航天工程专家，中国科学院院士（1980），中国工程院院士（1994），国际宇航科学院院士（1985）。曾任自动化所副所长。

中关村科学城的兴起（1953—1966）
The Rise of the Science City in Zhongguancun

任的。

上报不久，很快就批下来了，还发给了一枚"中国科学院自动化及远距离操纵研究所筹备委员会"的圆形木质公章。由于上面高度重视，当年9月份，从各高校分配来的42名大学毕业生陆续到所报到。11月，中国科学院决定将本院长春机械电机研究所的自动化研究室以疏松桂先生为首的33名科技人员调入北京的自动化所。1958年12月，又从中国科学院所属的四川分院等各分院陆续调来了65名二、三年级的大学生，让他们提前进入自动化所工作，边工作边培训。经过了3年多的筹建，1960年2月16日，研究所正式成立，定名为中国科学院自动化研究所。

杨：列入"四大紧急措施"的几个研究所，据说在筹备时期都是在西苑大旅社借楼办公的，你们也在那里吗？

凌：不是的。自动化所从筹建时起就在中关村。1956年8月，自动化所筹备处成立时的所在地，是在化学所南面那座不足2 000平方米的三层小楼里，就是后来建筑设计院那个楼。当时我们和中国科学院

此楼原为1961年建成的中国科学技术大学中关村分部。1970年科技大学迁安徽后，由重新组建的自动化所使用

自动化所第一个办公大楼,1968年自动化所划归国防科委空间技术研究院,即502所,此楼至今为502所使用

社会科学部的文学所各占了一半,我们占东半边。到了1958年力学所大楼建好后,自动化所就搬入新大楼,占了大楼的西半边。

到了1959年12月,我们自己的大楼建好后,终于有了自己完整的所址,就是现在502所那个楼。建这个楼的时候好多人都参加劳动了,当时还能看到挖出来的棺材和金元宝。

"文革"期间,1968年2月,国防科委成立了空间技术研究院,中国科学院把卫星工程及主要承担卫星工程任务的单位全部划了过去,包括651设计院、自动化所、北京科学仪器厂等。我们所是整建制过去的,定名为空间控制技术研究所。当时有一个说法是"三个四分之三",就是当时国防科委空间技术研究院的人员有四分之三是科学院调过去的;价值1 000元以上的仪器设备,有四分之三是科学院拨过去的;划过去的房屋建筑达21万平方米,占了他们所有营房的四分之三。

后来周总理提出来中国科学院不能没有自动化所,它是中国科学院对外的一个窗口,所以根据中央的精神,1970年中国科学院重建了现在的自动化所。现在这个所址,当时还是中国科技大学的中关村分部。科大主体部分调到安徽合肥后,这块地儿就给我们所了。现在的新大楼是2001年6月封顶,总面积达到2.2万平方米,自动化所总算是有模样了。

杨:自动化所刚成立的时候都有哪些研究室,后来又分出去了哪些研究机构呢?

凌:根据自动化所的研究方向和任务,一开始设立了6个研究组:生产过程自动化组,负责人钱伟长、陆元九、陈家镛;模拟及计算技术组,负责人屠善澄、朱培基;调节理论组,负责人钟士模、童世璜;远动学组,负责人王传善、张翰英;自动电力拖动组,负责人沈尚贤、疏松桂;自动化技术工具组,负责人杨嘉墀[①]、陆元九。

到了1958年7月,经院领导同意,所里将研究组改成了研究室,一共成立了八个研究室。第一研究室的范围是卫星控制和部件,主任陆元九。第二研究室是原子能反应堆控制,主任杨嘉墀。第三研究室是长江三峡水利枢纽控制,主任屠善澄。第四研究室是生产过程自动化和调节理论,主任童世璜,副主任潘守鲁。第五研究室是远动学,副主任王传善。第六研究室是电力拖动,主任疏松桂。第七研究室是自动化技术工具,主任杨嘉墀。第八研究室是计算技术,副主任朱培基。这一年的年底,第一、二、五室的部分人员组成了自动化所第二设计院,地点设在红山口的高等军事学院内。吕强任院长,设了三个研究室。310室管卫星控制和部件,陆元九负责。320室管遥测遥控,王传善负责。330室管仿真技术和设备,屠善澄负责。

到了1962年6月,院里要求各单位在贯彻"科研工作十四条"的基础上进行"五定",即定方向、定任务、定人员、定设备、定实验室。所

[①] 杨嘉墀(1919—2006),航天技术和自动控制专家,仪器仪表与自动化专家,中国科学院院士(1980),国际宇航科学院院士(1985),"两弹一星"功勋奖章获得者。曾任中国科学院自动化研究所副所长。

里又对原有的研究室进行了调整，一共成立了八个研究室，两个任务组。八个室从 401 排到 408，401 室是工业自动控制，402 室是远动技术，403 室是随动系统和元件，404 室是模拟技术，405 室是仪表及自动检测，406 室是气动液动控制，407 室是运动物体控制，408 室是控制系统模拟计算中心。两个任务组分别是 102 任务组为原子能反应堆自动控制及保护系统，151 任务组为军事工程热应力试验设备的研制。

这是成立初期研究室几次比较大的调整，还有一些小的调整这里就不细说了。

自动化所还先后调出一些科技人员充实了一些兄弟研究机构。1965 年 9 月，从事控制机工作的 8 位研究人员调到了武汉的中南数学计算所，加强他们所的工业控制机的研制力量。1965 年 11 月，401、402 室的大部分科技人员包括童世璜、曾召统、蒋新松[①]、易允文等 46 人，调到沈阳的中科院东北工业自动化所，也就是后来的中科院沈阳自动化所。1965 年 12 月，403 室从事电磁元件等研究工作的 10 多位研究人员，几乎是成建制地调到了华东自动化所，就是后来的中科院合肥智能机械研究所。1966 年 5 月，院里为了加强涉及卫星及后来航天器的地面观测跟踪系统的工作，组建了 701 工程处，自动化所又调了一部分人去。1967 年 7 月，又将承担"东方红一号"人造卫星短波遥测任务的研究人员调到了七机部 704 所。1968 年整个自动化所划归国防科委空间技术研究院，到 1970 年又重建我们现在的这个自动化所。

1978 年，自动化所二部和地球物理所二部合并，成立了中科院空间科学与应用研究中心。1979 年，以原自动化所的图像处理研究室总体组

---

① 蒋新松（1931—1997），自动化专家，中国工程院院士（1994）。时任自动化研究所研究实习员。

为基础的空间中心地面部，独立成为中国科学院中国遥感卫星地面站。至此，自动化所变迁的粗线条的大致脉络就是这样。

杨：自动化所在"两弹一星"以及执行"十二年科学技术发展远景规划"中都做了哪些工作呢？

凌：自动化所成立之初的研究方向，写在"十二年规划"中的书面文字是："解决生产过程自动化和有系统地提高和发展理论的研究工作。"但我们知道，在某种意义上讲，当时"四大紧急措施"的着眼点还是为"两弹"，为原子弹、导弹，为军工目标服务的。我就讲几个主要的工作吧，主要是1968年整个研究所划归了国防科委之前的事。

先说一下卫星方面的工作。

1958年8月，我们所的陆元九等科学家参与了拟定发展人造卫星的规划草案，"581"组成立以后，下设三个设计院，其中第二设计院是以自动化所为主，负责研制卫星控制系统。但是由于国内外的各种原因，1959年1月，院党组传达了邓小平总书记的指示："卫星明后年不放，与国力不相称"，对"581"组的工作进行了相应的调整，但自动化所仍然在进行运动物体控制的理论研究。

1964年人造卫星工作再次上马，代号为"651"任务。1965年中国科学院成立了"651"设计院，开始了"东方红一号"人造卫星的研制工作。自动化所主要负责卫星在高空时姿态的测量和控制，此外，还负责《东方红》乐音的研制，以便让全世界都能听到中国卫星播放的《东方红》乐音。经过反复研试，我们确定了最佳路线，就是让星上短波发射机一身二任，既播送乐音，又传送遥测信号。1970年4月24日晚上，"东方红一号"胜利升空，当《东方红》的乐曲第一次响彻云霄的时候，我们真是欢欣鼓舞啊。

自动化所在原子弹方面所做的工作主要是测量原子弹爆炸时火球中心及周边的温度变化及冲击波变化情况。1964年10月16日第一颗原子弹爆炸成功后,参加研制快速大量程火球温度测量仪和变磁阻式冲击波压力测量仪的五名研究人员荣立了三等功,火球温度测量组荣立了集体三等功。1965年第二颗原子弹爆炸成功后,我们所研制的新型测量仪又顺利地完成了三项任务,又有四人荣立三等功,两人受到了嘉奖。后来1967年6月17日,第一颗氢弹爆炸,其温度也是我们所的研究人员负责测量的。

再说说自动化所在研制导弹方面所做的部分工作。

其一,1964年12月,以自动化所朱培基为首的科研团队,研制成功了J-331型大型模拟计算机。这个装置是研究、设计、制造和试验导弹运行控制(即制导)所必需的大型计算和仿真的装备。为此,1964年钱学森先生还专程来看过J-331机,并感慨地说:"我们也终于拥有了自己的大型模拟计算机了。"

1964年12月研制成功的大型模拟计算机——J-331机

其二，1961年，我们所承接了院新技术局下发的国防部五院的任务，即151任务，由杨嘉墀和叶正明牵头。该任务是在地面研究飞行器高速飞行时受热应力情况的实验设备。1965年7月，我们完成了这项任务，把加热、测量、加载三个系统全部移交给了七机部702所。后来702所把这三套样机复制了若干套，成功地进行了我国第一批导弹的弹头、尾翼及歼八机的结构的地面试验。

其三，1965年5月，中共中央专门委员会第十二次会议决定，由中国科学院负责研制541任务①，自动化所随即列入1965年研制计划并列为所内研制工作的重中之重。仅时隔半年，1966年1月，该阶段性成果即在1502试验场进行了多发试验弹发射试验。同年3月，又在8201部队进行了第一次飞行试验。后由于国内国际形势变化，1967年接国防科委正式通知，终止了541任务的研制工作。

这里还应该提及一个为多种军事工程配套及民用任务服务的研究团队，即直驱伺服控制系统及其特殊元器件研究的集体，大约有二十来人。他们从1963年开始探索电机直接驱动负载，从而革除减速机构先天具有的"齿隙"、弹性变形等非线性因素。这在武器系统和外层空间等一些要求高精度技术指标的研究领域是不可或缺的。他们从1965年开始，陆续研发出直流力矩电机、交流力矩电机、高灵敏度测速机等系列产品并批量生产，填补了当时国内的空白。

同时，控制系统研究组在上述基础上还根据任务所需进行了开创性工作。这个团队先后为157工程（导弹用惯性平台及低速气浮伺服转台）、651卫星工程、09任务（核潜艇）、总参902工程（精密雷达）、超小型

---

① 即单兵肩扛地对空导弹，用以反击超低空飞行敌机。我们经常在电视上看到的中东地区一些武装人员肩上扛着一个约1.5米长的发射圆筒，即是这种装备。

火炮指挥仪、三自由度空间飞行姿态模拟转台以及民用方面的2.16米天文望远镜等众多工程任务服务。这在70年代前后，在国内有关业界引起了不小的轰动效应。当时到自动化所求教的人是趋之若鹜，可以说，这个团队为我国直驱伺服控制作出了值得称道的开创性工作。

杨：除了刚才您谈的这些国防建设项目以外，自动化所的研究成果在其他方面还有哪些应用呢？

凌："十二年科学发展规划"第39项规定"生产过程机械化及自动化任务"，我们所是此项的主要负责研究单位。围绕这个项目，开展的重点任务有长江三峡水利枢纽综合自动化、大型模拟计算装置、铁道远动化、2.16米反射天文望远镜自动控制等。

1958年10月27日，毛泽东主席在自然科学跃进展览会上参观中国科学院自动化研究所研制的长江三峡船闸自动控制模型。右起：张劲夫，郭沫若，毛泽东，吴有训

我在这里举两个例子。一是长江三峡水利枢纽控制自动化,为此我们专门成立了第四研究室,专门做这个项目,由屠善澄负责。1958年院里组织的跃进展览会上,我们所参展的项目中就有长江三峡船闸自动控制模型。但是这个项目在"文革"中下马了。

第二个是2.16米天文望远镜,这是一个院管的大型协作项目,为此院里成立了216办公室,参加的单位有北京天文台、南京天文仪器厂和自动化所,我们所承担的是其全部控制部分。这个项目由于种种原因,一直到1989年才在北京天文台兴隆站安装完成,其计算机控制系统已达到上世纪90年代国际同类设备的水平,为国内外的天文事业作出了重要贡献。

这种项目还有很多,比如,1963年我们所与计算所合作研制成功了"遥测数据自动记录和处理设备",1964年又研制成功了我国第一台100W印刷绕组直流电动机,填补了国内空白,等等。

2.16米天文望远镜

杨：在1958年跃进展览会上，自动化所的参展项目除了长江三峡船闸自动控制模型还有什么呢？

凌：还有装有动物的探空火箭、仪器舱模型和"异步电动机离子变频调速系统"实物，这些在当时都是属于前沿性的工作。

在此，我还要提一下汉王手写识别系统。这是"文革"以后的工作。

今天的"汉王"成绩显著，与领头人及其团队多年来坚持创新，艰苦创业是分不开的，同时也是自动化所多年来在信息领域大量研究工作的积淀、培育和支持的结果。自动化所从1977年起就在"文字识别技术"、"手写数字的自动识别方法"等方面进行了一系列的研究探讨。"信函分拣手写数字识别机"的研究，为后来我所的模式识别研究起了先导作用。刘迎建于1985年研发出"联机手写汉字识别在线装置"获得国家发明专利，引发了计算机手写汉字自动输入识别领域里的一场革命。1987年中科院和国家教委批准破格录取刘迎建为自动化所在职博士研究生。1993年在所领导的支持下，自动化所创办了"北京中自智能系统公司"，注册资金30万元，注册商标为"汉王"，刘迎建任总经理，"汉王"从此走上科研、开发、生产、经营于一体的发展道路，为后来发展奠定了基础。

"汉王"经过不断地发展，研发出一系列领先于该领域的产品。现今以刘迎建为董事长的汉王科技股份有限公司，已拥有100多项国家专利技术和软件著作权，在手机市场上手写识别技术等占据了全球90%以上的技术授权，经授权的汉王科技手写技术在内地市场占有率高达85%以上。"汉王"每年的研发投入占到销售额的10%~12%。

杨：请您简单介绍几位早期为自动化所作出重要贡献的科学家和所领导。

中关村科学城的兴起（1953—1966）
The Rise of the Science City in Zhongguancun

杨嘉墀　　　　　　　　陆元九　　　　　　　　屠善澄

凌：早期对自动化所作出重要贡献主要是重建之前老自动化所的"三套马车"陆元九、杨嘉墀和屠善澄三位老先生。

杨嘉墀是"两弹一星"功勋奖章获得者，是我国自动检测学的奠基者，从1961年开始到自动化所重建之前，一直就是我们所的副所长，还是"863"计划四位倡导人之一。

陆元九在惯性导航和自动控制方面作出了很大的贡献，做了很多基础性的工作，他这个人不太活跃，慢慢淡出人们的视线了。这两位都是中科院院士。

还有屠善澄，是中国工程院院士，为我国模拟计算机、导弹控制系统及人造卫星控制系统的研制作出了很大的贡献。

老领导中，这里我最想提的是副所长吕强，从老自动化所到重建后的自动化所，很长时间

吕强（左）和张钟俊院士在1985年中国自动化学会第四次全国代表大会上

239

都没有正所长，一直是他主持所务工作，担任自动化所行政和党委领导工作长达20年之久。他是一个老干部，真是呕心沥血，一心扑在所里。这个所长做到什么样呢，如果走过来一个科研人员，他就知道他叫什么名字，做什么课题，课题进展情况怎么样，有什么问题。我们很佩服他。他吃过晚饭，没事就来所里转，基本上是以所为家。

杨：您大学一毕业就到了自动化所，当时主要做了哪些工作，有什么至今还值得回忆的人和事吗？

凌：我先说一下我是怎么到的自动化所。首先，我捞到了一个送上门来的机遇。1961年6月，我接到学校毕业分配通知，将我分配到西安军事电讯工程学院当军事教员。穿军装，这是我所向往的，但一想到要一辈子和"羊肉泡馍"打交道，实在是没胃口。你想，我们扬州是中国四大菜系之一淮阳菜的发源地，扬州人从小耳濡目染，食不厌精。但当军官的诱惑和组织观念还是占了上风，我还是高高兴兴地回扬州过暑假，准备到西安报到。

谁知回家不到10天，就接到学校的挂号信，说是中国科学院自动化研究所到学校要人，我是入选人之一，特此征求本人意愿，同意不同意到北京工作，尽快回复。我看到这封信高兴得简直要跳起来了，平时想都不敢想的好事居然落在了我的头上。因为我们毕业实习和做毕业设计的时候，我的导师王众托教授经常给我们作专题讲座，介绍国内外有关我们这个专业的知名学校和研究机构，而当时国内仅有的一个国家级的自动控制研究机构就是在北京的中科院自动化所，能到这个单位工作，是我们这个专业的学生求之不得的事。就这样，"羊肉泡馍"变成了"北京烤鸭"。

1961年9月，我刚到所内报到，就有幸参加了7060任务中的探索性研究课题，即研制为满足地面模拟响尾蛇导弹红外跟踪的电控单自由度飞行模拟转台，其中一套模拟导弹本体，一套模拟导弹跟踪的飞行物体（如敌方飞机），我主要负责控制系统中的串并联校正环节的分析、计算并上机试验。应该说，课题组不仅在人力配置上有一定的力度，而且动用了当时所内还少有的小型模拟计算机、进口的"辐频特性测试仪"，进行系统的特性测定和校正。历时一年多，由于当时所能拿到的伺服执行机构是运行于高速的电动测速机组，经过一系列减速才驱动负载，不仅跟踪的位置精度达不到要求，反映快速性的频率响应的带宽也很难做到 3 周/秒以上。这种系统很可能在被跟踪的飞机一旦来一个突然转向或大动作俯仰后，导弹即可能丢失目标。这项任务到 1962 年 12 月无果而终。

正当我们郁闷的时候，1963 年初，当时的副所长杨嘉墀先生知道了我们的处境。一天，他给了我们室一张美国的特殊电机的广告性资料，让我们研究一下是否能研制出来。这份资料上说这种电机能在低速产生大力矩，可不经减速机构直接驱动负载，能在很低速甚至堵转状态下工作而不会烧毁，组成伺服系统后的频响宽度可以达到 30 周/秒甚至更高。这对我们曾在 7060 任务中败下阵来的人来说，简直是天大的福音。经过研究室同志进一步查找资料，进行若干基础性工作的摸索研究，1965 年我们研制出我国第一台直流力矩电机，填补了国内空白。1967 年我负责研制的高灵敏度测速机也问世，填补了国内空白，完成了总参 902 工程和 651 工程等军工配套任务。1967 年的一天，我在所大楼的走廊里正好碰上杨嘉墀先生，他一见到我就说，老凌，你现在可是电机专家啦，你们的研究工作很有价值！我说，杨先生您可别这么说，您是我的前辈，在您前面怎敢称"老"，何况我们今天有一点成绩，还不是几年前您给点拨的结果。这说明杨先生这几年来一直在关注着直驱伺服控制技术的工作。

杨：您从 1961 年到现在一直就在中关村吗？

凌：是的。46 年来我一直住在中关村。刚来时看见的是荒野的农田，只有一条小马路、两排小行道树，变为今天看到的是高楼林立，车水马龙。可以说，我是这些变化的一个见证人。

中关村科学城的兴起（1953—1966）
The Rise of the Science City in Zhongguancun

物理研究所 17

访谈贾寿泉

受访人：贾寿泉
访谈人：杨小林
访谈时间：2007年10月20日
访谈地点：中关村贾寿泉先生家中

受访人简介

贾寿泉（1930—），江苏省无锡市人。1953年毕业于南开大学化学系，中国科学院物理研究所研究员。

杨：请问您是什么时候到的物理所，又是什么时候到的中关村呢？

贾：我1953年夏天从南开大学化学系毕业分到了应用物理所，我来的时候所里只有四五十个人。在1959年初我们研究所迁到中关村之前,我来过中关村几次。那时候除了北区有几幢楼外,南区这边全是农田,菜地,松树林,还有一些坟地什么的。

杨:请您详细介绍一下来中关村之前物理所早期的发展情况。

贾:好的。1950年初,中国科学院就接收了北平研究院、南京中央研究院的物理学研究机构。在此基础上,于1950年5月重组成立了近代物理研究所和应用物理研究所,地点就在北平研究院的旧址东黄城根。那时候只有两个楼,前面楼是原来北平研究院的,后面那个楼是解放后盖的。六十来人,吃饭、开会、工间操,经常在一起。像钱三强先生,赵忠尧先生,"英杨"杨澄中、"法杨"杨承宗,还有邓稼先、吕敏和于敏等,那时候我们都一块儿打球玩。后楼三层东头是图书馆、礼堂,前楼地下室是工厂。

应用物理所一开始严济慈是所长,陆学善①是副所长,1952年严济慈出任东北分院院长,陆学善代理所长职务。1954年底,陆先生突发心梗住院后,健康状况一直不好,1957年初施汝为②、黄昆③分别被任命为正、副所长。

到1958年10月,应用物理所改名为物理所。1958年底、1959年春物理所陆续从城里搬到了中关村,那时候物理所只有一座主楼,就是现在编号为A座的那个楼。其余还有工厂、行政、食堂兼礼堂等附属建筑。

杨:刚搬到中关村大楼的时候,研究室是怎样一个布局呢?

---

① 陆学善(1905—1981),物理学家,中国科学院院士(1955)。曾任北平研究院镭学研究所研究员及晶体学研究室主任,中国科学院物理研究所代所长。
② 施汝为(1901—1983),物理学家,中国科学院院士(1955)。
③ 黄昆(1919—2005),物理学家,中国科学院院士(1955),瑞典皇家科学院外籍院士(1980),第三世界科学院院士(1985)。2001年获最高科学技术奖。

贾：是这样的。一楼的东面主要是低温室，东侧的后翼又盖了一些，是低温实验室，西边主要是高压室和一些大型设备。二楼差不多都是磁学，西边有一些高压实验室。三楼东边是晶体学研究室，西边是一些办公室和大型计算机等，三楼还有一部分是理论研究室。四楼是固体电子学和影像室。五楼东边是图书馆，包括期刊室、阅览室和所办公室。西边是激光、光谱。器材科、食堂在外边。后来我们的水热实验室也在外面。在所的东南部是附属工厂的金工一、二车间，锻工、铸工、木工、油漆、冷加工、玻璃等车间。

所长办公室和一些行政办公室都在那个主楼里面。施所长的办公室在二楼，管惟炎[①]任所长时的办公室在三楼西边朝阳的房间，后来杨国桢[②]所长的房间也在那儿。

杨：在科学院中，物理所是个大所，我听很多老人说过，这个所不仅成果多、人才多，在科研管理、文化生活方面也都经常走在前面。更有一个称誉，说它是只"老母鸡"，下了好多"蛋"，您能不能稍微详细介绍一下这方面的情况？

贾：是有这个说法。意思就是说，在长期的发展过程中，从物理所分出去好多研究机构，像老母鸡下蛋一样。我们就从建所时的机构说起吧。

物理所刚成立的时候名称是应用物理所，有六个部分：原来北研物理所的光谱学、应用光学、结晶学和中研物理所的磁学、金属物理，五个研究室，另外还有一个光学仪器厂。1950年底，应用光学研究室和光学仪器车间划归了长春光学精密机械研究所（初时称仪器馆），王大珩带着人员设备就都过去了。1950年到1952年期间，原来北研物理所的压电学小

[①] 管惟炎（1928—2007），物理学家，中国科学院院士（1980）。曾任中国科学院物理研究所所长、中国科学技术大学校长等职。

[②] 杨国桢（1938—），物理学家，中国科学院院士（1999）。

组划归了国防部门,地球重力小组划归地球物理所。

由于研究室的规模较小,到了1952年,所里把四个研究室缩编为三个研究组,光谱学组的负责人是赵广增和张志三,磁学组是施汝为和潘孝硕,结晶学组其中包括金属物理,负责人是钱临照①和刘益焕,不久又增设了电学组,王守武②负责。1953年开始了第一个五年计划,国家建设对固体物理研究提出了一系列的要求,其中半导体是固体物理的新生长点,为了填补国内空白,所里又开辟了两个新的研究领域,将原来的电学组改建为半导体组,又新成立低温物理组,由洪朝生③负责,固体发光组由徐叙瑢负责。

1956年我们国家制定了"十二年科学技术发展远景规划"。为了执行"四大紧急措施",1956年下半年,把半导体组扩大为研究室。把原来半导体组中的固体发光和结晶学组中的金属物理分别独立出来,建立研究组,由徐叙瑢和钱临照负责。原来的晶体学组由刘益焕负责。又新成立了一个物化分析组,由张赣南负责。另外1956年初成立的由马大猷、应崇福负责的声学组,划归了电子所筹备处后又分出了声学所。金属组的计量标准工作及人员划归了国家计量标准局。

1958年,又增设了一个固体理论组,由李荫远负责。这一年还开展了高压物理和晶体生长研究,填补了空白。10月8日,应用物理研究所改名为物理研究所。由于1958年"大跃进",院里调进了大批的复转军人,我们所一下子进了500多人,又从其他方面调来了一些人员,1959年所里就将研究组扩充为研究室,又增设了固体电子学室,一共是九个室,一个组。负责人也有了一些调整,半导体室主任仍是王守武,光谱学室主任是

---

① 钱临照(1906—1999),物理学家,中国科学院院士(1955)。
② 王守武(1919—2014),半导体器件物理学家,中国科学院院士(1980)。
③ 洪朝生(1920—),物理学家,中国科学院院士(1980)。

张志三,磁学室潘孝硕,固体发光室徐叙瑢,晶体学室刘益焕,低温物理室洪朝生,金属物理室钱临照,固体理论室李荫远,固体电子学室成众志,物理化学分析组张赣南。

1959年上半年,中关村新大楼竣工,我们就陆续从城里搬过来了,半导体室留在了东黄城根,1960年,半导体室独立,成立了中国科学院半导体研究所。金属物理室以刘民治为首的一部分合并到沈阳金属所,另一部分留在高压物理室,钱临照先生去了中国科技大学。同时又新成立了两个研究室,高分子物理研究室,室主任是李执芬和陈春先;红外物理研究室没设室主任。

1962年对研究室又进行了一次调整,晶体学室的超硬材料组和物化分析组的电子显微镜专业组以及金属物理的一部分合并,成立高压与金属物理室,由何寿安负责。

1965年,固体发光组的电介质研究组独立为研究室,所工厂的电工组与固体电子学的803组合并成立了电子仪器室。另外红外物理室调整到昆明物理所去了,固体发光室调整到长春物理所去了。高分子物理室撤销,化学所的人回化学所,物理所的人分散到各研究室。电子学室固体组件组到了156工程处。

物理所主楼,即现在物理所A座(摄于2003年)

1965年底,国家科委让我们所在三线建立技术物理实验中心,地点在陕南略阳,为此我们设立了筹备处(325工程处),派了30多人去参加工作。1968年这个筹备处移交给了电子工业部十院。

1969年,大搞人工合成胰岛素的时候,晶体学室的401组与生物物理所、北大的一些专业人员成立了胰岛素晶体结构分析室,主要是梁栋材、范海福他们。后来1973年这个室划到生物物理所的时候,梁栋材过去了,范海福留下来了。

1969年光谱室和业务处、政工组等部门一共60多人调到了七机部二院207所。

1956年陆学善(左一)与同事一起利用X射线研究合金体系有关晶体结构和超结构

另外，原来院里直接领导的理论物理相对论批判组，1970年开始由我们所代管，到1978年2月正式划归物理所编制，改名为理论批判室。1978年4月理论物理所成立的时候，这个室原属高能所的人员划了过去。到1982年，这个室划归了高能所。

1980年低温物理室的两个组和工厂的低温技术人员调整到了低温中心。

杨：请说说您对物理所的一些科学家的印象。

贾：人太多了，说点儿印象特别深的人和事吧。我最熟悉的当然是陆学善。陆先生是留学英国的，很有绅士风度，也比较古板保守。我对陆先生的印象是"三严"。记得我刚到所里的时候，比我早一年来的章综就提醒我，陆先生最看重的是一个"严"字。果然我第一次见到陆先生的印象就是严肃，他那时候也就是40多岁，可他几乎没有笑容地对我说，做实验必须严肃认真，一丝不苟。他平时也不谈与课题无关的事情。第二个印象就是严格。他当时是副所长，他要求所有年轻人的上班时间都用来做实验，不许阅读书刊。所以大家只要一听见陆先生的"司的克"响，就像耗子见到猫似的，马上合上书本去做实验。可是我不管那么多，因为我觉得我需要查阅大量的资料。一开始他很生气，后来因为我的实验做得非常好，他也就默许了。第三是"严密"。全部实验数据都需要三番五次地核实，要经得起任何检验，每一个实验步骤都要原原本本按他亲自示范的模式操作，甚至于胶片显影、定影、浸泡、清洗的手势都要统一规范。

还值得一提的就是陆先生坚持的午后茶的传统。他的老师吴有训副院长几乎每周都来参加，甚至于吴副院长的老师胡刚复老先生有时候也从天津赶来参加这种小型的讨论会。那时候我们"四世同堂"，或听汇报，或交流资讯，气氛非常活跃，我们这些晚辈从中受益匪浅。

很可惜的是，陆先生1954年冬天突发心梗，不得不中断工作。到了1955年初，北大的唐有琪先生来兼职，组织上又派我给唐先生当助手。唐先生是留美的，Pauling学派①，所以和陆先生的工作作风不太一样，比较宽松。他每周只来所半天，除去路上的时间，实际上只有1个多小时，主要听一听工作进展汇报，指定一些参考资料，点拨一下研究思路，尽量发挥大家的主观能动性。遗憾的是过了两年多的时间，反右运动来了，唐先生在所里的工作也就停止了。尽管如此，前一年半的"英式训练"和近两年半的"美式指导"，这种英美结合、取长补短的学术熏陶，培养了我扎实的基本功和独立的创造性。

还有一位比较有意思的是副所长黄昆，他很有学术成就，2001年获得了国家最高科学技术奖。我跟他接触不多。他这个人不修边幅，胡子拉碴，穿着油光锃亮的棉袄，提着个草编的破提包。我们还在城里的时候，他也不常来，有一次，传达室的人不认识黄所长，就把他挡在门口了，不让他进来，说他不像是我们所的人。后来是别人出来跟传达室的同志解释以后才让他进去。他这个人烟抽得很凶，困难时期不是给他们高级知识分子一些专门的供应吗，供应一些好一点的烟，他就拿去跟别人换那种最次的烟，一条可以换几条。那种烟很糟糕，我们都不抽，尝都不敢尝，一吸一口土，牙碜，又苦又辣。

还有一个比较出名的人物就是"中关村第一人"陈春先②。他是苏联莫斯科大学1960年毕业的。他是那年全系毕业生里面第一名，头脑的确很好，很灵，据说赫鲁晓夫还接见过他们几个尖子。回国以后，先是搞有

---

① 20世纪50年代，世界上有三个小组进行DNA生物大分子的分析研究，分属于不同派别，即结构学派、生物化学学派和信息学派。其中生物化学学派是以美国加州理工学院鲍林（L. G. Pauling）为代表，即Pauling学派。

② 实际上是指"中关村一条街"的第一人。

机半导体，后来又搞受控热核反应。院、所领导很器重他，拨了很多经费，结果都不了了之。他1980年辞职建立了中国第一个民办科技机构"北京等离子体学会先进技术发展服务部"（华夏科技咨询服务中心），后来因为不善经营，搞得不太好，也是有头无尾。他这个人也不太拘小节，在家喜欢趴在地板上写字，有时出门穿着一红一绿的袜子。他前两年去世了，70岁，很可惜。

杨：您那时候在中关村能经常见到一些院领导吗？

贾：来中关村前，郭沫若院长每年都要下来视察，也常到我们实验室来，坐下来听我们讲解，听我们介绍工作的进展和成果。郭老那时候年纪已经很大了，我们甚至还准备了笔墨，请他题词、写诗。

还有印象最深的就是院党组书记张劲夫。大家都非常敬佩他。有一段时间他在中关村搞"二五常会"，就是每个礼拜二、五下午他抽出时间来，在福利楼二楼的会议室，接待各个所、各个部门管事的人，甚至我们平常的工作人员也可以去。他主要听取意见、建议，他带了几个人，当时能解决的问题就马上拍板解决，不拖。当时不能解决的，就拿回去研究，并很快给予答复。那个办事作风，大家真是佩服。所以那么艰苦的环境、条件，大家那么重的担子，什么都要从头来，从无到有，拼命工作，但从来就不计报酬，也跟这些领导的作风有很大的关系。

杨：请您介绍一下早期在中关村的生活情况。

贾：我刚到中关村上班的时候是住实验室，家还在城里泰安巷，有一间宿舍。我的大女儿是在城里生的。后来有人要换我们城里的房子，就换到了中关村67楼402号，一共两个小房间，和别人合住，厨房放两个蜂窝煤炉子就很挤了。厕所小得感觉进去了转不过身，只能退出来。我爱人那时候还在朝阳医院上班，也不常回来，我基本上住实验室，所以房子大部分时间空着。我们实验室那时候有些两地分居的同事,家属来探亲没地方住,就住在我那儿,所以我们管那儿叫"幸福房"。后来过了一段时间要生老二了,我爱人也调到中关村医院了,两位老人也要来帮忙,还有一个大孩子,六口人房间就太小了。管惟炎知道了,他风格高,说:"我跟你换。"我说这怎么可以,他说没关系,反正我爱人也不常来。他住在64楼305,共四间房子三家合住,他住里外套间,也是很小,但是总算是两间,比我的房子大一些。真是很感谢他。搬家的时候,他的书有好多箱,特别是俄文的,因为他是留苏的。那间小屋子差不多快塞满了。所以搬的时候,从三楼下来,再搬上四楼,把他们室里那些小伙子累得够呛。

中关村科学城的兴起（1953—1966）
The Rise of the Science City in Zhongguancun

电工研究所 18

访谈严陆光

受访人：严陆光
访谈人：杨小林
访谈时间：2007年12月5日
访谈地点：中关村严陆光先生家

受访人简介

严陆光（1935—），浙江省东阳县人。中国科学院院士（1991）。1959年毕业于苏联莫斯科动力学院电力系。曾任中国科学院电工研究所所长、技术科学局局长，宁波大学校长。

杨：严先生，您好！在进入今天谈话的主题之前，我先问一个我们很感兴趣的问题。地理所的丘宝剑先生是中国科学院入住中关村的第一人。

严济慈、严陆光父子在莫斯科的合影

据他说,他和《中华地理志》编辑部的同事们在1953年10月搬到中关村之前,都是住在您家前院的,是严老(济慈)为了帮助解决他们居住的困难,主动提出借给他们住的。您对此有印象吗?

严:1953年是我上清华大学的那一年,对地理所的其他同志我不熟悉,只记得施雅风先生在那里住过。

杨:严老到中关村来得多吗?

严:他常来,因为中关村有不少技术科学口的研究所,包括我们电工所。

杨:好,我们现在进入主题。请您先简单地谈一下您到电工所之前的情况。

严:好的。我1952年高中毕业,那时已经实行统一高考,根据填报的志愿、考试成绩和实际需求,决定你录取到哪所学校。但是高考完了以后,出现了一件很特殊的空前绝后的事情,国家决定直接从高考学生里按成绩录取300多学生进留苏预备班,地点在北京俄语专科学校。当时华北地区取 86 人，我的高考成绩是第五名，很幸运地录取到了留苏预备班学习一年。这一年里一方面要学习俄文，准备出国，另一方面还要进行严格的政治训练，学马克思主义、毛泽东思想，并同时对我们进行了政治审查。我当时的学习成绩还可以，政治学习也不错，但是一年之后没让我出国，问题出在我的姑父、叔叔在台湾，政审没合格。但因为我们是凭成绩考进去的，所以允许我们这些不能出国的学生在国内挑任何大学任何专业就读。我选择了清华大学电机系。念了一年，又有机遇来了。我有个哥哥比我大一岁，我们俩同时中学毕业，我考到留苏预备班，他考到北大物理系，结果我没能出去，他在北大物理系由单位推荐到了留苏预备班。我们向有关方面反映了情况，又经研究，决定1954年我和我哥哥都出国，于是我就到了苏联。在莫斯科动力学院电力系插班到二年级学习，学发电、输电、配电，学制五年半，实际上我只念了四年半，1959年2月就回国了。回国后组织上并没有马上给我们安排工作，而是让我们参加了一段时间的劳动锻炼，比如到正在建设的人民大会堂工地搬砖送瓦，还有一些农业劳动。1959年7月我被分配到了正在筹建的中国科学院电工研究所，这也是我第一次到中关村。

杨：电工所成立初期的情况是怎样的？

严：电工所的前身是中国科学院长春机械电机研究所的电工部分，1958年7月长春机电所的电力研究室和电加工研究组迁北京，成立了电工所筹备委员会，1963年正式成立。筹建电工所是根据1956年国家制定的"十二年科学发展远景规划"，将"发电厂和电力网的合理配置与运行，全国统一动力系统的建立"列入了规划的第21项，1957年机电所就向院里提出来将电工部分从机械电机研究所分出，单独成立电工研究所。1958年国家提出准备建三峡水电站，科学院承担了三峡电力系统工程的电工科研任务，这样，电工所的筹建工作与三峡工程的重要技术任务结合了起来，1958年8月2日，正式成立了电工研究所筹备委员会，主任是林心贤，比原来预计提前了一年。

电工所筹备初期的主要研究方向是电力系统和电加工技术，当时中国科学院院长顾问拉扎连科是电火花加工方面的专家，他很主张我们搞这方面的工作。筹建所的时候主要的学科带头人是原来机电所的韩朔、胡传锦，从美国回来的鲍城志先生，还有1957年从苏联回来的杨昌祺，他在清华念书时和朱镕基是同班同学。这几位同志在林所长领导下就搞起来了。

到了1960年出现了三个情况：一是苏联撤退专家，国家希望把科学院的科技力量更多地集中到国防科研上去。二是经过几年论证，看来短期之内三峡工程上不了马。三是电力部准备成立技术改进局，就是现在清河的电力科学院。这三个情况的出现，决定了电工所的方向要有所转变，院里有关部门和林心贤所长就请钱学森、吴仲华等学部委员来讨论研究所今后的发展方向，研究决定大力转向国防科研，电力系统和电火花加工研究还保留，但是电力系统有所收缩。1960年成立了八室，搞国防任务，杨昌祺同志是室主任，我们当时从苏联回来的几个年轻同志也都转向搞国防科研。所以60年代以后，电工所就变成以国防科研为主的研究所了，转到了"零四口"。

电力系统是韩朔同志主持，电火花加工是胡传锦主持，杨昌祺主持国防科研，鲍城志主持电力系统自动化，廖少葆主持电机，陈首燊主持高电压。筹建期间共有八个研究室、组，它们的名称是电力系统、电力自动化、电机、高电压、研究组、材料、电工测量与仪表，最后一个笼统称作国防组。

中关村科学城的兴起（1953—1966）
The Rise of the Science City in Zhongguancun

1965年，由于全国统一动力系统建设的要求放慢，同时也为了避免与产业部门和高等院校不必要的重复，院里对电工所的研究方向进行了调整，由原来研究全国统一动力系统建设中的关键电工技术改为针对近期国民经济和国防建设的需要，大力发展电工新技术及其应用研究，将电力系统自动化研究室整个并到了自动化所。1966年进行的全国科技体制改革，曾经决定把我们所分成两个所，一部分到国防科委五院，在兰州搞一个电火箭研究所。另一部分到国防科委十五院，在合肥搞一个能源研究所。当时国防科委已经下文接收了，后来没实施。但是分出去的并没有回来，电火箭研究室到了空间中心，在合肥的电感储能研究组与电加工室留在了合肥，后来就在此基础上成立了等离子体物理所。

杨：电工所成立之初，研究所在中关村的什么地方？

严：电工所筹备委员会成立的时候是在经济楼，就是那四排小楼的第二、三排。在这里的只是所本部，而各个实验室则是中关村到处都有，哪有地方就占一块，如化工冶金所大楼的一部分，电子所工厂北边的展览楼，钢厂附近与东大院的一些平房等，所以当时我们所和生物物理所一样，也叫"八大处"。电工所正式成立以后就一直讨论所址问题，因为觉得北京太挤，张劲夫就从安徽省要了合肥

电工所东区——"东大院"

的董铺岛,就是现在合肥分院那个地方,1965年就决定把我们所搬到董铺去,我们已经作了准备,房子都盖好了,电加工室和电感储能研究组也搬过去了,1966年科技体制改革提出了分所,其他的室就没过去。直到大气所搬到德外祁家豁子以后,房子就给我们了,就是现在我们所西区这个楼,所本部就从经济楼搬了出来,但是实验室的问题并没有解决。现在我们所东区这个实验大楼是1981年第二任所长赵志萱上任以后建的,这个楼盖好以后,我们所"八大处"的历史才结束了。我们习惯上都管这块地方叫"东大院"。进入"知识创新工程"以后,我们又在"东大院"建了两座新的实验楼,整个所才逐渐成形。

杨:请您介绍一下电工所执行"十二年规划"的情况,和所成立之初为我国的电力工业发展、国防现代化建设都作出了哪些重要贡献。

严:我们所承担的"十二年规划"的任务主要是电力技术和电加工技术。在电加工技术方面,取得了不少的研究成果。例如,1959年我们和北京机床研究所等单位合作,成功地自行研制出了我国第一台电火花机床,即 DM 5504 型脉冲成型加工机床。这台机床曾经在中南海和捷克第16届国际博览会展出过。1962年又研制成功了 KD-103 型电子管式高频脉冲电蚀加工装置,1964年这套装置还获得

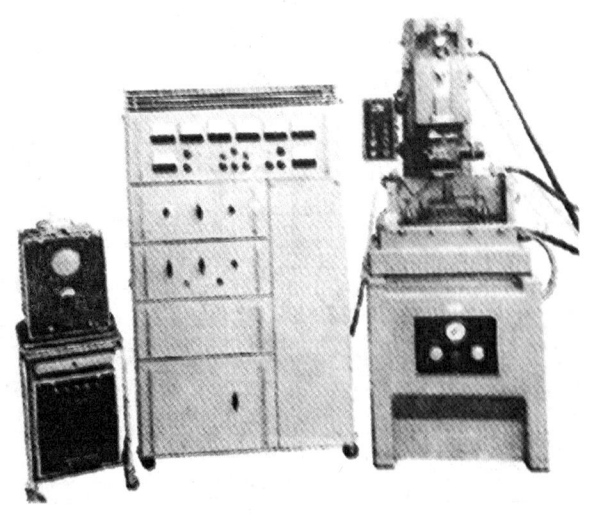

电工所成立之初自行研制的电火花加工机

了国家发明证书和国家新产品二等奖,并得到了推广。1964年又研制成功了 KD-103 型电子管式高频脉冲电源,经过院里鉴定后也推广了。截止到 1966 年还研制成功了靠模线电极电蚀加工装置、光电跟踪线切割样机、可控硅整流大功率等离子体切割电源等等。

电工所成立之初所承担的一项重大项目就是三峡电力系统工程的电工科研任务,在电力系统稳定和运行方式方面,包括动态模拟、400 赫交流计算台研制、励磁调节、原动机调节、非同步化运行、支流输电等,以及电力系统自动化方面,包括摇摆曲线自动化计算、自动调整、自动调度、事故分析和处理等做出了一系列重要成果,为我国电力发展奠定了较好的基础。60 年代初三峡任务调整后,我们根据国家的实际需求,继续坚持,在电机的研究应用和高压脉冲放电技术方面进行工作,取得了很多成果。在电机方面,我们坚持继续进行了电机蒸发冷却技术研究、多种微型电机的研究、直线与平面电机的研究、超导及补偿电机的研究等。在高压脉冲放电技术方面,积极开展了液中放电的研究,研制成多种电火花震源和体外震波碎石机,同时进行了脉冲功率技术与防雷保护的研究。我们采用长间隙脉冲放电对雷电放电进行模拟研究,通过全国性的民用建筑雷害事故调查,研究了雷击几率、保护范围、保护失败率与建筑结构、环境条件和试验点参数等关系,提出了适用于我国国情的民用建筑重点保护方式理论,这项研究成果已经被几个部级防雷规程所采用,而且还出版了专著《民用建筑防雷保护》。同时我们还研究了雷达站的防雷和古建筑及重要建筑的防雷,1959 年就成功地研制了天安门和人民大会堂的雷电保护系统,后来又完成了故宫博物院古建筑群总体防雷规划。

从 60 年代初开始,我们所的主要研究方向转向了国防科研,开展了超音速电弧风洞、电火箭、脉冲电源与特种电源等特种装备的研制工作。

1960年代初电工所建立的电力系统动态模拟实验室

1961—1967年，完成了暂冲式电弧风洞电弧加热器的理论研究、安全启动与调试及性能改进的研究，这项工作的完成为我国卫星、导弹重返大气层的环境模拟试验作出了重要贡献。1961—1963年完成了脉冲放电风洞的技术要求的分析研究和模拟试验验证，为电容器放电脉冲风洞的建设提供了技术和经验，对我国导弹的试验研究有一定的促进作用。1964年所里承担了固体激光脉冲氙灯电源用的大容量储能放电装置的研制任务，1969年在合肥建成了储能量为6 000万焦耳的大型电感储能装置。另外，那时还完成了潜艇导航平台用的几种特种电源的研制任务。1970年7月，国家正式给我们所下达了作为同步通讯卫星姿态控制方案之一的脉冲等离子体微推力火箭发动机的研制任务，在有关部门的大力协作下，1981年12月7日，两台MDT-2A型脉冲等离体发动机成功发射上天，我国成为继美、苏、日后第四个进行电火箭空间飞行试验的国家，1982年1月13、14日中央电台、电视台以及《人民日报》等各大报纸都做了显著报道，国防科委领导也致电中国科学院，祝贺发射成功。这些成果都获得了中国科学院重大成果奖。

所建立之初，全体同志的团结奋斗，为我国电力的发展、国防现代化及电加工技术产业化作出了一系列重要贡献，培养、锻炼了一批有良好基础和实际工作能力的科技骨干队伍,为进一步开展电工电能的应用基础理论及其新技术的研究,奠立了良好的基础。

杨:您刚来电工所的时候,主要做了哪些工作?请给我们讲讲很应该让后人知道的一些人和事。

严:我刚到所里就在电力系统研究组,参加动态模拟实验室的建设与实验工作。5个月以后八室成立,我就到了八室给杨昌祺当业务秘书,1960年开始领导了一个组担任组长,从事大能量电感储能装置和强脉冲电源装置的研制与实验工作。那时候我才25岁,这个组一共有30多位研究人员,而且还有几位老先生,而林所长坚持让我来领导这个组,这对我是一个很大的锻炼。这个组1965年就迁到合肥去了,先后建成了 10^5、10^6、10^7 焦耳三个大能量电感储能装置,效果还不错。

说到我早期的研究工作,我们的老所长林心贤对我的帮助很大。他是林则徐的第四代嫡孙,在天津北洋大学学习时是"一二·九"学生运动的领袖,被学校开除后就去了延安。解放后曾经担任过北京石景山发电厂的

电工所所长林心贤(右蹲者)

厂长、电力部规划设计院院长、华北电力设计院院长等职务。当时科学院要大发展，中央决定调一批文化水平比较高的老干部，来帮助筹建各个研究所。所以电工方面就调了林心贤来，他当时被称作"我党中少有的又红又专的干部"。

林所长因为年轻时候参加抗日，无法从事科学研究工作，所以很希望我们这些年轻人能够很好地作研究，尽可能地为我们创造好条件。电工所刚成立的时候也就百十来人，而且大多是刚毕业的大学生，党员也就十来个人。我当时是留苏的大学生，又是党员，很受重视。林所长有一次在和党内科技骨干座谈时说："你们这些人都是知识分子，又是共产党员，组织工作能力差一点不要紧，当不了所长、处长不要紧，但一定要成为科学家，这是培养你们的目的。"这句话给我留下了深刻的印象。

第四篇

社区与"特楼"

19 回忆早年的中关村

访谈李佩

受访人：李佩
访问人：杨小林
访谈时间：2007年5月30日
访谈地点：中关村李佩先生家中

受访人简介

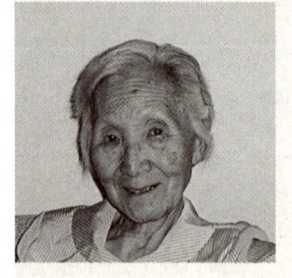

李佩（1918—2017），江苏省镇江市人。曾任中国科学院西郊办公室第一任副主任，中国科学院研究生院英语系主任。

杨：李先生，我们院史办公室的同志，过去访问过您。这次又来打扰您，主要是想请您从中关村科学城的历史方面再展开一些。因为您在中关

中关村科学城的兴起（1953—1966）
The Rise of the Science City in Zhongguancun

郭永怀与李佩

村社区的早期建设中，付出了很多的心血。就从您回国之后来到中关村讲起吧。

李：我与郭永怀是1956年秋回国的。记得当时派到深圳罗湖口岸去接我们的，一位是在物理所搞行政工作的胡翼之，另外一位就是现在理论物理所的中国科学院院士、经常能看到他发表文章的何祚庥。到北京后，一开始是住在城里的招待所，不记得具体在什么地方了。我们是1956年11月住到中关村来的，一直住到现在。

关于我的工作问题，当时本来科学院要我帮着搞点外事工作。院外事局的局长还把我给找去了，跟我说这件事，我当然也很喜欢做这项工作。但是，他说这项工作必须经常出差，我觉得不能接受。因为我的女儿还小，她回来的时候5岁。再就是老郭在国外呆了那么多年，他对国内的生活、对国内的情况确实是非常隔膜。所以我想还是留在家里的时间多一点比较好。我选择了留在中关村做一点儿行政工作。后来我到了在中关村新成立的西郊办公室，名义上我是副主任。我刚上班时，主任叫梁书怀。后来换了周文治。大约是1957年的1月或是2月,我就上班去了。

当时中关村跟现在可是完全不一样,那时周围很空旷。我住的,现在叫13号楼,起初不是这么叫,这楼号是后来重排的。我们这一排三幢楼盖得比较早,先盖的是14号,就是钱三强、何泽慧他们那幢,然后是15号楼,13号是最后盖的。在我们之后才盖的10号楼、12号楼。那个时候,这个院子里该管的事情确实很多。梁书怀主任就找了几位科学家的夫人,组织家属委员会,比如吕叔湘①的夫人程大姐,赵九章的夫人,赵忠尧的夫人,梁树权的夫人等等。这些科学家的夫人们全都来搞家属工作。

从西郊办公室来说,都是一些公共事务,管的事情很杂,碰上什么事,反正你什么都得管。我记得办的第一件事情就是去找派出所,人家陆续住进来了,都要办户口啊,请他们能到中关村来办公,让科研人员少跑路。然后就是建粮店、副食商店。因为住这里的人要买菜,都得跑到五道口或者跑到海淀去。所以那时候我就跑到海淀商业局,跟他们商量,在我们中关村这边办了个合作社,就是现在北一街那个商店。另外,还开了一个粮店。这样就可以买粮买菜了。

杨:中关村医院呢?

李:中关村医院一开始是由科学院自己办起来的。在建立医院之前还有一段时间是办个小医务室。我刚到西郊办公室的时候,只有两个护士,都是从部队里面过来的。其中有一位,我记得她的丈夫好像是一个老红军,是力学所的干部。一开始就她们两个护士,给拿点药什么的,看不了病。深更半夜,有小孩发高烧了怎么办呢?不要说不能就近找大夫,就是往远处找医院,夜里也找不到车。大白天到城里就医,32路(现332路)

---

① 吕叔湘(1904—1998),语言学家。中国科学院语言研究所所长,当时语言、经济、文学、哲学等研究所在中关村。

车子大概总要半个钟头才有一趟，这是唯一的从中关村到城里的交通工具。我觉得这个事非常严重，就赶快采取措施。中关村住进了很多科学家，这方面的线索也就多了。

原来西城区儿童医院的院长或是副院长吴琼聪是位很好的儿科大夫，是咱们这儿的原子能研究所里有一位科学家叫郭挺章的夫人。她

中关村医院

晚上回来，这家那家的孩子有什么毛病都来找她，后来干脆就请她每个礼拜在这儿看两个半天的门诊。在我回来的第二年还是第三年，郭挺章就去世了。但是吴琼聪带着几个孩子一直住在这个院子里。还有，不知是什么原因，中关村现在靠四环路边上的23号和24号楼，这两个楼是给了北京大学的，住的是北大的教授。正好我有一位中学时候的老同学，叫沈淑谨，她的先生是北大的，就住在那儿。沈淑谨原来是小儿科的大夫，这时在北京市儿科研究所工作。所以我跟他们的所长商量，说你是不是能够每个礼拜让她有个半天的时间在中关村这儿帮助我们看门诊，给孩子们治病。也很凑巧，沈淑谨的姐姐是沈淑敏，是生物物理所的科学家。沈淑敏的丈夫是陈芳允，他很有名了，搞电子学的，也是"两弹一星"功勋奖章获得者之一。他们家住在10号楼。她父亲是位退了休的内科老大夫，这时就住在女儿家里养老。我们就请他出山，家里人都表示支持。他每天门诊半天。老先生是内科大夫，业务的范围就扩大了。这样，我们就在中关村办了一个小小的医务室，两个部队转业的卫生员做大夫的帮手。医务室就在"四不要"礼堂西边的平房。我记得闹流行感冒时，病人多，我们就

赶快把常备的药分装成小包，病人一来，对症了，就发两包拿回去吃。

当年，经济研究所是属于中国科学院的，这个所也在中关村。所里有个研究员孙尚清①，有一天，他来找我，说他在北京工作，可是他爱人林桂秋在东北的什么地方，没法调过来。她是个小儿科大夫，如果可以的话，希望能把她调到北京来就好了。我们那个时候正在扩大医务室，经院里批准，就把林大夫调来了，家也安在了中关村。这样我们才算正式有了一位小儿科的大夫。孙尚清后来名气很大，是国务院发展研究中心的副主任。后来我们接着就筹备办中关村医院。当然，这些事都有院里领导的支持，不然也办不起来。中关村医院也归科学院管了好多年，后来交给了海淀区。

杨：在您到科技大学教课之前，在中关村还抓了哪些事情呢？

李：事情杂得很，时间长了，好多也记不得了。比如说，海淀区对于爱国卫生运动还是抓得比较紧的，我记得那时经常组织人到每个研究所去检查卫生。再比如，宿舍里上下水的问题，原来3层楼房的自来水就常常上不来，4层楼常常是到了夏天就没水。我们找自来水公司来打井，打了中关村的第一口井。

还有重要的，电话呀。当初没有电话可打，中关村最早的28局原来就是中国科学院自己办的。技术人员是由我们自己找的。记得当时有人向我们推荐了一个人，好像这个人是在东北哪一个研究所的，技术上很好，就是搞电话的。他大概原来被打成右派了，或是什么其他原因，原单位不用他了。我们把他找来，还为此买进来一些机器，开始装电话，各个单位有总机，下边安分机，想要对外联系就方便多了。后来哪一年把28局交

---

① 孙尚清（1930—1996），1954年毕业于中国人民大学经济学研究生班后在中国科学院经济研究所攻读副博士学位，曾任中国科学院经济研究所副所长、国务院发展研究中心副主任。

中关村科学城的兴起（1953—1966）
The Rise of the Science City in Zhongguancun

出去了，由市里统一管理。现在这 28 局也变成 6255 了什么的，好几个局了。

还有，当年为了丰富业余文化生活，要给大家建一个文化娱乐的场所，也可以用来开大会，这样就盖了中关村礼堂，叫"四不要"礼堂。为什么叫"四不要"呢？当时科学院管理局下面有一个基建处，基建处的同志介绍了一个建筑方案，不要钢筋，不要水泥、砖瓦和木材，好像都是用预制板搭起来的。没有多长时间就盖好了。当时西郊办公室就在礼堂旁边的那个四合院里，盖这礼堂时，我几乎每个礼拜天都在办公。管理局的局长老来问怎么样了，有什么问题呀。总是我在那儿接电话。盖好礼堂，就成立了中关村俱乐部，我就帮着俱乐部搞一些文娱活动。

还有一件事，就是为孩子们办好小学。原来有一个"保福寺小学"，是当地村里办的。我来的时候，保福寺小学已经挪到现在中关村一小那个地方了。规模很小，非常简陋。中关村科学院单位多了，小孩子迅速增加，要读书，如何办好小学就成了一个大问题。我们向院里报告，院里很支持，就给小学盖房子，后来就改名叫"中关村小学"了。小学校长姓王，我跟校长谈过好几次。可能是 1959 年的暑假，我找了几个所的人，帮忙给小学生组织一些课外活动。比如

中关村一小

有观察天气的小组，有看天空识星象的小组，或其他关于生物、数学的小组。搞了一些比较能够提高孩子们兴趣的课外活动。各个研究所的年轻人也都非常支持这件事。暑假期间，一个礼拜搞两次，我也跟孩子们一起活动。

当时我们在西郊办公室工作的人，确实是为中关村的发展做了很多工作，包括这儿的植树绿化。那时候没有绿化队，就只有一个姓李的老花匠，现在这人已经去世了。他非常热心，但像组织人植树这类事他没法管。中关村南区大兴土木，凡是盖好了一栋楼之后，楼的前面都得要种树。因为那个时候讲义务劳动，植树也算是义务劳动的部分。我就组织安排人去种。给各个研究所派工，要求出多少人，到哪儿去种，我们要做好计划。事先把树苗送到那儿，提出植树的要求，并负责送茶水。各所来的人，一般都能按时上工，完成任务后收工。中关村南区各楼的树，差不多都是那个时候种的。只有原来中关村林荫大道上的那些树，是由有关部门负责种的。

杨：您是什么时候离开西郊办公室的？

李：我在1961年的2月就离开西郊办公室，到科技大学教书去了。

杨：您住的地方，人们称之为"特楼"，住了很多有名的科学家，请李老再介绍一下邻居的情况。

李：我搬进这13号楼的时候，东边的14楼、15楼已经住了不少人了。14楼住的名人很多，钱三强住那个楼，钱学森也住在那个楼。15楼住的人，也都是很有名的科学家。跟你说个有趣的事。那楼里有两搞地震的，一个是李善邦，还有一个傅承义。唐山大地震那一年，震后有段时间，怕有余震，不让住在楼里。各家在楼前那块空地儿搭建防震棚，晚上在里面睡觉。有一天，我就看傅承义和李善邦两个人很逍遥自在的样子，在那散步。我就上前问他们，为什么你们不搭这个？他们说用不着，地震已经过去了，还说："我就告诉你吧，北京在100年之内不会再有大地震。"

大家住得这么近，见面的机会多，不说那么多了。我只跟你介绍我们这个门洞的吧。1956年11月，我们有两家一块搬进来，就是与我们乘同一艘船回国的张文裕和他的夫人王承书。我在很小的时候就认识王承书，她有一个妹妹跟我是小学同班，我们两人是非常要好的朋友。以后我在昆明西南联大时也常见到张文裕和王承书。他们大概在1939年或1940年时到美国去的。我们在美国没有太多的接触，但回国时，很巧合，乘上了同一艘船。同船的，还有一家朋友，是黄量跟刘金旭这一家。刘金旭是学畜牧营养的，他后来在农科院的畜牧研究所。黄量后来是科学院院士，从事化学方面的研究，在医科院的药物研究所工作，是药物所的创办人之一。

刚搬来时，王承书他们选了另一个门洞。我们住进了这个门洞的二楼，一直到现在。我家的楼上是杨嘉墀，他也是"两弹一星"功勋奖章获得者。他的夫人叫徐斐，原在北京师范学院钢琴系任课。我对面这家住的是陈家镛，是化工冶金所的，陈的夫人刘蓉，前两年已从生物物理所退休。他们家的楼上原来住的是郭慕孙，郭的夫人叫桂慧君，本来是学社会学的，后来在化工冶金所搞图书馆的工作多年。他们这几家大概都差不多是同时搬进来的。我们楼下还有两个单

郭沫若和钱三强当年种的雪松（摄于2008年4月）

元空了一阵子，后来汪德昭一家搬来了。再后来搬进的是边雪峰、斯季英一家，他们是老干部。

召开第一次中国科学院学部大会是在1955年，那时这几位科学家还没回来。他们赶上了1957年的第二次学部大会。他们在各个研究所里，都是学科带头人，对于一个学科的方向、每一个所里应该成立哪些研究室、应该怎么样追赶发达国家的科学水平，都能在自己的领域提出他们的一些看法。我们回来后一直到"文化大革命"之间这段时间，那是一个黄金时代。对他们从事科研的人来说，是真正能发挥他们才智的时候。我们这些家庭，多是从国外回来的，有共同的生活经历，小孩也都差不多大，成天生活在一个楼里，大家相处得都非常融洽，建立了比较亲密的友谊。

这一代人，已经走了不少了。活着的也都在八九十岁。我们人与人之间有深厚的感情，对这块地儿也有深厚的感情。往事历历在目，这块地儿住过这么一些人，那么多年发生了那么多的事，若能放到一起，可能够装一个博物馆的。你就看窗外楼前那些树吧。我们北区的楼盖得早，我们楼前的树种得比较早，我住进楼之前就已经种了。现在都已是有半个世纪、五十年树龄的大树了。你看这个小街心花园周围的树，长得多好、多粗。那不是有三个花坛嘛，中间花坛有一棵雪松，相当大的。这棵雪松，据说还是当年郭沫若和钱三强在这种的，作为纪念的。这个话，我是好多年前听何泽慧跟我说的呢。

中关村科学城的兴起（1953—1966）
The Rise of the Science City in Zhongguancun

早年中关村的一些服务设施 20

访谈程光胜

杨：从1954年第一次路过中关村到去年搬离中关村，您在这里工作生活了半个世纪，亲历了中关村的变迁，请您再回忆一下中关村生活服务设施的变化。

程：我来的第一天住在17楼，就是现在"科内市场"对面，邮局的楼上。第二天就搬到20楼，因为20楼是微生物所的单身宿舍。当时我就奇怪，有16楼、17楼、19楼、20楼，为什么没有18楼，18楼在哪儿呢，后来才知道18楼就是福利楼。

为什么叫福利楼，就是从1956年落实知识分子政策以后，针对高

中关村福利楼

级知识分子的生活需求而在这里添置了一些生活设施，算是解决"福利"问题吧。福利楼的北端是中关村餐厅，就是现在郭林餐厅这个位置，当然没这么大，没这么排场。当时的厨师非常好，据说是张劲夫从北京饭店这些地方挖来的。困难时期，副研以上的研究人员有一种票，在这能吃到某些外面没有的东西，也算是一种"特供"。我记得李禄先生有一次说我今天在那儿吃了胡萝卜，可见那时候胡萝卜都是很稀罕的东西。福利楼的中间部分是新华书店。南端是中关村茶点部，当时也是闻名海淀区的唯一的一个做西点的地方。周边大学的教授都常来买糕点。在困难时期，那里有面包卖，那时候我们买一个馒头是4分钱，它那儿的面包是2毛一个，其实分量差不多，就是做得好吃些。那里经常有高级点心，平常我们买一斤点心也就6毛多钱，它大概要5块钱。所以一般我们是买不起的，但是可以供给高级研究人员。

中国科学院图书馆中关村部分原馆址（已拆除）

福利楼的东面是没有楼梯上楼的，西面有两个门可以进去。西面的南端，曾经是中关村的医务室，后来医务室就搬到现在科内市场那儿去了。一直到1960年，才盖好了现在的中关村医院，当时中关村医院是科学院的医院，后来也变成海淀区的了。

医务室旁边是中关

中关村科学城的兴起（1953—1966）
The Rise of the Science City in Zhongguancun

村餐厅的厨房，最北端就是卖影印书的地方，这是第一层。第二层做什么我不知道，第三层当时是科学院的一个高级俱乐部，也是给高级研究人员活动的地方。我记得那个时候就有打弹子球的，桌子是丝绒面的，过去我只是听说过，没见过。还有就是3楼中间，在中关村图书馆没有建成之前，那里是图书馆在中关村的办事处，如果借书的话，先到这儿填条子，他们再到城里王府井大街的科学院图书馆去拿。当时所有自然科学、社会科学的书都在那儿。后来放不下了，专利图书部分就搬到了翠花胡同，1964年的时候我在那儿看了一个月的一年专利。后来才建的图书馆，位置在现在计算所的旁边。当时只是朝西的院子中东边的小楼，后来建了马路边那个楼，小楼就变成书库了，再后来才有了现在四环边上这个大的图书馆，这个新大楼的位

1965年5月在中关村大操场举办的全院第四届运动会。标语牌为"锻炼身体，保卫祖国"

1961年在大操场举行的庆祝"五一"国际劳动节大会。背景为微生物所东楼（右）和行政楼

置，原来是中关村大操场。

我刚来的时候，中关村基本上没有什么运动设施。大操场那儿基本上就是一块空地，并无所谓操场不操场。那时我从生物楼出来，就可以斜着穿过去，走到福利楼，然后到20楼睡觉，没有任何阻拦。60年代才开始盖了车库、粮店，新华书店也搬了过来。再后来1963年左右又建了灯光球场。

当时的大操场，除了供人们日常锻炼以外，还用来操练节日游行队伍，举办过多次科学院京区单位的运动会。另外，它也是大集会的场所，比如开什么宣判大会。"文革"中更是常在这里举行名目繁多的批斗会、声讨会、纪念会，最有名就是1966年9月7日大会，周恩来总理在这儿讲话，号召"抓革命、促生产"。在"文革"中有一段时期，在这儿搭了许多排席棚，供贴大字报用的。1968年开始，毛主席指示深挖洞，所以就在大操场开始修地下人防工事，修了很多年，大概快到地震的时候还没有修完。另外，"文革"前在大操场的西南角修建了灯光球场，四周有阶梯式座位，可以开大会，也经常举办文体节目表演，卖门票。

中关村另外还有两个运动场地现在没有了。第一个就是现在行管局的那个楼，福利楼的西边，邮局的南边，盖这

中关村游泳池的成人池（已拆除）

两栋楼之前，在 1961 年的时候，冬天做过滑冰场，后来又做过网球场，杜润生、白介夫都在那儿打过网球。我住在 20 楼，每天都要从那里经过。还有一个地方，就是现在"俏江南"偏东北一点那个地方，动物所对面，那里也做过滑冰场。我 1965 年的冬天每天早晨 7 点到 8 点在那儿滑冰，然后吃饭、上班。后来那里盖了 87、88 楼，就是陈景润住过的地方。

还有一个运动设施是游泳池。在物理所的北面，是 1965 年毛泽东号召大家到大江大海里去经风浪时开始建的，郭沫若用自己的稿费买的材料，全院职工出劳力修建的，我们都去劳动了。可见，当时科学院的运动设施还是可以的。

我来中关村的时候还没有"四不要"礼堂。"四不要"礼堂是 1958 年的 10 月还是 11 月左右才开始兴建。为什么叫"四不要"呢？因为到处"大跃进"，基建项目太多，建筑物资紧张，科学院的设计部门提出不要水泥，不要钢筋，不要木材，不要砖瓦，盖一个礼堂，实际上是"大跃进"浮夸风的产物，到 1961 年就已经因为发现隐患而加固过。

20世纪60年代的中关村林荫大道

1963 年开始，张劲夫领导在院里成立了一个劳动队，不仅是劳动，还要学习毛泽东思想，每期一个月，大家轮着来。我当时没资格进院里的劳动队，但是我进了所里的劳动队，我是所里的一个劳动"常委"，凡是劳动基本上都叫我去。那时候主要是种树，像我们所东楼门口的树，还有

在中关村内的北京大学技术物理楼（摄于2008年5月）

北区14楼前面那个花园，全是那时候种起来的。不过，要说明，当年中关村林荫大道的那些树可不是我们种的，应该是北京市管城市绿化的部门搞的。我电脑里有一张扫描的照片，是我们所同事贾盘星先生当年在林荫大道上拍的，那可以算是中关村的一景。

在我的印象里，北区最早的锅炉房，就是现在中关村二小那儿。锅炉房同时还是洗澡间。这个锅炉房可能就是给北区的这几栋宿舍楼供暖。而各个所自己都有锅炉房。微生物所东楼的锅炉房就在东楼的一层最东边的北侧，我还去烧过锅炉。现在北区的这个锅炉房是1968年才开始建的。

建这个锅炉房我也是在劳动改造，那里还有我砌的砖。原来这里是微生物所的发酵车间，这个车间大概1967、1968年就搬到东边的中试工厂那儿去了。中关村二小也是上世纪70年代以后才建起来的。南边的锅炉房就在四十几楼那边。

杨：请您再简单谈一下北大技术物理楼的情况。

程：我不是搞物理的，没有亲历，只是听北大的人谈过一些。情况是这样：自从1956年制定了"十二年科学发展远景规划"以后，钱三强领导的近代物理所后来改名为原子能研究所，北大、清华也先后都建立了与研制原子弹有关的系。北大的技术物理系就是培养这方面人才的。为了加

中关村科学城的兴起（1953—1966）
The Rise of the Science City in Zhongguancun

强科学院与北大的合作，就在中关村原子能楼的北面为北大盖了技术物理实验楼。那个楼是科学院和北大联合起来建的。用的是科学院的图纸和地皮，北大出钱。为了保密，这个楼对外称作北大物理系的物理研究室。有一部分学生在这学习，就住在19楼。

作为北京大学技术物理系师生宿舍的19楼，是按中关村宿舍楼排序的（摄于2008年5月）

还有23、25、26号这三栋楼，也是北大盖的，住着北大的教职工。我们虽然住得很近，但是没有来往，因为是保密的。考虑到他们的学生、还有一部分教职工的吃饭问题，还在化学所现在客座公寓旁边给他们建了一个小食堂，这个房子现在还有。

附1

中关村的日子[1]

汪安琦

作者简介

汪安琦（1922—2003），江苏省苏州市人。1947年获得美国威尔斯莱女子大学硕士学位。1955年底回国后先后在中国科学院北京实验生物研究所、动物研究所和遗传研究所任副研究员、研究员。

1955年11月我们从美国回来，先到苏州看母亲，月底到北京，在招待所住了几个月，等待分配工作。正好是过新年和春节的时节，我们受到中央和地方各级领导的欢迎和接待。宴会、参观、观看各种演出，应接不暇。周总理在北京饭店设宴招待归国留学生，宴席后还和留学生们跳舞，大家挤上去争着和周总理跳舞，我们不会跳舞，只好在旁边观看。当时的统战部长陈云[2]和科学院院长郭沫若也设茶话会招待我们。参观、游览了许多地方，我们感到一切都很新奇，看到新中国建设日新月异，我们能回国参加建设，感到很兴奋。

---

[1] 本文原载于Netor纪念网"汪安琦纪念馆"。承蒙杨纪珂先生同意，将此文收入本书。
[2] 中共中央统战部部长应是李维汉。

中关村科学城的兴起（1953—1966）
The Rise of the Science City in Zhongguancun

随后有不少单位来联系，希望我们能去工作。请我去的有北京大学生物系、中国医学科学院、中国科学院等。北大生物系的书记来过好几次请我去。我很喜欢北京大学，校园优美，生物系有好几位前辈老教授学问渊博，他们也欢迎我去。但我的亲友告诉我，北大的领导很左，如搞起运动来你们吃不消，思想改造时，老教授们被整得够呛。医学科学院特别缺人，他们恳切地希望我去，我看那里条件不错。因为纪珂已决定去中国科学院，两人在一起安家较方便，亲友们也都劝我们到科学院，他们说那里的领导掌握政策好，保护科学家，现在虽初创，但是经费充足，设备不会差。我和纪珂商量后，向领导表示我们都愿意去中国科学院。看到这么多地方争取我们去工作，我很受感动，我的学识并不算太好，在美国要找一个满意的工作也不那么容易。新中国真是需要人才啊！经过多次参观、联系、商谈，我们被分配到中国科学院工作。我到实验生物研究所[①]、纪珂到化工冶金研究所。地址在北京西郊中关村。

我们于1956年3月分别到两个研究所上班，把家安置在中关村职工宿舍。那时中关村科学院只有几幢实验楼，宿舍楼只有三栋。实验生物所和化冶所都暂借化学楼五楼，因而我和纪珂在同一个楼上班。我家搬到中关村3号宿舍楼住，给我们两小套共四间房。我把母亲和姨母从苏州老家接来同住，以享天伦之乐。从家到实验室上班非常近，走几分钟就到了。

中关村正在大兴土木，兴建许多楼房，事前必须平整土地。母亲说看见窗外不远处工人在挖坟，把挖出来的骷髅放在一只只小木盒里等死者的亲属来领。她很害怕，晚上睡不着觉。据考证，中关村在清朝时为太监的坟地，原为荒郊。我们去时，周围建筑物还不多，只有西边的北京大学和北边的清华大学，过马路有几家小店，其余都是大片的农田。

---

① 当时称"北京实验生物研究所"，后改称生物物理研究所。

回国时周美6岁、周亚5岁，都还不大会讲中国话。那时她们进了中关村科学院新办的幼儿园，在宿舍楼后面几间平房里。她们学会讲"老师早！""老师，我要添饭"等简单的话。老师对她们很好，她们不爱吃豆腐，还特地给她们做炒鸡蛋。她们和小朋友们一起玩得很高兴。后来周美要上小学了，附近只有一所保福寺小学，那个学校原是乡村小学，房子很破旧，桌椅板凳也不够，要学生从家里带去。我们就发起到学生家长那里募捐一些钱置办些新桌椅，科学院很多家长都同意，乐意捐款。但后来科学院某个所的领导知道了，就出来干涉。他跟我们说："你们的好意可嘉，但我们不赞成这样做。"因此这事只好作罢。过了些时候科学院建了一所中关村小学，师资和设备都还不错。这才解决了科研人员子女的上学问题。

在国外时听说解放后国内治安很好，路不拾遗。果真名不虚传，我在中关村一把伞丢了好几次，都又回来了。那把伞是从美国带回来的，式样比较特殊。一次我把伞丢在图书馆里了，第二天同事把伞拿给我说："汪先生，这把伞是你的吧！"又一次我把伞丢在医院里了，过两天又有人拿给我说："汪先生，这把伞是你的吧！"另一次丢在班车上了，也有人送回来了，使我很感动。

我在国外主修遗传学，回国后听妹妹说西方的遗传学受批判，我也做过细胞学和生物化学方面的工作，因此只说是学细胞学和生物化学的，所以分配在实验生物所工作。1956年初毛主席提出"百花齐放，百家争鸣"，同年夏天召开了遗传学讨论会。西方正统的遗传学开始受到重视，当时叫摩尔根派遗传学，此外苏联提倡的叫米丘林派遗传学。我跟同事施履吉先生讲了情况，他说你应当去做遗传学方面的工作，后来我就调到动物研究所跟陈桢先生一起研究金鱼的遗传。

1956年8月周容在海淀医院出生。有母亲和姨母照顾我坐月子，很舒服。我们还请了个保姆做些家务事。那时在中关村工作和生活都很安定。母亲在北京有许多亲戚、朋友，常来往，家里很热闹。孩子们健康成长，周容特别好玩。周美、周亚尤其喜欢这个小弟弟。周末我们经常带孩子们到颐和园等处去玩。后来因为要照顾妹妹安琳生孩子，母亲和姨母回南方去了，我们也从3号楼搬到了12号楼。12号楼靠近马路，我们住在四层楼，望出去外面都是水稻田，颐和园的佛香阁和远处的西山以及山后的宝塔都看得很清楚，风景非常好。傍晚时分，下班回家，看到晚霞照着西山和颐和园，真是美极了。

中关村日益繁荣，房子越盖越多。化工冶金所的新楼，是纪珂设计的大样，因为纪珂在美国曾当过结构工程师。除了各研究所纷纷建起实验楼外，宿舍楼也盖了很多。马路两旁的商店也多起来了。又建了一个中关村医院，看病也方便了。

周美、周亚不适应国内的环境，经常生病，周美犯哮喘病，老是治不好，看她喘得很厉害，我们心里很难受，周亚扁桃腺常发炎，不免使我们感到烦恼。1957年反右斗争，因在此之前"大鸣大放"时纪珂曾在《文汇报》上发表过文章，对科研体制提出意见，此时被视为"毒草"批判。周恩来总理说1955年以后回国的同志们，还没有足够的时间学习，他们是爱国而回来的，如果他们说了错话，应不予计较，因此纪珂才没有被划为右派。后来在"文化大革命"时才有人透露给我们：纪珂当时被划为"内定右派"，令人毛骨悚然。我曾参加过几次反右斗争大会，真是惊心动魄，非常野蛮。所谓批判全都是强词夺理，毫无说服力。在动物所也开过几次较小型的批判会。那个被划为右派的人低头站在那里，其他的人都必须发言批判他的所谓右派言论，如果不发言就是立场不稳。很多时候人们心里明白那人讲的没有错,但也必须找出种种理由狠狠地批判他。也有一些积极分子,气势汹汹地大声斥责这个可怜的"右派分子"。

虽然不习惯这种环境,很烦恼,但我的科研工作还比较顺利,发表了两篇文章。我做北京及附近地区的果蝇调查,到处去捉果蝇,还挺有兴趣的。买了一辆两个轮的小自行车给周美,她非常高兴,因为在美国5岁时她就已会骑车了。周亚喜欢唱歌跳舞,常到少年宫去参加活动。周容学说话、学走路很可爱。母亲走后,请了一个叫陈翠云的阿姨来带周容,她很负责,孩子照顾得很好,不用我太操心。每天下班回家跟孩子们玩,很愉快。化冶所的食堂为科学家办小灶,伙食很不错,我们不用自己做饭。

我知道纪珂不太愉快,因为冶金工业部不支持他想做的氧气炼钢研究,而西方国家早已用上这种先进的炼钢技术。我们到上海出差,他去开冶金的会议,会后各钢铁厂的厂长都围着他,对他提出的氧气炼钢非常感兴趣,可是冶金工业部那位外行的刘斌部长却反对,坚持采用落后的平炉炼钢技术。沈阳金属所的所长李薰劝他第二天不要去开会了,免得生气,他就带我们到杭州去玩了。回国后还是第一次到杭州,解放后杭州经过整修,比以前更美了。

杨纪珂

纪珂还是很努力工作,写了一些有关高炉炼铁的理论论文,设计了炼钢炉的炉型和氧气炼钢的喷嘴。直到70年代我国才用上了氧气炼钢技术,他的一个在首钢工作的同学告诉他,第一台氧气炼钢的喷嘴还是他设计的,我国氧气炼钢整整推迟了十年!

1958年"大跃进",大炼钢铁。我在动物所,晚上也去搞土法炼钢,炼不出来。同事们说:"你的爱人在化冶所,一定知道土法炼钢的方法,快回去问他。"我回家问纪珂,他在床上睡大觉，说："你们都炼钢，我们没有饭吃了！"每天看到《人民日报》红字大标题，某地亩产几万斤，甚至几十万斤。真是全国都发疯了，不知谁骗谁。谁也不相信，但皇帝的新衣，没人敢讲。但毕竟还是有敢讲的人，不久就开展了对"右倾机会主义者"的批判，我所对三个人进行批判，开会整整开了三天三夜。我还真佩服那三位同志，他们敢讲真话。后来知道这次是针对彭德怀，他讲了真话被软禁起来了。

1959年遗传所成立，动物所的遗传组合并到遗传所，正统遗传学（那时叫摩尔根学派）的人成立一个室，我为室负责人。苏联科学院派两位专家来和我们合作研究辐射遗传学，我被派去和他们合作。我们以猕猴作为研究材料。在云南昆明郊外山上花红洞建一实验站，饲养了很多猴子，并且建了一个钴源，以便照射猴子。

我和苏联专家阿辛念尔娃、伯契洛夫于1960年到昆明进行研究工作。他们会讲英语，我们可用英语交谈。他们讲了苏联遗传学家受李森科迫害的情况，真是悲惨。李森科的伪科学影响了苏联以及中国遗传学的发展几十年，可谓科学史上的耻辱，也是独裁政治的恶果。他们也讲了苏联卫国战争的惨烈，阿辛念尔娃一家人都被打死了，只剩她和她的一个侄子。伯契洛夫同班同学共11人，战后活下来的只有两人。1960年正当我国受灾害，老百姓都没有吃的，不过还是尽力招待苏联专家，吃得还好。我们住在翠湖宾馆，每天开车上山工作。在昆明呆了三个月，合作很愉快，我和阿辛念尔娃还一起发表了论文。

三年灾害，饿死了很多人。因为粮食短缺，营养不足，科学院很多人犯浮肿病。科学院每月发给每人两斤黄豆，发给科学家每人每月两罐罐头肉。我家当时有一个保姆叫刘玉娣，她跟楼下几家的保姆一起有办法到黑市买到鸡蛋，每个六毛钱。刘玉娣和周美、周亚在阳台上养了鸡和兔子，每天割草喂它们,还在楼下一小块空地上种了玉米。养金鱼的老金帮我到黑市买到面包。纪珂那时写的诗里有"书斋种菜向阳绿,厨室栖鸡练骨轻"之句,盖写实也。那时候科学院为了特殊供应高价餐给科学家,办了所"福利楼"餐厅。有鱼、肉供应,但价格昂贵。为了全家人的健康,我们还经常去那里吃,把我们从美国带回来的钱都用光了,这样我们家人才免于浮肿。

我看到国内很多杂志上发表的论文,数据没用数理统计方法处理,例如文章说亩产540斤比原来亩产510斤高出百分之多少。我想也许没有统计学意义。有的研究工作做了不少,最后在文章里列出一大堆数据,不加处理,也得不出正确的结论。我跟纪珂讨论此事,他也觉得很遗憾。我跟研究所的同志讲了,他们说看见国外杂志上发表的论文数据都经过处理,但他们不知道如何处理。我在俄亥俄州立大学学过生物统计,纪珂也一起学。他们拿来很多数据,请我帮忙。因为纪珂数学比我好,也会数理统计,我就拿回家请纪珂帮他们算。他很热心帮忙,后来名气传出去,生物学口几个所凡是有数据需要处理的都来请他帮忙。后来各个所又请他去讲课,他也用心服务,越讲越好。北京市科协的生理学会和医学会都请他去讲,办了许多次讲座。北京市主治医师以上的医生都去听他的课。他把我们在美国学的那本教科书《斯奈迪格》翻译出来,另外还写了一本应用数理统计的书,十分畅销,他就成了有名的统计专家了。那时他在化冶所工作得不到重视,因此有时间干别的事。为什么当时国内没有人搞数理统计呢?因为李森科打倒遗传学的同时也把统计学打倒了。中国学苏联,没有人敢学,后来发现在研究工作中非常需要,幸而找到了纪珂,都来请他补课。

1961年因刘少奇提倡搞包产到户,粮食有所增加,国内形势好转。

中关村科学城的兴起（1953—1966）
The Rise of the Science City in Zhongguancun

夏天科学院请我们到青岛休假，可惜不能带孩子去。海边风景优美，遇到很多老朋友，天天游泳，吃得也好，很高兴。科学院还组织科学家到广东休养，化冶所请纪珂去了。他在广东还写了一些诗。1962年纪珂调到生物物理所工作。他以果蝇和蝴蝶为材料，进行生物数学和数量遗传方面的研究。我和苏联专家合作后，就做辐射遗传方面的研究工作，有些成绩，发表了一系列的文章，开学术会议时，获得好评。那几年暑假我们常到青岛或大连休假。母亲和姨母住在苏州，我也常回去探望她们。

周容要上幼儿园了，没有名额不能上。我出差了，保姆也走了，纪珂只好在家带周容，不能上班，所里急了，才把周容送进幼儿园。后来请了刘玉娣，她送周容上幼儿园。路上见到大树，周容问："这树几岁了？"刘玉娣哄他说："一百岁了。"周容说："那为什么不长得碰天啊！"那时周容3岁，我出差回来，我们一家到颐和园去玩，纪珂告诉我，周容可以分辨出松树和柏树了。我试他一下，果真说得一点都不错。我惊喜地抱起他说："小宝贝，真聪明。"周美、周亚在中关村小学学习成绩都很好，都当少先队员了，周亚还当了中队长。

他们的乒乓球都打得很好，和他们的堂哥杨周道一起被称为杨家将。周美在协和医院治喘病。那里有一个变态反应科，试出周美对两种霉菌过敏，医生为她配制了脱敏药，坚持了两年半的脱敏治疗，居然把喘病治好了。暑假，楼里的孩子们组织各种活动，把各家的书放在一起成一个小图书馆，小朋友们可以看的书就多了。周容最喜欢到动物园玩，每年跟爸爸在动物标本（一般是老虎标本）前照相留念。我们还带他们到天文馆、自然博物馆去，可以增加知识。

那几年生活还是比较艰苦，粮食定量，每家发一粮本。例如我每月定量为28.5斤。其中有6斤大米，20斤面粉，其余为粗粮，粗粮是玉米面。

孩子们的定量根据年龄而定。每月到指定的粮店领粮票，票面写着米或面。一般每月供应的米很不好吃，只有过年过节才有好大米卖，大家都去排队抢购。面粉也是到过年过节才有富强粉卖。不过拿粗粮票可到饭店买米饭、面食，到店铺买馒头、油饼、面包、糕点等。每人每月只有半斤食油，每户有一购货本，凭本每月可买几两麻酱和一些粉条。此外，布也是定量的，每人每年一丈二尺。我们的孩子正在成长，做衣服很困难。幸好有时能买到化纤衣服，不要布票。但他们还经常穿打补丁的裤子。过春节时可以拿购货本买些糖果、花生，孩子们特别高兴。后来可以买到高价油，刘玉娣炸了许多排叉放在一个用洋油箱做的大筒里，孩子们吃得非常痛快。平时他们很少有零食吃。商品短缺，手表、自行车、衣橱等稍大件的东西都要票，而发的票又很少。单位里一个组每月有一张票，大家来抽签，谁抽到给谁。后来改为购物券，根据工资数发。要积很长时间才能买一样东西。北京冬天蔬菜很少，只有大白菜和萝卜。秋末大白菜上市，每家都买几百斤储存，要吃一个冬天。没有地方储存白菜，楼梯过道里都放了白菜。有时也买一点黄瓜、西红柿，价格非常贵，因为是温室里种的。

1964年夏，周容放暑假，我带他和他的表哥泽青到苏州探望母亲和姨母，那时周容8岁，上中关村小学，周美上101中学，周亚上北大附中。那几年苏州基本上和我小时候还差不多，不过从火车站到南门桥修了马路叫人民路，可通公共汽车。观前街开阔了也修了马路，商店门面都很漂亮，市内新的建筑物很多。我家盘门一带还是很清静的。园子里仍种着花、树和菜，但很乱，房子也挺旧了，不过还宽敞，空气好，老人住在这里比较舒服。母亲看到我和两个孙子特别高兴，做了许多好吃的。两个孩子在园子里跑，玩得很来劲。苏州的园林修整得很好，我们去玩了很多地方。吃到我爱吃的苏州小吃如臭豆腐、蟹壳黄、小豆腐干等，不过苏州夏天太热了，在北方呆惯了，回去不习惯了。

我们掌握了用培养外周血白细胞制作染色体的方法，染色体可以散开，看得非常清晰，比以前和苏联专家合作时用的压的方法先进多了。我想进一步用新的方法去研究猕猴辐射遗传。因为是体外培养，也可以研究人的染色体了，可以比较人和猕猴的差异。昆明的实验站已成为昆明动物研究所。我们商定和昆明动物所合作。1964年冬我带了我的助手周宪庭到昆明。昆明所派了两位同志陈宜峰、罗丽华跟我们一起工作。昆明所在山上，条件很差。培养用的血浆必须到山下去取，要用豆自己做凝集素。自己做了一个紫外线消毒箱。猴血很难培养，费了很大工夫才把猴子的染色体做出来，在山上三个月才完成工作。结果说明，猕猴和人的辐射效应非常接近，而兔子则差得很远。这项工作达到国际水平，因为国外还没有人能做出猴的外周血染色体，并证明猴与人的辐射效应相近。我在华中大学的老师陈伯康先生在桂林的广西师范大学任教，他邀请我从昆明回去时到桂林讲学。1965年春，昆明的工作结束，我就到桂林，见到久别的老师很高兴。我跟广西师大生物系的师生们讲了辐射遗传新进展，受到他们的热情接待，游览了桂林山水。还是抗战时期我15岁时到过桂林，这次旧地重游，真是感慨万千。回到家里，大家都非常高兴，孩子们成长很快，我因工作忙，又要出差，对他们关心太少，幸亏我出差时纪珂在家，还有刘玉娣把家照顾得很好。

那时已开展农村"四清"运动，我参加第二批，到安徽省霍邱县。路上先经六安县，那里条件还比较好。第一批去的同志们已在那里干过一段时间，和老乡们关系很好，同志们是回所过了春节又来的。我们到时已过了春节一些时候，老乡们非常热情，拿出腊肉、腊鹅等招待我们，原来他们过春节都舍不得吃，一直留着等我们来吃，使我们非常感动。

后来我们就到了霍邱。那个地方真是很穷，住的都是土房子。老百姓穿得也很破旧。镇上满街都是泥，很脏。吃饭没有椅子或凳子，人们蹲在那里吃饭。我们住在镇政府，一间房里放两张竹榻、一张小桌子。我们开始工作，首先是查明各村各户的成分。我们走访了几个村子。原来解放前此地为土匪出没之处，村里的人家解放前不是当过土匪，就是被土匪抢过。我们去参观了一所农业学校，教室还较整洁。看起来师资不足，不过有几个老师还挺不错的。师生住的地方实在太差，好几个学生住在一间水泥地的房间里，没有床，打地铺，每人占一小块地方，各人的所有物都放在自己的地铺上。我看房间挺潮湿的，被子也挺脏，我就和同志们说："这个地方办农业学校很好，政府应该重视，多给点钱，改善些条件，我们回去应该反映一下情况。"晚上"四清"队员开会，队长说："我们搞'四清'，主要是抓阶级斗争，同志们千万不要把方向搞错了。"我知道这是针对我白天说的应改善农校条件的话，没有点名批评，就算好了。我因为生病后来就提早回所了。

纪珂在生物物理所，以蝴蝶为研究材料，他还带了一个助手到海南岛去捉蝴蝶，倒是挺自在的。不过他的工作得不到所里重视，感到没趣。华罗庚在中国科技大学办了一个"统筹方法研究室"，他很器重纪珂，亲自三次到我家来看纪珂，邀请他到科大统筹研究室工作。当时科学院的人一般都不愿到科大去，我劝纪珂不要去，在科学院挺好的。1966年春天我到苏州探亲，回来时他已调到科大去了。

附 2

在梅兰芳同志长眠榻畔的一刹那

郭沫若

1961年5月31日,梅兰芳率剧团来到了中关村"四不要"礼堂,演出《穆桂英挂帅》。图为谢幕时与郭沫若院长(左三)和张劲夫副院长(左一)的合影。这是梅兰芳在舞台上的最后一次演出。两个月后被确诊患有急性冠状动脉梗塞合并急性左心衰症,同年8月8日凌晨5时病逝。8月9日,郭沫若惊闻梅兰芳去世的消息,赶写了《在梅兰芳同志长眠榻畔的一刹那》一文,悼念梅兰芳的逝世,文中讲到了这位艺术大师在中关村的这一次演出

梅兰芳同志,你睡得很安稳,很甜蜜,很优美。

你的一生是艺术活动的一生,是艰苦奋斗的一生,是为人民服务的一生,是美化社会的一生。

你是党的儿子,你的成就就是党的成就,你的荣誉就是党的荣誉,你已献身于党的事业,你不愧是党的好儿子。

你虽然长远的休息了,但你的活动是永远不会休息的。

你的优美的歌声,你的庄静的姿态,你的娴雅的动作,你的一举手、一投足、一扬眉、一吐气,都塑造了美的典型。

不是吗?谁能说不是呢?你就是艺术的化身,舞台艺术的美的化身。

你的美育活动超越了空间,超越了时间,将永远感染着中国人民和中国人民的世世代代。

今年5月31日,晚上,你和你所领导的剧团,在西郊中关村为中国科学家们作过一次演出——《穆桂英挂帅》。

你把穆桂英真正演活了,大家都为你的高度优美的艺术风格而感到鼓舞,感到忘我的虔诚,感到陶醉。

中关村科学院的礼堂实在太小了,但有你在台上演出,使那小小的礼堂成为了无限大的宇宙。

在那儿真是充满了光辉,充满了愉乐,充满了肃静,充满了自豪,充满了生命,充满了美。

真的,我们的民族有了你这个儿子,我们的党有了你这个儿子,难道不足以使人们自豪吗?不足以使人们高度的自豪吗?

你为什么肯到那么小的礼堂去演出,而演出得那样地投入了全部的生命,这本身不就是很好的教材吗?

中国的科学家们都在感谢你,都在衷心地感谢你,你虽然只替他们专程演出了一次,但那是永远的一次。

是的,是永远,永远,永远!穆桂英永远活在舞台上,梅兰芳永远活在人们的心里。

是的，你并没有睡，并没有睡！我们是永远地握着手、并着肩，在向自由的王国、艺术的王国、美的王国，飞跃前进，飞跃前进，飞跃前进！

原载于1961年8月10日《人民日报》第8版

中关村科学城的兴起（1953—1966）
The Rise of the Science City in Zhongguancun

"特楼"往事 21

访谈边东子

受访人：边东子
访谈人：杨小林
访谈时间：2007年8月18日下午
访谈地点：中关村边东子先生家中

受访人简介

边东子（1947—），浙江省诸暨市人。自由撰稿人。著有《风干的记忆——中关村"特楼"内的故事》等书。

杨：提到中关村的早期建筑，人们特别关注"特楼"，就是中关村北区的13号、14号和15号这三幢楼。您曾经在这里住了好多年，还听说您

中关村"特楼":13(左)、14(中)、15号楼(右)

专门写了一本关于"特楼"的书。我们想通过您了解一下从当年一个少年儿童的视角,是怎样看"特楼"、怎样看中关村的,就从您入住中关村说起吧。

边:好。这三幢楼盖好之后,入住的都是著名科学家,也有几家科学院所属研究所的所级领导。我父亲是地质所的党委书记,住进去比较晚。钱三强、赵忠尧、贝时璋、王淦昌他们在1955年春天就搬来了,我们家到1959年才搬到13号楼。

我那时刚上小学六年级,一直到1980年才离开,但离开了13楼,却从没有离开过中关村。其实,在住进中关村之前,我就来过这儿。大概是1957年或1958年,我记不清了。当时我父亲所在的地质研究所有一位从国外回来的科学家,叫彭琪瑞。后来我知道,他是前中央地质调查所时期的科学家,大约是在40年代末到美国留学的,1956年回国。那时候他住在31楼或是32楼。我父亲去看他时,是带着我一块去的。他的儿子就跟我一起玩,他儿子比我大很多,素质很高,很有教养。后来我知道,彭琪瑞那个时候在动摇,来了以后还想走。我父亲去做工作,想把他留下。他对我父亲很热情,炖老母鸡请客。后来发现,他想走的原因其实只是想让他的儿子上个好大学。那个时候,对侨眷有照顾,我父亲就跟高教部联系,准备把彭琪瑞的儿子安排到北师大。本来都说好了,他儿子很高兴,还拍了北师大的很多照片，到最后不知道哪个环节出问题了，这个事情就黄了。彭琪瑞很伤心，就去了香港。听说后来也做出了不少成果。因此，那个时候我到中关村来过，而且不止一次。

我们家刚迁到中关村时，北区，就是现在北四环以北已经基本建好了，但是现在的中科大厦到电话局一带全部是稻田。南区还有不少的坟，有的地方有松树林。还有一处有很高大的石碑，规制是比较高的，不是普通老百姓的坟。我记得那时候刚到中关村小学，劳动的时候，看到从中关村小学往东，到铁路那一带，全是农田、菜地，还有坟地，坟地有"乱葬岗子"，也有松林圈起来的墓地，坟的数量不少。

那时候交通远不如现在这么发达，只有两趟进城的公共汽车，一趟是32路，从西直门到颐和园。在西直门上车的情景我还记得很清楚，那个32路的始发站停在西直门的边门里面。车一来就拼命地追着车往门口挤，好抢个座。车里挤得满满当当的，那个时候车是捷克的斯柯达大轿车，后面还带着一个拖车，可以多载客。还有一条线是31路，从平安里经学院路、清华园、蓝靛厂到中关村。就这两路公共汽车。虽然马路远不如现在宽，但汽车也远没有现在多。路两边的杨树很高，还有许多麦田、稻田和菜地，到处都是绿色的。讲老实话，要是论空气质量，可比现在好多了。

杨：住进中关村以后，您当时是什么感觉？

边：说感觉嘛，首先是感到新奇。迁到中关村以前，我们家住在沙滩，北大红楼附近的中老胡同。这个胡同也小有名气，杨沫的《青春之歌》里就提到这个中老胡同。因为在她那个时代，北大就在中老胡同附近，因此就有不少公寓，住的都是北大学生。这个房子是我父亲单位中科院地质所的宿舍，离当时的地质所很近，那个时候地质所在松公府夹道。我们住的是平房，但不是老北京的"四合院"。房子比较旧，格局也不好，还漏雨。所以当时搬到中关村13号楼的第一感觉,就是"屎壳郎变蜣鸟"了。因为是现代化的楼房嘛,觉得什么都新奇。除了房间多,最主要是有暖气,生活设施齐全。在中老胡同时,取暖是烧煤炉的,又脏又费事,还不暖和。不过,在中关村来暖气的第一个晚上就没睡好,半夜里被"铿、铿、铿"的声音闹醒了,动静挺大的。是什么声音呢?原来,那个时候这几个楼用的暖气,不像咱们现在用的是"水暖",而是"气暖"。气暖的特点是来得快,去得也快,温度比较高,这个响声就是暖气管受热膨胀发出的响声,所以暖气管就"铿、铿"地响,后来习惯了,也就好了。

在我眼里,这里的灶也很先进,白瓷砖砌的,用的是煤块,灶的上面有一个水箱,做饭时热气上去就把水烧热了,可以洗澡。13、14、15楼都是这样的。因为那时很多科学家都是南方人,或是从国外回来的,开始不会用这个东西,都要从头学。我们家也是这样,有时候弄得满屋子都是烟,点不着火,还会耽误上班或上学。这三个楼都有独立的卫生间,有浴缸。现在看来这些不算什么,在当时却是高档住宅的典范。我们在中老胡同的时候,院子里只有一个公共厕所。我们家的

当年的警卫室

厨房里倒是有个抽水马桶，是以后安装的，用木板一隔，做饭的可以和蹲马桶的聊天。那还算当时整条胡同里的"高档住宅"呐，那可是比中关村的"特楼"差远了。这些都说明，中关村这三个"特楼"在当时确实是很高档，很舒适的。

那时，三座楼周围的环境也很不错。像13楼前面是桃树林，到"文革"后期又盖了一些房子。一到春天开的都是重瓣桃花，春意盎然，非常漂亮。15楼前面好像是花园，还有苗圃吧。14楼前面，正对北区的大门，有个花坛，我们刚搬来的时候，比较简单。后来，张劲夫搞中关村建设，把这个花坛搞得更漂亮了，可是到"文化大革命"又给毁了，花都给拔了出来。"文化大革命"之后，又重新建好了，后来越来越漂亮。

刚搬到中关村，在我看来，这里多少有些神秘。那时许多研究所的门口都有岗哨，那可不是现在的"保安"，而是持枪的解放军战士。那时的孩子喜欢打乒乓球，很多研究所都有乒乓球台子，没有解放军站岗的所，可以溜进去打，有解放军站岗的就进不去了。

当时我们北区住宅区的门口，就是现在朝着四环的大门，有一个门卫用的小房子，那里住着一个班的警卫战士。那个班是全副武装的，装备着当时最新式的五六式自动步枪。我们有时候去看他们擦枪，或者跟着他们到大操场，看他们练兵。有的孩子和那些战士交朋友，用纪念章什么的跟他们换子弹壳。那个时候晚上在14楼前面的路灯底下有站岗的，主要是保卫两个重点人物，钱学森跟钱三强。钱学森后来搬走了，那个明岗就撤了，到了晚上也不见了。但是钱三强那个门洞还有警卫，警卫战士不站在外边，而是站在门洞里面。外面路过的人看不到有岗哨，哨兵旁边就是一个按钮，有一根电铃线通门口的警卫室。有什么事，那个战士一按电铃，警卫室里的战士就可以出动。

中关村中"两弹一星"的"帅"字号人物

原子弹研制的"帅"字号人物钱三强（14号楼家中与夫人何泽慧讨论书稿）

导弹研制的"帅"字号人物钱学森（14号楼家中左起：夫人蒋英、子钱永刚、钱学森、女钱永真）

人造卫星研制的"帅"字号人物赵九章（15号楼宿舍前，右为地震学家李善邦）

  还有，中关村是新建设的，刚开始的时候，生活上肯定会有很多不方便的地方。但可能是因为我们家搬来的略晚一些，许多设施都有了，因此来到中关村，生活上感到很方便。比如说，当时在13楼后面有一个很小的副食店，被称为"小合作社"。这三个楼里许多科学家的夫人都在那儿买过菜，我印象比较深的有赵忠尧的夫人、梁树权的夫人、王淦昌的夫人，她们反正该排队的都排队，没有什么特殊。当然，在那里买东西更多的是各家的保姆。

  路南电话局这一带，有一个规模比较大的商店，当时叫"大合作社"，卖的东西就多了，就是百货商店，但是那所谓的大合作社按现在的眼光看起来，规模也太小了。再有就是福利楼，福利楼当时有一个茶点部，卖西点，那个时候的起子饼很有名。

  我们家搬来的时候，"四不要"礼堂已经建成了，当时觉得特别好玩，它那个暖气是瓷的，不是咱们现在用的铁制的，"四不要"嘛。还有一个印象就是"四不要"礼堂那个顶子是拱形的，据说没有钢筋。还有它的那个座椅都是刨花板做的。这礼堂给我的感觉挺新鲜,但不漂亮。这里除了开会,也有文艺演出,因为距离不远,也很方便。我印象比较深的是梅兰芳来唱戏,那是他最后一次登台演出。那个时候小孩子都知道梅兰芳名声大,科学家中喜欢梅派的多,票太珍贵了,根本轮不着我们小孩子去看。我记得李德伦在这里演出过,那个时候他在搞普及交响乐。他在演出时,还介绍小提琴跟大提琴,说它们俩是什么关系呢,是父亲跟女儿的关系,用小提琴拉喜儿唱的"红头绳",大提琴就拉"杨白劳"。也有些业余的演出,比如业余合唱团的表演,水平也不错。那个时候还经常开会。除了科学院外,像中关村小学开学,或学期结束也在那儿开过会。还有,那个时候遇到大事,像美帝国主义侵略哪儿了,咱们也开个会声讨一下,骂两句。

在中关村,看电影很方便,除了"四不要"礼堂演电影外,大操场还有露天电影,每周都有,五分钱一张票,好像是礼拜六演。银幕用两个大杆子支着,立在场子中间,观众可以在正反面看。那时的孩子上学负担不像现在这样重,所以我们经常看电影。因为是正面反面都可以看,我记得还闹过笑话,同学们之间争论,有的说,解放军是从这边冲上去的,有的就说不对,是从那边冲上去的,其中肯定有一个是反着看的。

在中关村,与其他地方比,觉得各方面都很先进,用现在的话说,就是有一种"现代感"。像中关村一小,那个时候叫"保福寺小学"。当时就这么一个学校。我是转学过来的。我原来是在北池子小学,北池子小学原来就是一个庙,我们的教室有一部分就是大殿。那个时候保福寺小学是科学院投资,建成了一个两层教学楼。我到的时候,楼已经建好。从大庙到教学楼,感觉非常好。现在看来那是小楼了,但是那时在我的眼光里却是大楼,那时一个小学能有这样的教学楼是不容易了。这些教室宽敞明亮，完全是按照教学的要求建造的，灯光、黑板、讲台都很现代化。

再有，就是许多留学回来的科学家家里，都有一些我从来没有见过的现代化玩意儿，比如电视机，电冰箱、高压锅等等。搬到中关村之前，曾经在景山公园里看过电视。几百人围着一架15吋的电视机，什么也看不到，那不是看电视节目，只是在看电视机。那时北京刚刚试播电视，没有几家人有电视机。可是在中关村，有电视机的就比较多了。我那时经常去"蹭电视"看，各家都去，郭慕孙家、杨嘉墀家更是常去，因为和郭先生的儿子郭伟明是好朋友嘛。杨先生家的电视是从美国带来的，屏幕特别大，特别招人，不光是我，别人也常去。

我记得有一次大扫除，和郭伟明一起浇楼前的花，用的是郭伟明家从国外带回来的浇花的水管子，我看起来都新鲜。怎么新鲜呢？咱们这儿都是橡皮管，人家是用塑料管，绿的、透明的，不仅轻巧，而且能看见水流过来。喷水的头还可以调，可以是喷一股水流的，也可以是喷散射的。从这种小东西上，也能看出中国和科技先进国家的差距。

杨：那时的中关村不仅科学气氛浓，而且文化氛围也很浓，你有这种感受吗？

边：有啊。以我住的这个单元来说吧，三楼是杨嘉墀，他的夫人徐斐是钢琴教授。汪德昭的夫人李惠年教授是教声乐的，桃李满天下。当年非常有名的军旅歌唱家马国光就曾经是她的学生。马国光有两首歌很有名，一首是《真是乐死人》，上个世纪50年代中期红遍大江南北，还有一首歌是"文革"后期流传的，叫《一壶水》。马国光那时候到汪家来就唱这两首歌，我们捡便宜，不买票就能听见。另外李惠年经常带学生练声。那时候徐斐在北京师范学院音乐系教学，经常弹《星光灿烂》，我对那个旋律很熟。所以我们这个单元是琴声不断，歌声不断，这多少对我也有熏

13号楼孩子们的老照片(杨嘉墀先生摄于1969年)
左图　左二为郭永怀之女郭芹,左四为杨嘉墀女儿杨西
右图　左起:边东子、郭伟明(郭慕孙之子)、杨瑞(杨嘉墀之子)

陶。所以我比较喜欢古典音乐,相对来讲,对流行和摇滚不太感兴趣。别的楼也一样,像钱学森住的14楼,较早住到这里的人还听到过他夫人蒋英的歌声。

杨:如果把"特楼"看做是一个大院的话,您给我们说说当年"特楼"的"孩子群"吧。

边:住在中关村,我们就算是"村童"。先说说我们住的楼。我家住13楼,楼的整体形状是L型,西边有一个拐弯,跟15楼是对称的。L型朝西边的门是甲门,我住的是乙门,还有一个门是丙门。我刚搬来的时候还是孩子,首先认识的也是孩子。在我们这个门洞里面,我认识最早,交往最深的是郭慕孙的大儿子郭伟明,跟我年纪差不多,很快就成了好朋友。还有杨嘉墀的女儿杨西,郭永怀的女儿郭芹。杨西还有一个弟弟叫杨瑞,那时还太小,才3岁还是几岁啊,很可爱。还有陈家镛的女儿陈明、陈安。后来我和杨西、陈明都在陕北插队,来往也很多。这是我们这个门洞里年龄差不多的。以后，像14楼童第周的儿子童粹中，15楼蔡邦华的儿子蔡恒息，还有我们13楼丙门的梁树权的女儿梁露，因为是同学，也都认识了。

还有一些孩子，父母是党政干部，也住在这三个楼里面。像白介夫的孩子白若冰。卫一清的孩子大宝、二宝啊，我和他们家的那几个"宝"，都有来往。还有武汝扬的孩子，顾德欢的孩子。另外比我年龄大的有一批，我们住的是104号，对面是103号，就是汪德昭家。汪德昭的儿子是汪华，他比我们大多了，我们称他"大哥"，那时可能已经工作了。还有15楼陈宗器的女儿陈雅丹，赵九章的女儿赵燕曾、赵理曾。那个时候他们年龄比我大，不大来往。顾准原来住13楼，我们搬来的时候，他们已经搬走了。杨承宗原来跟顾准是邻居，他对顾准的大女儿顾淑林的印象非

1958年顾准家的最后一幅全家福，这时他家还住在13号楼。后排左起：长子顾逸东、长女顾淑林；中排左起：顾妻汪璧、顾母、顾准

常深刻,因为她聪明,各方面都很好。杨承宗的女儿杨家祥,赵九章的女儿赵理曾,对顾淑林更是称赞得不得了。因为她们都是101中学的,顾淑林在101中学的时候各方面都是拔尖的,是市里区里的先进。但是那个时候我上小学,他们有的已经是大学生了。

再有就是比我小的了。比如说,杨嘉墀的儿子杨瑞啊,李善邦的小儿子李建荣,邓叔群的小儿子邓钢就更小了。当时没有什么来往,后来因为写"特楼"的书或电视专题片,有了联系,现在就成了非常好的朋友。

赵维勤(赵忠尧女儿)在电影《祖国的花朵》中饰演中队长梁惠明

这三座楼里的子女中,有些现在已经是"明星"人物了。其实,当时14楼就有一位"明星",就是赵忠尧的女儿赵维勤。她曾经在著名的儿童影片《祖国的花朵》中出演中队长梁惠明。那首著名的歌曲《让我们荡起双桨》,就是这部电影的插曲。我们家跟赵忠尧是同乡,都是浙江诸暨人。我们刚搬到中关村,我父亲探望的第一个人就是赵忠尧。但是,在他家我没有见到那位"中队长"。那个时候年龄有差别,看《祖国的花朵》的时候,我是小学二三年级,她已经在演中队长了,应当是五六年级了吧。再加上她是女生,没有什么来往。我家搬到中关村时她已经上中学了。后来再见到她时,已经是2005年了,是为了写一本关于"特楼"科学家的书,我去采访她。她很热情,介绍了很多情况,还给了我宝贵的资料。

需要说明的是,因为你让我谈"特楼"的情况,我就偏重说"特楼"

的孩子。其实，那时孩子们的交往，主要是因为年龄相仿，爱好相近，住得相邻等等。是不是"特楼"的，倒无所谓，那时也没有这个概念。三座楼靠得近，有地利之便，来往多一些就是了。我们的朋友中，也有许多不是三座"特楼"的。

杨：当年你们眼中的那些科学家是怎样的？

边：在我们的眼中，我们那个时候只知道谁是哪个所的，是谁的父亲或母亲。比如知道杨西的爸爸杨嘉墀是自动化所的，知道汪德昭在声学所，他原来在电子所。郭伟明的父亲郭慕孙，陈明的父亲陈家镛，都是化冶所的，就是现在的过程工程研究所。郭芹的父亲郭永怀是力学所的，只知道这些。至于他们具体干什么，一是小孩脑瓜不太往这方面转，另外一方面他们的研究工作大都是保密的，谁都不说。那个时候不是叫"知道的不说，不知道的不问"吗？当然后来才知道杨嘉墀搞人造卫星，郭永怀搞原子弹也搞导弹，汪德昭搞国防水声。郭慕孙和陈家镛虽然不是专门研究国防项目的，但是他们研究的很多东西也是为国防服务的。那个时候不太知道。所以我有一次问父亲，他们是干什么的，我爸被我缠不过就说，他们是搞"上天的东西"。"上天的东西"是什么？飞机、火箭、导弹、卫星，还是风筝、气球？还是没有搞清楚，但是知道大人不肯说，也就不问了。当时就是这样的一个状态，并不太清楚他们在做什么。

不过，毕竟是在中关村，孩子们逐渐长大一点儿了，也常常议论科学家，他们是研究什么的，是从哪个国家留学回来的，有什么成就等等。当然也议论他们的一些轶事。当时我们没有感到这些科学家有什么特殊，都是很一般的人。杨嘉墀、郭慕孙、陈家镛每天早来晚走，上下班和别人一样骑自行车。如果有不一样，就是自行车是从国外带回来的，很漂亮。有加快轴、速度表、里程表。但不幸的是三年困难时期，好几辆车都被人

中关村科学城的兴起（1953—1966）
The Rise of the Science City in Zhongguancun

偷了。

郭永怀上下班不骑自行车，他是山东人，个儿高，戴着鸭舌帽，天天夹着皮包走着上下班，低着头，背稍有一些弯，大踏步地走，每一步都一样大。后来他坐汽车上下班了，我估计可能是到二机部之后上班远了。汪德昭比较胖，常戴一顶过去干部戴的普通帽子，也夹一个皮包，走路上下班。当时从孩子的眼睛中看科学家，只知道这些，不知道他们具体干什么工作，有什么意义。我记得1964年10月16日，中国第一颗原子弹爆炸，我还琢磨原子弹是什么人搞的，我想科学院原子能所肯定是有贡献的，但没想到郭芹的爸爸郭永怀就是大功臣。放卫星的时候也是这样，那是"文革"中了。那年我从乡下回北京探亲，到杨西家去玩，还和她爸爸聊天。

郭永怀一家和汪德昭夫妇在中关村宿舍聚谈。右起：郭永怀、郭永怀夫人李佩、郭永怀女儿郭芹、汪德昭、汪德昭夫人李惠年

杨嘉墀一点架子也没有,和我谈了很多,就是不谈卫星,那时候还是严格保密嘛。其实,我估计郭芹、杨西她们也不知道父亲具体在干什么,只是知道他爸干的是保密项目,因为看到他们经常出差,而且都是偏远地区。那时,这些孩子们也常常见不到父亲,一家人想一起出去玩也是很难得的。王承书和张文裕的孩子叫张哲。张文裕有一段时间被派到苏联杜布纳联合研究所工作,王承书为中国的原子弹研制作了很大贡献,她经常往大西北跑,一家人分三地。张文裕和王承书就给张哲买了许多玩具,可以跑的小火车、拼装玩具等,让他自己在玩中学。这也是不得已的办法。

杨: 请谈一谈在少年时代的记忆中,有哪些与中关村有关的印象特别深刻的事。

边: 好,我就按历史顺序从前往后说吧。我们这些人,是随着中关村的发展一点点长大的。我们那时对中关村的理解,就是"中关村等于科学院",真正是适合搞科研的地方,适合学习的地方。

我们那时不懂那么多科学上的事儿,小孩子感兴趣的地方会与大人不一样。先说一个小事,可能对研究中关村的历史有用。现在的北四环原来不是一条马路吗?也就是正对着微生物所行政楼那个方向,在那二层小楼旁边,原来有一排土房,卖烟酒杂货什么的,墙上用石灰写着三个字:"中官邨"。我记得清清楚楚,为什么呢?因为我们经常在这一带玩。孩子嘛,是认真也罢,好玩也罢,这个"邨"字念什么,就认真争论过,有的说是"屯",有的说是"村"。后来查字典才知道,它不念"屯",而是"村"的别体字。另外在13楼甲门的西面,当时有一个小门,很多人都走过那个小门,因为从那个小门一出去,过马路就是中关村的32路汽车站,是很方便的。另外,听李善邦的儿子李建荣跟我说,离那个小门不远,地上曾有过一个小石碑,上面刻着"中官邨"三个字。

中关村科学城的兴起（1953—1966）
The Rise of the Science City in Zhongguancun

我家搬来时，北区基本建设好了。中关村正在往南区发展。不过，中关村一小再往南边，还基本上没什么建筑。我初中是在北大附中上的，是走校的，每次都要沿着南区那条路走过来，眼看着四十几号楼、五十几号楼、八十几号楼，还有幼儿园、中关村医院一步一步建起来。还有82楼、83楼是百货商店和副食店，都是看着它们陆续建起来的。还有，当时印象深的就是游泳池。游泳池是临"文革"前不久才建成的，是郭沫若院长捐出稿费建的。还听说14楼前面花坛有一棵雪松是郭沫若亲手种的。

张劲夫曾经抓过一阵子中关村社区建设，我印象很深。那时候张劲夫要把中关村搞得更好，当时的口号我记不清了。反正开展大扫除，张劲夫亲自带头，那时候各单位领导，包括所长、党委书记、研究人员，都出来大扫除。再就是美化环境，像14楼前面弄个花坛。张劲夫亲自带人种树，我看见过。另外就是加强管理，注重安全，沿着北区建起一道松墙，我记得是带刺的，然后还围上铁丝网，外面是松树，里面是铁丝网。住户每人发一个金属的小牌，我记得上头写的是"科院"的拼音字母，大人、小孩都佩在胸前，等于是出入证，没有那个你还不能进来。

李佩教授那个时候在西郊办公室当副主任，成立了一个管这几个楼的居委会，归李佩亲自领导。居委会里有赵忠尧的夫人，梁树权的夫人，邓叔群的夫人，清一色，全是由"学部委员"的夫人组成的，把这三个楼管得井井有条。

中关村的孩子们一般学习比较好。我原来在北池子小学上学，北池子小学在东城可能算是一个不错的小学，但是不能和中关村比。北池子的学生有这么几个来源，一个是中宣部的孩子，一是人民教育出版社的孩子，也有不少

起出入证作用的"科院"胸章

普通市民的子女。在北池子小学，有的学生会跟老师顶嘴，这边的孩子被老师批评，一般都不顶嘴，还能进行反思。我在北池子小学的时候，语文能够考到 80 多分，算术能够考 90 多分，就相当的不得了啦，老师就把你当好学生捧着了。我转到保福寺小学时，学生不多，每个年级就两个班。那个时候的教室后面，都挂着一张大表，每次大、小测验成绩都在那上面公布着。我一看就傻眼了，算术都是一百。考不到 100 分就用黑色写，满分 100 就用红字写，放眼望去，那是一片红啊，几乎找不到黑的。这儿的学生算术测验得了 99 分都像不及格一样，抬不起头来。而且保福寺小学的教学进度比北池子快得多。我一看，我这回完蛋了。我们的班主任潘老师就让三个女孩帮我。那就不能贪玩了，因为男孩玩的项目和女孩不一样，只好乖乖地闷头赶功课，还不错，算是赶上了。现在想来，一是感谢老师，二是感谢同学，三是得益于中关村孩子的学习风气好。

当时这三个楼的孩子，上小学一般都是在中关村一小。二小是后来建的，三小就更晚了，是中关村一小被一分为二给分出来的。上中学，当时最好的就是 101 中。顾淑林、赵理曾、杨家祥，她们都是 101 中的。北大附中、人大附中和清华附中都是 1960 年建校的。那时候八一学校已经有了，但是名气没有这几所学校大，因为那时它主要是收部队子弟。此外，还有 93 中、19 中。但是据我所知，特楼的孩子大部分都是在 101 中、北大附中、人大附中这几个学校。上大学的一般也都是上的名校，除了清华、北大外，科大的也不少。那时科大刚建校，许多孩子的父亲就是那里的教授、系主任。

这里的孩子大都比较聪明。像童第周的孩子童粹中，可称"家学深厚"吧，非常聪明，学习非常好，而且轻轻松松，不像我们费劲巴拉的。他全面发展，下棋在北京市还拿过名次，而且好像是前两名。我记得有一次和我下棋，他让我一个车、一个马、一个炮，还把我杀得一败涂地。

这些孩子们往往多才多艺，像我们这个门洞里头，除了我们家，家家有钢琴。关键是会弹，不像现在有的家里买了钢琴就放在那儿。许多孩子都是德、智、体、美全面发展，还真没有见过"书呆子"式的高分低能的孩子。

这里的孩子们也比较文明，这跟"知识分子成堆"可能有关系，很少有打架的，都是和睦相处。要是玩，也是做收音机，打乒乓球，到颐和园或是香山玩，或者看看书、聊聊天，很少见打架斗殴的。当然，孩子毕竟是孩子，也是活泼好动的，比如说，卫一清家的二宝爬树的技艺就不错。

住在中关村的孩子，有独特的乐趣，比如"捡垃圾"。捡什么垃圾呢？那个时候计算所的北面，有一个垃圾堆放点，扔了许多做实验后抛弃的晶体管、电容、电阻，还有线路板等等。那个时候我们自己做收音机，晶体管的、电子管的都做。买零件比较贵，有些还买不到，就到那里捡垃圾，净是好东西。我们拣过晶体管、继电器、电容、电阻、开关，反正不少东西。可能都是做实验不合要求，或是损坏了的。可以从中挑到好些的，它们在科研上不能用，用在业余级的收音机上一点问题没有。这是中关村孩子的乐趣。

现在电脑不稀罕了，那时候电子计算机很稀罕。计算所104机出来以后，我们有几个伙伴就想见识见识，去看看什么样。那个时候计算所戒备森严，第一道门我们是怎么进去的，我记不清了。到了机房那个楼，可就进不去了，因为有解放军战士站岗。我们就绕到楼后头，希望能看到什么，结果什么也没看到。后来就跑到他们北面的垃圾堆捡垃圾去了，捡了点电容、电阻什么的。

书封所用"秉志文存"
四字即秉志先生手迹

再有,秉志住 14 楼,他擅长书法,经常练练字,他是清朝末年中过"举人"的,字写得好。他写完了之后也不当回事,就扔了。那里的孩子就捡回来,大人就说:"你看人家的字写得多好,学!"

再有就是逛书店。那个时候在大操场有一排汽车库,俗称"大车库",旁边有一个新华书店。我们常去那里看书,买书。但是感觉还是太小。另外在"四不要"礼堂对面,也就是福利楼的北面有一个小门,是个很小的外文书店。那里专卖科技书,有原版的,也有影印的。那个时候,我们也钻进去乱看一番,当然看不懂,只是好奇而已,不过也有一些书因为有插图,也能看得懂大致意思。

这里的孩子见识比较广,也是因为有得天独厚的优越条件。那时电视还不普及,但没有电视的家庭,也可以到邻居家"蹭"着看,而且有电视的家庭都是实行"开放政策",热情好客。此外,就是图书多,阅读面广。我和郭慕孙的儿子郭伟明非常好,常到他们家玩,他也把东西搬我们家来玩。他们是 1956 年从美国回来的,时间还不长,有好多美国出版的科普读物,非常精美。当时我们的图书质量非常差,郭伟明的那些科普读物上有各种奇奇怪怪的昆虫、动物什么的,都是彩色图片。我这才知道原来世界这样丰富多彩,还有这么漂亮的东西。我记得有一本画报,有一张照片,是一架美国波音 707 客机。我们从小接受的宣传,满脑子都是苏联不管什么都是世界上最好的,苏联怎么了不得。比如说飞机,就是苏联的喷气客机图104是世界上最好、最先进的客机。可是看到波音707的照片，就知道那个飞机真大，真好，两者就不在一个档次上。另外他们从国外带回来的玩具，科学性也比较强。邓叔群的小儿子邓钢他们到钱学森的儿子钱永刚那里借美国的科普读物看，钱永刚也是来者不拒，慷慨大方。邓钢至今还印象很深。

那个时候有大扫除，我记不清是周几了，反正每周有一次大扫除，扫楼前楼后。不管是大科学家，还是小孩子，大家都出来，参加大扫除，孩子们也是借机出来玩，因为平时也难得有那么多人凑在一起。还有学雷锋做好事啊，像14楼黄秉维的女儿黄以平，就组织"特楼"的孩子，当然也有别的楼的孩子，到福利楼帮厨，包饺子等等。

三年困难时期，我印象最深的有三件事：一是捡树叶。好多人捡，有科学院的研究人员，有学生，像我们都捡过树叶。这是生物物理所的一个发明，要从树叶中提取叶蛋白。三年困难时期很有影响的。当时肉、蛋、奶奇缺，缺少蛋白的摄入，就从叶子里提取叶蛋白，俗称叫"人造肉"，其实一点肉的香味都没有。当时还有一个科教片，介绍怎么做"人造肉"。到秋天落叶的时候，许多人都拿着麻袋出来装叶子，大都是单位组织的。

第二件事是培养小球藻。拿个大烧杯什么的，用来培养小球藻，小球藻的生长需要二氧化碳，就要人往里面吹气，也就是吹二氧化碳。我隔着窗子，看见过汪德昭拿着小玻璃管往里"噗噗"地吹气。我们也干过这种事，困难时期供应差，想用小球藻补充点营养。

第三件事是经常停电，这三栋楼也跑不了，一停电，这三个"特楼"就变得跟农村一样，只有昏昏暗暗的蜡烛光，有的是小煤油灯，每家一排三四个窗户，顶多有一两个窗户有亮。

三年困难时期很多家都养鸡，不管是"特楼"还是普通的住宅楼，有条件就养,为了吃鸡蛋嘛。我们住一楼,搭了鸡窝养鸡,汪德昭家也养鸡,二楼、三楼就把鸡窝搭在阳台上。困难时期还有一个司空见惯的现象就是排队,在我们楼后边小合作社排队,排队买萝卜、买白菜,因为不是老有,一旦来货就要买一堆回来。还有就是15楼东面有个网球场,经常看见白介夫在那儿打网球。白介夫跟我爸爸妈妈是老战友了。陆元九也在那里打。三年困难时期,那个场子也曾经当做卖菜的地方,尤其是卖冬贮大白菜的时候,那里就成了销售点。

大概到了1961年,还在三年困难时期中,国家照顾科学家,就给发了特供证。蓝色的,像现在的工作证那么大,纸很糙,凭证可以买肉多少,油多少,黄豆多少,我现在也记不清具体数量了,反正都不多。另外,三年困难时期,福利楼里面办了个"高知"俱乐部,是为研究员以上的科研人员和行政级别在局级以上的干部服务的。那个俱乐部有餐厅,还有什么我记得不太清。但是菜的价格是相当高的,我印象当中我爸带我去吃过一回,也就敢吃一个炒鸭肠,就去了这么一回。我听说邓钢他们根本就没去过,因为邓叔群不让他去。

另外,福利楼的二楼有一个乒乓球台子,一般科学家是不太打乒乓球的,所以我们就经常偷偷溜进去打乒乓球,享受"高知待遇"。但是有一回跟一位老科学家撞上了,我记得不太清了,好像是李善邦,把我们给轰走了。

三年困难时期,副食供应差,在三个楼的科学家当中也是这样,但是我没有听说谁得浮肿病的,好像还没到那个程度,因为国家对他们还是有照顾的,有特供,但能供应的也就是这么一点东西,远不如现在一个普通市民的生活水准高。

"文化大革命"的时候,我已经上高中了。印象最深的就是邓叔群他们家被抄家，抄了很多东西，就在门口烧。因为邓叔群是邓拓的哥哥，那时邓拓被打成"三家村"黑干将，这就株连到了邓叔群。可以说，从邓叔群家被抄之日起，中关村的劫难，"特楼"的劫难就开始了。那个时候我感觉各家表面上的来往都减少了，都不惹事，被整的不愿牵连别人，没有被整的也不想惹到自己头上，同时也不愿意给被整的再添什么麻烦。

"文化大革命"中，因为说"特楼"就是特权，一家住那么多房子，好多普通职工还没有房子住呢。于是，这三个"特楼"当中，几乎每家都挤进了好几家人。像李佩他们家，本来郭永怀是受保护的，也不会有人去闯他们家，但是李佩看到这么一个状态，万一谁要是挤进他们家，对生活、对工作各方面都不好。她干脆去请了一家自己的朋友，就是林鸿荪住进了她家。那时的"特楼"就"沦落"成了"大杂院"。不说别的，厨房摆着好几个炉子，那个热气就够呛。还有上班之前大家抢厕所，简直乱套了。当然各家的情况也不尽相同。我所知道的像陈家镛家就挤进这么一家，其中有一个女的，可能也是年轻吧，爱美之心过分了，一进卫生间就半天不出来，在那梳洗打扮，这就苦了大家，都在那等着上厕所，苦不堪言。也有的吵架，或者监视人家。但大多数还是通情达理的，都是科学院的人，大多数还是科研人员，确实房子也很困难，结婚多少年都没有房子，想解决住房问题也是可以理解的。因此大多数跟原来的住户关系也挺好。像杨嘉墀他们家住进来的都还不错。前一段，是河北一家出版社出了一套书，关于"两弹一星"功勋的。那里面有杨嘉墀，讲到这样一段，说住进来的人给杨老添了麻烦，对杨先生不好。杨嘉墀看了清样以后，专门给出版社打电话，说不应该这么写，人家对我们还是挺尊重的。

十年动乱的风暴中，在我的记忆中，这些孩子们之间，不管谁家被整或者怎么样，我们还是互相来往的，情深谊长。后来插队、上山下乡，陈

"我不挂帅,谁挂帅?我不领兵,谁领兵?"这是冲破原子核的回旋加速器,使人们发生着责任感的连锁反应。

是那一次,就是那一次,当我们上舞台向你和剧团的同志们谢幕时,你最后挽着我,让我和你并肩照了一张相。

这是使我多么感到荣耀呀!你的左手紧紧握着我的右手,握得那么紧,让我深深感受到了穆桂英的精神。

你虽然没有说话,但你的意思我是明白的。你是在说:让我们永远地握着手并肩前进吧!

让我们向艺术的王国飞跃,向美的王国飞跃,向自由的王国飞跃!飞跃,飞跃,永远地飞跃!

是的,你真真地鼓舞了我,并通过我鼓舞了大家。大家的掌声不是把中关村的小礼堂都要震破了吗?

不,那是震不破的,那是一个无限大的宇宙!你——梅兰芳同志,永远在那儿歌唱,穆桂英精神永远在那儿荡漾。

梅兰芳同志,你睡得真是甜蜜呀,真是安稳呀,真是优美呀。

穆桂英精神要永远发挥着回旋加速器的冲击力量。

我写到这里不想再多写了,因为我找不出更好的文词来赞美你,你的不朽的业绩事实上就是你自己的最好的赞美诗。

我知道,你是感到安心的,因为你的艺术已经达到了完美的境地。你是最善地利用了你的一生。你的一生是美好的艺术品。

我知道,你是感到安心的,因为你的子女都已经成人,在为人民服务的道路上,正在继续着你的步伐。

我知道,你是感到安心的,因为全中国人民在三面红旗之下都在发挥着穆桂英精神,创造着更有光辉的未来。

家镛的大女儿陈明,和我们在一个县插队,相距不远,她就跑到我这里来玩,住上几天,因为我们比她大,那时候她初中毕业。回北京过春节,我们一起插队的又一起到陈明家去玩。她给我们弹钢琴,那个时候哪有什么文化娱乐,除了样板戏、语录歌,什么也没有。回北京以后有那么一个地方能聊聊天,还有音乐,感觉挺温馨的。现在陈明在美国,只要她回来,我们都要聚一聚。那时也到杨西家聚会。有一次,几个孩子在她家自娱自乐,用小提琴和钢琴演奏《渔舟唱晚》,给我印象非常深,觉得那才是艺术,是音乐。因为北大和13楼很近,那时北大的大喇叭里,整天就是"打倒某某某"之类的噪音,传到我们这里闹哄哄的,有这样的音乐真是难得。

还有我印象很深的,值得一说。大概是1969年,那个时候黄秉维是不是到五七干校去了。黄秉维的女儿黄以平组织活动能力非常强,她曾经组织下乡知青在她家开了一个辩论会,这个辩论会分两派。一派为首的是叫张木生。黄秉维的女儿实际上跟张木生他们是一派观点,但是她作为一个组织者,不便谈自己的观点。她们家房子大,两边的人都不少。另外还有一个人叫李晓峰,虽然不住在"特楼",但是就在14楼后面,好像是10号楼,他的父亲是地理所的党委书记。李晓峰读了不少书,很有思想。他跟张木生是朋友,这是一拨儿。还有一拨儿,为首的是101中的任功伟,他们当中还有一个,就是现在赫赫有名的作家柯云路,当时他不用这个名。任功伟的爷爷也是一个人物,曾经是列宁的卫士。那个时候在俄国的工农红军里面有一支中国部队,很能打,立了不少战功。他的爷爷是这支中国部队的指挥员,见过列宁。所以一直到前些年,有中俄、中苏友好活动,任功伟还被拉去参加。

这两派辩论什么呢?就是辩论中国农村应该向何处去?当时是农村政

策最左的时候,叫做"割资本主义尾巴",还有一个口号叫做:"堵不死资本主义路,迈不开社会主义的步"。

张木生他们在1965年,也就是在"文革"之前就到内蒙临河插队了,他们对农村的情况很了解。他们就说,资本主义靠堵是堵不死的,中国农村按当时极"左"的做法没有出路。双方争得不亦乐乎,当时吵完了也就完了,也都没事;上午吵完,中午吃饭,完了以后下午接着再吵。不管是哪派,其实都是忧国忧民,可后来不知道是什么人把这个事情反映给了公安部门,还把其中的人给抓起来了。等到后来改革开放的时候,杜润生搞了一个国务院农村发展问题研究中心,张木生是其中的成员。张木生后来在西藏阿里地区当过专员。他们的一些观点看法,对中国农村的改革是起过积极作用的。在中关村14楼开的这场辩论会,后来在90年代初,被一些刊物专门报道过,成了一个热点。如果没有黄以平提供地方、组织活动,也不会掀起这么一场辩论来。从这事可以看出,"特楼"科学家的孩子是很关心国家的前途命运的。

在十年动乱的时候,虽然学校停课,大学停止招生,许多科学家还是想方设法为孩子创造学习的机会。像杨嘉墀,他的孩子在农村插队时,就要求他们数理化、外语这些课一定都不能放弃。那时候不知道大学什么时候招生,招不招生了,可以说没有任何希望,但是他还是坚持让孩子们学,而且让他们做完作业要寄回来,杨嘉墀亲自给他们改。所以他们在恢复高考后,考大学就轻松了,现在杨西、杨瑞早就成了各自领域里的专家了。

十年浩劫结束了,三座"特楼"的孩子们的命运发生了很大变化。有一些孩子出国了。很多科学家是抛弃了国外优越生活和工作条件,回到祖国的,到了改革开放初期的时候,又不得不含泪把自己的子女送到国外去学习，因为他们的孩子在十年浩劫中失去了上学的机会。像郭伟明，还有屠善澄的儿子，后来都出去了。据我所知，他们也并不是对国外那么向往，也是没办法，在国内没有合适的工作，学习也被耽误了。他们那时是初中毕业，有的初中还没毕业。后来虽然自学或者是上过夜校、电大，但是要挑起工作的重担也不容易，在单位里也不受重视，于是掀起了一阵出国潮。屠怀祖、郭伟明、郭芹、陈明、陈安等都是那个时候出去的。这时，"特楼"已经显得苍老了，科学院在黄庄小区建了一批新的高档住宅楼，像汪德昭、郭慕孙等一些著名科学家就搬到那里去了。"文革"中，科学院的单位发生了很大变化，有的分给国防口了，有的分给北京市了，有的被划给其他单位了。"文革"后，又有一些回来了，比如声学所、化冶所等。因此，"特楼"的科学家们也分别属于不同的单位了。这些单位的住房情况不一样，有的有更好的房子，就搬走了。我们家是因为当年挤进来的几户，有的不属于科学院，无法让人家搬走，只好我们搬走。现在因为房改，加上科学院又盖起了几幢院士楼，"特楼"的老住户已经不多了，大都迁进了新居。

"文革"前，邻居们来往比较多。我们这个门洞的六家，可能是这三个楼里来往最多的，关系最好的。我们开玩笑说是"模范门洞"。早先，这个门洞是礼拜二还是礼拜三，反正每礼拜有一个Party，就是聚会，一般是自己做几个菜，这周是张家，下周是李家。这个时候大人聊天，小孩就凑到一起玩。现在，大家住得远了，有的已经去世了，如汪德昭、杨嘉墀等，可是老邻居们还是互相关心，互相惦记着。杨嘉墀逝世时，媒体报道得很少，他可是"两弹一星"功勋奖章获得者，"863"高科技计划的倡导者之一。那时，IT界的重量级人物，汪德昭的孙子汪延，就让新浪网做了一个专版纪念杨先生。今年4月份，汪德昭的夫人李惠年教授百岁生日,我们这个门洞的老邻居还在福利楼聚会,为李惠年教授祝寿。

　　现在,三座"特楼"的前途如何,是许多人都很关心的。有人主张把它拆掉,开发商品楼;有人主张建"科技园"和"孵化器"。前些年,有一批院士和社会知名人士,倡议把这三座楼作为文物保留下来。我认为这是个非常好的建议。北京保存着不少名人故居,可大多都是历史文化名人的故居,科学家的故居很少。"特楼"的科学家大都是中国某个学科的奠基人,对祖国有重大贡献。当年研制"两弹一星"的三个挂帅人物,也就是钱三强、钱学森和赵九章,都住在这三个楼里,而且他们住在这里时,正是"两弹一星"的起步阶段和攻关阶段,又赶上了三年困难时期,是"两弹一星"研制最关键、最艰难的时期。党中央号召发扬"两弹一星"精神,而精神要有物质的载体来表现,纪念碑、雕像等都是精神的物质体现,"两弹一星"精神也如此。现在绵阳、青海都建了"两弹一星"的纪念场馆,而这三座最集中体现"两弹一星"研制者经历和生活的建筑却要

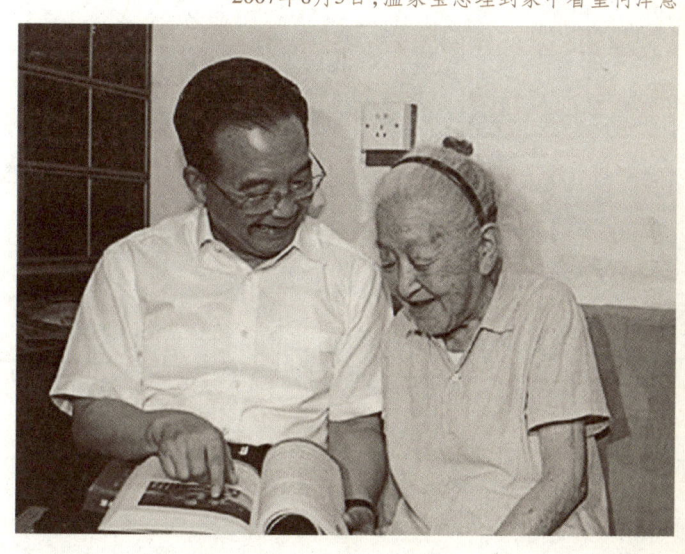

2007年8月3日,温家宝总理到家中看望何泽慧

拆掉，岂不是太没有历史感了？有人说，中国有五千年的历史，尤其是北京，历史名人更多，不可能都保护下来。中国的历史是长，但中国现代科学的起步却比其他科技先进国家要晚，历史也短。保留一些著名科学家的故居，不仅非常必要，也是完全可能的。现在强调科教兴国，这三座楼里的许多科学家都是北大、清华、地质大学和科技大学等名校的教授，桃李满天下。在这里进行新生入学教育和学校传统教育，是非常好的地点。

况且这三座楼占地面积并不大，几十位著名科学家的故居，占地还不如一个历史文化名人的故居占地面积大。我曾在一本书中说，这里是名人密集度最高的地方。你在这里开发商品楼，建孵化器，就再也找不回这里宝贵的人文价值了，科学院是搞自然科学的，自然科学也要有人文关怀。这三座"特楼"，是中关村的财富，是科学院的财富，是北京乃至全国人民的财富。可以当作青少年爱国主义教育基地，当作"两弹一星"精神的教育基地，当作科普教育的基地。前不久，温家宝总理还专门去看望了何泽慧院士。温总理曾提到，想通过组织给何先生换个屋子。何泽慧的女儿对温总理说，父母从1955年起就住在这套房子里，迄今已逾半个世纪，因这里有好多记忆。温总理说："这里留下了记忆，也留下了精神。"

我想，温总理讲的"精神"，就是"两弹一星"精神，是中华民族自强不息的精神。我们是不是应当把这留下了精神的故居保留下来呢？

附 录

中关村科学城变迁大事记

中关村科学城建筑布局演变示意图

中关村史迹拾遗

主要参考文献

人名索引

中关村科学城变迁大事记

前 史

1908年 (光绪三十四年)《直省地图(北京幅)》,在今中关村位置标有"中官"① 字样。

1913年 参谋部制图局印制《京西图》中,标有"中关"。

1915年 北京陆军测量局绘制地形图中标有"中关"。内务部职方司测绘处制《实测京师四郊地图》中标为"中湾"。

1932年 北平市筹备自治委员会印行《北平市自治区坊所属街巷村里名称》中记有"中关村"。

1951年 北京市建筑事务管理局测量队测绘地形图中,标为"中官村"。4月初,中央文委与首都计划委员会批准将大泥湾(黄庄附近)以北、成府以南的4500亩地划为中国科学院用地。8月,近代物理研究所大楼(即原子能楼)破土动工。12月,

---

① 疑为"中官"之刻误。

决定将北面约 1 000 亩用地划拨给北京大学。次年，北京大学在中关园修建第一公寓及平房宿舍，后继建成第二、三公寓，即为"中关园"。此后，其社区的行政辖属亦随北京大学变迁。

1952 年 10 月 16 日，中央文委同意中科院将原定在王府井大街九号兴建的社会科学四研究所（考古、社会、语言、近代史）大楼移建至"西直门外保福寺村近代物理所大楼以西。收购土地约 20 亩"。

1953 年

10 月中旬 社科"四所"四栋二层小楼竣工。

10 月 22 日 中国科学院《中华地理志》编辑部人员丘宝剑等入住四所南楼，是为中国科学院人员最早入住中关村者。其后，经济研究所（原社会所）自南京迁入，语言所、动物研究室自北京城区迁入。后来，四所北侧各楼俗称"经济楼"。

此时中关村社区在行政区划上归属海淀区保福寺乡，乡政府由保福寺西庙迁入东庙。保福寺乡后于 1956 年并入新设的大钟寺乡。1957 年划归北太平庄街道办事处管辖。

1954 年

年初 近代物理所（当时新改称"物理所"，于 1958 年改称原子能所）自北京东黄城根迁入中关村原子能楼。

9 月 21 日 西直门至颐和园道路改建工程竣工通车，时称"京颐路公交车"，全长 12 千米，其中新辟自黄庄至海淀镇北口。后于 1958 年 12 月改称 32 路。1972 年 11 月改称为 332 路。

年底　地球物理所科研楼建成，该所本部自南京迁入，其北京工作站自北魏胡同迁入。次年底，生物学地学部迁入此楼。

本年　北京市水源一厂铺设西颐路铸铁供水管线，其中含海淀路经中关村到成府路一段。

本年　宿舍区14号楼、15号楼①建成。与次年建成的13号楼一起被称为"特楼"。

本年首批入住"特楼"的著名科学家有赵忠尧、蔡邦华、张宝堃（以上14楼）和李善邦、傅承义、吕炯（以上15楼）等。

本年　中关村幼儿园成立。

1955 年

6月　成立中国科学院学部。数理化学部在经济楼第三栋办公，生物学地学部在地球物理所办公。

9月　哲学所成立，初在经济楼第三栋办公。

本年　化学研究所科研大楼建成，化学所筹建委员会、化工冶金所筹备处、实验生物研究所北京工作组（1956年改称北京实验生物所，1958年成立生物物理所）相继迁入。次年力学所迁入。

本年　文学所办公楼和哲学所办公楼建成。次年，文学所自北京大学迁入，哲学所自经济楼迁入。

本年　宿舍区13号楼建成。后来随着宿舍楼的迅速增加，形成了以"特楼"为中心的北区宿舍区。

本年入住"特楼"的著名科学家有钱学森、钱三强（何泽慧）、秉志、钱崇澍、

---

① 据竺可桢日记记载，15号楼初称"甲楼"，14号楼初称"乙楼"，后又记14号楼为"八楼"，15号楼为"九楼"。

贝时璋、戴芳澜、邓叔群、黄秉维、陈世骧（以上14楼）和赵九章、王淦昌、叶渚沛、柳大纲、顾功叙、陈宗器（以上15楼）等。

1956 年

中共中央于本年初召开知识分子问题会议，自3月起着手制定"十二年科学技术发展远景规划"，要求中国科学院"成为领导全国提高科学水平、培养新生力量的火车头"。

1955—1956年间出现了一次留学海外科学家的归国高潮。

2月　中关村污水管建成。由白石桥路污水支线和中国科学院地南路污水干线组成，流域面积497.3顷。

10月　生物楼建成，昆虫所、动物室、地理所北京工作站、应用真菌研究所相继迁入。生物学地学部分为两个学部后，生物学部迁入此楼，初在一楼东侧，后在三楼西侧。

本年　为落实"四大紧急措施"，自动化研究所筹备委员会暂栖文学所办公楼。另在西苑大旅社租用三座楼为计算技术研究所筹委会、电子学研究所筹委会临时办公地址。同时，数学研究所自清华园迁至西苑大旅社。

本年　科学院办公厅西郊办公室成立。

本年　建成福利楼，中关村餐厅和书亭先后在此开业。邮电所在17楼开业。

本年入住"特楼"的著名科学家有郭永怀、杨嘉墀、张文裕（王承书）、汪德昭、杨承宗、梁树权、郭慕孙、屠善澄、陈家镛（以上13楼）、童第周、尹赞勋（以上14楼）和陆元九（15楼）等。另，自然资源综合考察委员会副主任兼经济所研究员顾准入住13楼。①

---

① 入住中关村的著名科学家还有很多，这里仅以入住"特楼"者集中列示。

1957 年

为执行"十二年科学技术发展远景规划",将在中关村建立一批新研究机构,本年是中关村大兴土木的一年。在原有基础上,除北区向东扩展外,多数新建研究所布局在南区(即今四环路以南),并随之形成南区的生活服务设施和宿舍楼群。

11月 北京天文台筹备处成立,初在经济楼第三栋办公。

本年 经郭沫若院长提议,开设中关村茶点部,并聘有高级西点师。

1958 年

2月 中科院计算所科研楼建成,数学所与计算所同时自西苑大旅社迁入。数学所在四层全层及五层的东侧。

春 化工冶金所科研楼建成,化工冶金所正式成立。

5月 中科院图书馆成立西郊服务站,地址在中关村福利楼内。

6月 中关村配电室竣工,负责为中关村各研究所及宿舍区供电。同年11月,北京市供电局在五道口附近设一座二次变电站,专为中关村地区供电。

8月 中科院电工研究所筹备委员会成立,所本部设在经济楼,实验室分散在化冶所、电子所等多处。

8月 中科院电子所科研楼建成,电子所自西苑大旅社迁入。

9月 中关村礼堂开工,年底竣工。因设计施工中大量使用代用材料而不要"钢筋、水泥、木材、砖瓦",俗称"四不要"礼堂。后于1978年拆除重建。

10—11月 原子能所(原近代物理所)物理实验2号楼竣工。10月5日—11月9日期间在此楼内举办中科院"自然科学跃进成果展览会"。毛泽东、刘少奇、周恩来、朱德、陈云、邓小平等党和国家领导人亦先后来此参观。展览结束后，该楼由微生物所（由应用真菌所与北京微生物室合并成立）和生物物理所（原北京实验生物所）使用。

11月　地理所本部自南京迁入生物楼。

12月　北京市电话局中关村28分局开通。

年底　中科院力学所科研楼建成，力学所、自动化所同时迁入。

本年　科学仪器厂成立，主要承担探空火箭、地空导弹、人造卫星等军工任务。

本年　哲学社会科学部分的经济所、语言所、文学所和哲学所迁出中关村。北京天文台迁入哲学楼。

本年　原位于保福寺西庙内的保福寺小学迁至现址，改称中关村小学。后于1971年改称中关村一小。

本年　外文书亭开业，地址在中关村福利楼内。

1959年

上半年　物理所科研楼建成，物理所（原称应用物理所）自东黄城根迁入。（半导体研究室留于原址，次年扩建为半导体研究所。）

6月　遗传所成立，所址在文学楼。

7月　中关村派出所和中关村居民工作站成立，成府派出所撤销，保福寺乡划归中关村派出所管辖。

10月　中国科学院图书馆中关村书库落成，自然科学部分书刊迁入，成立自然科学服务部。于11月6日正式开馆。

12月　中科院自动化研究所迁入新建成的科研楼。

本年　修整出中关村大操场，举行京区体育运动会。

1961 年

4月　中国科学技术大学在中关村设第一分部。

4月　中关村街道办事处正式成立，下辖蓝旗营、三才堂、中关村北区、保福寺、中关村东南区、黄庄、中关村南区。清华大学划归中关村街道管辖。除清华之外，大致与"科学城"的地域范围相合。

9月　原西颐路公交车（西四丁字街至颐和园）改名为31路，终点站设在中关村。1972年11月改名为331路。

1962 年

1月　昆虫所与动物所合并，称动物所。

1月　中科院中关村医院成立。前身为中科院西郊门诊部。1964年5月移交海淀区卫生局，更名为中关村医院。

4月　中科院图书馆中关村阅览楼建成开放。

本年　中科院化冶所钢厂在中关村建成，是为我国第一座氧气炼钢厂。

本年　中科院北京建筑设计研究院成立。

1963 年

1月　中关村气体厂成立。

本年　原属中科院内部通道的中关村路，交市政处养护、管理，改为7米宽的沥青路面。
本年　北京市自来水公司在中关村中科院宿舍区等地共建成一次供水井63口。
本年　建成灯光球场。

1964年

5月　地理所与遗传所迁往北郊917大楼。
5月　北京生物学实验中心成立，在生物楼一层。
7月　声学所成立，主体部分仍在电子所大楼中。
本年　中科院物资供应站成立。该站东库与京包铁路线之间有中关村科学院铁路支线连接。

1966年

1月　科学仪器设计院成立。即卫星设计院，代号为651设计院，在力学所大楼办公。
3月　地球物理所一分为四：大气物理研究所仍在地球物理所楼内；仍用原名的地球物理所同年迁往三里河；承担人造卫星研制任务的应用地球物理研究所于次年迁往西安；成立昆明地球物理所。
本年　电工所迁入地球物理所大楼。

1967—2007年

1967年　力学所、化学所、应用地球物理所、电子学所、科仪厂、中关村气体厂、北京科技学校等由国防科委接管。

1968年 科仪厂重新筹建。声学所由六机部接管,原子能所划归二机部(原由部院双重领导,以部为主),物理所、生物物理所、计算所、自动化所、电工所、651设计院由国防科委接管。

1970年 自动化所重新筹建,所址为原中国科技大学在中关村的第一分部。力学所、物理所、化学所、生物物理所、电工所重归科学院。中关村第二小学建校。

1972年 力学所、动物所、电工所、化冶所、科仪厂筹备处、自动化所筹备处改由北京市与院双重领导,并在各所名称之前冠以"北京"。

1973年 大气所迁往祁家豁子。

1974年 电子所重归科学院。

1975年 以化学所有机化学研究室和催化研究室为基础成立感光化学研究所,后迁往北郊大屯路。

胡耀邦主持科学院工作期间,为解决科研人员子女入托难问题,特批扩建科学院幼儿园,北区为第一幼儿园,南区为第三幼儿园。

1977—1983年 为解决长期积累的住房困难问题,此期间修建了大批住宅,相继扩展形成了黄庄小区和东南小区。20世纪90年代以后,仍有向东的扩展。21世纪之初,对南区住宅实施了较大规模的改建。

1977年 计算中心成立,所址在软件园。心理研究所重新成立,初址在福利楼内。

1978年 力学所、动物所、自动化所、电工所、化冶所、科仪厂、气体厂改归院领导。

以物理所十三室理论组为基础,成立理论物理所。

中科院行政管理局迁入中关村。

1979年 声学所回归科学院。

空间科学与应用技术中心成立,初在西颐宾馆,后在中关村东区建楼。

数学所一分为三:数学所、应用数学所和系统科学研究所。应用数学所迁入友谊宾馆。

1980 年　生态研究中心成立，在生物楼内。1986 年与环境化学所合并为生态环境研究中心，迁往肖庄。

工程热物理研究所成立，初在力学所楼内，后于 1986 年迁入新建科研楼。

发育生物学研究所成立，初在生物楼内，后于 1982 年迁入南区新建大楼。

物理所研究员陈春先等创办"北京等离子体学会先进技术发展服务部"，是为中国第一个民办科技机构，也成为"中关村电子一条街"的起点。

中关村街道办事处划定辖区：西以海淀路和北大中关园东侧与海淀、燕园街道为界，东邻学院路街道，北至清华大学校园南侧与清华园街道接境，南至北大附中路、知春路与双榆树街道毗邻。

中关村第三小学成立。

1982 年　低温技术实验中心成立，由气体厂和物理所低温技术研究室组建。

中关村中学成立。

1983 年　320 路公交车以中关村东站为终点站。

兴建白石桥至中关村铸铁管供水干线（直径 600 毫米，长 5.1 千米）。

1984 年　中国科学院计算所投资成立中国科学院计算所新技术发展公司，后于 1989 年发展为北京联想计算机集团公司，1990 年联想集团商务办公楼建成。2004 年联想集团新楼融科大厦建成。

科学城商场正式开业。

1985 年　中科院软件研究所成立，初在计算所南楼，后迁往中关村东区。

中科院图书馆改称文献情报中心。

中关村路修建下水道后，将道路西段拓宽至 12 米。

1986 年　中科院北京软件工程研制中心成立，1997 年转制为软件中心有限公司。

1978 年　中科院研究生院成立，同年成立中关村分部，后辟设中关村教学园区，2005 年建成教学楼。

1988 年　心理所迁往北郊天地生科学园区。

1988 年　国务院正式批准在以中关村为核心的 100 平方千米区域内建立我国第一

个国家级高新技术产业开发区——北京市新技术产业开发试验区。

1990年　五所大楼建成，理论物理研究所、数学研究所、应用数学研究所、系统科学研究所、科技政策与管理科学研究所相继迁入。

生物物理研究所迁往北郊。

1995年　中国科学院计算机网络信息中心成立，地址在软件园。

计算数学与科学工程计算研究所成立，地址在软件园。

院条件局改称中国科学院科技物资中心，地址在原器材供应站。后于2001年改组为"北京中科资源有限公司"。

中科大厦建成，中科集团迁入。1997年，中科集团改制为中科实业集团（控股）公司。

1998年　中国科学院启动知识创新工程。在凝练科技目标、整合研究机构、深化制度改革的同时，也精心实施了新园区的建设规划，兴建一批新的科研大楼和住宅区。

数学所、应用数学所、系统所、计算数学与科学工程计算所合四为一，成立数学与系统科学研究院。

北京天文台本部迁往北郊，后于2001年与其他天文学研究机构整合组建为国家天文台。

1999年　国务院批复加快建设中关村科技园区，形成一区五园格局。中关村科技园区规划的功能布局为：以海淀园为主体和核心的科技创新中心和多个不同的高新技术产业基地。其中，海淀园可分为中心区和发展区。中关村科学城位于核心区内。

以中国科学院感光化学研究所、低温技术实验中心为主体，联合化学研究所、物理研究所的相关部分整合成立理化技术研究所。

2000年　中科院纳米科技中心成立。后于2003年与北京大学、清华大学等联合组建国家纳米科学中心。

2001年　以遗传所、发育生物学所和石家庄农业现代化研究所为基础成立遗传与发育研究所，此后发育所由中关村迁往北郊。

化工冶金研究所更名为过程工程研究所。

科学院文献情报中心新楼建成，后于 2006 年另命名为中科院国家科学图书馆总馆。

科学时报社迁入中关村。

2002 年　中科院国有资产经营有限责任公司成立，地址在银谷大厦内。

2003 年　中科院光电研究院成立，地址在自动化大厦。

2005 年　原双榆树街道和原中关村街道合并为新的中关村街道，学院路街道办事处所辖东升园地区亦并入中关村街道办事处。

2006 年　动物所迁往北郊。

2007 年　微生物所迁往北郊，国家纳米科学中心迁入原微生物所东楼。

中关村科学城建筑布局演变示意图

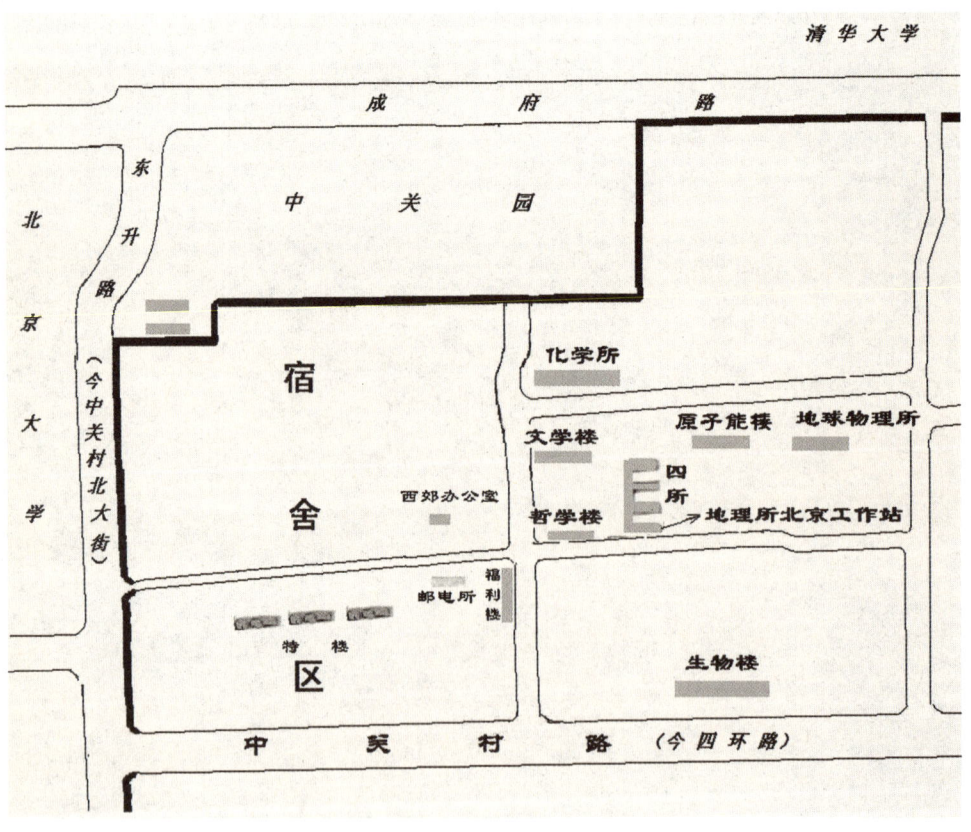

1　1956年中关村科学城建筑布局

中关村科学城的兴起（1953—1966）
The Rise of the Science City in Zhongguancun

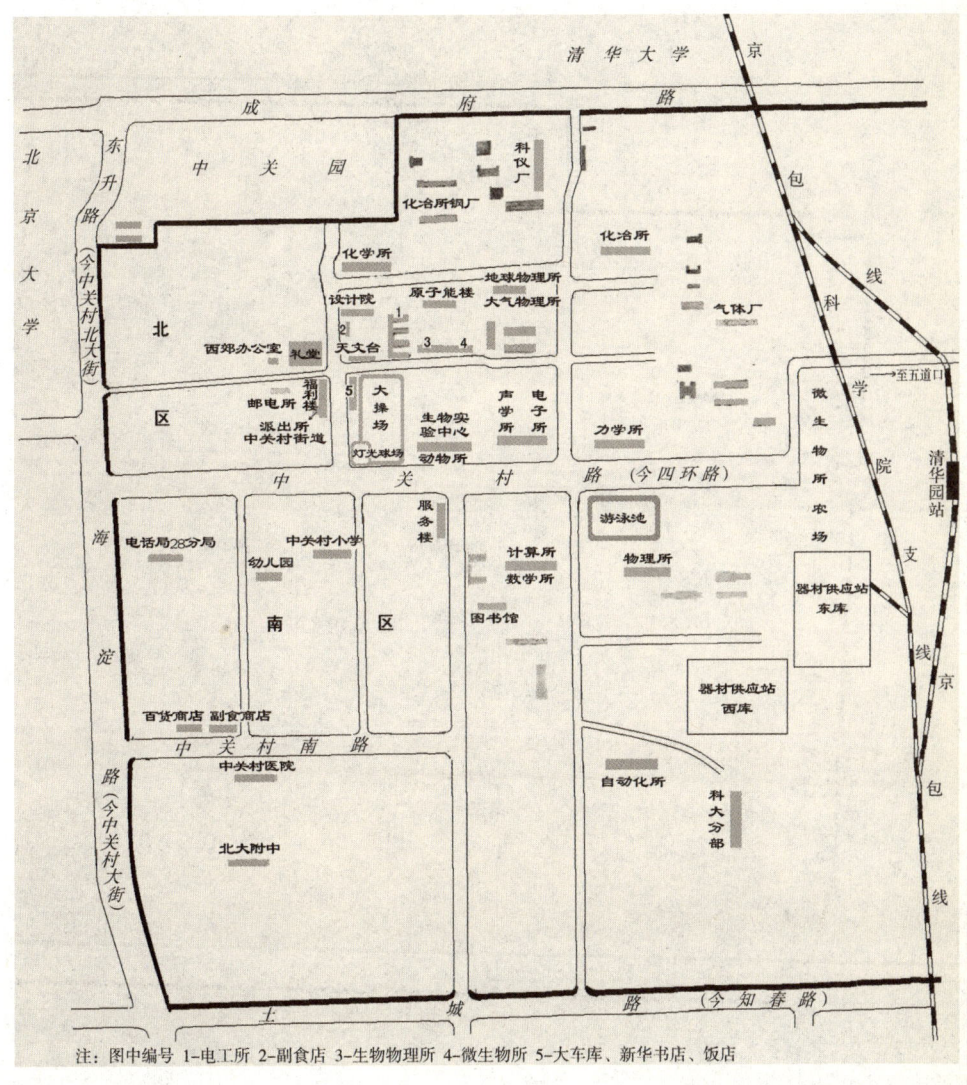

2　1966年中关村科学城建筑布局

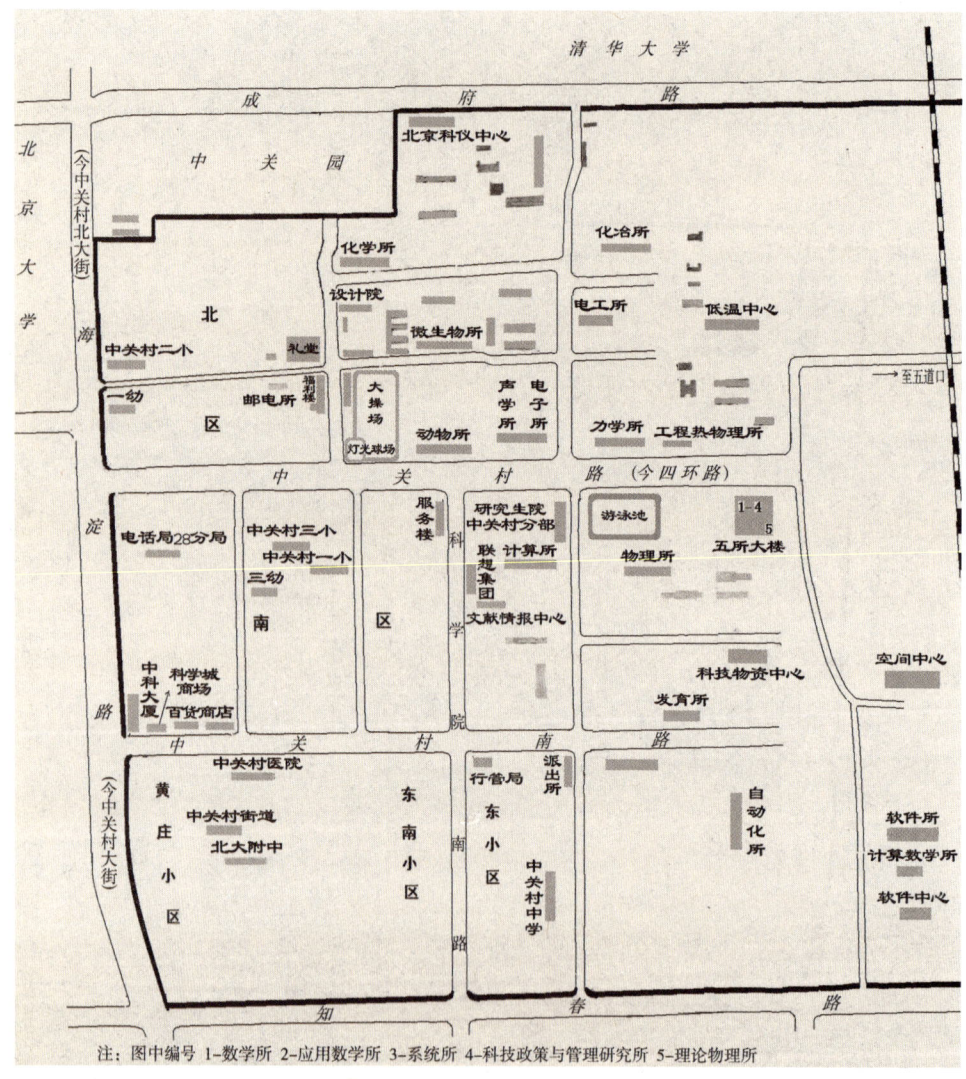

注：图中编号 1-数学所 2-应用数学所 3-系统所 4-科技政策与管理研究所 5-理论物理所

3　1997年中关村科学城建筑布局

中关村科学城的兴起（1953—1966）
The Rise of the Science City in Zhongguancun

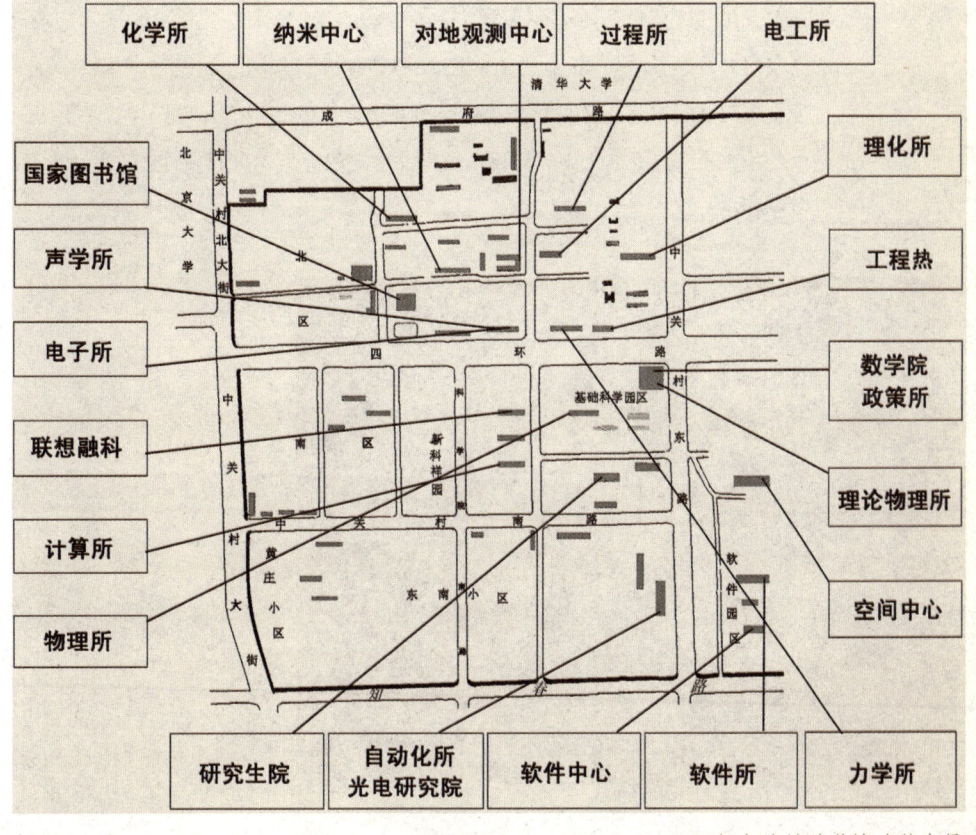

4　2007年中关村科学城建筑布局

中关村史迹拾遗

在中关村的"前史"阶段,这里有很多坟墓。墓主人有一定社会地位者,会在坟墓的周围植树,形成"树圈",也因此流传着"有树则有坟"的说法。在科学城兴起的过程中,大量的坟墓和树圈都已消失。在受访老人的指引下,我们寻查了几处残存遗迹。此外,还有几处属于中关村科学城早期建筑的地上遗存,或许各有其史料价值,特以留影备存。

1 中关村医院内石碑及柏树圈 碑文为"万古流芳御膳房钦加四品总管张进福之墓光绪元年四月二十四日立"

中关村科学城的兴起（1953—1966）
The Rise of the Science City in Zhongguancun

2　502所内柏树圈，是迄今所见留存面积最大、保存最好的树圈

3　科学院第一幼儿园内的白皮松

4　原子能楼悬吊三角板　位于原子能楼西侧，1953年建筑。楼顶延伸出来的三角板，是为悬吊加速器进入楼内而特殊设计和修建的

5 化工冶金所钢厂　新中国成立早期在钢铁工业发展的技术路线上有长期争论,叶渚沛先生力主转炉氧气炼钢,我国最早的氧气炼钢厂即建在中关村内。

6 中关村餐厅标示牌　中关村餐厅于1956年开设于福利楼。图为刻有中英文的标示牌。

中关村科学城的兴起（1953—1966）
The Rise of the Science City in Zhongguancun

7　中关村茶点部　建于1957年，以制作高级糕点闻名。老招牌已显斑驳。

8　中关村"科学院"井盖（现存于中关村医院内）　中关村早期地面建筑中所用井盖中铸有"中国科学院"，表明为专用性质。

中关村地区已建 50 年以上的重要建筑

楼　名	建成年份	现属机构
原子能楼	1953	微生物研究所等
地球物理所科研楼	1954	电工研究所
13、14、15 楼（"特楼"）	1954—1955	居民楼
化学楼	1955	化学研究所
文学楼	1955	中科建筑设计研究院
生物楼	1956	
北大技术物理楼	1956	北京大学
化冶所科研楼	1958	过程工程研究所
力学所科研楼	1958	力学研究所
电子所科研楼	1958	电子学研究所　声学研究所
微生物所科研楼	1958	国家纳米科学中心
中关村小学	1958	中关村一小
福利楼	1958	

主要参考文献

1. 樊洪业主编. 中国科学院编年史（1949—1999）. 上海科技教育出版社，1999.
2. 樊洪业主编. 竺可桢全集. 第12、13卷. 上海科技教育出版社，2007.
3. 王珍明主编. 中关村. 2002.
4. 中科院自然科学史研究所院史研究室、中科院院史工作委员会编印. 宋振能文集. 2006.
5. 北京市地方志编纂委员会编. 北京志. 北京出版社，2000—2006年.
6. 北京市地方志编纂委员会编. 北京年鉴1990—2007. 北京年鉴社.
7. 北京市海淀区地名志委员会编. 北京市海淀区地名志. 北京出版社，1992.
8. 海淀区人民政府. 北京市海淀区地名录. 1996.
9. 葛能全. 钱三强传. 山东友谊出版社，2003.
10. 王文华. 钱学森实录. 四川文艺出版社，2001.
11. 《赵九章》编写组. 赵九章. 贵州人民出版社，2005.
12. 梅绍武、梅卫东编. 梅兰芳自述. 中华书局，2005.
13. 中国科学院办公厅档案. 基建局卷. 1950—1966.
14. 中国科学院院史资料室档案. 院属各研究所部分.
15. 中国科学院院史工作委员会. 中国科学院院史数据库·图片库. 2007.

16 中国科学院院史文物资料征集委员会办公室. 院史资料与研究. 1990—2002.

17 中国科学院编印. 中国科学院四十年（1949—1989）纪念画册. 1989.

18 中国科学院计划局编印. 中国科学院平面图册. 1988.

19 中国原子能科学院院史办编. 中国原子能科学院简史 1950—1985. 1985.

20 李俊杰著. 中国科学院物理研究所简史（1928—1983）. 1988.

21 中国科学院物理研究所编印. 物理所的回忆. 2005.

22 中国科学院数学与系统工程研究院编印. 50 年不平凡的历程 1952—2002. 2002.

23 李国杰主编. 中国科学院计算技术研究所 45 周年（1956—2001）. 2001.

24 中国科学院电工所编印. 中国科学院电工所成立三十周年 1963—1993. 1993.

25 中国科学院自动化技术研究所编印. 在开拓前进——纪念建所四十五周年暨简史. 2001.

26 中国科学院文献情报中心编印. 中国科学院文献情报中心 40 周年 1950—1990. 1990.

27 中国科学技术大学档案馆、中国科学技术大学校长办公室. 中国科学技术大学大事记（1958—1997）. 1998.

28 中国科学院软件研究所编印. 我们走过的路——中国科学院软件研究所建所 20 年（1985—2005）. 2005.

人名索引

A

阿辛念尔娃　285

安朝俊　158

B

巴尔金　154~156

白国良　35

白介夫　89，277，304，314

白若冰　304

鲍　林　250

鲍城志　256

贝时璋　43，80，91，116，155，186，194，195，296

毕先文　35

边东子　27，295，303

边雪峰　272

卞荫贵　103，106

秉　志　93，96，312

伯契洛夫　285

C

蔡邦华　95，197，304

蔡恒息　304

蔡　翘　63

蔡树棠　101

曹传书　137

曹　珍　142

柴之芳　51

巢纪平　68

陈　安　303，318

陈　彪　226

陈伯达　134，156，161

陈伯康　289

陈楚楚　194，308

陈春先 84，247，250
陈棣华 191
陈芳允 68，71，162，169，172，176，267
陈耕燕 35
陈 赓 126，127
陈翰麟 133
陈家镛 164，231，271，303，306，315，316
陈建功 133~136
陈建奎 68
陈景润 139，140，149，277
陈 明 303，306，316，318
陈去恶 190
陈荣耀 87，293
陈世骧 91，94，95，97，186，187，197
陈首燊 256
陈雅丹 304
陈宜峰 289
陈 毅 102，111，123，124，162，209，228
陈 云 215，280
陈 桢 93，94，282
陈志刚 190
陈宗器 10，53，55，304

成 平 137
成众志 247
程光胜 199，273
程龙生 194，212
程茂兰 221~223，225，226
程世祜 102，106，137
程兆坚 36

D

戴传曾 36~38，41，49
戴芳澜 201~203
戴汝为 102
邓 钢 305，313，314
邓稼先 35~37，39，81，244
邓启祥 2，27，31，32
邓叔群 202，203，206，305，309，313~315
邓 拓 206，315
邓小平 83，209，215，233
邓子恢 87
狄超白 29
丁蕙琳 142
丁夏畦 135，136
董世德 8
董韫美 152
杜润生 62，83，86~89，277，317
段学复 132，135，136

F

樊　蓉　194

范长江　83

范海福　248

范新弼　142，143

方心芳　202，203，207

冯　康　135，136，139，143，144

冯理达　75

冯玉祥　75

弗兰克　189

傅承义　116，122，270

傅　鹰　77，162

G

高崇熙　73

高　义　35

高由禧　60

葛能全　47

葛燕璋　178

龚　升　135，136

龚饮冰　74

龚育之　74

谷景林　30

顾德欢　63，173，176，179，304

顾功叙　53，55

顾淑林　304，305，310

顾逸东　304

顾震潮　54，59，75

顾　准　29，304

关谷兰　142

关肇直　29，133，135～138，141，144

管惟炎　245，252

桂慧君　271

桂湘云　103

郭　郛　90，187，194，197

郭民英　40

郭沫若　40，85，134，163，176，209～211，216，236，251，271，272，277，280，291，309

郭慕孙　116，163，164，271，302，303，306，312，318

郭培奇　190

郭　芹　117，303，306～308，318

郭挺章　36，37，267

郭伟明　302，303，306，312，318

郭永怀　68，80，81，103，105，107，112，114～118，120，265，303，306，307，315

H

韩　朔　256

何　津　142

何善埻　101，134，135

何绍宗　142

何寿安　247
何泽慧　35~39, 42, 43, 266, 272, 300, 319, 320
何祚庥　265
洪朝生　246, 247
侯德榜　82
侯德封　210
侯仁之　30
胡传锦　256
胡刚复　249
胡海昌　12, 101, 117, 120, 135, 136
胡和生　135, 136
胡　宁　36, 37
胡乔木　209, 210, 213
胡日恒　77, 84
胡世华　135, 136, 144, 145, 150
胡文琦　35
胡亚东　72, 82, 85
胡翼之　49, 265
华罗庚　101, 132, 133, 135, 136, 141, 144, 148, 290
华寿俊　63, 213
黄秉维　21, 22, 313, 316
黄　昆　244, 250
黄兰杰　144
黄　量　271

黄鸣龙　144
黄　硼　224
黄炎培　74
黄以平　313, 316, 317
黄子卿　73, 77
黄祖洽　35, 36

J

贾盘星　278
贾寿泉　243
江爱良　54
江丕栋　192
江　青　87
江泽涵　132, 192
姜虎文　9
蒋明谦　77
蒋南翔　119
蒋士驭　142, 143
蒋锡夔　88
蒋新松　232
蒋　英　300, 303
蒋　铮　35
芥德才　7
金安里　190, 297
金建中　35~38, 49
金星南　36
金元祯　190

晋曾毅 103，107，111

K
康子文 63
柯　豪 175，177
柯云路 316

L
拉扎连科 256
蓝碧霞 189
郎世俊 228
李德伦 89，301
李德平 35，36，41，49
李富春 215
李公岫 189
李光亮 77
李广年 77，87
李惠年 302，307，318，319
李辑祥 101
李建荣 305，308
李　竞 217
李开德 137
李　林 193
李禄先 274
李敏华 102，106，107，139
李沛滋 184
李　佩 117，123，264，265，307，309，315

李启斌 223
李乾保 190
李　强 176
李琼华 200
李善邦 53，55，56，58，122，270，300，305，308，314
李寿楠 35，36
李四光 40，60，193
李　涛 24
李维汉 280
李宪之 59
李晓峰 316
李　薰 157，284
李荫远 246，247
李约瑟 161
李整武 124
李执芬 247
梁栋材 193，248
梁　露 304
梁书怀 265，266
梁树权 77，84，266，300，304，309
梁思成 10，11
廖　冰 62
廖少葆 256
林桂秋 268

林鸿荪	81, 101, 104, 106, 107, 111, 113, 116, 119, 133, 135, 137, 138, 315	刘源张	103
		刘载涟	142
		刘振兴	67
林庭煌	30	刘正常	102
林同骥	89, 102, 106, 107	柳大纲	76~78, 87
林心贤	256, 261, 262	卢 鋈	54
林一夫	202	卢向华	137
林元章	224, 226	卢竹轩	35
林则徐	261	陆 达	166
凌惟侯	227	陆鼎恒	91
刘 斌	284	陆定一	213, 250
刘长禄	5	陆囡囡	189
刘崇乐	95	陆启铿	135, 136
刘 杰	35	陆孝厚	169
刘金旭	271	陆学善	244, 248, 249
刘静宜	87	陆元九	228, 231, 233, 239, 314
刘匡南	54, 60	陆祖荫	35, 36, 41
刘少奇	84, 131, 209, 215, 286	路易·艾黎	160, 161
刘慎权	150	吕 炯	59
刘思职	73	吕 敏	244
刘锡珄	194	吕 强	231, 239
刘 蓉	271	吕如榆	176
刘学慜	169	吕叔湘	266
刘益焕	246, 247	罗丽华	289
刘迎建	238	罗时钧	126, 137

罗元铮 75

罗宗洛 186，187

M

马大猷 169，175~182，246

马国光 302

马世骏 95，96，98

马淑亭 190

马顺福 189

马秀权 191

马宗魁 102

马祖圣 73

玛 茜 161

毛泽东 61，122，131，147，208，210，
211，215，236，255，277

毛振琮 169

梅兰芳 30，89，96，123，291~293，
301

孟昭英 169，176

闵乃大 135~137，141~143

闵嗣鹤 132

N

聂荣臻 62，119，127，147，148，179，
209，215

涅斯米扬诺夫 79，147

诺尔曼·白求恩 160

O

欧阳鬯 137

P

潘良儒 103，107，123

潘守鲁 231

潘孝硕 246，247

潘怡航 33

庞建新 11，13，136

彭德怀 127，209，215，285

彭桓武 35~39，75

彭琪瑞 296，297

彭　真 46，48，209，215

Q

漆宗英 215

齐景泰 101

钱昌照 160

钱　骥 30，62~64，68~70

钱均夫 124

钱丽春 142

钱临照 246，247

钱人元 77，78

钱三强 35，36，38，40，41，45，47~
49，70，74，75，111，124，
135，141，244，266，270~272，
278，296，299，300，319

钱寿易 106, 120
钱伟长 101, 102, 104, 107, 111~113, 115, 118~120, 125, 135, 140, 228, 231
钱学森 62, 63, 70, 80, 101~113, 115, 116, 118~120, 123~127, 141, 196, 213, 215, 216, 234, 256, 270, 299, 300, 303, 313, 319
钱永刚 124
钱永真 124, 300
钱钟韩 228
钦俊德 95, 187
秦力生 10
秦元勋 138
丘宝剑 20, 29, 253
邱佩璋 135

R

饶毓泰 44
任功伟 316
任知恕 21
容霖汉 35
申葆诚 157

S

沈光铭 173
沈嘉瑞 94
沈钧儒 83
沈良照 225
沈 谱 83
沈善炯 137
沈尚贤 228, 231
沈淑谨 267
沈淑敏 189, 267
沈 元 111
沈志荣 102
施履吉 94, 189, 190, 282
施汝为 212, 213, 244, 246
施雅风 254
石钟慈 137
史沫特莱 161
寿振黄 94
疏松桂 229, 231
斯大林 73, 155
斯季英 272
埃德加·斯诺 161
斯特朗 161
宋 健 137
苏步青 132, 134~136, 139
苏加诺 131
孙德和 158

孙和生	134，135	汪德昭	81，177~179，272，302，304，
孙良方	50		306，307，313，314，318
孙 琦	189	汪 华	304
孙尚清	268	汪 延	318
孙 湘	124	王宝根	68
孙以丰	133，135	王葆仁	77
孙中山	160	王承书	271，308

T

唐有祺	77，82	王传善	231
唐裕亮	150	王传英	136
陶孟和	28	王大珩	68，71，172，245
陶诗言	54，59，75	王德福	8
陶兆民	169	王淦昌	36，37，39，71，75，172，
田方增	132，133，135，138，142，144		296，300
童粹中	304，310	王光寅	135
童第周	85，94，96，97，186，187，	王锦生	194
	304，310	王力方	101，163，165
童世璜	231，232	王 平	35
涂长望	54，59，60	王汝权	150
屠怀祖	318	王守武	246
屠善澄	81，231，237，239，318	王寿仁	135

W

万哲先	133，135，136	王绶琯	68，220，221，225，226
汪安琦	191，280	王树芬	36
汪 璧	304	王树林	15，32，74，137，244，297，
			299
		王 水	68
		王苏民	190

王素铭	35	吴 云	123
王庭梁	136	吴振甲	29，142
王希季	106	吴智诚	52，58，66
王　元	134~136，140，149	吴仲华	107，121，122，139，256
王　正	142，143	武　衡	154
王　净	62，63	武汝扬	63，228，304
王众托	240		

X

威泰沙基	120	席承藩	73
卫一清	30，62，304，311	夏光韦	228
魏道政	136，143，144，149	夏培肃	135，136，141，142
魏奉思	67	肖　健	35~37，41
温家宝	319，320	肖　金	74
吴承康	115，144	肖振熹	35，36
吴大章	161	解伯民	110
吴　方	136，149	谢家麟	43
吴国华	143	谢鑫鹤	86
吴几康	142	谢义炳	60
吴敬琏	29	忻贤杰	35，36，38
吴琼聪	267	徐　斐	271，302
吴汝康	191	徐凤早	190，191
吴文俊	135，136，138	徐国荣	137
吴新谋	135	徐力伟	57
吴学周	76，77	徐献瑜	142
吴有训	36，37，124，211，225，236，249	徐晓白	77
		徐叙瑢	246，247
吴玉章	155	徐　云	29

许宝骙　132
许国志　103，104
许孔时　130，150，151
许良英　204
许　㝿　35，36
许志宏　153，154，160

Y

严东生　157
严济慈　23，85，244，254
严陆光　253，254
阎沛霖　63，142，143
阎锡蕴　194
杨昌祺　256，261
杨承宗　36，37，48，244，304，305
杨澄中　36~38，42，244
杨东屏　137
杨福愉　191，194
杨刚毅　63，64，105，107
杨光中　36
杨国桢　245
杨纪珂　165，280，281，283，284，286，287，289，290
杨家祥　305，310
杨嘉墀　71，172，231，235，239，241，271，302，303，305，306，308，315，317，318

杨鉴初　54，60
杨　乐　140
杨明洁　142
杨　沫　297
杨南生　103，106，119
杨　瑞　303，305，317
杨石先　76，82
杨淑文　212
杨　西　303，306~308，316，317
杨显东　73
杨秀峰　176
杨玉璞　164
杨振藩　190
杨周道　287
姚山麟　190
姚　鑫　186，187
叶独醒　160
叶笃正　56，59，60，71，75，155
叶恭先　35
叶钧道　102
叶开沅　120，138
叶龙飞　36，41
叶铭汉　34，35，42，44
叶企孙　44，46
叶毓林　168
叶正明　235

354

叶渚沛	80, 116, 154, 157, 160, 161, 163~165	张翰英	231
易允文	232	张稼夫	10, 40, 64, 155
殷鹏程	35, 36	张锦珠	194
殷涌泉	133	张劲夫	17, 62, 64, 83, 85, 87, 89, 105, 119, 137, 144, 146, 151, 165~167, 209, 211, 212, 216, 228, 236, 251, 257, 274, 277, 291, 299, 309
应崇福	177~179, 183, 246		
于 敏	35~37, 39, 41, 244		
于启发	29		
于 强	178	张克明	142
郁 文	62	张里千	135
袁宝诚	27	张木生	316, 317
袁翰青	76	张乃召	54
岳 起	49	张青莲	73
越民义	133, 135	张素诚	135, 136, 139
恽子强	81, 213	张文裕	271, 308

Z

		张 玺	92
曾肯成	81	张效祥	142
曾昭抡	77	张钰哲	218~221, 225
曾召统	232	张 哲	308
曾尊固	24	张志诚	74
张宝堃	30, 54, 60	张志三	246, 247
张 斌	89	张致一	94
张春霖	93, 94, 96	张钟俊	239
张恩虬	169, 172, 173	张子高	73
张赣南	246, 247	张宗燧	36, 132, 135, 136
张广厚	140	章震越	54

章 综 249

赵访熊 142

赵广增 246

赵九章 50，53~65，67~71，75，122，189，215，225，266，300，304，305，319

赵理曾 304，305，310

赵维勤 305

赵燕曾 304

赵 珍 8

赵志萱 258

赵忠尧 35~38，41，43，124，137，244，266，296，300，305，309

郑坤常 142

郑若玄 190

郑哲敏 100，124，139

郑竺英 185，194，196

郑作新 94

钟士模 228，231

周恩来 65，131，142，161，182，209，215，228，276，283

周立三 22

周培源 101，111，132，140

周 仁 157

周寿宪 142

周叔莲 29

周文斌 30

周文治 197，266

周宪庭 289

周秀骥 68

周中治 35

朱抱真 54

朱炳海 59

朱 德 45，131，209，215

朱岗崑 52，60

朱弘复 91，92，95，187

朱洪元 36，37

朱克文 209，210

朱培基 231，234

朱镕基 256

朱文起 8

朱物华 228

朱 洗 186

朱兆祥 102，103，105，106，108，111，115，119，123，196

竺可桢 21，22，40，53，54，59，60，85，101，134，162，163，210

庄长恭 76

庄逢甘 126，135，136

庄孝僡 186

邹承鲁 193

邹振隆 226

左大康 21~24

中关村科学城的兴起（1953—1966）
The Rise of the Science City in Zhongguancun

后 记

从1953年科学院人"落户"中关村到今天，已经整整55年了。如今的中关村，早已没有了"村"模样，早已变成了"科学城"。本书就是要通过亲历者们的回忆，重现那段从"村"到"城"的演变历史。为此，书中各章基本上是按中关村地上建筑物和各研究所入"村"的时间先后排序的。

1991年，我工作的研究所迁入中关村。那一年，我也"业余"性质地开始参与中国科学院院史的调研工作，并于1998年正式"转岗"，主要差事是编辑《院史资料与研究》。工作性质决定了我必须与方方面面的"老人儿"打交道，当然，这也是自己学习的好机会，在学习科学知识和历史知识的同时，也从他们的经历中悟到很多做人做事的道理和经验。

中关村的地理优势，让我占了近水楼台的便宜，足不出"村"，就可以拜访到很多老科学家或是老干部。他们之中，大多是上世纪50年代起就在中关村各研究所工作的。在中关村里跑多了，与熟悉中关村的人谈多了，围绕中关村的话题也自然而然多起来，兴趣也渐渐浓起来。恰好赶上要出版《20世纪中国科学口述史》丛书，编委会鼓动我在已有若干积累的基础上作这本书，赶鸭子上架，结果交卷拿出来就是这个样子。

本书的受访者都是中关村的"老村民"，大多已是耄耋老

人，最年轻的当年"村童"边东子先生也已年过花甲。他们在接受采访的时候，可以说个个都非常热情，也个个都非常认真。考虑到他们年事已高，每次访谈都须注意控制时间，但像85岁的丘宝剑先生、81岁的胡亚东先生，等等，实际上一旦谈起来，大多都要远远超过预定时间。82岁的郑竺英先生行动不便，但为了接受采访而事先认认真真、工工整整地写了3 000多字的备谈材料。80岁的郑哲敏院士为了不耽误本书的出版时间，是在病中审定访谈稿的。77岁的许孔时先生更是为了史料的真实性而专门去采访了五六位老同事、老朋友……在采访过程中他们每个人都对我说过同样一句话："你有什么问题可以随时来找我，我会尽我所知的告诉你。"这些，令我非常感动。这些，也正是本书能顺利成稿的重要原因。

　　中国科学院院史研究与编撰项目组为此书的完成提供了资助；罗伟先生、胡亚东先生拨冗审阅了本书的初稿；樊洪业先生为本书撰写引言，并提出许多指导意见；周东军、陈京辉和夏臣道先生协助补拍照片（书中图片多数取自中国科学院院史数据库的图库，部分由受访者本人提供）；中国科学院办公厅档案处黄丽荣女士，院史资料室张蕴洁女士，过程工程所档案处王启梅女士、汪培武先生、王雅丽女士帮助查阅档案，在此一并致谢。

杨小林
2008 年 6 月 11 日

图书在版编目（CIP）数据

中关村科学城的兴起（1953—1966）/胡亚东等口述. —长沙：
湖南教育出版社，2009.6（2017.7重印）
（20世纪中国科学口述史/樊洪业主编）
ISBN 978-7-5355-6066-7

Ⅰ.①中… Ⅱ.①胡… Ⅲ.①高技术—经济开发区—概况—
海淀区—1953—1966 Ⅳ.F127.13

中国版本图书馆CIP数据核字（2009）第091625号

书　　名	20世纪中国科学口述史 中关村科学城的兴起（1953—1966） Zhongguancun Kexuecheng De Xingqi(1953—1966)
作　　者	胡亚东　郑哲敏　严陆光等口述 杨小林访问整理
责任编辑	曹卓卓
责任校对	崔俊辉　黄　玉
出版发行	湖南教育出版社（长沙市韶山北路443号）
网　　址	http://www.hneph.com
电子邮箱	hnjycbs@sina.com
客　　服	电话 0731-85486979
经　　销	湖南省新华书店
印　　刷	长沙超峰印刷有限公司
开　　本	710×1000　16开
印　　张	24.5
字　　数	301 000
版　　次	2009年6月第1版　2017年7月第1版第2次印刷
书　　号	ISBN 978-7-5355-6066-7
定　　价	63.50元